高等院校
电子信息应用型
规划教材

TMS320C55x DSP 原理及应用

蔺 鹏 胡 玫 主编

清华大学出版社
北京

内容简介

本书以 TMS320C55x 系列 DSP 为核心，详细介绍了数字信号处理器的背景知识，以及该系列芯片的 CPU 内部结构、存储器空间结构、汇编指令系统和片内外设，并且对应用程序开发流程、C 语言编程方法和集成开发环境 CCS 进行了系统的阐述。

本书在语言描述上保证严谨性，同时尽量做到通俗易懂；内容组织上注意由浅入深、循序渐进，结合具体实例进行辅助说明，让读者对所讲内容理解得更透彻。本书既可作为本专科院校电子信息类专业学生的教材，也可作为工程技术人员学习 DSP 应用技术的入门参考资料。

图书在版编目(CIP)数据

TMS320C55x DSP 原理及应用/蔺鹏，胡玫主编. --北京：清华大学出版社，2015（2020.1重印）
高等院校电子信息应用型规划教材
ISBN 978-7-302-38688-9

Ⅰ. ①T…　Ⅱ. ①蔺…　②胡…　Ⅲ. ①数字信号处理－高等学校－教材　Ⅳ. ①TN911.72

中国版本图书馆 CIP 数据核字(2014)第 283793 号

责任编辑：王剑乔
封面设计：常雪影
责任校对：袁　芳
责任印制：宋　林

出版发行：清华大学出版社
网　　址：http://www.tup.com.cn，http://www.wqbook.com
地　　址：北京清华大学学研大厦 A 座　　**邮　　编**：100084
社 总 机：010-62770175　　**邮　　购**：010-62786544
投稿与读者服务：010-62776969，c-service@tup.tsinghua.edu.cn
质量反馈：010-62772015，zhiliang@tup.tsinghua.edu.cn
课件下载：http://www.tup.com.cn，010-62795764
印 装 者：涿州市京南印刷厂
经　　销：全国新华书店
开　　本：185mm×260mm　　**印　　张**：22.75　　**字　　数**：523 千字
版　　次：2015 年 6 月第 1 版　　**印　　次**：2020 年 1 月第 2 次印刷
定　　价：59.00 元

产品编号：060748-02

前言

FOREWORD

信息技术的发展对数字信息处理能力的要求越来越高。DSP 芯片以其强大的数字运算能力、超低功耗、体积小等特点，已广泛应用于通信、工业控制、医学成像和交通监控等领域。

从美国德州仪器公司(TI 公司)1982 年研制出第一代 DSP 处理芯片开始，数字处理器的发展十分迅猛。目前市场上的 DSP 产品主要有 TI 公司的 TMS320 系列、AD 公司的 ADSP 系列、Motorola 公司的 DSP56xx 系列和 DSP96xx 系列等器件。其中，美国 TI 公司的产品占据市场份额的 60% 左右。TI 公司从第一代 TMS320C1x DSP 发展到目前的 TMS320C6x DSP，其性能得到了极大提升。其中，TMS320C55x DSP 是 5000 系列 DSP 中具备 16 位定点数据处理的高性价比 DSP 芯片。55x DSP 在拥有自己的指令系统的同时，兼容 54x DSP 指令，具有低功耗、速度快、运算能力强等特点，被广泛应用于人们的生产和生活当中。

目前为初学者介绍 55x 系列 DSP 的相关书籍和教材较少。为了使学习者较容易地学习 DSP 的入门知识，编者结合多年的教学经验和体会编写了这本书。本书具有以下特点。

(1) 作为一本入门教材，书中介绍有关 55x DSP 所必须掌握的知识点，不求大而全，对涉及的知识点尽量讲述清晰、透彻。

(2) 每章开始都概括介绍本章知识要点，使学习者对本章的学习任务和要求一目了然。每章最后有思考题，使学习者加深对知识点的理解和巩固。

(3) 讲述基本原理时尽可能结合插图和实例进行，使学习者能够轻松理解并掌握。书中引用了许多插图和实例讲述 DSP 的基本结构、指令、汇编语言和 C 语言基本编程方法以及片内外设的应用。

(4) 在教材内容编写上，力求由浅入深、循序渐进、突出重点。语言描述上强调条理清楚，用词准确。

本书介绍了 TMS320C55x DSP 的原理及应用。全书分为 7 章，第 1 章介绍 DSP 的基本知识。第 2 章和第 3 章详细介绍 55x DSP 的硬件体系结构和汇编指令系统，包括 DSP 内部总线结构、CPU 结构、存储空间配置以及汇编指令系统的符号定义、寻址方式及指令系统。第 4 章系统地介绍 55x DSP 软件开发过程，包括汇编语言编程方法、COFF 文件、汇编器和链接器使用、C 语言编程方法、55x DSP 库函数的使用以及 C 语言编程实例等。第 5 章全面介绍 55x DSP 片内外设的基本结构和工作原理。第 6 章介绍 DSP 相关外围电路的工作原理。第 7 章介绍在集成开发环境 CCS 下应用程序的设计和调试方法。附录部分介绍 5509 DSP 引脚信号说明、55x DSP 汇编指令集、55x DSP CPU 内部寄存器和 55x DSP 外设寄存器。

课程学习建议 40 课时。其中，第 1 章 2 课时，第 2 章 6 课时，第 3 章 8 课时，第 4 章 6 课时，第 5 章 10 课时，第 6 章 6 课时，第 7 章 2 课时。实际授课时，请教师根据课时情况酌情增减，有些内容可以让学生通过自学和实践来完成。

本书由蔺鹏、胡玫担任主编，蔺鹏负责编写第 3～5 章；胡玫负责编写第 1 章、第 2 章、第 6 章、第 7 章和附录部分。编者在编写过程中参阅了大量 TI 公司公开资料以及国内相关书籍，结合多年 DSP 教学经验完成。本书出版得到清华大学出版社的大力支持，在此表示衷心的感谢！

由于编者的经验和水平有限，书中难免存在不足之处，恳请广大读者批评、指正。

编　者
2015 年 4 月

CONTENTS

目录

CHAPTER 1

第1章 绪论

数字信号处理作为信号与信息处理的一个分支学科有很长的发展历史，但它又是一个新兴的、极富活力的学科，活跃在电子学、计算机科学、应用数学等学科的最前沿，渗透到科学研究、技术开发、工业生产以及国防和国民经济的各个领域，并且发挥着越来越重要的作用。本章主要介绍数字信号处理技术的发展历程、DSP 芯片的特点、TI 公司的 DSP 产品和应用、数字信号处理的数据运算格式和数字信号处理器的性能评价指标。

知识要点

◆ 了解数字信号处理技术的发展历程、DSP 芯片的特点，以及 TI 公司的 DSP 产品和应用。

◆ 理解数字信号处理器的性能评价指标。

◆ 掌握数字信号处理的数据运算格式。

1.1 数字信号处理技术

1.1.1 概述

数字信号处理(Digital Signal Processing，DSP)是从 20 世纪 60 年代以来，随着信息技术和计算机技术的高速发展而迅速发展起来的一门新兴学科。数字信号处理利用计算机或专用处理设备，以数字的形式对信号进行采集、合成、变换、滤波、估算、压缩、分析等处理，以便提取有用的信息并进行有效的传输与应用。与模拟信号处理相比，数字信号处理具有精确、灵活、抗干扰能力强、可靠性高等优点。进入 21 世纪，信息社会迈进数字化时代，DSP 技术成为数字化社会最重要的技术之一。

DSP 代表数字信号处理技术(Digital Signal Processing)，也代表数字信号处理器(Digital Signal Processor)。其实，两者是不可分割的。前者侧重理论和计算方法，后者指实现这些技术的通用或专用可编程微处理器芯片。

理论上讲，只要有了算法，任何具有计算能力的设备都可以用来实现数字信号处理。但在实际应用中，信号处理要求具有实时性，需要有很强的计算能力和很快的计算速度完成复杂的算法。数字信号处理主要有以下几种实现方法。

1. x86 处理器

随着 CPU 技术不断进步，x86 的处理能力不断发展，基于 x86 处理器的处理系统不仅局限于以往的模拟和仿真，还可以满足部分数字信号的处理要求。而各种便携式或工业标准的推出，如PC104、PC104 Plus结构以及PCI总线标准的应用，改善了x86系统抗恶劣环境的性能，扩展了x86系统的应用范围。

利用x86系统处理数字信号有下列优点。

(1) 处理器选择范围较宽。x86处理器涵盖了386到奔腾系列，处理速度从100MHz到几GHz。为了满足工业控制等各种应用，x86厂商推出多款低功耗处理器，其功耗远远小于商用处理器。

(2) 主板及外设资源丰富。无论是普通结构，还是基于PC104和PC104 Plus结构，以及CPCI总线标准，都有多种主板及扩展子板供选择，节省了用户的大量硬件开发时间。

(3) 有多种操作系统可供选择，这些操作系统包括Windows、Linux、Win CE等。针对特殊应用，可根据需要对操作系统进行剪裁，以适应实时数字信号处理要求。

(4) 开发、调试较方便。x86的开发、调试工具十分成熟，使用者不需要深厚的硬件基础，只要能够熟练使用VC、C-Build等开发工具，即可进行开发。

利用x86进行实时信号处理有下列缺点。

(1) 数字信号处理能力不强。x86系列处理器没有为数字信号处理提供专用乘法器等资源，寻址方式也没有优化。实时信号处理对中断的响应延迟时间要求十分严格，通用操作系统不能满足这一要求。

(2) 硬件组成复杂，即使采用最小系统，x86数字信号处理系统也要包括主板(包括CPU、总线控制、内存等)、非易失存储器(硬盘或电子硬盘、SD卡或CF卡)和信号输入/输出部分(这部分通常为AD、DA扩展卡)等。

(3) 系统体积、重量较大，功耗较高，即使采用紧凑的PC104结构，其尺寸也达到96mm×90mm。采用各种降低功耗的措施，x86主板的峰值功耗仍不小于5W。高功耗对供电提出较高要求，需要便携系统提供容量较大的电池，进一步增大了系统的重量。

(4) 抗干扰能力较差。便携系统往往要工作于自然环境中，温度、湿度、振动、电磁干扰等都会给系统正常工作带来影响。为了克服这些影响，x86系统所需付出的代价将是巨大的。

2. 通用微处理器

通用微处理器的种类多，包括51系列及其扩展系列，TI公司的MSP430系列，ARM公司的ARM7、ARM9、ARM10系列等。利用通用微处理器进行信号处理的优点如下所述。

(1) 可选范围广。通用微处理器种类多，使用者可从速度、片内存储器容量、片内外设资源等多种角度进行选择。许多处理器还为执行数字信号处理专门提供了乘法器等资源。

(2) 硬件组成简单。只需要非易失存储器，A/D、D/A即可组成最小系统，这类处理器一般都包括各种串行、并行接口，可以方便地与各种A/D、D/A转换器相连接。

(3) 系统功耗低，适应环境能力强。

利用通用微处理器进行信号处理的缺点如下所述。

(1) 效率较低。以两个数值的乘法为例，处理器需要先用两条指令从存储器当中取值到寄存器中,用一条指令完成两个寄存器的值相乘,再用一条指令将结果存到存储器中。这样,完成一次乘法使用4条指令,信号处理的效率较低。

(2) 内部DMA通道较少。数字信号处理需要搬移大量的数据,如果这些数据的搬移全部通过CPU进行,将极大地浪费CPU资源。而通用处理器的DMA通道数量较少,甚至没有DMA通道,这也将影响信号处理的效率。

针对这些缺点,当前发展趋势的一种途径是在通用处理器中内嵌硬件数字信号处理单元,如很多视频处理器产品是在ARM9处理器中嵌入H.264、MPEG4等硬件视频处理模块,取得较好的处理效果;另一种途径是在单片中集成ARM处理器和DSP处理器,类似的产品如TI公司的OMAP处理器及最新的达·芬奇视频处理器,它们是在一块芯片中集成了一个ARM9处理器和一个C55x处理器或一个C64x处理器。

3. 可编程逻辑阵列(FPGA)

随着微电子技术的快速发展,FPGA的制作工艺进入45nm时期。这意味在一片集成电路芯片中可以集成更多的晶体管,使得芯片运行更快,功耗更低。其主要优点如下所述。

(1) 高速信号处理。FPGA采用硬件实现数字信号处理,大大提高了信号处理的速度,尤其对于采样率大于100MHz的信号,采用专用芯片或FPGA是较适当的选择。

(2) 专用数字信号处理结构。纵观当前最先进的FPGA,如ALTERA公司的Stratix Ⅱ、Stratix Ⅲ系列,Cyclone Ⅱ、Cyclone Ⅲ系列,Xilinx公司的Virtex-4、Virtex-5系列,都为数字信号处理提供了专用的数字信号处理单元。这些单元由专用的乘法累加器组成,不仅减少了逻辑资源的使用,其结构更加适合实现数字滤波器、FFT等数字信号处理算法。

使用FPGA的缺点如下所述。

(1) 开发需要较深厚的硬件基础。无论用VHDL还是Verilog HDL语言实现数字信号处理,都需要较多的数字电路知识。同时,硬件实现的思想与软件编程有着很大区别,从软件算法转移到FPGA硬件实现都存在很多需要克服的困难。

(2) 调试困难。FPGA调试与软件调试存在很大区别,输出的信号需要通过示波器、逻辑分析仪进行分析,或者利用JTAG端口记录波形文件,而很多处理的中间信号量无法引出进行观察,因此FPGA的许多工作是通过软件仿真验证的,这就需要编写全面的测试文件,所以FPGA的软件测试工作十分艰巨。

4. 数字信号处理器

数字信号处理器是一种专门为实时、快速实现各种数字信号处理算法而设计的具有特殊结构的微处理器。20世纪80年代初,世界上第一片可编程DSP芯片诞生,为数字信号处理理论的实际应用开辟了道路。随着低成本数字信号处理器不断推出,发展进程加快。90年代以后,DSP芯片的发展突飞猛进,功能日益强大,性能价格比不断上升,开发手段不断改进。DSP芯片已成为集成电路中发展最快的电子产品之一。DSP芯片迅速成为众多电子产品的核心器件。DSP系统被广泛应用于当今技术革命的各个领域——通信电子、信号处理、自动控制、雷达、军事、航空航天、医疗、家用电器、电力电子等。基于

DSP 技术的开发应用成为数字时代应用技术领域的潮流。

1.1.2 DSP 芯片的特点

数字信号处理有别于普通的科学计算与分析，它强调运算处理的实时性，因此 DSP 除了具备普通微处理器的高速运算、控制功能外，还针对实时数字信号，在处理器结构、指令系统、指令流程上做了很大的改动。其结构特点如下所述。

1. 采用哈佛结构

DSP 芯片普遍采用数据总线和程序总线分离的哈佛结构或改进的哈佛结构，比传统处理器的冯·诺依曼结构有更快的指令执行速度。

(1) 哈佛(Harvard)结构

哈佛结构采用双存储器空间，程序存储器和数据存储器分开，有各自独立的程序总线和数据总线，可独立编址和访问，对程序和数据进行独立传输、取指令、指令执行、数据吞吐并行完成，大大地提高了数据处理能力和指令的执行速度，非常适合于数字信号处理。

(2) 改进的哈佛结构

改进的哈佛结构采用双存储空间和数条总线；允许在程序空间和数据空间之间相互传送数据，使这些数据可以由算术运算指令直接调用，增强了芯片的灵活性。同时，该结构提供存储指令的高速缓冲器(cache)和相应的指令，当重复执行这些指令时，只读一次就可连续使用，不需要再次从程序存储器读出，减少了指令执行所需要的时间。

2. 多总线结构

多总线结构可以保证在一个机器周期内多次访问程序空间和数据空间。例如，C55x 有 1 条 32 位程序数据总线(PB)、5 条 16 位数据总线(BB、CB、DB、EB、FB)和 1 条 24 位程序地址总线(PAB)及 5 条 23 位数据地址总线(BAB、CAB、DAB、EAB、FAB)，可以在一个机器周期内完成 1 次 32 位程序代码读、3 次 16 位数据读和 2 次 16 位数据写，大大提高了 DSP 的运行速度。因此，对 DSP 来说，内部总线是十分重要的资源，总线越多，可以完成的功能越复杂。

3. 流水线结构

DSP 执行一条指令，需要通过取指、译码、取操作数和执行等几个阶段。DSP 中的流水线结构，使得在程序运行过程中，这几个阶段是重叠的。例如 4 级流水线的操作，即在执行本条指令的同时，依次完成后面 3 条指令的取操作数、译码和取指，从而在不提高时钟频率的条件下减少了每条指令的执行时间，将指令周期降低到最小。

4. 专用的硬件乘法器

在通用微处理器中，乘法是由软件完成的，即通过加法和移位实现，需要多个指令周期才能完成。在数字信号处理过程中用得最多的是乘法和加法运算。DSP 芯片中有专用的硬件乘法器，使得乘法累加运算能在单个周期内完成。

5. 特殊的 DSP 指令

为了更好地满足数字信号处理应用的需要，在 DSP 的指令系统中，设计了一些特殊的 DSP 指令。例如，TMS320C55x 中的 MACD(乘法、累加和数据移动)指令，具有执行 LT、DMOV、MPY 和 APAC 4 条指令的功能。

6. 指令周期短

早期 DSP 的指令周期约为 400ns。随着集成电路工艺的发展，DSP 广泛采用亚微米 CMOS 制造工艺，其运行速度越来越快。

7. 硬件配置强

新一代 DSP 的接口功能越来越强，片内具有串行接口、主机接口(HPI)、DMA 控制器、软件控制的等待状态寄存器、锁相环时钟产生器以及实现在片仿真符合 IEEE 1149.1 标准的测试访问口，更易于完成系统设计。许多 DSP 芯片都可以在省电方式下，使系统功耗降低。

8. 多处理器结构

尽管当前的 DSP 芯片已达到较高的水平，但在一些实时性要求很高的场合，单片 DSP 的处理能力不能满足要求。如图像压缩、雷达定位等应用，若采用单处理器，将无法胜任。因此，支持多处理器系统成为提高 DSP 应用性能的重要途径之一。为了满足多处理器系统的设计，许多 DSP 芯片采用支持多处理器的结构。如 TMS320C40 提供了 6 个用于处理器间高速通信的 32 位专用通信接口，使处理器之间可直接通信，应用灵活，使用方便。

DSP 芯片的上述特点，使其在各个领域的应用越来越广泛。

1.1.3 DSP 产品简介

在生产通用 DSP 的厂家中，最有影响的有 TI(美国德州仪器)公司、AD 公司、AT&T 公司(现在的 Lucent 公司)、Motorola 公司和 NEC 公司。

1. AD 公司的产品

(1) 定点 DSP：ADSP21xx 系列，16b，40MIPS。

(2) 浮点 DSP：ADSP21020 系列，32b，25MIPS。

(3) 并行浮点 DSP：ADSP2106x 系列，32b，40MIPS。

(4) 超高性能 DSP：ADSP21160 系列，32b，100MIPS。

2. AT&T 公司

(1) 定点 DSP：DSP16 系列，16b，40MIPS。

(2) 浮点 DSP：DSP32 系列，32b，12.5MIPS。

3. Motorola 公司

(1) 定点 DSP：DSP56000 系列，24b，16MIPS。

(2) 浮点 DSP：DSP96000 系列，32b，27MIPS。

4. NEC 公司

定点 DSP：μPD77Cxx 系列，16b；μPD770xx 系列，16b；μPD772xx 系列，24b 或 32b。

1.2 TMS320 系列 DSP 芯片概述

1.2.1 DSP 芯片的发展

美国德州仪器公司成功地推出 DSP 芯片的系列产品。TMS320 是包括定点、浮点和多处理器在内的数字信号处理器(DSP)系列,其结构非常适合做实时信号处理。TI 公司在推出 TMS32010 之后,相继推出 TMS32011、TMS320C10/14/15/16/17 等。其中,TMS32010 和 TMS32011 采用 2.4μm 的 NMOS 工艺,其他几种采用 1.8μm 的 CMOS 工艺。这些芯片的典型工作频率为 20MHz,它们代表 TI 的第一代 DSP 芯片。TI 公司的 TMS320 系列 DSP 产品是当今世界最有影响力的 DSP 芯片。TI 公司也成为世界上最大的 DSP 芯片供应商。

第二代 DSP 芯片的典型代表是 TMS32020、TMS320C25/26/28。在这些芯片中,TMS32020 是一个过渡产品,其指令周期为 200ns,与 TMS32010 相当,其硬件结构与 TMS320C25 一致。在第二代 DSP 芯片中,TMS320C25 是典型代表,其他芯片都是由 TMS320C25 派生出来的。TMS320C2xx 是第二代 DSP 芯片的改进型,其指令周期最短为 25ns,运算能力达 40MIPS。

TMS320C3x 是 TI 的第三代产品,包括 TMS320C30/31/32,也是第一代浮点 DSP 芯片。TMS320C31 是 TMS320C30 的简化和改进型,它在 TMS320C30 的基础上去掉了一般用户不常用的一些资源,降低了成本,是一个性能价格比较高的浮点处理器。TMS320C32 是 TMS320C31 的进一步简化和改进。TMS320C30 的指令周期为 50/60/74ns;TMS320C31 的指令周期为 33/40/50/60/74ns;TMS320C32 的指令周期为 33/40/50ns。

第四代 DSP 芯片的典型代表是 TMS320C40/44。TMS320C4x 系列浮点处理器是专门为实现并行处理和满足其他实时应用的需求而设计的,其主要性能包括 275 MOPS 的惊人速度和 320MB/s 的吞吐量。

第五代 DSP 芯片 TMS320C55x/54x 是继 TMS320C1x 和 TMS320C2x 之后的第三代定点 DSP 处理器。TMS320C5x 系列有 TMS320C50/51/52/53 等多种产品,其主要区别是片内 RAM、ROM 等资源不同。TMS320C55x 是为实现低功耗、高性能而专门设计的 16 位定点 DSP 芯片,主要应用于无线通信系统。

第六代 DSP 芯片 TMS320C62x/67x 等是目前速度最快的。TMS320C62x 是 TI 公司于 1997 年开发的一种新型定点 DSP 芯片。该芯片的内部结构与以往的 DSP 芯片不同,其内部集成了多个功能单元,可同时执行 8 条指令,运行速度快,指令周期为 5ns,运算能力达 1600MIPS。这种芯片适合于无线基站、无线 PDA、组合 Modem、GPS 导航等需要大运算能力的场合。TMS320C67x 是 TI 公司继定点 DSP 芯片 TMS320C62x 系列后开发的一种新型浮点 DSP 芯片。该芯片的内部结构在 TMS320C62x 的基础上加以改进,其内部同样集成了多个功能单元,可同时执行 8 条指令,指令周期为 6ns,运算能力可达 1GFLOPS。

TMS320C1x、TMS320C2x、TMS320C2xx、TMS320C54x、TMS320C55x 和 TMS320C62x 为定点 DSP；TMS320C3x、TMS320C4x 和 TMS320C67x 为浮点 DSP。

同一代 TMS320 系列 DSP 产品的 CPU 结构是相同的，但其片内存储器（包括 Cache、RAM、ROM、Flash、EPROM 等）和片内外设（包括串口、并口、主机接口、DMA、定时器等）的电路配置是不同的。因为外围电路不同，所以构成的系列就不同。由于片内集成了存储器和外围电路，使 TMS320 系列器件的系统成本降低，并且节省了电路板空间。

1.2.2 TMS320 系列的典型应用

自从 20 世纪 70 年代末第一块 DSP 芯片诞生以来，DSP 芯片取得了飞速发展。在 20 年，DSP 芯片在信号处理、音视频、通信、消费、军事等领域得到广泛应用。随着 DSP 芯片性价比不断提高，单位运算量功耗显著降低，DSP 芯片的应用领域不断扩大。表 1-1 列出了 TMS320 系列 DSP 的典型应用。

表 1-1 TMS320 系列 DSP 的典型应用

音频	视频和影像	宽带解决方案	无线通信	数位控制
音/视频接收机	数码相机	802.11 无线局域网络	蓝牙方案	数字电源
数字广播	多功能打印机	线缆解决方案	2.5G 和 3G 的 OMAP	开关电源
数字音频	网上媒体	DSL 解决方案	射频产品	不间断电源
网络音频	视频和影像产品	企业 IP 电话	无线芯片组	
	有线数字媒体	分组网络语音（VoIP）	无线基础设施	
	IP 视频电话	VoIP 网关解决方案		
	监控系统			
	视频统计型多工机			
汽车	马达控制	电话设备	光网	安全
车身系统	HVC	用户端电话设备	光层应用	生物识别
底盘系统	工业控制/马达驱动	嵌入式 Modem	实体层应用	
汽车网络信息系统	电源工具			
传动系统	打印机/影印机			
安全系统	大型家电			
防盗系统				

TI 公司作为全球 DSP 的领导者，目前主推 3 个 DSP 平台：TMS320C2000、TMS320C5000 和 TMS320C6000，其中包括多个子系列，数十种 DSP 器件，为用户提供广泛的选择，以满足不同应用的需求。

TMS320C2000 系列 DSP 主要用于代替 MCU，应用于各种工业控制领域，尤其是电机控制领域。

TMS320C5000 系列 DSP 是为实现低功耗、高性能而专门设计的 16 位定点 DSP 芯片，它主要应用于通信和消费类电子产品，如手机、数码相机、无线通信基础设施、IP 电话、MP3。

TMS320C6000 系列的 DSP 主要应用于高速宽带和图像处理等高端应用，如宽带通信、3G 基站和医疗图像处理。

1.2.3 TMS320C55x 系列

TMS320C55x 数字信号处理器代表了 TI 公司最新一代 C5000 系列的 DSP 处理器。C55x 是在 C54x 的基础上发展起来的，它和 C54x 的源代码兼容，以此保护用户的软件投资不受损失。C55x 主要在电源效率、低功耗和性能方面做了优化。

当 C55x 的内核电压为 0.9V 时，其内核功耗可以低至 0.05mW/MIPS，同时运算速度达到 800MIPS(主频为 400MHz)。C55x 在个性化和便携式应用方面，以及在有限的电源能量下数字通信结构设计方面提供了成本效益好的解决方案。相比较于 C54x 的 120MHz 主频，C55x 的主频为 300MHz 时，性能是 C54x 的 5 倍，内核功耗是 C54x 的 1/6。

C55x 内核的指令周期是 C54x 的 2 倍，因为 C55x 拥有可以执行并行指令的 2 个乘法累加器、累加器、算术逻辑单元、数据寄存器、先进的指令集和经过扩展的总线结构。

为了获得更低的系统成本，在代码密度方面，C55x 保持了 C54x 的标准。C55x 支持可变字节长度，从 8 位到 48 位。通过可变的指令字节长度，C55x 比 C54x 在每个函数中减少代码到 40%，意味着减少占用存储器空间和具有更低的系统成本。

1.3 数据运算格式

DSP 处理器的数据格式决定了它所能处理的不同精度、不同动态范围的信号种类。

DSP 按照其数据格式，主要分为定点 DSP 和浮点 DSP 两种。一般而言，定点 DSP 芯片价格较便宜，功耗较低，但运算精度稍低；浮点 DSP 芯片的优点是运算精度高，但价格稍贵，功耗较大。

1.3.1 定点格式

在定点 DSP 中，数据有两种基本表示方法：整数表示方法和小数表示方法。

1. 整数

DSP 芯片和所有微处理器一样，以 2 的补码形式表示有符号数。16 位定点 DSP 整型数格式为 Sxxxxxxxxxxxxxxx。其中，最高位 S 为符号位，0 代表正数，1 代表负数，其余位为数据位。数的范围为－32 768～32 767。整数的最大取值范围取决于 DSP 的字长。字长越长，所能表示的数据范围越大，精度越高。假定一个整数字长为 n，则其取值范围为 $-2^n \sim 2^n-1$。

【例 1-1】 若字长 $n=8$，求以下带符号整数的二进制、十六进制和十进制之间的转换。

正整数：0100 1011B＝4BH＝$2^6+2^3+2^1+2^0=64+8+2+1=75$

负整数：1111 1101B＝FDH＝－3

2. 小数

在 16 位定点 DSP 中，小数表示为 S.xxxxxxxxxxxxxxx，最高位 S 为符号位，其他各位采用 2 的补码表示，小数点紧接着符号位，无整数位，数的范围(−1,1)。小数的最小分辨率为 2^{-15}。

【例 1-2】 正小数：0101 0000B=$(2^{-2}+2^{-3})$=(0.25+0.125)=0.375

负小数：1101 0000B=$-(2^{-2}+2^{-3})$=−(0.25+0.125)=−0.375

3. 数的定标

显然，定点表示并不意味着就一定是整数。在许多情况下，需要由编程确定一个数的小数点位置，即数的定标。定点数最常用的是 Q 表示法或 Q$m.n$ 表示法。它可将整数和小数表示方法统一起来。其中，m 表示数的 2 补码的整数部分，n 表示数的 2 补码的小数部分，1 位符号位，数的总字长为 $m+n+1$ 位。表示数的整数范围为 $-2^m \sim 2^m-1$，小数的最小分辨率为 2^{-n}。表 1-2 给出了 16 种 Q 表示法及其所表示的十进制数范围。

表 1-2 Q 表示法及其表示的十进制数范围

Q 表示法	十进制数范围	Q 表示法	十进制数范围
Q0.15	$-1 \leqslant x \leqslant 0.9999696$	Q8.7	$-256 \leqslant x \leqslant 255.9921875$
Q1.14	$-2 \leqslant x \leqslant 1.9999390$	Q9.6	$-512 \leqslant x \leqslant 511.9804375$
Q2.13	$-4 \leqslant x \leqslant 3.9998779$	Q10.5	$-1024 \leqslant x \leqslant 1023.96875$
Q3.12	$-8 \leqslant x \leqslant 7.9997559$	Q11.4	$-2048 \leqslant x \leqslant 2047.9375$
Q4.11	$-16 \leqslant x \leqslant 15.9995117$	Q12.3	$-4096 \leqslant x \leqslant 4095.875$
Q5.10	$-32 \leqslant x \leqslant 31.9990234$	Q13.2	$-8192 \leqslant x \leqslant 8191.75$
Q6.9	$-64 \leqslant x \leqslant 63.9980469$	Q14.1	$-16384 \leqslant x \leqslant 16383.5$
Q7.8	$-128 \leqslant x \leqslant 127.9960938$	Q15.0	$-32768 \leqslant x \leqslant 32767$

由表 1-2 可见，对于同一个 16 位数，由于小数点设定的位置不同，所表示的数据就不相同。但对于 DSP 芯片来说，处理方法是完全相同的。

另外，从表 1-2 中还可以看出，不同的 Q 表示法表示的数值范围不同，精度也不同。DSP 的字长一定，数值范围与精度是一对不可调和的矛盾，数值范围越大，精度越低；反之，则相反。在实际运算中，一定要充分考虑到这一点。下面举例说明几种常用的 Q 表示法格式。

(1) Q15.0 格式

Q15.0 格式的字长为 16 位，其每位的具体表示为 Sxxxxxxxxxxxxxxx。其中，最高位为符号位 S，接下来的 x 为 15 位 2 补码的整数，高位在前，无小数位。这实际就是数的整数形式。Q15.0 格式表示数的范围为 $-2^{15} \sim 2^{15}-1$，最小分辨率为 1。

(2) Q3.12 格式

Q3.12 格式的字长为 16 位，其每位的具体表示为 Sxxxyyyyyyyyyyyy。其中，最高位为符号位 S，接下来的 3 位 x 为 2 补码的整数位，高位在前，后面的 12 位 y 为 2 补码的小数位。Q3.12 格式表示数的大致范围为 $-2^3 \sim 2^3$；小数的最小分辨率为 2^{-12}。

(3) Q0.15(或 Q.15)格式

Q.15 格式的字长为 16 位，其每位的具体表示为 S.xxxxxxxxxxxxxxx。其中，最高位为符号位 S，接下来的 x 为 2 补码的 15 位小数位，小数点紧接着符号位，无整数位。Q.15 格式表示数的大致范围为(−1,1),小数的最小分辨率为 2^{-15}。这实际上就是数的小数形式。对于16位的定点处理器TMS320C54x来说,Q.15是在程序设计中最常用的格式。例如,TI公司提供的数字信号处理应用程序库DSPLIB就主要采用这种数据格式。

(4) Q0.31(或Q.31)格式

Q0.31格式的字长为32位,需要2个16位的存储器字表示。它实际上是Q.15格式的扩展表示,其每位的具体表示为Sxxxxxxxxxxxxxxx xxxxxxxxxxxxxxxx。

其中,高16位的最高位为符号位S,接下来的x为2补码的31位小数位,小数点紧接着符号位,无整数位。Q.31格式表示数的大致范围为(−1,1),小数的最小分辨率为 2^{-31}。

4. 定点数格式的选择

在具体应用中,为保证在整个运算过程中数据不会溢出,应选择合适的数据格式。例如,对于Q.15格式,其数据范围为(−1,1),必须保证在所有运算中,其结果都不能超过这个范围,否则,芯片将结果取其极大值−1或1,而不管其真实结果为多少。为了确保不会出现溢出,在数据参加运算前,首先应估计数据及其结果的动态范围,选择合适的格式对数据进行规格化。例如,假设有100个0.5相加,采用Q.15格式运算,其结果将超过1。为了保证结果正确,可先将0.5规格化为0.005后再运算,然后将所得结果反规格化。因此,定点格式的选择实际上就是根据Q*m*.*n*表示方法确定数据的小数点位置。

5. 定点格式数据的转换

同一个用二进制表示的定点数,当采用不同的Q*m*.*n*表示方法时,其代表的十进制数是不同的。例如,用Q15.0表示方法,十六进制数3000H=12 288;用Q0.15表示方法,十六进制数3000H=0.375;用Q3.12表示方法,十六进制数3000H=3。

当两个不同Q格式的数进行加/减运算时,通常必须将动态范围较小的格式的数转换为动态范围较大的格式的数。十进制数真值与定点数的转换关系如下所述。

(1) 十进制数真值(x)转换为定点数(x_q):$x_q = (\text{int})x * 2^Q$

(2) 定点数(x_q)转换为十进制数真值(x):$x = (\text{float})\, x_q * 2^{-Q}$

例如,十进制数 $x=0.5$,定标 $Q=15$,则定点数 $x_q = \lfloor 0.5 \times 32\,768 \rfloor = 16\,384 =$ 4000H。式中,$\lfloor\ \rfloor$表示下取整。反之,一个用 $Q=15$ 表示的定点数4000H,其对应的十进制数为 $16\,384 \times 2^{-15} = 16\,384/32\,768 = 0.5$。

在DSP汇编语言源程序中,不能直接写入十进制小数。如果要定义一个小数0.707,可以写成“.word 32768 * 707/1000”;32 768表明是Q.15格式,不能写成“32768 * 0.707”。

下面详细说明这两种转换方法。

(1) 将十进制数表示成Q*m*.*n*格式。首先将数乘以 2^n,变成整数,然后将整数转换成相应的Q*m*.*n*格式。

【例1-3】 设 $y=-0.125$,将 y 表示成Q.15及Q3.12格式。

解 先将−0.125乘以 2^{15},得到−4096;再将−4096表示成2的补码数,为F000H,也就是−0.125的Q.15。

若要将－0.125表示成Q3.12格式，则将－0.125乘以2^{12}，得到－512；再将其表示成2的补码数，为FE00H，也就是－0.125的Q3.12格式表示。

(2) 将某种动态范围较小的Q$m.n$格式转换为动态范围较大的Q$m.n$格式。对于不同动态范围的数据运算，在某些情况下会损失动态范围较小的格式的数据精度。例如，若6.525＋0.625＝7.15，则6.525和结果7.15需要采用Q3.12格式才能保证其动态范围。若0.625原来用Q.15格式表示，则需要先将它表示成Q3.12格式后再运算，自然，最后的结果也为Q3.12格式。根据运算结果的动态范围，直接将数据右移，将数据转换成结果所需Q$m.n$格式。这时，原来格式的最低位将被移出，高位进行符号位扩展。

1.3.2 浮点格式

为了扩大数据的范围和精度，需要采用浮点运算。浮点格式通常用3个段表示数：符号位、指数位和尾数位。其数据计算方法为：浮点数＝尾数×$2^{-指数}$。尾数位决定了精度，指数位决定了动态范围。与具有相同字长的定点数相比，浮点数有着更大的动态范围。

显然，对于相同算法格式的DSP，数据宽度越大，精度越高。但是，数据宽度与DSP尺寸、引脚数及存储器等有直接关系。数据宽度越宽，DSP尺寸越大，引脚越多，存储器要求越高。所以，在满足设计要求的前提下，尽量选用数据宽度小的DSP，以降低开发成本。对于少量精度要求高的代码，可以采取双精度算法。如果大多数计算对精度要求都很高，就需要选用较大数据宽度的处理器。

1.4 DSP的性能参数指标

在进行DSP系统设计时，选择合适的DSP芯片是非常重要的一个环节。通常依据系统的运算速度、运算精度和存储器的需求等选择DSP芯片。一般来说，选择DSP芯片时应考虑如下因素。

1. 运算速度

(1) 指令周期：执行一条指令所需的最短时间，数值等于主频的倒数。指令周期通常以ns(纳秒)为单位。例如，运行在200MHz的TMS320VC5510的指令周期为5ns。

(2) MIPS：每秒百万条指令数。

(3) MOPS：每秒百万次操作数。

(4) MFLOPS：每秒百万次浮点操作数。

(5) BOPS：每秒10亿次操作数。

(6) MAC时间：一次乘法累加操作花费的时间。大部分DSP芯片可在一个指令周期内完成MAC操作。

(7) FFT执行时间：完成N点FFT所需的时间。FFT运算是数字信号处理中的典型算法，其应用很广，因此该指标常用于衡量DSP芯片的运算能力。

以上指标都有很大的局限性。比如，指令周期和MIPS指标不能公正地区别不同DSP在速度性能上的差异，因为不同的DSP在单个指令周期内完成的任务量是不一样的。例如，采用超长指令字(VLIW)架构的DSP可以在单个周期时间内完成多条指令。虽然MAC时间采用一个基本操作的执行时间作为标准比较DSP的速度性能，但是MAC时间显然不能提供足够的信息。而且大多数DSP在单个指令周期内即可完成MAC，所以其MAC时间和指令周期是一样的。至于MOPS、BOPS和MFLOPS指标，会因为厂商对“操作”内涵诠释的不同而很难体现客观、公允的评价要求。FFT执行时间虽然相对于其他指标要好一些，但要DSP在具体应用中对表现出的处理速度做出准确估计，仍然是很困难的。

目前，比较可靠的办法是利用某些典型的数字信号处理标准例程。这些例程可能是FIR或IIR滤波等“核心”算法，也可能是语音编解码等整个或部分应用程序。

2. DSP芯片价格

DSP芯片价格也是DSP芯片的一个重要指标。在系统的设计过程中，应根据实际系统的应用情况来选择价格适中的DSP芯片。

3. DSP芯片的运算精度

运算精度取决于DSP芯片的字长。定点DSP芯片的字长通常为16位和24位。浮点DSP芯片的字长一般为32位。

4. 存储器

DSP片内都集成一定数量的存储器，并且可以通过外部总线进行存储器扩展。要根据具体应用对存储空间大小及对外部总线的要求来选择DSP。DSP的内部存储器通常包括Flash存储器、RAM存储器等。Flash存储器通常用来存储程序及重要的数据，是一种非易失存储器，系统掉电后还能够保留存储的信息。它的缺点是读/写速度较慢，向其写入数据的过程比较繁琐。DSP中最重要的存储器是RAM存储器，例如TMS320VC5510处理器中集成了320KB的RAM存储器。有的DSP片内集成了多存取存储器，允许在一个指令周期内对存储器进行多次访问；也有的DSP片内集成了指令缓存，允许从缓存读取指令，从而将存储器空闲出来读取数据。DSP外部总线可以扩展多种存储器，其中既有EPROM、Flash等非易失存储器，又有SRAM、FIFO等可快速访问的存储器，还可以连接SDRAM、DDR SDRAM等大容量存储器，外部总线的数据宽度从16位向32位和64位发展。这些特点也是选择DSP时可以参考的依据。

5. 功耗

由于DSP器件越来越多地应用在便携式产品中，因此功耗是一个重要的考虑因素。下面是一些常见的降低系统功耗的技术。

(1) 低工作电压。目前DSP的工作电压有5V、3.3V、2.5V、1.8V等多种。

(2) “休眠”或“空闲”模式。大多数处理器具有关断处理器部分时钟的功能，以降低功耗。

(3) 可编程时钟分频器。有的DSP可以在运行时动态编程改变处理器时钟频率，以降低功耗。

(4) 外围控制。一些DSP器件允许程序中止系统暂时不使用的外围电路功能。

6. 开发工具

选择 DSP 芯片时，必须注意其开发工具的支持情况（包括软件开发工具、硬件开发工具）。软件开发工具包括编译器、汇编器、链接器、调试器、代码模拟器、代码库及实时操作系统（Real Time Operation System，RTOS）等，硬件工具包括评估板和仿真器等。

思考题

1. 简述数字信号处理器的主要特点。
2. 简述 DSP 芯片发展历程及特点。
3. 简述选择数字信号处理器需要考虑的因素。
4. 给出数字信号处理器的运算速度指标，并给出具体含义。

第2章 CHAPTER 2

TMS320C55x DSP的硬件体系结构

本章介绍TMS320C55x DSP芯片的基本结构，包括以TMS320C5509芯片为典型代表介绍C55x系列处理器的引脚及主要特性，重点讨论C55x系列芯片的CPU、存储空间配置及指令流水线。

知识要点

◆ 理解以TMS320C5509芯片为典型代表的C55x系列处理器的引脚及主要特性。

◆ 掌握C55x系列芯片的CPU、存储空间配置。

◆ 理解C55x系列芯片的指令流水线的工作方式。

2.1 概述

TMS320C55x数字信号处理器是在C54x的基础上发展起来的新一代低功耗、高性能数字信号处理器，其软件具有C54兼容模式，极大地节省了C54x向C55x转化的时间。C55x采用新的半导体工艺，其工作时钟大大超过C54x系列处理器；在CPU内部，通过增加功能单元，增强了DSP的运算能力，与C54x相比具有更高的性能和更低的功耗。这些特点使之在无线通信、便携式个人数字系统及高效率的多通道数字压缩语音电话系统中得到广泛应用。

2.1.1 TMS320C55x芯片引脚功能介绍

TMS320VC5509芯片是C55x系列一款典型的处理器。它以C55x的CPU为内核，是定点DSP芯片。它有两种封装形式，一种是采用144个引脚的塑料四方扁平封装形式(LQFP)；另一种是采用179个引脚的球栅阵列封装形式(BGA)。现以TMS320VC5509 PGE型芯片(LQFP的封装形式)为例来介绍，其引脚分布如图2-1所示。

TMS320VC5509 PGE的引脚按功能分为并行总线引脚、中断和复位引脚、位输入/输出引脚、I^2C引脚、多通道缓冲串口引脚、USB引脚、A/D引脚、测试引脚和电源引脚等。其详细说明见附录1，引脚号及其对应名称如表2-1所示。

1. 并行总线引脚

并行地址总线中的A13～A0直接与外部引脚相连。这14个引脚可以完成以下三个功能：HPI地址总线(HPI. HA[13:0])、EMIF地址总线(EMIF. A[13:0])、通用输入/输出(GPIO. A[13:0])。

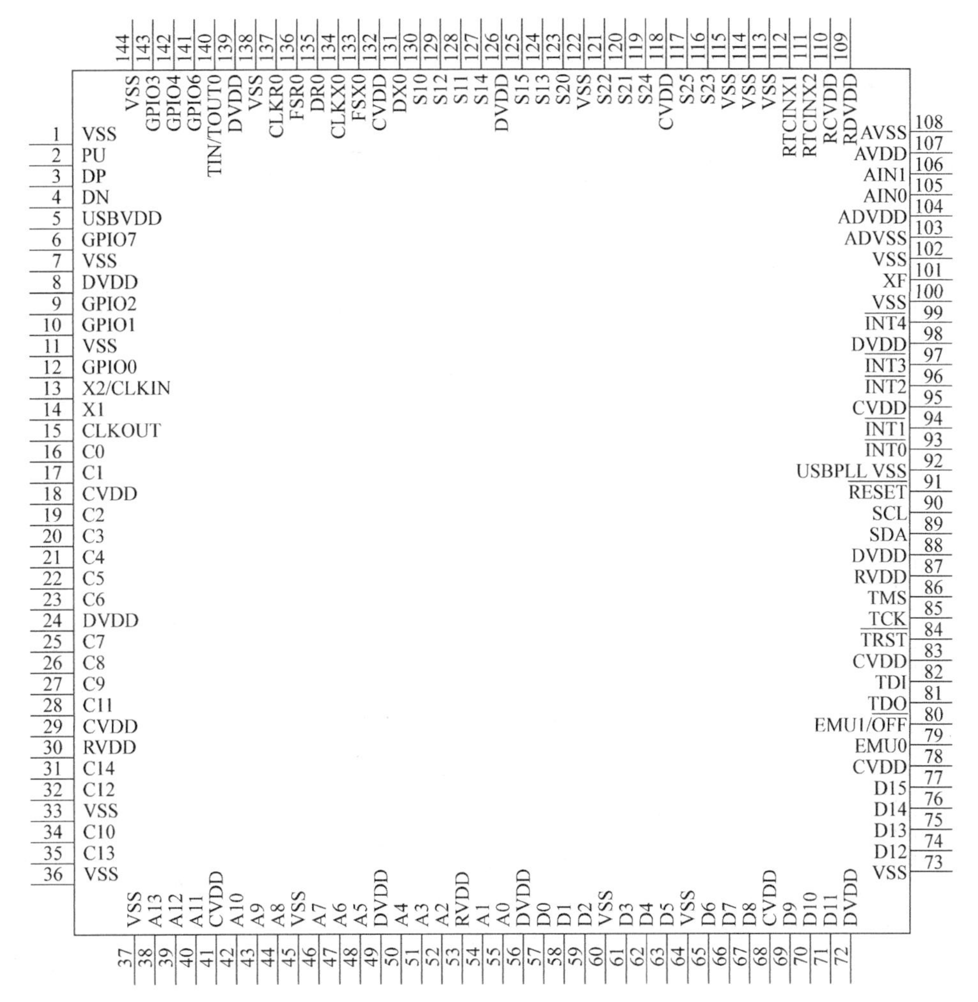

图 2-1 TMS320VC5509 PGE 芯片引脚

表 2-1 TMS320VC5509 PGE 芯片引脚

引脚号	引脚名称	引脚号	引脚名称	引脚号	引脚名称	引脚号	引脚名称
1	VSS	12	GPIO0	23	C6	34	C10
2	PU	13	X2/CLKIN	24	DVDD	35	C13
3	DP	14	X1	25	C7	36	VSS
4	DN	15	CLKOUT	26	C8	37	VSS
5	USBVDD	16	C0	27	C9	38	A13
6	GPIO7	17	C1	28	C11	39	A12
7	VSS	18	CVDD	29	CVDD	40	A11
8	DVDD	19	C2	30	RVDD	41	CVDD
9	GPIO2	20	C3	31	C14	42	A10
10	GPIO1	21	C4	32	C12	43	A9
11	VSS	22	C5	33	VSS	44	A8

续表

引脚号	引脚名称	引脚号	引脚名称	引脚号	引脚名称	引脚号	引脚名称
45	VSS	70	D10	95	CVDD	120	S21
46	A7	71	D11	96	$\overline{\text{INT2}}$	121	S22
47	A6	72	DVDD	97	$\overline{\text{INT3}}$	122	VSS
48	A5	73	VSS	98	DVDD	123	S20
49	DVDD	74	D12	99	$\overline{\text{INT4}}$	124	S13
50	A4	75	D13	100	VSS	125	S15
51	A3	76	D14	101	XF	126	DVDD
52	A2	77	D15	102	VSS	127	S14
53	RVDD	78	CVDD	103	ADVSS	128	S11
54	A1	79	EMU0	104	ADVDD	129	S12
55	A0	80	EMU1/$\overline{\text{OFF}}$	105	AIN0	130	S10
56	DVDD	81	TDO	106	AIN1	131	DX0
57	D0	82	TDI	107	AVDD	132	CVDD
58	D1	83	CVDD	108	AVSS	133	FSX0
59	D2	84	$\overline{\text{TRST}}$	109	RDVDD	134	CLKX0
60	VSS	85	TCK	110	RCVDD	135	DR0
61	D3	86	TMS	111	RTCINX2	136	FSR0
62	D4	87	RVDD	112	RTCINX1	137	CLKR0
63	D5	88	DVDD	113	VSS	138	VSS
64	VSS	89	SDA	114	VSS	139	DVDD
65	D6	90	SCL	115	VSS	140	TIN/TOUT0
66	D7	91	$\overline{\text{RESET}}$	116	S23	141	GPIO6
67	D8	92	USBPLLVSS	117	S25	142	GPIO4
68	CVDD	93	$\overline{\text{INT0}}$	118	CVDD	143	GPIO3
69	D9	94	$\overline{\text{INT1}}$	119	S24	144	VSS

并行双向数据总线 D15～D0 可以完成两个功能：EMIF 数据总线（EMIF. D[15：0]）、HPI 数据总线（HPI. HD[15：0]）。

2. 中断引脚和复位引脚

中断引脚 $\overline{\text{INT}}$ [4：0]作为低电平有效的外部中断输入引脚，复位引脚 $\overline{\text{RESET}}$低电平有效。

3. 位输入/输出引脚

GPIO[7：6，4：0]共 7 根输入/输出线，可以单独设置成输入或输出引脚；作为输出时，又可以单独被置位或清零。

XF 引脚作为外部标志，由 BSET XF 指令设置为高电平。

4. 时钟引脚

(1) CLKOUT 是 DSP 时钟输出信号引脚。

(2) X2/CLKIN 是系统时钟/外部振荡器输入引脚。

(3) X1 是内部时钟振荡器连接外部晶振的引脚。

(4) TIN/TOUT0 是定时器 0 输入/输出引脚。

5. 实时时钟引脚

(1) RTCINX1 是实时时钟振荡器的输入引脚。

(2) RTCINX2 是实时时钟振荡器的输出引脚。

6. I^2C 引脚

(1) SDA 是 I^2C(双向)数据线。

(2) SCL 是 I^2C(双向)时钟引脚。

7. McBSP 引脚

(1) CLKR0 是 McBSP0 接收时钟。

(2) DR0 是 McBSP0 接收数据引脚。

(3) FSR0 是 McBSP0 接收帧同步引脚。

(4) CLKX0 是 McBSP0 发送时钟引脚。

(5) DX0 是 McBSP0 数据引脚。

(6) FSX0 是 McBSP0 发送帧同步引脚。

(7) S10 是 McBSP1 接收时钟引脚 McBSP1. CLKR,或作为 MMC/SD1 命令/响应引脚 MMC1. CMD/SD1. CMD。

(8) S11 是 McBSP1 串行数据接收引脚 McBSP1. DR 或者 SD1 数据 1 引脚 SD1. DAT1。

(9) S12 是 McBSP1 接收帧同步引脚 McBSP1. FSR 或者 SD1 数据 2 引脚 SD1. DAT2。

(10) S13 是 McBSP1 串行数据发送引脚 McBSP1. DX 或者 MMC/SD1 时钟引脚 MMC1. CLK/SD1. CLK。

(11) S14 是 McBSP1 发送时钟引脚 McBSP1. CLKX 或者 MMC/SD1 数据 0 引脚 MMC1. DAT/SD1. DAT0。

(12) S15 是 McBSP1 发送帧同步引脚 McBSP1. FSX 或者 SD1 数据 3 引脚 SD1. DAT3。

(13) S20 是 McBSP2 接收时钟引脚 McBSP2. CLKR,或者作为 MMC/SD2 命令/响应引脚 MMC2. CMD/SD2. CMD。

(14) S21 是 McBSP2 数据接收时钟引脚 McBSP2. CLKR 或者 SD2 数据 1 引脚 SD2. DAT1。

(15) S22 是 McBSP2 接收帧同步引脚 McBSP2. FSR 或者 SD2 数据 2 引脚

SD2.DAT2。

(16) S23 是 McBSP2 数据发送引脚 McBSP2.DX 或者 MMC/SD2 串行时钟引脚 MMC2.CLK/SD2.CLK。

(17) S24 是 McBSP2 发送时钟引脚 McBSP2.CLKX 或者 MMC/SD2 数据 0 引脚 MMC2.DAT/SD2.DAT0。

(18) S25 是 McBSP2 发送帧同步引脚 McBSP2.FSX 或者 SD2 数据 3 引脚 SD1.DAT3。

8. USB引脚

(1) DP 是差分(正)接收/发送引脚。

(2) DN 是差分(负)接收/发送引脚。

(3) PU 是上拉输出引脚。

9. A/D 引脚

VC5509 提供了一个 10 位 A/D 转换器。AIN0 和 AIN1 分别是模拟输入通道 0 和模拟输入通道 1。

10. 测试引脚

(1) TCK 是时钟输入引脚。

(2) TDI 是数据输入引脚。

(3) TDO 是测试数据输出引脚。

(4) TMS 是测试方式选择引脚。

(5) $\overline{\text{TRST}}$是测试复位引脚。

(6) EMU0 是仿真器中断 0 引脚。

(7) EMU1/ $\overline{\text{OFF}}$是仿真器中断 1/关断所有输出引脚。

11. 电源引脚

VC5509 的电源引脚分为有内核电源和外设电源两种。

(1) CVDD、DVDD、RVDD、USBVDD、RDVDD、RCVDD 是数字电源引脚。

(2) AVDD 是模拟电源引脚,ADVDD 是 AD 数字部分的电源引脚。

(3) VSS 为 I/O 和内核引脚接地;AVSS 为 10 位 A/D 接地。

(4) ADVSS 为 10 位 A/D 的数字部分接地;USB PLL VSS 为 USB 的 PLL 接地。

2.1.2 TMS320C55x 基本结构及主要特性

以 TMS320VC5509 芯片的内部结构为例,可以看到 C55x 系列处理器芯片内部的基本结构,如图 2-2 所示。它的内部集成了 C55x 的 CPU,128K×16 位片上 RAM 存储器,8M×16 位外部寻址空间,片上还集成了 USB 总线、McBSP 等多种外设。

C55x 的一系列特征使它具有处理效率高、低功耗和使用方便等优点,如表 2-2 所示。

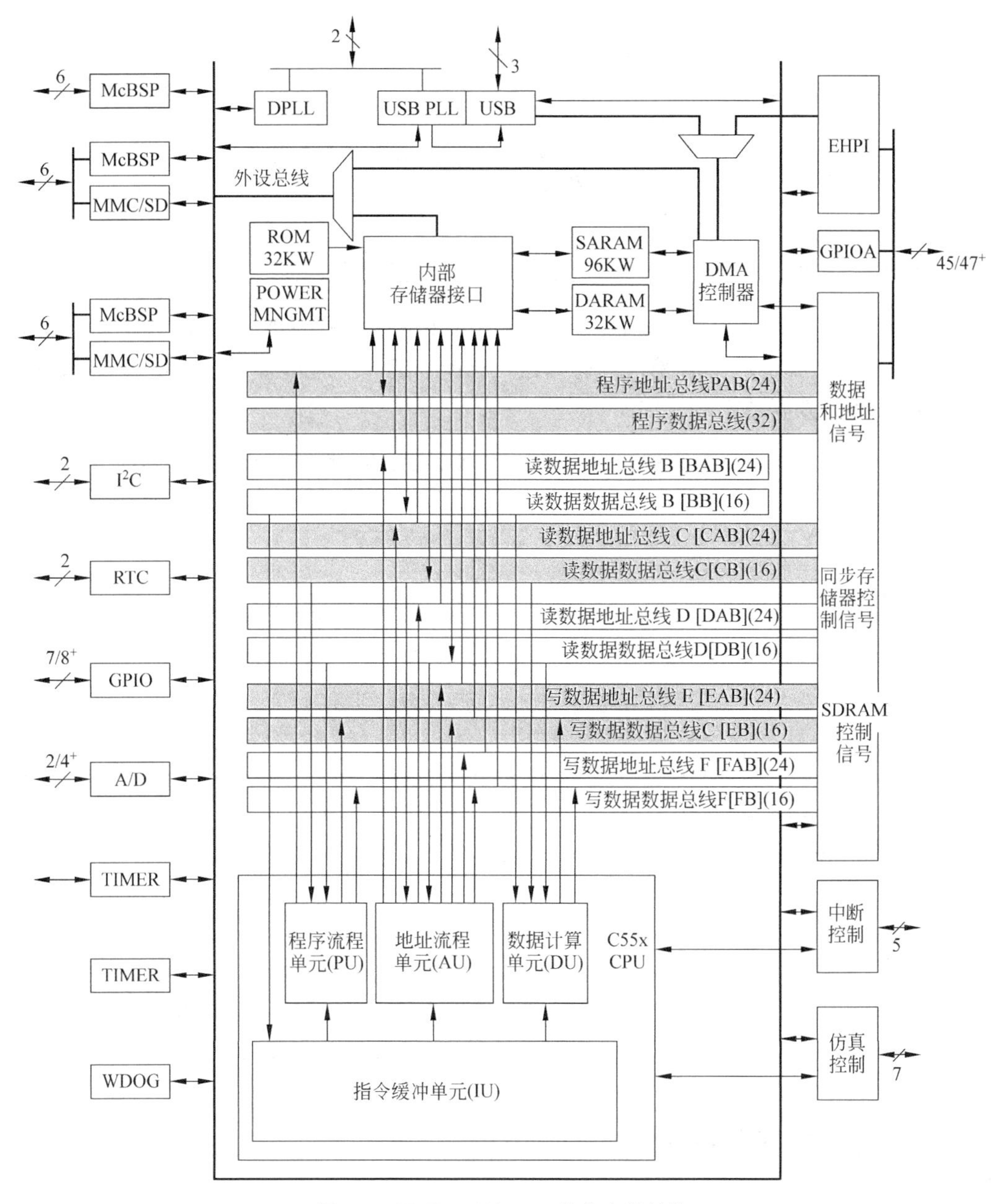

图 2-2 TMS320VC5509 芯片内部结构

表 2-2 C55x 系列处理器的特征与优点

特　征	优　点
1 个 32 位×16 指令缓冲队列	缓冲变长指令，并完成有效的块重复操作
2 个 17 位×17 位的乘法累加器	在 1 个单周期执行双乘法累加操作
1 个 40 位桶形移位寄存器元	能够将 1 个 40 位的计算结果最高向左移 31 位或向右移 32 位
1 个 16 位算术逻辑单元(ALU)	对主 ALU 并行完成简单的算术操作
4 个 40 位的累加器	保留计算结果，减少对存储单元的访问

续表

特　　征	优　　点
12条独立总线，包括：3条读数据总线；2条写数据总线；5条数据地址总线；1条读程序总线；1条程序地址总线	利用C55x并行机制的优点，为各种计算单元并行地提供将要处理的指令和操作数
用户可配置IDLE域	改进了低功耗电源管理的灵活性

C55x与C54x源代码完全兼容，即C54x平台上运行的程序能够在C55x平台上重新编译和执行，同时拥有相同且精确到每一位的结果。表2-3所示为C55x和C54x系列处理器在硬件特征方面的比较。

表2-3　C55x与C54x系列处理器在硬件方面的比较

内　　容	C54x	C55x
乘法累加器(MAC)	1	2
累加器(ACC)	2	4
读总线	2	3
写总线	1	2
地址总线	4	6
指令字长	16位	8/16/24/32/40/48位可变长
数据字长	16位	16位
算术逻辑单元(ALU)	1(40位)	1(16位) 1(40位)
辅助寄存器字长	2字节(16位)	3字节(24位)
辅助寄存器	8	8
存储空间	独立的程序/数据空间	统一的程序/数据空间
数据寄存器	0	4

2.2　总线结构及存储器接口单元

2.2.1　总线结构

C55x有1条32位程序数据总线(PB)、5条16位数据总线(BB、CB、DB、EB、FB)和1条24位程序地址总线(PAB)及5条23位数据地址总线(BAB、CAB、DAB、EAB、FAB)，这些总线分别与CPU相连。总线通过存储器接口单元(M)与外部程序总线和数据总线相连，实现CPU对外部存储器的访问。这种并行的多总线结构使CPU能在一个CPU周期内完成1次32位程序代码读、3次16位数据读和2次16位数据写，如图2-3所示。

(1) 读数据数据总线(BB、CB、DB)：这三组总线从数据空间或I/O空间传送16位数

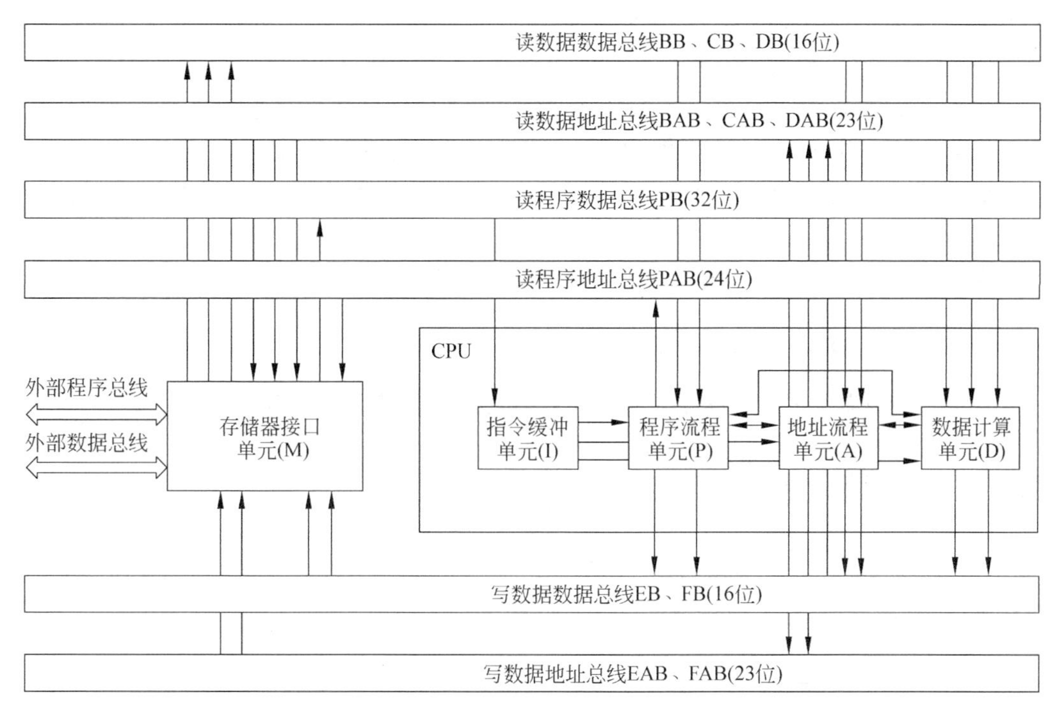

图 2-3 TMS320C55x CPU 结构

据给 CPU 的各个功能单元。总线 BB 仅从内部存储器传送数据到数据计算单元 D(主要传送给双乘加单元 MAC)。BB 总线不能与外部总线相连。有特殊指令时,用 BB、CB、DB 这 3 组总线同时读取 3 个操作数。总线 CB、DB 给程序流程单元 P、地址流程单元 A、数据计算单元 D 传送数据。对要求每次同时读取 2 个操作数的指令,需要利用 CB、DB 两组总线;对每次只读 1 个操作数的指令,只能用 DB 总线。

注意:总线 BB、BAB 不能与外部存储器连接。如果一条指令要从 BB、BAB 总线读取操作数,操作数必须是内存中的数据。强行使用外部存储器地址将产生一个总线错误的中断。

(2) 读数据地址总线(BAB、CAB、DAB):这三条总线传送 23 位字数据地址给存储器接口单元,然后存储器接口单元从存储器中读取数据传送给读数据总线。所有的数据空间地址在地址流程单元 A 中产生。

BAB 总线给使用 BB 总线传送从内部存储器到 CPU 的数据传送地址。

CAB 总线给使用 CB 总线传送到 CPU 的数据传送地址。

DAB 总线给单独使用 CB 总线或者同时使用 CB 和 DB 总线传送到 CPU 的数据传送地址。

(3) 读程序数据总线(PB):PB 总线将 32 位程序代码送入指令缓冲单元 I 进行译码。

(4) 读程序地址总线(PAB):PAB 传送 24 位程序代码地址,然后由 PB 总线传送给 CPU。

(5) 写数据数据总线(EB、FB):这两条总线从 CPU 的各个功能单元传送 16 位数据到数据空间或 I/O 空间。EB、FB 总线从程序流程单元 P、地址流程单元 A 和数据计算单元D接收数据。对于同时向存储器写2个16位数据的指令,要使用EB和FB;对于完成单写操作的指令,只使用EB。

(6) 写数据地址总线(EAB、FAB):这两条总线给存储器接口单元传送23位地址,然后由存储器接口单元接收写数据总线上的数据。所有数据空间地址由A单元产生。

EAB总线给通过EB总线或者同时通过EB、FB总线传送到存储器的数据传送地址。

FAB总线给通过FB总线传送到存储器的数据传送地址。

2.2.2 存储器接口单元

存储器接口单元的工作是协调在CPU和数据/程序或I/O空间传递的数据。

2.3 中央处理器CPU结构

如图2-3所示,C55x根据功能的不同,将CPU分成4个单元:指令缓冲单元(I)、程序流程单元(P)、数据地址流程单元(A)和数据计算单元(D)。

2.3.1 指令缓冲单元(I)

如图2-4所示,C55x的指令缓冲单元由指令缓冲队列IBQ(Instruction Buffer Queue)和指令译码器ID (Instruction Decoder)组成。在每个CPU周期内,I单元将从读程序数据总线接收的4字节程序代码放入指令缓冲队列;指令译码器从队列中取6字节程序代码,然后根据指令的长度对8位、16位、24位、32位和48位变长指令进行译码,再把译码数据送入P单元、A单元和D单元执行。

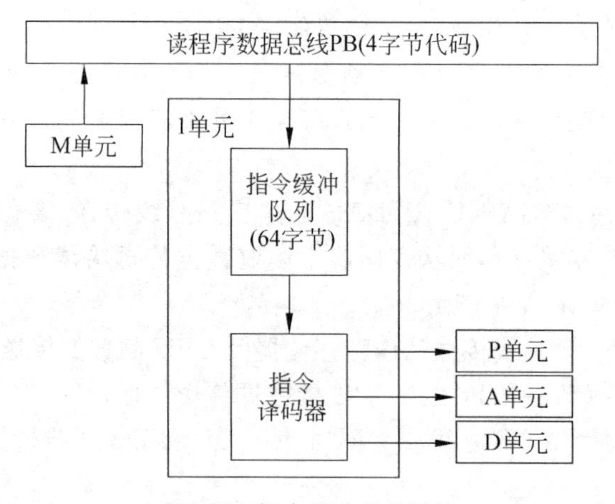

图2-4 指令缓冲单元结构

1. 指令缓冲队列

CPU每次从程序存储器中读取32位数据,然后读程序数据总线PB将数据传送给指令缓冲队列。指令缓冲队列能够容纳64字节未译码的指令。当CPU准备对指令译码时，6 字节指令从指令缓冲队列传送到指令译码器。

除了协助指令流水线工作之外，指令缓冲队列还有以下功能。

(1) 执行存储在指令缓冲队列中的代码块(本地重复指令)。

(2) 测试条件转移、条件调用和条件返回这三类指令，是测试拾取的指令。

2. 指令译码器

在指令流水线的译码阶段，指令译码器从指令缓冲队列接收 6 字节程序代码进行译码。指令译码器执行以下操作。

(1) 确定指令的边界，以便指令译码器对 8 位、16 位、24 位、32 位和 48 位指令进行译码。

(2) 决定 CPU 是否执行并行指令。

(3) 发送已译码的执行命令和立即数给 P 单元、A 单元和 D 单元。

特殊指令通过专用数据通道直接将立即数写入存储器或 I/O 空间。尽管指令译码器每次译码不超过 6 字节指令，但是有一种情况会译码 7 字节单条指令。如表 2-4 所示，这些指令有 4 字节操作数，当 k23 绝对寻址方式被用到 16 位数据存储值上时，可以增加 3 字节，扩展成 7 字节。

表 2-4 16 位数据存储值使用 k23 绝对寻址方式时将 4 字节指令扩展成 7 字节指令

指令语法	指令类型
CMP Smem == k16,TCx	存储器比较指令
BAND Smem,k16,TCx	位与比较指令
AND k16,Smem	操作数和 16 位无符号立即数按位与
OR k16,Smem	操作数和 16 位无符号立即数按位或
XOR k16,Smem	操作数和 16 位无符号立即数按位异或
ADD k16,Smem	操作数和 16 位无符号立即数相加
MPYMK[R] [T3 =]Smem,k8,ACx	乘法指令
MACMK[R] [T3 =]Smem,k8,[ACx,] ACy	乘加指令
ADD [uns(]Smem[)] << #SHIFTW,[ACx,] ACy	加法指令
SUB [uns(]Smem[)] << #SHIFTW,[ACx,] ACy	减法指令
MOV [uns(]Smem[)] << #SHIFTW,ACx	将存储器的内容加载到累加器
MOV [rnd(]HI(ACx << #SHIFTW)[)],Smem	将累加器的内容存储到存储器
MOV [uns(] [rnd(]HI[(saturate](ACx << #SHIFTW)[)))],Smem	将累加器的内容存储到存储器
MOV k16,Smem	将立即数加载到存储器中

2.3.2 程序流程单元(P)

如图 2-5 所示，程序流程单元由程序地址产生电路和寄存器组构成。程序流程单元产生所有程序空间的地址，并控制指令的读取顺序。

1. 程序地址产生与程序逻辑控制电路

程序地址产生电路的任务是产生读取程序空间的 24 位地址。一般情况下，它产生的

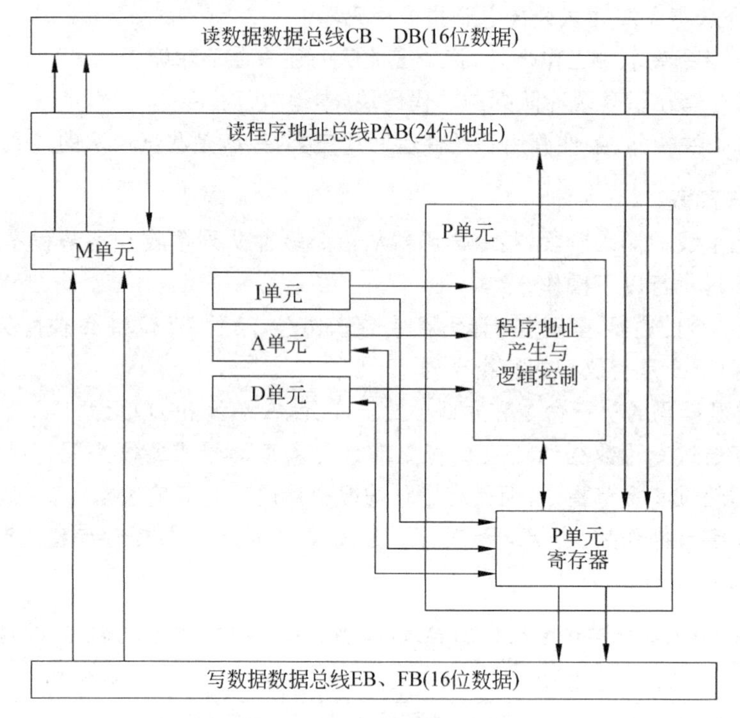

图 2-5 程序流程单元结构

是连续地址。如果指令要求读取非连续地址的程序代码，它能够接收来自 I 单元的立即数和来自 D 单元的寄存器值，并将产生的地址传送到 PAB。

程序控制逻辑电路接收来自 I 单元的立即数，并测试来自 A 单元和 D 单元的结果，从而执行下面的操作。

(1) 测试一个条件指令的真假，然后将测试结果送到程序地址产生电路。

(2) 当中断被请求并且被使能时，初始化中断服务。

(3) 控制单重复指令后面的单指令操作，或块重复指令后面的指令块的重复执行。可以嵌套 3 层循环。首先，把一个块重复嵌套在另外一个块重复里；然后，把一条单重复指令嵌套在以上任意一个块重复或者两个块重复里。所有的这些重复操作都是可中断的。

(4) 管理可以并行执行的指令。C55x 的并行规则可以使程序控制指令和数据处理指令同时执行。

2. P 单元寄存器

P 单元包含和使用的寄存器如表 2-5 所示。对程序流程寄存器进行存取是受限的，不能对程序计数器 PC 读写，只能依据下面的语法使用返回地址寄存器(RETA)和控制流程关系寄存器(CFCT)：

```
MOV dbl(Lmem),RETA
MOV RETA,dbl(Lmem)
```

表 2-5 P单元寄存器

P单元寄存器种类	P单元寄存器名称
程序流寄存器	程序计数器(PC)
	返回地址寄存器(RETA)
	控制流程关系寄存器(CFCT)
块重复寄存器	块重复寄存器0和1(BRC0、BRC1)
	BRC1的保存寄存器(BRS1)
	块重复起始地址寄存器0和1(RSA0、RSA1)
	块重复结束地址寄存器0和1(REA0、REA1)
单重复寄存器	单重复计数器(RPTC)
	计算单重复寄存器(CSR)
中断寄存器	中断标志寄存器0和1(IFR0、IFR1)
	中断使能寄存器0和1(IER0、IER1)
	调试中断使能寄存器0和1(DBIER0、DBIER1)
状态寄存器	状态寄存器0(ST0_55)
	状态寄存器1(ST1_55)
	状态寄存器2(ST2_55)
	状态寄存器3(ST3_55)

其他寄存器能用来自I单元的立即数加载，也能和数据存储器、I/O空间、A单元寄存器和D单元寄存器进行双向通信。

2.3.3 数据地址流程单元(A)

如图2-6所示，数据地址流程单元由数据地址产生电路(DAGEN)、算术逻辑电路和寄存器组构成。A单元包括能够产生数据空间和I/O空间地址的逻辑寄存器。数据地址产生电路接收来自I单元的立即数和A单元的寄存器，以此产生读取数据空间的地址。对于使用间接寻址模式的指令，由P单元向DAGEN说明采用的寻址模式；同时包括一个16位算术逻辑电路(ALU)，用于完成算术运算、逻辑运算、位操作、移位操作及测试操作。

1. 数据地址产生单元

数据地址产生电路(DAGEN)产生所有从数据空间和I/O空间读出或者写入的数据地址。它接收来自I单元的立即数和A单元的寄存器，以此产生读取数据空间的地址。对于使用间接寻址模式的指令，由P单元向数据地址产生电路说明采用的寻址模式。

2. A单元算术逻辑电路

A单元包括一个16位算术逻辑电路(ALU)。它既可以接收来自I单元的立即数，也可以与存储器、I/O空间、A单元寄存器、D单元寄存器和P单元寄存器进行双向通信。A单元完成如下功能。

(1) ALU可以完成算术运算、逻辑运算、位操作、移位操作及测试操作。

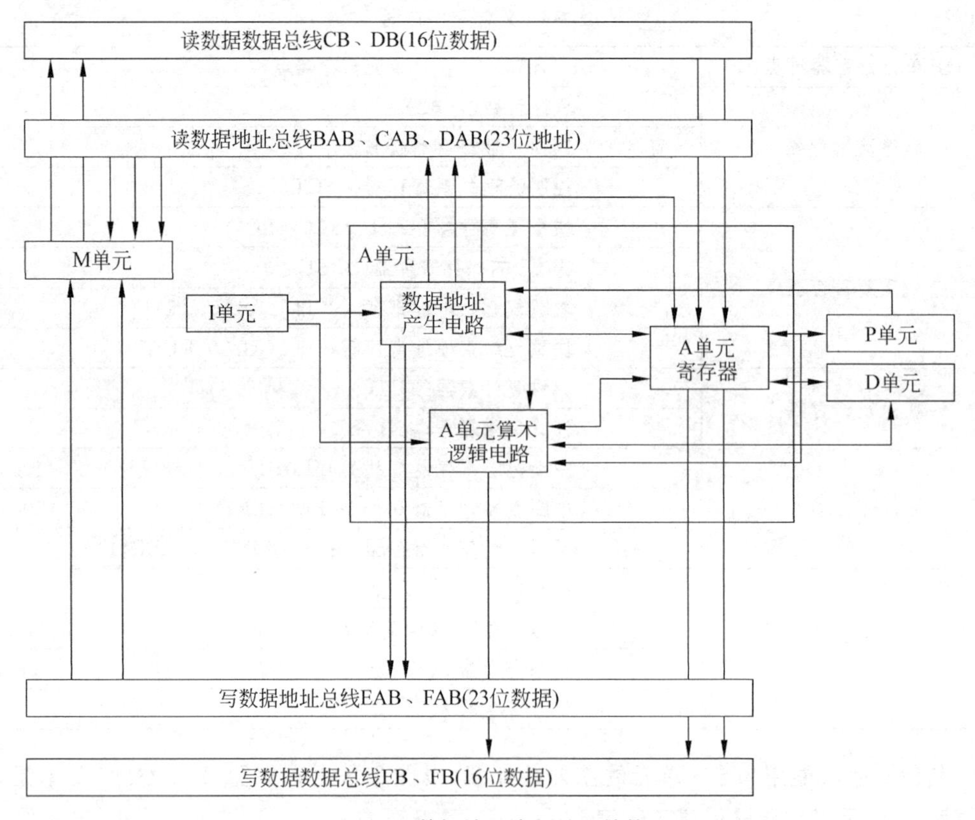

图 2-6 数据地址流程单元结构

(2) 对 A 单元寄存器内的各个位进行测试、置位、清除和求补等操作。

(3) 修改和移位寄存器的值。

(4) 将移位寄存器的内容移位后传送到 A 单元寄存器。

A 单元寄存器使用的寄存器如表 2-6 所示。表中所列寄存器接收来自 I 单元的立即数，同时接收或提供数据给 P 单元寄存器、A 单元寄存器和数据存储器。在 A 单元内部，寄存器可以与数据地址产生单元、A 单元算术逻辑电路双向通信。

表 2-6 A 单元寄存器

A 单元寄存器种类	A 单元寄存器名称
数据页寄存器	数据页寄存器(DPH、DP)
	接口数据页寄存器(PDP)
指针	系数数据指针寄存器(CDPH、CDP)
	栈指针寄存器(SPH、SP、SSP)
	辅助寄存器(XAR0～XAR7)
循环缓冲寄存器	循环缓冲大小寄存器(BK03、BK47、BKC)
	循环缓冲起始地址寄存器(BSA01、BSA23、BSA45、BSA67、BSAC)
临时寄存器	临时寄存器(T0～T3)

2.3.4 数据计算单元(D)

数据计算单元包含 CPU 的主要运算部件。它主要由移位器、算术逻辑电路(主 ALU)、两个乘法累加器(MAC)和 D 单元寄存器组构成,如图 2-7 所示。

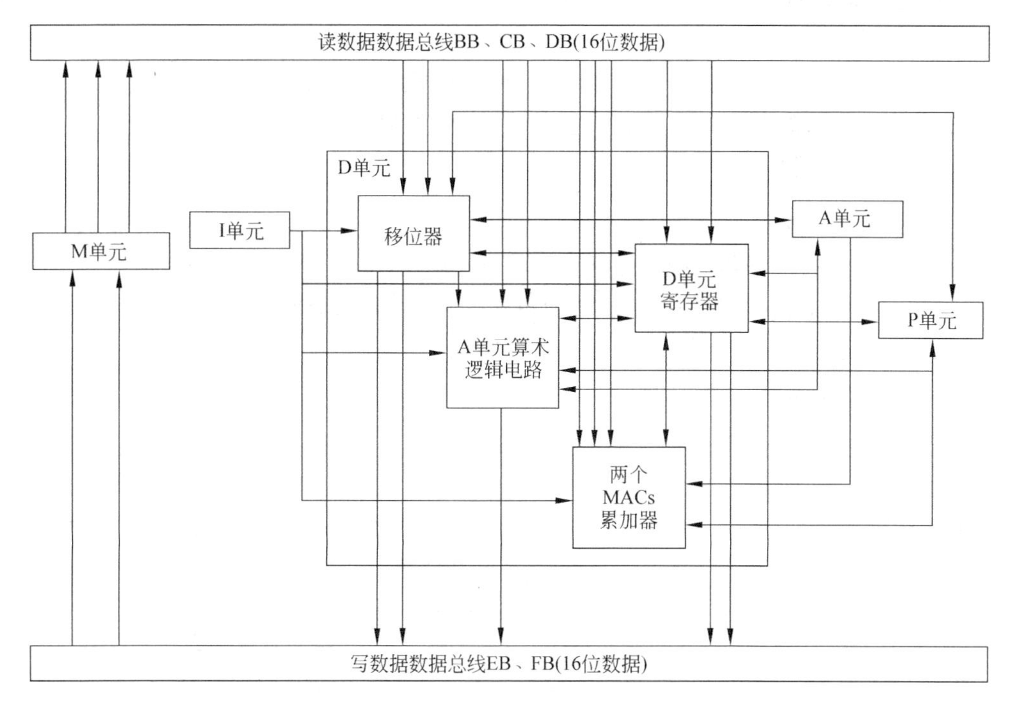

图 2-7 数据计算单元结构

1. 移位器

移位器接收来自 I 单元的立即数,能够与存储器、I/O 空间、A 单元寄存器、D 单元寄存器和 P 单元寄存器双向通信;此外,可以向 D 单元的 ALU 和 A 单元的 ALU 提供移位后的数据。移位寄存器还可以完成如下功能。

(1) 对于 40 位累加器,完成向左最多 31 位和向右最多 32 位的移位操作。移位数可从临时寄存器(T0～T3)读取或由指令中的常数提供。

(2) 对于 16 位寄存器、存储器或 I/O 空间数据,完成左移 31 位或右移 32 位的移位操作。

(3) 对于 16 位立即数,完成向左最多 15 位的移位操作。

(4) 归一化累加器的值。

(5) 提供和扩展位域,实现位计数功能。

(6) 寄存器值循环移位。

(7) 累加器的值在存入存储器之前进行取整及饱和运算。

(8) 执行包括移位指令在内的加减法运算。

2. D单元的算术逻辑电路

D单元包括一个40位ALU。它接收来自I单元的立即数,并且能够和存储器、I/O空间、A单元寄存器、D单元寄存器以及P单元寄存器双向通信。D单元的40位算术逻辑电路还可以完成如下功能。

(1) 完成加、减、比较、求整、饱和、布尔逻辑运算和绝对值运算等操作。

(2) 当执行一个双16位算术指令时,同时完成两个算术操作。

(3) 能够对D单元寄存器位进行测试、置位、清除和求补等操作。

(4) 移动寄存器的值。

3. 两个乘法累加器

两个MAC支持乘法和加减法运算。在单个周期内,每个MAC可以完成17位×17位的乘法(小数或整数)运算以及一次40位加减法运算(带有可选择的32/40位的饱和运算)。累加器(D单元寄存器)接收两个MAC的所有结果。

4. D单元寄存器

D单元所有寄存器都可以接收来自I单元的立即数;也可以接收来自P单元寄存器、A单元寄存器和数据存储器的数据,或向它们提供数据。在D单元内部,这些寄存器还可以和移位寄存器、D单元ALU以及两个MAC进行双向通信。D单元寄存器如表2-7所示。

表2-7 D单元寄存器

D单元寄存器种类	D单元寄存器名称
累加器	累加器(AC0～ AC3)
过渡寄存器	过渡寄存器(TRN0、TRN1)

2.3.5 指令流水线

1. 流水线阶段

C55x CPU采用指令流水线工作方式。C55x的指令流水线是一种受保护的流水线,包括独立的两个阶段:第一部分是取指流水线,即从内存中取出32位指令包,放入指令缓冲队列(IBQ),然后为流水线的第二部分提供48位指令包,其结构如图2-8所示,其功能如表2-8所示。

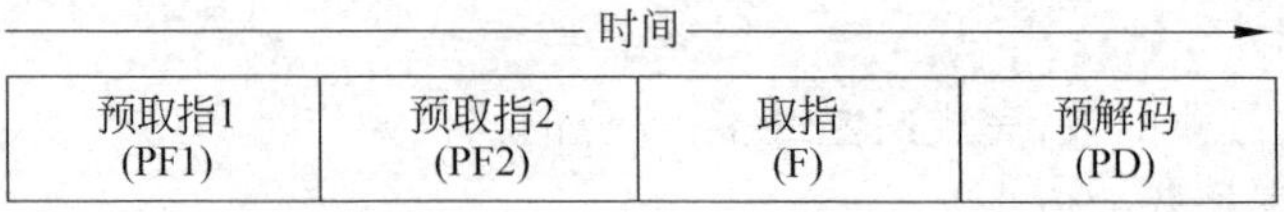

图2-8 流水线的第一部分(取指流水线)

表2-8 取指流水线功能

指 令	功 能
PF1	向存储器提供程序地址
PF2	等待存储器的响应

续表

指 令	功 能
F	从存储器取一个指令包，并放入指令缓冲队列
PD	对指令缓冲队列中的指令预解码(确定指令的起始和结束位置；确定并行指令)

第二部分是执行流水线。这部分的功能是对指令进行解码，完成数据的存取和计算，其结构如图 2-9 所示，其功能如表 2-9 所示。

时间 →

解码 (D)	地址 (AD)	存取1 (AC1)	存取2 (AC2)	读 (R)	执行 (X)	写 (W)	写 (W+)

图 2-9 流水线的第二部分(执行流水线)

表 2-9 执行流水线功能

流水线阶段	功 能
D	① 从指令缓冲队列中读 6 个字节的指令 ② 对一个指令对或一个单指令进行解码 ③ 给对应的 CPU 功能单元分配指令 ④ 读取与数据地址产生相关的 STx_ 55 寄存器中的位，如 ST1_55(CPL)、ST2_55(ARnLC)、ST2_55(ARMS)、ST2_55(CDPLC)
AD	① 读/修改与数据地址产生有关的寄存器：例如，* ARx+(T0)中的 ARx 和 T0；BK03(如果 AR2LC=1)；SP 在压栈和出栈时，读/修改 SP；SSP，在 32 位堆栈模式，在压栈和出栈时，读/修改 SP ② 在 A 单元的 ALU 中完成运算：例如，使用 AADD 指令进行算术运算；用 SWAP 指令交换 A 单元中的寄存器；向 A 单元的寄存器写入常量(BKxx、BSAxx、BRCx、CSR 等) ③ 在条件分支指令中，ARx 如果不等于 0，那么 ARx-1 ④ (例外)根据算法规则，判断 XCC(在 AD 流水线执行)指令的执行条件
AC1	存储器读操作中，在相应的 CPU 地址总线上传送地址
AC2	允许存储器对请求的响应是一个周期
R	① 从存储器和通过映射方式寻址的寄存器中读数据 ② 在 R 阶段执行 D 单元的预取 A 单元寄存器指令时，读 A 单元的寄存器 ③ 在 R 阶段判断条件指令的条件
X	① 读/修改不通过映射方式寻址的寄存器 ② 读/修改寄存器中的单个位 ③ 设置条件 ④ 如果指令不是向存储器中写，就判断 XCCPART 的条件 ⑤ 判断 RPTCC 指令的条件
W	① 向存储器映射方式寻址的寄存器或 I/O 空间写数据 ② 向存储器写数据。从 CPU 来看，写操作在该阶段完成
W+	向存储器写数据。从存储器来看，写操作在该阶段完成

举例说明流水线的工作方式，如表 2-10 所示。

表 2-10 流水线工作方式举例

指 令	流水线工作方式
AMOV #k23,XARx	在AD阶段,用一个立即数对XARx初始化
MOV #k,ARx	ARx不是通过存储器映射方式寻址的。在X阶段,用一个立即数初始化ARx
MOV #k,mmap(ARx)	ARx是通过存储器映射方式寻址的。在W阶段,用一个立即数初始化ARx
AADD #k,ARx	对于这个特殊指令,在AD阶段,用一个立即数对ARx初始化
MOV #k,*ARx+	在W+阶段,对存储器进行写操作
MOV *ARx+,AC0	在AD阶段,对ARx进行读和更新操作;在X阶段,载入AC0
ADD #k,ARx	在X阶段的开始时刻,读ARx;在X阶段的结束时刻,修改ARx
ADD ACy,ACx	在X阶段,读/写ACx和ACy
MOV mmap(ARx),ACx	ARx是通过存储器映射方式寻址的。在R阶段,读取ARx;在X阶段,修改ACx
MOV ARx,ACx	ARx不是通过存储器映射方式寻址的。在X阶段,读取ARx;在X阶段,修改ACx
BSET CPL	在X阶段,设置CPL位
PUSH,POP,RET或者AADD #k8,SP	在AD阶段,读取和修改SP。如果选择32位栈模式,SSP会发生变化
XCCPART overflow(ACx) ‖ MOV *AR1+,AC1	在X阶段,判断条件。不管条件是否满足,AR1都会加1
XCCPART overflow(ACx) ‖ MOV AC1,*AR1+	在R阶段,判断条件。满足条件,向存储器完成写操作。不管条件是否满足,AR1都会加1
XCC overflow(ACx) ‖ MOV *AR1+,AC1	在AD阶段,判断条件。仅当条件满足时,AR1才会加1

2. 流水线保护

流水线保护能够使多条指令在流水线上被同时执行,并且不同的指令修改存储器、I/O空间和寄存器的值在流水线的不同阶段。在一个未被保护的流水线中,无序的读和写将导致流水线冲突。然而,C55x的流水线有防止冲突的自动保护机制。这种机制在产生冲突的指令中增加了无用的周期。要插入受保护的流水线周期,需要遵守以下规则。

(1) 如果有一条指令应该被写入某个地址,但是这个地址中原来的指令还没有被读出,那么,插入额外的周期,以便先执行指令读操作。

(2) 如果有一条指令应该从某个地址被读出,但是这个地址中原来的指令还没有被写入,那么,插入额外的周期,以便先执行指令写操作。

注意:当两条指令并行执行时,流水线保护机制不能防止冲突的产生。

2.4 存储空间配置

C55x DSP 的存储空间包括统一的数据/程序空间和 I/O 空间。数据空间的地址用于访问存储器和存储器映射 CPU 寄存器;程序空间用于 CPU 从存储器中读取指令;I/O 空间用于 CPU 与外设之间的双向通信;片上的引导程序(Boot Loader)用于将程序代码和数据装入片内存储器。

2.4.1 存储器映射

C55x 的寻址空间为 16MB。这 16MB 的范围均可作为程序空间和数据空间来访问,如图 2-10 所示。当它被 CPU 作为程序空间从存储器读取程序代码时,使用 24 位地址(按照字节寻址);当程序访问数据空间时,它使用 23 位地址(按字寻址)。在这两种情况下,地址总线都是传输 24 位地址值;但是访问数据空间时,将 23 位地址左移 1 位,并将地址总线上的最低有效位(LSB)强制填"0",使得在对数据空间或程序空间寻址时,地址总线都传送 24 位地址。

	数据空间	数据/程序存储器	程序空间
第0主数据页	MMRs 00 0000~00 005F	…	00 0000~00 00BF
	00 0060~00 FFFF	…	00 00C0~01 FFFF
第1主数据页	01 0000~01 FFFF	…	02 0000~03 FFFF
第2主数据页	02 0000~02 FFFF	…	04 0000~05 FFFF
	⋮	⋮	⋮
第127主数据页	7F 0000~7F FFFF	…	FE 0000~FF FFFF

图 2-10 存储器映射

数据空间分成 128 个主数据页(0～127),每个主数据页的大小是 64KB。指令通过 7 位主数据页值和一个 16 位偏移量共同确定数据空间的任何一个地址。

在第 0 主数据页中,前 96 个地址(00 0000h～00 005Fh)为存储映射寄存器(MMR)保留。相对应地,在程序空间有 192 个地址(00 0000h～00 00BFh)。这段存储区为系统保留区,用户不能使用该区。

2.4.2 程序空间

只有当读取指令时,CPU 才会访问程序空间。CPU 采用字节寻址来读取变长的指令,指令的读取要和 32 位偶地址对齐(地址的低 2 位为"0")。

1. 字节寻址(24 位)

当 CPU 从程序空间读取指令时,采用字节寻址,即按字节分配地址,且地址为 24 位。

如图 2-11 所示为一个行宽为 32 位存储器的字节寻址图，每个字节分配一个地址。例如，字节 0 的地址是 00 0100h，字节 2 的地址是 00 0102h。

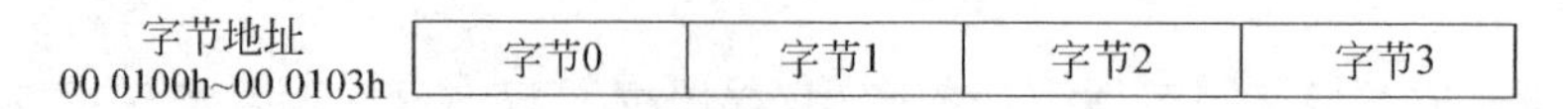

图 2-11　32 位宽程序存储器的字节寻址范围

2. 程序空间的指令结构

DSP 支持 8 位、16 位、24 位、32 位和 48 位长度的指令。表 2-11 和图 2-12 说明了指令在程序空间如何存放。在 32 位宽的存储器中存放 5 条指令，每一条指令的地址是指操作码最高有效字节的地址，阴影部分表示没有代码。

表 2-11　不同长度指令及地址分配

指令	长度/位	地　址	指令	长度/位	地　址
A	24	00 0101h	D	8	00 010Ah
B	16	00 0104h	E	24	00 010Bh
C	32	00 0106h			

字节地址	字节0	字节1	字节2	字节3
00 0100h~00 0103h		A(23~16)	A(15~8)	A(7~0)
00 0104h~00 0107h	B(15~8)	B(7~0)	C(31~24)	C(23~16)
00 0108h~00 010Bh	C(15~8)	C(7~0)	D(7~0)	E(23~16)
00 010Ch~00 010Fh	E(15~8)	E(7~0)		

图 2-12　不同长度指令在程序空间的存放位置

3. 程序空间的边界对齐

在向程序空间存放指令时，不需要边界对齐；但是从程序空间读取指令时，要和 32 位偶地址对齐。在读取一条指令时，CPU 要从最低两位是 0 的地址读取 32 位代码，即读取地址的十六进制最低位应该总是 0h、4h、8h、Ch，如图 2-12 所示。

在 CPU 不连续执行时，写入程序计数器（PC）中的地址值和程序空间的读取地址可能不一致。例如，执行一条调用子程序指令：

```
CALL B
```

假设子程序的第一条指令是 C，字节地址是 00 0106h，如图 2-12 所示。PC 的值是 00 0106h，但是读程序地址总线（PAB）上的值是 32 位边界字节地址 00 0104h。CPU 提取从 00 0104h 地址开始的 4 字节代码包，而第一个被执行的是 C 指令。

2.4.3　数据空间

当程序读写存储器或者寄存器时，需要访问数据空间。CPU 采用字寻址读写数据空间的 8 位、16 位或 32 位数据值。对于某个特定值所需要生成的地址，取决于它在数据空间存放时与子边界的位置关系。

1. 字寻址(23位)

CPU 访问数据空间采用字寻址，即为每个 16 位字分配一个 23 位宽的字地址，如图 2-13 所示。其中，字 0 的地址为 00 0100h，字 1 的地址为 00 0101h。

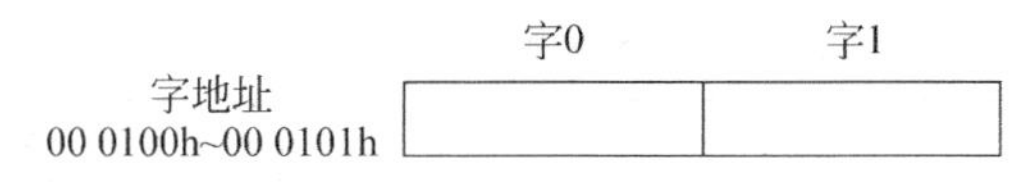

图 2-13 32 位宽存储器地址分配

由于地址总线是 24 位宽，当 CPU 在数据空间执行读/写操作时，23 位地址要左移 1 位，最低位补零。例如，一条指令在 23 位地址 00 0102h 上读一个字，24 位读数据地址总线上传送的值是 00 0204h，如下所示。

字地址：000 0000 0000 0001 0000 0010；

读数据地址总线：0000 0000 0000 0010 0000 0100。

2. 数据类型

C55x DSP 指令处理的数据类型有 8 位、16 位和 32 位。

数据空间采用字寻址，但 C55x 采用专门的指令可以选择特定的高字节或低字节，进行 8 位数据处理，如表 2-12 所示。字节装载指令将从数据空间读取的字节进行 0 扩展或符号扩展，然后装入寄存器；字节存储指令可将寄存器中的低 8 位数据存储到数据空间特定的字节地址。

表 2-12 字节装载和字节存储指令

操 作	指 令	存取的字节
字节装载	MOV high_byte(Smem),dst	Smem(15~8)
	MOV low_byte(Smem),dst	Smem(7~0)
	MOV high_byte(Smem)<<#SHIFTW,ACx	Smem(15~8)
	MOV low_byte(Smem) <<#SHIFTW,ACx	Smem(7~0)
字节存储	MOV src,high_byte(Smem)	Smem(15~8)
	MOV src,low_byte(Smem)	Smem(7~0)

注意：*因为 CPU 在数据空间是用 23 位地址访问字的，如果要访问一个字节，CPU 必须访问包含该字节的字。*

当 CPU 访问长字时，访问地址是指 32 位数据的高 16 位(MSW)地址，而低 16 位(LSW)地址取决于 MSW 的地址。具体说明如下所述。

如果 MSW 的地址是偶地址，LSW 的地址加 1，如图 2-14 所示。

如果 MSW 的地址是奇地址，则 LSW 的地址减 1，如图 2-15 所示。

字地址 00 0100h~00 0101h | MSW | LSW

图 2-14 MSW 的地址为偶地址

字地址 00 0100h~00 0101h | LSW | MSW

图 2-15 MSW 的地址为奇地址

因此，若给定 MSW(LSW)的地址，将其地址的最低有效位取反，可得到 LSW(MSW)的地址。

3. 数据空间的数据结构

表 2-13 和图 2-16 所示是一个在数据空间中组织数据的例子,32 位宽的存储器里存放 1 个不同长度的数据。在地址 00 0100h 中不存放任何数据,用阴影表示。

表 2-13 不同宽度数据及其地址分配表

数据	数据类型	地址	数据	数据类型	地址
A	字节(8 位)	00 0100h(低字节)	E	字(16 位)	00 0106h
B	字(16 位)	00 0101h	F	字节(8 位)	00 0107h(高字节)
C	长字(32 位)	00 0102h	G	字节(8 位)	00 0107h(低字节)
D	长字(32 位)	00 0105h			

字地址	字0		字1	
00 0100h~00 0101h		A	B	
00 0102h~00 0103h	C的MSW,即C(31~16)		C的LSW,即C(15~0)	
00 0104h~00 0105h	D的LSW,即D(15~0)		D的MSW,即D(31~16)	
00 0106h~00 0107h	E		F	G

图 2-16 数据在数据空间的存放位置

2.4.4 I/O 空间

C55x DSP 的 I/O 空间与数据/程序空间是分开的,它只是用来访问 DSP 片内外设的各种寄存器。I/O 空间采用 16 位宽字寻址,其寻址范围为 64K 字,如图 2-17 所示。

I/O空间

地址 0000h~FFFFh | 64K字

图 2-17 I/O 空间

CPU 用读数据地址总线 DAB 读数据,用写数据地址总线 EAB 写数据。当 CPU 从 I/O 空间读写数据时,由于 DAB 和 EAB 都是 24 位的,所以在 16 位地址前补 8 个 0 构成 24 位地址。例如,一条指令从 16 位地址 0102h 处读取一个字,则 DAB 上传送的地址为 00 0102h。C55x 的 I/O 空间只用来访问外设寄存器,不可用来扩展外设。

2.5 片内外设介绍

表 2-14 列出了 C55x DSP 的外设,以及每个特定的 C55x 芯片上相同外设的数目。标有 5509 的那一列表示的内容适用于 TMS320VC5509 和 TMS320VC5509A。对于一款特定的芯片,一些外设可能复用引脚,具体请参看器件的数据手册。

表 2-14 C55x DSP 的外设

外设	5501	5502	5509	5510
ADC			1	
带 PLL 的时钟发生器	1	1	1	1
直接存储器访问(DMA)控制器	1	1	1	1

续表

外　　设	5501	5502	5509	5510
外部存储器接口(EMIF)	1	1	1	1
主机接口(HPI)				1
	1	1	1	
指令 cache	1	1		1
I^2C 模块	1	1	1	
多通道缓冲串口(McBSP)	2	3	3	3
多媒体卡(MMC)控制器			2	
电源管理/Idle 控制	1	1	1	1
实时时钟(RTC)			1	
通用定时器	2	2	2	2
看门狗定时器	1	1	1	
通用异步接收/发送器(UART)	1	1		
通用串行总线(USB)			1	

思考题

1. TMS320C55x DSP 的内部结构由哪几部分组成?

2. 简述指令缓冲单元、程序流程单元、地址流程单元和数据计算单元的组成和功能。

3. TMS320C55x DSP 有哪些片上外设?

4. TMS320C55x 的寻址空间是多少? 当 DSP 访问程序空间和数据空间时,使用的地址是多少位的?

第 3 章

CHAPTER 3

TMS320C55x DSP 汇编指令系统

本章主要讲述 TMS320C55x DSP 汇编指令的术语、符号，汇编指令的寻址方式，以及指令系统。

知识要点

◆ 熟练掌握 TMS320C55x DSP 汇编指令的术语、符号以及相关缩写及运算规则。

◆ 理解 TMS320C55x DSP 寻址方式以及物理实现过程。

◆ 理解汇编指令结构，熟练掌握常用汇编指令的使用方法。

3.1 术语、符号与缩写

本节列出 TMS320C55x DSP 助记符指令集和单独的指令说明中用到的术语、符号以及缩写，指令集的注释、规则以及不可重复指令的列表。

3.1.1 指令集术语、符号和缩写

表 3-1 列出了用到的术语、符号和缩写。表 3-2 列出了指令集以及单独的指令说明中用到的运算符。

表 3-1 指令集中的术语、符号和缩写

符 号	含 义
[]	可选的操作数
40	如果可选的关键字“40”被用到指令中，指令的执行使得 M40 被局部置“1”
ACB	把 D 单元的寄存器传给 A 单元和 P 单元运算单元的总线
ACOVx	累加器溢出状态位：ACOV0、ACOV1、ACOV2、ACOV3
ACw,ACx,ACy,ACz	累加器：AC0、AC1、AC2、AC3
ARn_mod	所选辅助寄存器(ARn)的内容在地址产生单元中被预修改或后修改
ARx,ARy	辅助寄存器：AR0、AR1、AR2、AR3、AR4、AR5、AR6、AR7
AU	A 单元
Baddr	寄存器位地址
BitIn	移位进：测试控制标志 2(TC2)或 CARRY 状态位
BitOut	移位出：测试控制标志 2(TC2)或 CARRY 状态位

续表

符　号	含　　义
BORROW	CARRY 状态位的逻辑补
C,Cycles	执行的周期数。条件指令中,x/y 字段的意义是：x 个周期(若条件为真),y 个周期(若条件为假)
CA	系数地址产生单元
CARRY	进位状态位的值
Cmem	系数间接操作数引用数据空间中的 16 位或 32 位数值
cond	基于累加器(ACx)、辅助寄存器(ARx)、临时寄行器(Tx)、测试控制(TCx)标志或进位状态位的条件
CR	系数读总线
CSR	单重复计数寄存器
DA	数据地址产生单元
DR	数据读总线
dst	目标累加器(ACx)、辅助寄存器(ARx)的低 16 位或临时寄存器(Tx)：AC0、AC1、AC2、AC3;AR0、AR1、AR2、AR3、AR4、AR5、AR6、AR7;T0、T1、T2、T3
DU	D 单元
DW	数据写总线
Dx	x 位长的数据地址标识(绝对地址)
E	表明指令是否包含一个并行使能位
kx	x 位长的无符号常数
Kx	x 位长的带符号常数
Lmem	长字单数据存储器访问(32 位数据访问);亦同于 Smem
lx	x 位长的程序地址标识(相对于寄存器 PC 的无符号偏移量)
Lx	x 位长的程序地址标识(相对于寄存器 PC 的有符号偏移量)
Operator	指令的运算符
Pipe,Pipeline	该指令执行的流水线阶段：AD 寻址,D 译码,R 读,x 执行
pmad	程序存储器地址
Px	x 位长的程序成数据地址标识(绝对地址)
RELOP	关系运算符：＝＝(等于)、<(小于)、>＝(大于等于)、!＝(不等于)
R 或 rnd	若关键字 R 或 rnd 用于指令中,则该指令执行取整操作
RPTC	单重复计数寄存器
S,Size	指令长度(字节)
SA	堆栈地址产生单元
saturate	若可选的关键字 saturate 用于指令中,运算的 40 位输出被饱和处理
SHFT	4 位立即数移位值,0～15
SHIFTW	6 位立即数移位值,－32～＋31
Smem	单字数据存储器访问(16 位数据访问)
SP	数据堆栈指针

续表

符　号	含　义
src	源累加器(ACx)、辅助寄存器(ARx)的低16位或临时寄存器(Tx)：AC0、AC1、AC2、AC3；AR0、AR1、AR2、AR3、AR4、AR5、AR6、AR7；T0、T1、T2、T3
SSP	系统堆栈指针
STx	状态寄存器：ST0、ST1、ST2、ST3
TAx,TAy	辅助寄存器(ARx)或临时寄存器(Tx)：AR0、AR1、AR2、AR3、AR4、AR5、AR6、AR7或T0、T1、T2、T3
TCx,TCy	测试控制标志：TC1、TC2
TRNx	转换寄存器：TRN0、TRN2
Tx,Ty	临时寄存器：T0、T1、T2、T3
U或uns	若关键字U或uns用于输入操作数，则操作数被0扩展
XACdst	目标扩展寄存器：所有的23位系数数据指针(XCDP)和扩展辅助寄存器(XARx)：XAR0～XAR7
XACsrc	源扩展寄存器：所有的23位系数数据指针(XCDP)和扩展辅助寄存器(XARx)：XAR0～XAR7
XAdst	目标扩展寄存器：所有的23位数据堆栈指针(XSP)、系统堆栈指针(XSSP)、数据页指针(XDP)、系数数据指针(XCDP)和扩展辅助寄存器(XARx)：XAR0～XAR7
XARx	23位的扩展辅助寄存器(XARx)：XAR0～XAR7
XAsrc	源扩展寄存器：所有的23位数据堆栈指针(XSP)、系统堆栈指针(XSSP)、数据页指针(XDP)、系数数据指针(XCDP)和扩展辅助寄存器(XARx)：XAR0～XAR7
xdst	累加器：AC0、AC1、AC2、AC3 目标扩展寄存器；所有的23位数据堆栈指针(XSP)、系统堆栈指针(XSSP)、数据页指针(XDP)、系数数据指针(XCDP)和扩展辅助寄存器(XARx)：XAR0～XAR7
xsrc	累加器：AC0、AC1、AC2、AC3 扩展寄存器：所有的23位数据堆栈指针(XSP)、系统堆栈指针(XSSP)、数据页指针(XDP)、系数数据指针(XCDP)和扩展辅助寄存器(XARx)：XAR0～XAR7
Xmem,Ymem	间接双数据存储器访问(两个数据访问)

表3-2　指令集中用到的运算符

符　号	运算符	赋值	符　号	运算符	赋值
+ - ~	一元的加、减、1位取反	从右到左	> >=	大于、大于等于	从左到右
* / %	乘、除、取模	从左到右	== !=	等于、不等于	从左到右
+ -	加、减	从左到右	&	位与	从左到右
<< >>	带符号的左移、右移	从左到右	|	位或	从左到右
<<< >>>	逻辑左移、逻辑右移	从左到右	^	位异或	从左到右
< <=	小于、小于等于	从左到右			

注：一元+、-、*运算比二元运算有更高的优先级。

3.1.2　指令集条件字段

表3-3列出了条件指令中的cond字段可用的测试条件。

表 3-3 指令集条件(cond)字段

位或寄存器	条件(cond)字段	若条件为真…
累加器	测试累加器(ACx)内容对于 0。与 0 比较，取决于状态位 M40 若 M40=0，ACx(31～0)被比较与 0 若 M40=1，ACx(39～0)被比较与 0	
	ACx == #0	ACx 等于 0
	ACx < #0	ACx 小于 0
	ACx > #0	ACx 大于 0
	ACx != #0	ACx 不等于 0
	ACx <= #0	ACx 小于等于 0
	ACx >= #0	ACx 大于等于 0
累加器溢出状态位	测试累加器溢出状态位(ACOVx)对于 1。当可选符号!用在位名称之前时，测试该位对于 0。当此条件使用时，相应地，此 ACOVx 被清零	
	overflow(ACx)	ACOVx 位置“1”
	!overflow(ACx)	ACOVx 位清“0”
辅助寄存器	测试辅助寄存器(ARx)内容对于 0	
	ARx==#0	ARx 内容等于 1
	ARx<#0	ARx 内容小于 1
	ARx>#0	ARx 内容大于 1
	ARx != #0	ARx 内容不等于 1
	ARx <= #0	ARx 内容小于等于 1
	ARx >= #0	ARx 内容大于等于 1
进位状态位	测试进位(CARRY)状态位对于 1。当可选符号!用在位名之前，测试该位对于 0	
	CARRY	CARRY 位置“1”
	!CARRY	CARRY 位清“0”
临时寄存器	测试临时寄存器内容对于 0	
	Tx == #0	Tx 内容等于 0
	Tx < #0	Tx 内容小于 0
	Tx > #0	Tx 内容大于 0
	Tx != #0	Tx 内容不等于 0
	Tx <= #0	Tx 内容小于等于 0
	Tx >= #0	Tx 内容大于等于 0
测试控制标志位	测试控制标志(TC1 和 TC2)对于 1。当可选!符号使用在标志名称之前时，测试该标志位对于 0	
	TCx	TCx 标志置“1”
	!TCx	TCx 标志清“0”
	TC1 和 TC2 可以使用 AND(&)、OR(|)和 XOR(^)逻辑组合	
	TC1 & TC2	TC1 与 TC2 等于 1
	!TC1 & TC2	TC1 的反与 TC2 等于 1
	TC1 & !TC2	TC1 与 TC2 的反等于 1
	!TC1 & !TC2	TC1 的反与 TC2 的反等于 1
	TC1 | TC2	TC1 或 TC2 等于 1
	!TC1 | TC2	TC1 的反或 TC2 等于 1
	TC1 | !TC2	TC1 或 TC2 的反等于 1
	!TC1 | !TC2	TC1 的反或 TC2 的反等 1
	TC1 ^ TC2	TC1 异或 TC2 等于 1
	!TC1 ^ TC2	TC1 的反异或 TC2 等于 1
	TC1 ^ !TC2	TC1 异或 TC2 的反等于 1
	!TC1 ^ !TC2	TC1 的反异或 TC2 的反等于 1

3.1.3 状态位的影响

1. 累加器溢出状态位(ACOVx)

ACOV[0～3]取决于 M40。

(1) 当 M40=0 时,在第 31 位处检测溢出。

(2) 当 M40=1 时,在第 39 位处检测溢出。

如果检测到溢出,则目的累加器溢出状态位置"1"。

2. C54CM 状态位

(1) 当 C54CM=0 时,为增强模式,CPU 支持为 TMS320C55x 系列 DSP 开发的代码。

(2) 当 C54CM=1 时,为兼容模式,所有的 C55x CPU 资源仍然可利用。因此,当用户移植代码时,可以利用 C55x DSP 的额外功能来优化代码。当用户移植为 TMS320C54x 系列 DSP 开发的代码时,必须置此位。

3. 进位(CARRY)状态位

(1) 当 M40=0 时,在第 31 位处检测进位/借位。

(2) 当 M40=1 时,在第 39 位处检测进位/借位。

当执行影响进位状态位的逻辑移位或带符号移位的操作,并且移位数为 0 时,进位状态位被清零。

4. FRCT 状态位

(1) 当 FRCT=0 时,不进入分数模式,乘操作的结果不执行移位。

(2) 当 FRCT=1 时,进入分数模式,乘操作的结果左移 1 位,消除一个额外的符号位。

5. INTM 状态位

INTM 状态位全局使能/无效可屏蔽中断。此位对不可屏蔽中断不起作用。

(1) 当 INTM=0 时,所有非屏蔽中断被使能。

(2) 当 INTM=1 时,所有可屏蔽中断被禁止。

6. M40 状态位

(1) 当 M40=0 时:

在第 31 位检测溢出;

在第 31 位检测进位/借位;

饱和值是 00 7FFF FFFFh(正溢出)或 FF 8000 0000h(负溢出);

TMS320C54x DSP 兼容模式;

对于条件指令,对于 0 的比较使用了 32 位,即 ACx(31～0)。

(2) 当 M40=1 时:

在第 39 位检测溢出;

在第 39 位检测进位/借位;

饱和值是 7F FFFF FFFFh(正溢出)或 80 0000 0000h(负溢出);

对于条件指令,对于 0 的比较使用了 40 位,ACx(39～0)。

对其他状态位的影响，请参阅有关资料，这里不再赘述。

7. SXMD 状态位

此状态位控制 D 单元中的运算。

(1) 当 SXMD=0 时，输入操作数进行 0 扩展。

(2) 当 SXMD=1 时，输入操作数进行符号扩展。

3.1.4 指令集注释和规则

1. 注释

助记符语法关键字和操作数限定符不区分大小写，写作：

```
ABDST *AR0, *ar1,AC0,ac1
```

或

```
aBdST *ar0, *aR1,aC0,Ac1
```

可交换运算(+、*、&、|、^)的操作数可以以任意顺序排列。

2. 规则

简单指令不允许扩写到多行。一个例外是使用双冒号(::)的单指令，这是并行指令的标记。例如：

```
MPYR40 uns(Xmem),uns(Cmem),ACx
:: MPYR40 uns(Ymem),uns(Cmem),ACy
```

用户定义的并行指令(使用 ‖ 标记)允许扩写到多行。以下的例子是合法的：

```
MOV AC0,AC1||MOV AC2,AC3
MOV AC0,AC1||
MOV AC2,AC3
MOV AC0,AC1
||MOV AC2,AC3
MOV AC0,AC1
||
MOV AC2,AC3
```

(1) 保留字

寄存器名是被保留的，它们不能被用作标识符、标号等的名称。助记符语法名不被保留。

(2) 助记符语法字根

表 3-4 列出了助记符语法中使用的字根。

表 3-4 助记符语法字根

字根	含义	字根	含义
ABS	绝对值	B	转移
ADD	加	CALL	函数调用
AND	位与	CLR	清零

续表

字　根	含　　义	字　根	含　　义
CMP	比较	ROL	循环左移
CNT	计数	ROR	循环右移
EXP	指数	RPT	重复
MAC	乘加	SAT	饱和
MAR	修改辅助寄存器内容	SET	置“1”
MAS	乘减	SFT	移位(左/右取决于移位数的符号)
MAX	最大值	SQA	平方和
MIN	最小值	SQR	平方
MOV	移动数据	SQS	平方差
MPY	乘	SUB	减
NEG	取反(二元补码)	SWAP	交换寄存器内容
NOT	位补(一元补码)	TST	测试位
OR	位或	XOR	位异或
POP	从堆栈顶部取出	XPA	扩展
PSH	压入堆栈顶部	XTR	提取
RET	返回		

(3) 助记符语法前缀

助记符语法前缀如表 3-5 所示。

表 3-5　助记符语法前缀

前缀	含　　义
A	指令作用于寻址阶段,受循环寻址影响。产生于 DAGEN 功能单元中,并不能和使用双寻址方式的指令并行放在一起
B	位指令。注意,B 也是一个字根(转移)、后缀(借位)和前缀(位)。用前后关系的差别来防止混淆

(4) 字母和地址操作数

字母在助记符序列中被记为 K 或 k 字段。在需要偏移量的 Smem 地址模式中,偏移量也是一个字母(K16 或 k3)。8 位和 16 位字母可以在链接时重分配。其他字母的值在汇编时必须确定。

地址是在助记符序列中被 P、L、I 标记的部分。16 位和 24 位绝对地址 Smem 模式是被@语法标记的。地址可以是汇编时间常数或链接时间已知的符号常数或表达式。

字母和地址都遵守语法规则 1。规则 2 和规则 3 只对地址成立。

① 规则 1：一个合法的地址或字母是跟在♯后的,如下所示：一个数(♯123);一个标识符(♯FOO)；一个括号表达式(♯(FOO+2))。

注意：不用于表达式内部。

② 规则 2：当地址用于 DMA 中时,无论地址是数、标记还是表达式,地址无需跟在符号♯之后。以下表示都正确。

```
@ #123
@ 123
@ #FOO
@ FOO
@ #(FOO+2)
@ (FOO+2)
```

③ 规则 3：当地址用于除 DMA 之外的某些背景中(如分支目标或 Smem 绝对地址)时，地址通常需要加♯。但为了方便，标识符前的♯可以省略。以下都是正确的表示。

分支	绝对地址
B ♯123	*(♯123)
B ♯FOO	*(♯FOO)
B FOO	*(FOO)
B ♯(FOO+2)	*(♯(FOO+2))
B 123	*(123)
B (FOO+2)	*((FOO+2))

(5) 存储器操作数

① Smem 的语法与 Lmem 或 Baddr 相同。

② 在下列指令语法中，Smem 不能引用一个存储器映射寄存器(MMR)。没有指令可以访问存储器映射寄存器中的字节。在下列语法中，如果 Smem 是一个 MMR，DSP 会向 CPU 发送一个硬件总线错误中断(BERRINT)请求：

```
MOV [uns(]high_byte(Smem)[)],dst
MOV [uns(]low_byte(Smem)[)],dst
MOV high_byte(Smem) <<#SHIFTW,ACx
MOV low_byte(Smem) <<#SHIFTW,ACx
MOV src,high_byte(Smem)
MOV src,low_byte(Smem)
```

③ Xmem 语法和 Ymem 语法一致。

④ 系数操作数(Cmem)的语法如下所示。

```
*CDP
*CDP+
*CDP-
*(CDP+T0),when C54CM=0
*(CDP+AR0),when C54CM=1
```

当某一条指令与并行的指令共同使用系数操作数时，并行对的两条指令对 Cmem 的指针修改必须相同；否则，汇编器将产生错误。例如：

```
MAC *AR2+,*CDP+,AC0
:: MAC *AR3+,*CDP+,AC1
```

⑤ 一个可选的 mmr 前缀用于指定间接存储器操作数，例如 mmr(*AR0)。这是用户访问存储器映射寄存器的声明。汇编器会检查在某一环境下这样的访问是否合法。

(6) 操作数限定符

操作数限定符如表3-6所示,类似于对操作数的函数调用。需注意的是,uns是无符号型操作数限定符,指令的后缀U意味着无符号型。在运算(MAC的剩余部分中)限定操作数的时候,使用操作数限定符uns。在整个运算都被影响时,使用指令后缀U(如MPYMU、CMPU、BCCU)。

表3-6 有关的操作数限定符

限定符	含义
dbl	访问一个真正的32位存储器操作数
dual	访问一个32位存储器操作数,它被用作某操作的两个独立的16位操作数
HI	访问累加器的高16位
high_byte	访问存储器位置的高字节
LO	访问累加器的低16位
low_byte	访问存储器位置的低字节
pair	双寄存器访问
rnd	舍入
saturate	饱和
uns	无符号操作数(不用于MOV指令)

当某一条指令和并行的指令一起使用某Cmem操作数,且此Cmem操作数被定义为无符号型(uns)时,并行对的两个Cmem操作数必须都定义为无符号型(反之亦然)。

当某一条指令和并行的指令一起使用Xmem和Ymem操作数,且Xmem操作数定义为无符号型(uns)时,Ymem也必须定义为无符号型(反之亦然)。

3.1.5 并行特征和规则

1. 并行特征

C55x DSP的结构允许用户在同一指令周期并行执行两条指令。并行类型如下所述。

(1) 单指令中的内嵌并行。

某些指令可以并行执行两个不同的操作。双冒号(::)用来分开这两个操作。这种并行也称为隐式并行。例如:

```
MPY *AR0, *CDP,AC0
:: MPY *AR1, *CDP,AC1
```

这是一条单指令,AR0和AR1引用的数据同时被CDP引用的系数乘。

(2) 用户定义的两条指令间的并行。

两条指令可以由用户或C编译器来并行。用平行竖线‖隔开两条并行执行的指令。例如:

```
MPYM *AR1-, *CDP,AC1
|| XOR AR2,T1
```

第一条指令执行 D 单元中的乘运算，第二条指令执行 A 单元 ALU 中的逻辑运算。

(3) 内嵌并行可以与用户定义并行操作组合。例如：

```
MPYM T3= * AR3+,AC1,AC2
|| MOV #5,AR1
```

第一条指令包含隐式并行，第二条指令是由用户定义的并行。

2. 并行基础

在并行指令中，遵循以下限制：两条指令的总长度不能超过 6 字节；不发生下一节中所述的资源冲突；一条指令必须有一个并行使能位或并行对进行软双重并行；没有存储器操作数可以使用 16 位或更大常数的寻址方式。

```
*abs16(#k16)
*(#k23)
port(#k16)
*ARn(k16)
*+ARn(k16)
*CDP(k16)
*+CDP(k16)
```

以下指令不能并行。

```
BCC P24,cond
CALLCC P24,cond
IDLE
INTR k5
RESET
TRAP k5
```

并行对中的两条指令都不可以使用如下指令或操作数限定符。

```
mmap()
port()
<instruction>.CR
<instruction>.LR
```

在流水线的每个阶段，某一特定的寄存器或存储器位置只能被写一次。违反此规则的形式有多种。一个简单的例子是装载同一个寄存器两次。其他例子包括：冲突的地址模式修改(如 * AR2＋对 * AR2－)；与一条 SWAP 指令(修改该指令的所有寄存器)关联的，对相同寄存器有写操作的其他指令；修改数据堆栈指针(SP)或系统堆栈指针(SSP)不能与下列指令组合。

(1) 所有压入栈顶的指令(PUSH)。

(2) 所有弹出栈顶的指令(POP)。

(3) 所有条件调用(CALLCC)和无条件调用指令(CALL)。

(4) 所有条件返回(RETCC)、无条件返回(RET)和中断返回(RETI)指令。

(5) TRAP 和 INTR 指令。

并行对中的两条指令修改同一个状态位时，状态位的值变成未定义。

3. 资源冲突

该指令每次执行时都会使用某些运算单元、地址产生单元和总线，这些统称为资源。两条并行指令使用所有单条指令所需的资源。当两条指令使用了 C55x 器件不支持的资源组合的时候，资源冲突产生。

(1) 运算符：用户只能使用以下运算符一次。

```
D Unit ALU
D Unit Shift
D Unit Swap
A Unit Swap
A Unit ALU
P Unit
```

对于使用多个运算符的指令，任何使用一个或多个相同运算符的指令不能与之并行执行。

(2) 地址产生单元。用户不能使用多于以下指定个数的地址产生单元：2 个数据地址(DA)产生单元、1 个系数地址(CA)产生单元和 1 个堆栈地址(SA)产生单元。

(3) 总线。用户不能使用多于以下指定个数的总线：2 个数据读(DR)总线、1 个系数读(CR)总线、2 个数据写(DW)总线、1 个 ACB 总线(将 D 单元寄存器内容送入 A 单元和 P 单元运算)、1 个 KAB 总线(常数总线)和 1 个 KDB 总线(常数总线)。

4. 软双重并行

引用存储器操作数的指令没有并行使能位。两条这样的指令仍可以以并行的形式结合，称为软双重并行。其限制为：两个存储器操作数都必须符合双 AR 间接寻址方式(Xmem 和 Ymem)的限制；不能有嵌有 high_byte(Smem)和 low_byte(Smem)的指令；读写相同存储器位置的指令。

3.2 数据寻址方式

本节介绍 TMS320C55x DSP 的寻址方式。

3.2.1 寻址方式概述

TM5320C55x DSP 支持三种寻址方式，可以灵活地访问数据存储器、存储器映射寄存器、寄存器位以及 I/O 空间。

(1) 绝对寻址方式：通过指令中的常数来作为地址的全部或部分访问一个位置。

(2) 直接寻址方式：使用地址偏移量访问一个位置。

(3) 间接寻址方式：使用指针访问一个位置。

每种寻址方式提供一种或多种类型的操作数。一条指令中支持寻址方式的操作数具有表 3-7 中所列语法成分之一。

表 3-7 寻址方式操作数

语法元素	描述
Baddr	当一条指令包含 Baddr 时，该指令能访问累加器(AC0～AC3)、辅助寄存器(AR0～AR7)或临时寄存器(T0～T3)中的 1 或 2 位。只有寄存器位测试/置位/清除/取反指令支持 Baddr。写该指令时，用一个兼容操作数代替 Baddr
Cmem	当一条指令包含 Cmem 时，该指令能访问数据存储器中的一个单字(16 位)。写该指令时，用一个兼容操作数代替 Cmem
Lmem	当一条指令包含 Lmem 时，该指令能访问数据存储器或存储器映射寄存器中的一个长字(32 位)。写该指令时，用一个兼容操作数代替 Lmem
Smem	当一条指令包含 Smem 时，该指令能访问数据存储器、I/O 空间或存储器映射寄存器中的一个单字(16 位)。写该指令时，用一个兼容操作数代替 Smem
Xmem 和 Ymem	当一条指令包含 Xmem 和 Ymem 时，该指令能执行对数据存储器的两个 16 位同时访问。写该指令时，用兼容操作数代替 Xmem 和 Ymem

3.2.2 绝对寻址方式

表 3-8 列出了有效的绝对寻址方式。

表 3-8 绝对寻址方式

寻址模式	描述
k16 绝对	这种方式使用被称为 7 位寄存器的 DPH(扩展数据页寄存器的高位部分)和一个 16 位无符号常数组成 23 位数据空间地址，用来访问存储器或存储器映射寄存器
k23 绝对	这种方式将一个完整地址看作一个 23 位无符号常数，用于访问存储器或存储器映射寄存器
I/O 绝对	这种方式将一个 I/O 地址看作一个 16 位无符号常数，用于访问 I/O 空间

1. k16 绝对寻址方式

kl6 绝对寻址方式使用操作数 * abs16(#k16)。k16 为 16 位无符号常数。DPH 和 k16 关联组成 23 位数据空间地址。

使用这种寻址方式的指令把常数编码成对指令的 2 字节扩展。由于扩展，使用此方式的指令不能与其他指令并行执行。

2. k23 绝对寻址方式

k23 绝对寻址方式使用操作数 * (#k23)。k23 为 23 位无符号常数。使用此方式的指令把常数编码成对指令的 3 字节扩展(丢弃 3 字节扩展的最高位)。由于扩展，使用此方式的指令不能与其他指令并行执行。

使用操作数 * (#k23)访问存储器操作数 Smem 的指令不能用于重复指令中。

3. I/O 绝对寻址方式

I/O 绝对寻址方式使用操作数限定符 port()。把 16 位无符号常数放入限定符 port()的圆括号中，即 port(#k16)。此操作数中前面没有 *。

使用这种寻址方式的指令把常数编码成对指令的 3 字节扩展。由于扩展，使用此方式的指令不能与其他指令并行执行。指令 DELAY 和 MACMZ 不能使用此方式。

3.2.3 直接寻址方式

表3-9列出了可用的直接寻址方式。

表3-9 直接寻址方式

寻址模式	描述
DP直接寻址	这种寻址方式通过DPH(扩展数据页寄存器的高位部分)和数据页寄存器(DP)联合起来指定主数据页。此方式用来访问一个存储器位置或一个存储器映射寄存器
SP直接寻址	这种寻址方式通过SPH(扩展堆栈指针的高位部分)和数据堆栈指针(SP)联合起来指定主数据页。此方式用来访问数据存储器中的堆栈值
寄存器位直接寻址	这种寻址方式使用一个偏移量指定一个位地址。此方式用来访问一个寄存器位或两个相邻的寄存器位
PDP直接寻址	这种寻址方式使用外设数据页寄存器(PDP)和一个偏移量指定一个I/O地址。此方式用来访问I/O空间中的一个位置

DP直接寻址和SP直接寻址相互排斥。所选方式取决于状态寄存器ST1_55的CPL位，当CPL=0时，是DP直接寻址方式；当CPL=1时，是SP直接寻址方式。寄存器位寻址和PDP直接寻址不受CPL位控制。

1. DP直接寻址方式

当指令使用DP直接寻址方式时，形成一个23位的地址。从DPH取出的高7位选择128个主数据页(0～127)之一。低16位是以下两个值之和：

(1) 数据页寄存器(DP)的值。DP确定主数据页中128字本地数据页的起始地址。起始地址可以是所选主数据页中的任意地址。

(2) 由汇编器计算的一个7位偏移量。计算取决于用户访问数据存储器，还是存储器映射寄存器(使用mmap()限定符)。

DPH和DP的联合称为扩展的数据页寄存器(XDP)。可以单独装载DPH和DP，也可通过指令装载XDP。

2. SP直接寻址方式

当指令使用SP直接寻址方式时，形成一个23位的地址。高7位从DPH中取出，低16位是SP与指令中指定的7位偏移量之和。偏移量值在0～127。SPH和SP的联合称为扩展数据堆栈指针(XSP)。可以单独装载SPH和SP，也可以使用指令装载XSP。

在第一主数据页中，地址00 0000h～00 005Fh保留用作存储器映射寄存器。如果数据堆栈在主数据页0中，确保只使用这页00 0060h～00 FFFFh的地址范围。

3. 寄存器位直接寻址

在寄存器位直接寻址方式中，提供操作数中的偏移量。@bitoffset是一个来自寄存器最低有效位的偏移量。例如，若位偏移量为0，则寻址寄存器的最低有效位；若位偏移量为3，则寻址寄存器的第3位。

只有寄存器位测试/置位/清除/取补指令支持此方式。这些指令只能访问下列寄存器位：累加器(AC0～AC3)、辅助寄存器(AR0～AR7)和临时寄存器(T0～T3)。

4. PDP直接寻址

当指令使用PDP直接寻址方式时，形成一个16位的I/O地址。高9位取自9位外设数据页寄存器(PDP)。此寄存器可选择512(0～511)个外设数据页之一，每一页有128个字(0～127)。通过在指令中指定一个7位的偏移量(Poffset)来选择特定字。例如，使用偏移量0来访问指定页的第一个字。

必须使用限定符readport()或writeport()指令指出正在访问的是I/O空间，而不是数据存储器空间。readport()或writeport()指令限定符同执行I/O空间访问的指令并行放置。

3.2.4 间接寻址方式

表3-10列出了可用的间接寻址方式，可使用这些方式进行线性寻址和循环寻址。

表3-10 间接寻址方式

寻址模式	描 述
AR间接寻址	此方式使用8个辅助寄存器(AR0～AR7)之一来指向数据。CPU使用辅助寄存器产生一个地址，该地址取决于用户访问的是数据空间(存储器或存储器映射寄存器)、单独寄存器位或I/O空间
双AR间接寻址	此方式采用与AR间接寻址相同的地址产生过程。此方式与访问2个或多个数据存储器位置的指令一起使用
CDP间接寻址	此方式使用系数数据指针(CDP)指向数据。CPU使用CDP产生地址，该地址取决于访问数据空间(存储器或存储器映射寄存器)、单独寄存器位或I/O空间
系数间接寻址	此方式采用与CDP间接寻址相同的地址产生过程。此方式支持指令在访问数据存储器中的系数，同时使用双AR间接寻址方式访问两个其他数据存储器值

1. AR间接寻址方式

AR间接寻址方式使用辅助寄存器ARn(n=0～7)来指向数据。CPU使用ARn产生的地址取决于访问的类型，如表3-11所示。

表3-11 AR间接寻址方式

访问类型	ARn产生地址的方式
数据空间(存储器或寄存器)	23位地址的低16位，高7位由扩展辅助寄存器XARn的高位部分ARnH提供。对于访问数据空间，使用指令来装载XARn；ARn被单独装载，而ARnH不能被装载
一个寄存器位或位对	位的序号。只有寄存器位测试、置位、清除、取补指令支持AR间接访问寄存器位，这些指令只能访问以下寄存器中的位：累加器(AC0～AC3)、辅助寄存器(AR0～AR7)和临时寄存器(T0～T3)
I/O空间	一个16位I/O地址

可用的AR间接寻址方式操作数取决于状态寄存器ST2_55的ARMS位。ARMS=0，DSP模式，CPU能够使用的DSP模式操作数如表3-12所示，这些操作数提供DSP密集应用的高效执行；ARMS=1，控制模式，CPU能使用控制模式操作数，如表3-13所示，

这些操作数能优化代码对控制系统的应用。

表 3-12　DSP 模式操作数对于 AR 间接寻址方式

操作数	指 针 修 改	支持访问类型
*ARn	ARn 不被修改	数据存储器(Smem,Lmem) 存储器映射寄存器(Smem,Lmem) 寄存器位(Baddr) I/O 空间(Smem)
*ARn+	ARn 地址生成后递增 若 16 位/1 位操作,则 ARn=ARn+1 若 32 位/2 位操作,则 ARn=ARn+2	数据存储器(Smem,Lmem) 存储器映射寄存器(Smem,Lmem) 寄存器位(Baddr) I/O 空间(Smem)
*ARn−	ARn 地址生成后递减 若 16 位/1 位操作,则 ARn=ARn−1 若 32 位/2 位操作,则 ARn=ARn−2	数据存储器(Smem,Lmem) 存储器映射寄存器(Smem,Lmem) 寄存器位(Baddr) I/O 空间(Smem)
*+ARn	ARn 地址生成前递增 若 16 位/1 位操作,则 ARn=ARn+1 若 32 位/2 位操作,则 ARn=ARn+2	数据存储器(Smem,Lmem) 存储器映射寄存器(Smem,Lmem) 寄存器位(Baddr) I/O 空间(Smem)
*−ARn	ARn 地址生成前递减 若 16 位/1 位操作,则 ARn=ARn−1 若 32 位/2 位操作,则 ARn=ARn−2	数据存储器(Smem,Lmem) 存储器映射寄存器(Smem,Lmem) 寄存器位(Baddr) I/O 空间(Smem)
*(ARn+AR0)	AR0 中的 16 位带符号常数在地址产生后加到 ARn 中：ARn=ARn+AR0 当 C54CM=1 时,操作数有效 当.c54cm_on 在汇编有效时,操作数可用	数据存储器(Smem,Lmem) 存储器映射寄存器(Smem,Lmem) 寄存器位(Baddr) I/O 空间(Smem)
*(ARn+T0)	T0 中的 16 位带符号常数在地址产生后加到 ARn 中：ARn=ARn+T0 当 C54CM=0 时,操作数有效 当.c54cm_off 在汇编有效时,操作数可用	数据存储器(Smem,Lmem) 存储器映射寄存器(Smem,Lmem) 寄存器位(Baddr) I/O 空间(Smem)
*(ARn−AR0)	AR0 中的 16 位带符号常数在地址产生后从 ARn 中减去：ARn=ARn−AR0 当 C54CM=1 时,操作数有效 当.c54cm_on 在汇编有效时,操作数可用	数据存储器(Smem,Lmem) 存储器映射寄存器(Smem,Lmem) 寄存器位(Baddr) I/O 空间(Smem)
*(ARn−T0)	T0 中的 16 位带符号常数在地址产生后从 ARn 中减去：ARn=ARn−T0 当 C54CM=0 时,操作数有效 当.c54cm_off 在汇编有效时,操作数可用	数据存储器(Smem,Lmem) 存储器映射寄存器(Smem,Lmem) 寄存器位(Baddr) I/O 空间(Smem)
*ARn(AR0)	ARn 不被修改。ARn 用作基指针。AR0 中的 16 位带符号常数用作基指针的偏移量 当 C54CM=1 时,此操作数有效 当.c54cm_on 在汇编有效时,操作数可用	数据存储器(Smem,Lmem) 存储器映射寄存器(Smem,Lmem) 寄存器位(Baddr) I/O 空间(Smem)

续表

操作数	指针修改	支持访问类型
*ARn(T0)	ARn 不被修改。ARn 用作基指针。T0 中 16 位带符号常数用作基指针的偏移量 当 C54CM=0 时,此操作数有效 当.c54cm_off 在汇编有效时,操作数可用	数据存储器(Smem,Lmem) 存储器映射寄存器(Smem,Lmem) 寄存器位(Baddr) I/O 空间(Smem)
*ARn(T1)	ARn 不被修改。ARn 用作基指针。T1 中 16 位带符号常数用作基指针的偏移量	数据存储器(Smem,Lmem) 存储器映射寄存器(Smem,Lmem) 寄存器位(Baddr) I/O 空间(Smem)
*(ARn+T1)	T1 中的 16 位带符号常数在地址生成后加到 ARn 中:ARn=ARn+T1	数据存储器(Smem,Lmem) 存储器映射寄存器(Smem,Lmem) 寄存器位(Baddr) I/O 空间(Smem)
*(ARn−T1)	在地址生成后,T1 中的 16 位带符号常数从 ARn 中减去:ARn=ARn−T1	数据存储器(Smem,Lmem) 存储器映射寄存器(Smem,Lmem) 寄存器位(Baddr) I/O 空间(Smem)
*(ARn+AR0B)	AR0 中的 16 位带符号常数在地址产生后加到 ARn 中:ARn=ARn+AR0(加法采用反向进位传送) 当 C54CM=1 时,此操作数有效 当.c54cm_on 在汇编有效时,操作数可用 注意:当使用了此位反转操作数时,ARn 不能被用作循环指针。若 ARn 在 ST2_55 中被配置为循环寻址,相应的缓冲区起始地址寄存器的值(BASxx)加到 ARn 中,但 ARn 不被修改,以保持在循环缓冲区内	数据存储器(Smem,Lmem) 存储器映射寄存器(Smem,Lmem) 寄存器位(Baddr) I/O 空间(Smem)
*(ARn+T0B)	T0 中的 16 位带符号常数在地址产生后加到 ARn 中:ARn=ARn+T0(加法采用反向进位传送) 当 C54CM=0 时,此操作数有效 当.c54cm_off 在汇编有效时,操作数可用 注意:当使用了此位反转换操作数时,ARn 不能被用作循环指针。若 ARn 在 ST2_55 中被配置为循环寻址,相应的缓冲区起始地址寄存器的值(BASxx)加到 ARn 中,但 ARn 不被修改,以保持在循环缓冲区内	数据存储器(Smem,Lmem) 存储器映射寄存器(Smem,Lmem) 寄存器位(Baddr) I/O 空间(Smem)
*(ARn−AR0B)	AR0 中的 16 位带符号常数在地址产生后从 ARn 中减去:ARn=ARn−AR0(减法采用反向进位传送) 当 C54CM=1 时,此操作数有效 当.c54cm_on 在汇编有效时,操作数可用 注意:当使用了此位反转操作数时,ARn 不能被用作循环指针。若 ARn 在 ST2_55 中被配置为循环寻址,相应的缓冲区起始地址寄存器的值(BASxx)从 ARn 中减去,但 ARn 不被修改,以保持在循环缓冲区内	数据存储器(Smem,Lmem) 存储器映射寄存器(Smem,Lmem) 寄存器位(Baddr) I/O 空间(Smem)

续表

操作数	指针修改	支持访问类型
*(ARn－T0B)	T0中的16位带符号常数在地址产生后从ARn中减去：ARn＝ARn－T0(加法采用反向进位传送) 当C54CM＝0时，此操作数有效 当.c54cm_off在汇编有效时，操作数可用 注意：当使用了此位反转换作数时，ARn不能被用作循环指针。若ARn在ST2_55中被配置为循环寻址，相应的缓冲区起始地址寄存器的值(BASxx)从ARn中减去，但ARn不被修改，以保持在循环缓冲区内	数据存储器(Smem,Lmem) 存储器映射寄存器(Smem,Lmem) 寄存器位(Baddr) I/O空间(Smem)
*ARn(#k16)	ARn不被修改。ARn用作基指针。16位带符号常数(k16)用作基指针的偏移量 注意：当指令使用此操作数时，常数被编码成对指令的2字节扩展。因此，使用此操作数的指令不能与其他指令并行执行	数据存储器(Smem,Lmem) 存储器映射寄存器(Smem,Lmem) 寄存器位(Baddr) I/O空间(Smem)
*＋ARn(#k16)	16位带将号常数(k16)在地址产生前加到ARn中：Akn＝ARn＋k16 注意：当指令使用此操作数时，常数被编码成对指令的2字节扩展。因此，使用此操作数的指令不能与其他指令并行执行	数据存储器(Smem,Lmem) 存储器映射寄存器(Smem,Lmem) 寄存器位(Baddr) I/O空间(Smem)

表3-13　控制模式操作数对于AR间接寻址方式

操作数	指针修改	支持访问类型
*ARn	ARn不被修改	数据存储器(Smem,Lmem) 存储器映射寄存器(Smem,Lmem) 寄存器位(Baddr) I/O空间(Smem)
*ARn＋	ARn地址生成后递增 若16位/1位操作，则ARn＝ARn＋1 若32位/2位操作，则ARn＝ARn＋2	数据存储器(Smem,Lmem) 存储器映射寄存器(Smem,Lmem) 寄存器位(Baddr) I/O空间(Smem)
*ARn－	ARn地址生成后递减 若16位/1位操作，则ARn＝ARn－1 若32位/2位操作，则ARn＝ARn－2	数据存储器(Smem,Lmem) 存储器映射寄存器(Smem,Lmem) 寄存器位(Baddr) I/O空间(Smem)
*(ARn＋AR0)	AR0中的16位带符号常数在地址产生后加到ARn中：ARn＝ARn＋AR0 当C54CM＝1时，操作数有效 当.c54cm_on在汇编有效时，操作数可用	数据存储器(Smem,Lmem) 存储器映射寄存器(Smem,Lmem) 寄存器位(Baddr) I/O空间(Smem)
*(ARn＋T0)	T0中的16位带符号常数在地址产生后加到ARn中：ARn＝ARn＋T0 当C54CM＝0时，操作数有效 当.c54cm_on在汇编无效时，操作数可用	数据存储器(Smem,Lmem) 存储器映射寄存器(Smem,Lmem) 寄存器位(Baddr) I/O空间(Smem)

续表

操作数	指针修改	支持访问类型
*(ARn－AR0)	AR0中的16位带符号常数在地址产生后从ARn中减去：ARn＝ARn－AR0 当C54CM＝1时，操作数有效 当.c54cm_on在汇编有效时，操作数可用	数据存储器(Smem，Lmem) 存储器映射寄存器(Smem，Lmem) 寄存器位(Baddr) I/O空间(Smem)
*(ARn－T0)	T0中的16位带符号常数在地址产生后从ARn中减去：ARn＝ARn－T0 当C54CM＝0时，操作数有效 当.c54cm_off在汇编有效时，操作数可用	数据存储器(Smem，Lmem) 存储器映射寄存器(Smem，Lmem) 寄存器位(Baddr) I/O空间(Smem)
*ARn(AR0)	ARn不被修改。ARn用作基指针。AR0中的16位带符号常数用作基指针的偏移量 当C54CM＝1时，此操作数有效 当.c54cm_on在汇编有效时，操作数可用	数据存储器(Smem，Lmem) 存储器映射寄存器(Smem，Lmem) 寄存器位(Baddr) I/O空间(Smem)
*ARn(T0)	ARn不被修改。ARn用作基指针。T0中的16位带符号常数用作基指针的偏移量 当C54CM＝0时，此操作数有效 当.c54cm_off在汇编有效时，操作数可用	数据存储器(Smem，Lmem) 存储器映射寄存器(Smem，Lmem) 寄存器位(Baddr) I/O空间(Smem)
*ARn(#k16)	ARn不被修故。ARn用作基指针。16位带符号常数(k16)用作基指针的偏移量 注意：当指令使用此操作数时，常数被编码成对指令的2字节扩展。因此，使用此操作数的指令不能与其他指令并行执行	数据存储器(Smem，Lmem) 存储器映射寄存器(Smem，Lmem) 寄存器位(Baddr) I/O空间(Smem)
*＋ARn(#k16)	16位带将号常数(k16)在地址产生前加到ARn中：ARn＝ARn＋k16 注意：当指令使用此操作数时，常数被编码成对指令的2字节扩展。因此，使用此操作数的指令不能与其他指令并行执行	数据存储器(Smem，Lmem) 存储器映射寄存器(Smem，Lmem) 寄存器位(Baddr) I/O空间(Smem)
*ARn(short(#k3))	ARn不被修改。ARn用作基指针，3位无符号常数(k3)用作基指针的偏移量。k3的范围为1～7	数据存储器(Smem，Lmem) 存储器映射寄存器(Smem，Lmem) 寄存器位(Baddr) I/O空间(Smem)

使用表3-12和表3-13时要注意：

(1) 两者的指针修改及地址产生是线性的还是循环的，取决于状态寄存器ST2_55中的指针配置。只有当选择的指针循环寻址被激活时，才加上某16位缓冲区起始地址寄存器(BSA01t、BSA23、SSA45或BSA67)的内容。

(2) 对指针的加减运算都要对64K求模。不改变扩展辅助寄存器(XARn)的值，就不能寻址主数据页内的数据。

2. 双AR间接寻址方式

双AR间接寻址方式使用户能够通过8个辅助寄存器(AR0～AR7)访问两个数据存储器。与单AR间接寻址访问数据空间相同，CPU使用扩展辅助寄存器产生每个23位地址。访问两个存储器中的每一个时，用户可以使用线性寻址或循环寻址。

双 AR 间接寻址方式可用于下述情况。

(1) 执行访问两个 16 位数据存储器的指令。此时，两个数据存储器操作数在指令语法中指定为 Xmem 和 Ymem，例如：ADD Xmem，Ymem，ACx。

(2) 并行执行两条指令。此时，每条指令必须访问单个存储器值，其在指令语法中指定为 Smem 或 Lmem。例如：

```
MOV Smem,dst
|| AND Smem,src,dst
```

第一条指令的操作数被作为 Xmem 操作数，第二条指令的操作数被作为 Ymem 操作数。

可使用的双 AR 间接操作数是 AR 间接操作数的一个子集。状态位 ARMS 不影响双 AR 间接操作数集合的使用。

注意：汇编器拒绝使用双操作数使用同一辅助寄存器对其进行两种不同修改的代码。可以对两个操作数使用同一 ARn，如果其中一个操作数是 * ARn 或 * ARn(T0)，则两者都不会修改 ARn。

表 3-14 介绍了双 AR 间接寻址可用的操作数。注意以下两点。

(1) 指针修改和地址产生是线性的或是循环的，取决于状态寄存器 ST2_55 中的指针设置。只有加上适当的 16 位缓冲区起始地址寄存器(BSA01、BSA23、BSA45 或 BSA67)内容时，选择的指针循环寻址被激活。

(2) 所有对指针的加减运算都要对 64K 求模。不改变扩展辅助寄存器(XARn)的值，就不能寻址主数据页内的数据。

表 3-14 双 AR 间接寻址操作数

操作数	指针修改	支持访问类型
* ARn	ARn 不被修改	数据存储器 (Smem，Lmem，Xmem，Ymem)
* ARn+	地址生成后 ARn 递增 若 16 位操作，则 ARn=ARn+1 若 32 位位操作，则 ARn=ARn+2	数据存储器 (Smem，Lmem，Xmem，Ymem)
* ARn-	ARn 地址生成后递减 若 16 位操作，则 ARn=ARn-1 若 32 位操作，则 ARn=ARn-2	数据存储器 (Smem，Lmem，Xmem，Ymem)
* (ARn+AR0)	AR0 中的 16 位带符号常数在地址产生后加到 ARn 中：ARn=ARn+AR0 当 C54CM=1 时，操作数有效 当. c54cm_on 在汇编有效时，操作数可用	数据存储器 (Smem，Lmem，Xmem，Ymem)
* (ARn+T0)	T0 中的 16 位带符号常数在地址产生后加到 ARn 中：ARn=ARn+T0 当 C54CM=0 时，操作数有效 当. c54cm_off 在汇编有效时，操作数可用	数据存储器 (Smem，Lmem，Xmem，Ymem)

续表

操作数	指针修改	支持访问类型
*(ARn－AR0)	AR0 中的 16 位带符号常数在地址产生后从 ARn 中减去：ARn＝ARn－AR0 当 C54CM＝1 时，操作数有效 当. c54cm_on 在汇编有效时，操作数可用	数据存储器 (Smem，Lmem，Xmem，Ymem)
*(ARn－T0)	T0 中的 16 位带符号常数在地址产生后从 ARn 中减去：ARn＝ARn－T0 当 C54CM＝0 时，操作数有效 当. c54cm_off 在汇编有效时，操作数可用	数据存储器 (Smem，Lmem，Xmem，Ymem)
*ARn(AR0)	ARn 不被修改。ARn 用作基指针。AR0 中的 16 位带符号常数用作基指针的偏移量 当 C54CM＝1 时，此操作数有效 当. c54cm_on 在汇编有效时，操作数可用	数据存储器 (Smem，Lmem，Xmem，Ymem)
*ARn(T0)	ARn 不被修改。ARn 用作基指针。T0 中的 16 位带符号常数用作基指针的偏移量 当 C54CM＝0 时，此操作数有效 当. c54cm_off 在汇编有效时，操作数可用	数据存储器 (Smem，Lmem，Xmem，Ymem)
*(ARn＋T1)	T1 中的 16 位带符号常数在地址生成后加到 ARn 中：ARn＝ARn＋T1	数据存储器 (Smem，Lmem，Xmem，Ymem)
*(ARn－T1)	在地址生成后，T1 中的 16 位带符号常数从 ARn 中减去：ARn＝ARn－T1	数据存储器 (Smem，Lmem，Xmem，Ymem)

3. CDP 间接寻址方式

CDP 间接寻址方式使用系数数据指针(CDP)指向数据。CPU 通过 CDP 产生地址的方式取决于访问的类型。表 3-15 给出了 CDP 与访问类型的关系。

表 3-15　CDP 与访问类型的关系

访问类型	CDP 产生地址的方式
数据空间(存储器或寄存器)	23 位地址的低 16 位，高 7 位由扩展系数数据指针(XCDP)的高位部分 CDPH 给出
一个寄存器位或位对	位的序号。只有寄存器位测试、置位、清除、取补指令支持对寄存器位的 CDP 间接访问。这些指令只能访以下寄存器中的位：累加器(AC0～AC3)、辅助寄存器(AR0～R7)和临时寄存器(T0～T3)
I/O 空间	一个 16 位 I/O 地址

使用表 3-16 时要注意以下两点。

(1) 两者的指针修改及地址产生是线性的或是循环的，取决于状态寄存器 ST2_55 中的指针配置。只有当 CDP 循环寻址被激活时，才加上 16 位缓冲区起始地址寄存器 BSAC 的内容。

(2) 对指针的加减运算都要对 64K 求模。不改变 CDPH(扩展系数数据指针的高位部分)的值，就不可以寻址主数据页内的数据。

表 3-16 CDP 间接寻址操作数

操作数	指针修改	支持访问类型
*CDP	CDP 不被修改	数据存储器(Smem,Lmem) 存储器映射寄存器(Smem,Lmem) 寄存器位(Baddr) I/O 空间(Smem)
*CDP+	CDP 地址生成后递增 若 16 位/1 位操作,则 CDP=CDP+1 若 32 位/2 位操作,则 CDP=CDP+2	数据存储器(Smem,Lmem) 存储器映射寄存器(Smem,Lmem) 寄存器位(Baddr) I/O 空间(Smem)
*CDP−	CDP 地址生成后递减 若 16 位/1 位操作,则 CDP=CDP−1 若 32 位/2 位操作,则 CDP=CDP−2	数据存储器(Smem,Lmem) 存储器映射寄存器(Smem,Lmem) 寄存器位(Baddr) I/O 空间(Smem)
*CDP(#k16)	CDP 不被修改。CDP 用作基指针。16 位带符号常数(k16)用作基指针的偏移量 注意：当指令使用此操作数时,常数被编码成对指令的 2 字节扩展。因此,使用此操作数的指令不能与其他指令并行执行	数据存储器(Smem,Lmem) 存储器映射寄存器(Smem,Lmem) 寄存器位(Baddr) I/O 空间(Smem)
*+CDP(#k16)	16 位带符号常数(k16)在地址产生前加到 CDP 中：CDP=CDP+k16 注意：当指令使用此操作数时,常数被编码成对指令的 2 字节扩展。因此,使用此操作数的指令不能与其他指令并行执行	数据存储器(Smem,Lmem) 存储器映射寄存器(Smem,Lmem) 寄存器位(Baddr) I/O 空间(Smem)

4. 系数间接寻址方式

系数间接寻址方式与 CDP 间接寻址方式访问数据空间的地址产生过程相同。通过选择存储器到存储器的移动指令和存储器初始化指令,以及下述算术指令支持系数间接寻址方式：双乘(累加/减)、有限冲击响应(FIR)滤波、乘、乘累加和乘减。

使用系数间接寻址方式来访问数据的指令主要是那些每个周期执行对 3 个存储器操作数操作的指令。其中,两个操作数(Xmem 和 Ymem)通过双 AR 间接寻址方式访问,第三个操作数(Cmem)通过系数间接寻址方式访问。操作数 Cmem 利用 BB 总线传送。

以下是使用系数间接寻址方式时有关 BB 总线的注意事项：BB 总线不连接到外部存储器。如果通过 BB 总线访问一个 Cmem 操作数,此操作数必须在内部存储器中。

尽管表 3-17 中所示的指令访问 Cmem 操作数,但它们不使用 BB 总线获取 16 位或 32 位 Cmem 操作数。

表 3-17　不使用 BB 总线访问 Cmem 的指令

指令语法	Cmem 访问描述	访问 Cmem 的总线
MOV Cmem,Smem	从 Cmem 读 16 位	DB
MOV Smem,Cmem	向 Cmem 写 16 位	EB
MOV Cmem,dbl(Lmem)	从 Cmem 读 32 位	通过 CB 获取最高位字(MSW) 通过 DB 获取最低位字(LSW)
MOV dbl(Lmem),Cmem	向 Cmem 写 32 位	通过 FB 获取最高位字(MSW) 通过 EB 获取最低位字(LSW)

考虑以下指令语法。在单周期内，可并行执行两次乘法。一个存储器操作数(Cmem)对两次乘法来说是公共的，而双 AR 间接操作数(Xmem 和 Ymem)用于乘法中的其他数值。

```
MPY Xmem,Cmem,ACx
:: MPY Ymem,Cmem,ACy
```

为了在单时钟周期内访问 3 个存储值(如上例)，被 Cmem 引用的值必须和 Xmem 和 Ymem 值位于不同的存储段。

表 3-18 介绍了系数间接寻址方式的可用操作数。注意：两者的指针修改及地址产生是线性的还是循环的，取决于状态寄存器 ST2_55 中的指针设置。只有当 CDP 循环寻址被激活时，才加上 16 位缓冲区起始地址寄存器 BSAC 的内容。

表 3-18　系数间接寻址操作数

操作数	指针修改	支持访问类型
*CDP	CDP 不被修改	数据存储器(Smem,Lmem)
*CDP+	CDP 地址生成后递增 若 16 位操作，则 CDP=CDP+1 若 32 位操作，则 CDP=CDP+2	数据存储器(Smem,Lmem)
*CDP−	CDP 地址生成后递减 若 16 位操作，则 CDP=CDP−1 若 32 位操作，则 CDP=CDP−2	数据存储器(Smem,Lmem)
*(CDP+AR0)	AR0 中的 16 位带符号常数在地址产生后加到 CDP 中：CDP=CDP+AR0 当 C54CM=1 时，操作数有效 当.c54cm_on 在汇编有效时，操作数可用	数据存储器(Smem,Lmem)
*(CDP+T0)	T0 中的 16 位带符号常数在地址产生后加到 CDP 中：CDP=CDP+T0 当 C54CM=0 时，操作数有效 当.c54cm_off 在汇编有效时，操作数可用	数据存储器(Smem,Lmem)

对 CDP 的加减运算都要对 64K 求模。不改变 CDPH(扩展系数数据指针的高位部分)的值，就不可以寻址主数据页内的数据。

5. 循环寻址方式

循环寻址可结合任一间接寻址方式使用。每个辅助寄存器和系数数据指针被独立设置为线性或循环方式作为数据指针或是寄存器位的指针，如表3-19所示。这些设置通过状态寄存器ST2_55中的ARnLC位完成。要选择循环方式，需置位该位。

表3-19 循环寻址指针

指针	线性//循环设置位	主数据页提供者	缓冲区起始地址寄存器	缓冲区大小寄存器
AR0	ST2_55(0)＝AR0LC	AR0H	BSA01	BK03
AR1	ST2_55(0)＝AR1LC	AR1H	BSA01	BK03
AR2	ST2_55(0)＝AR2LC	AR2H	BSA23	BK03
AR3	ST2_55(0)＝AR3LC	AR3H	BSA23	BK03
AR4	ST2_55(0)＝AR4LC	AR4H	BSA45	BK47
AR5	ST2_55(0)＝AR5LC	AR5H	BSA45	BK47
AR6	ST2_55(0)＝AR6LC	AR6H	BSA67	BK47
AR7	ST2_55(0)＝AR7LC	AR7H	BSA67	BK47
CDP	ST2_55(0)＝CDPLC	CDPH	BSAC	BKC

每个辅助寄存器在ST2_55中都有其线性/循环配置位。ARnLC＝0，ARn被用作线性寻址；ARnLC＝1，ARn被用作循环寻址。

状态寄存器ST2_55中的CDPLC位设置DSP使用CDP进行线性或循环寻址。CDPLC＝0，CDP被用作线性寻址；CDPLC＝1，CDP被用作循环寻址。

可以使用循环寻址指令限定符.CR。若希望指令用到的每个指针被循环修改，在指令助记符的末尾加上.CR(例如ADD.CR)。循环寻址指令限定符忽略ST2_55中的线性/循环设置。

3.3 TMS320C55x的指令系统

本节介绍TMS320C55x DSP助记符指令集的有关指令。指令中的术语、符号和缩写请参考表3-1。本章不介绍代数指令集指令。有关助记符指令集和代数指令集的内容，请参考附录2。

1. AADD指令

功　能	语　法	并行使能位	字节	周期	流水线
辅助寄存器或临时寄存器相加	**AADD** TAx,TAy	无	3	1	AD
	AADD P8,TAx	无	3	1	AD
修改数据堆栈指针	**AADD** k8,SP	有	2	1	AD
通过相加，修改扩展辅助寄存器内容	**AADD** XACsrc,XACdst	有	3	1	AD

流水线是指指令执行中在流水线的阶段，有4个表示名称，分别是AD，寻址阶段；D，译码阶段；R，读操作阶段；X，执行阶段。周期是指这条指令所需的周期数。字节是指指令的字节数。并行使能位表示这条指令是否有并行使能位。

(1) AADD TAx,TAy

说明：该指令在A单元地址产生单元中执行两个辅助或临时寄存器TAx和TAy的加法，结果存入TAy。TAx的内容认为是带符号的。TAy=TAy+TAx。

状态位：受ST2_55影响。

结果对状态位无影响。

可重复性：可以。

例：AADD T0,AR0

功能：AR0的内容加到T0的带符号内容上，结果存入AR0。

	执行前	执行后
AR0	01 0000	01 8000
T0	8000	8000

(2) AADD P8,TAx

说明：该指令在A单元地址产生单元中执行辅助或临时寄存器TAx和被汇编成无符号P8的程序地址标识定义的程序地址的加法，结果存入TAx。TAx=TAx+P8。

状态位：受ST2_55影响。

结果对状态位无影响。

可重复性：可以。

(3) AADD k8,SP

说明：该指令在流水线的寻址阶段在(DAGEN)中执行加法位带符号常数k8，符号扩展到16位后加到数据堆栈指针(SP)中。SP=SP+k8。

状态位：不受ST2_55影响。

结果对状态位无影响。

可重复性：可以。

(4) AADD XACsrc,XACdst

说明：该指令在A单元的地址产生单元中执行两个辅助地址寄存器之间或其他寻址寄存器之间的一个23位无符号加运算，XACdst和XACsrc之间进行一个23位无符号加运算。XACdst=XACdst+XACsrc。

状态位：受ST2_55影响。

结果对状态位有影响。

可重复性：可以。

例：AADD XAR0,XAR1

功能：XAR0的内容加到XAR1的带符号内容上，结果存入XAR1。

	执行前	执行后
XAR0	12 3456	12 3456
XAR1	43 5634	55 8A8A

2. ABDST 指令

功 能	语 法	并行使能位	字节	周期	流水线
绝对距离	**ABDST** Xmem,Ymem,ACx,ACy	无	4	1	X

说明：该指令并行执行两个操作：一个是 D 单元中的 MAC,另一个是 D 单元中的 ALU。

```
ACy=ACy + |HI(ACx)|
:: ACx= (Xmem << #16) - (Ymem << #16)
```

状态位：受 C54CM、FRCT、M40、SATD、SXMD 影响。

影响 ACOVx、ACOVy、CARRY。

可重复性：可以。

例：ABDST ＊AR0＋,＊AR1,AC0,AC1

功能：AC0 内容的绝对值加上 AC1 的内容,结果存入 AC1。从 AR0 寻址的内容中减去 AR_1 寻址的内容,结果存入 AC0。AR0 的内容递增 1。

	执行前	执行后
AC0	00 0000 0000	00 4500 0000
AC1	00 E800 0000	00 E800 0000
AR0	202	203
AR1	302	302
202	3400	3400
302	EF00	EF00
ACOV0	0	0
ACOV1	0	0
CARRY	0	0
M40	1	1
SXMD	1	1

3. ABS 指令

功 能	语 法	并行使能位	字节	周期	流水线
绝对值	**ABS** [src,] dst	有	2	1	X

说明：该指令计算源寄存器(src)的绝对值。dst = |src|。

状态位：受 C54CM、FRCT、M40、SATD、SXMD 影响。

影响 ACOVx、CARRY。

可重复性：可以。

例：ABS AC0,AC1

功能：AC0 内容的绝对值存入 AC1。

	执行前	执行后
AC1	00 0000 2000	7D FFFF EDCC
AC0	82 0000 1234	82 0000 1234
M0	1	1

例：ABS AR1,AC1

功能：AR1 内容的绝对值存入 AC1。由于 SXMD=1,AR1 的内容被符号扩展。由于 M40=0 且 AR1(31)=1,因此所得的 40 位数被取反。

	执行前	执行后
AC1	00 0000 2000	00 0000 7900
AR1	8700	8700
M0	0	0
SXMD	1	1

例：ABS AC0,T1

功能：AC0(15～0)内容的绝对值存入 T1。在 AC0(15)取出符号位。由于 AC0(15)=1,T1 等于 AC0(15～0)的取反。

	执行前	执行后
T1	2000	6DCC
AC0	80 0002 9234	80 0002 9234

4. ADD 指令

功 能	语 法	并行使能位	字节	周期	流水线
加法运算	**ADD** [src,] dst	有	2	1	X
	ADD k4,dst	有	2	1	X
	ADD k16,[src,] dst	无	4	1	X
	ADD Smem,[src,] dst	无	3	1	X
	ADD ACx << Tx,ACy	有	2	1	X
	ADD ACx << #SHIFTW,ACy	有	3	1	X
	ADD k16 << #16,[ACx,] ACy	无	4	1	X
	ADD k16 << #SHFT,[ACx,] ACy	无	4	1	X
	ADD Smem << Tx,[ACx,] ACy	无	3	1	X
	ADD Smem << #16,[ACx,] ACy	无	3	1	X
	ADD [uns(]Smem[)],CARRY,[ACx,] ACy	无	3	1	X
	ADD [uns(]Smem[)],[ACx,] ACy	无	3	1	X
	ADD [uns(]Smem[)] <<#SHIFTW,[ACx,] ACy	无	4	1	X
	ADD dbl(Lmem),[ACx,] ACy	无	3	1	X
	ADD Xmem,Ymem,ACx	无	3	1	X
	ADD k16,Smem	无	4	1	X

说明：该指令执行加法操作。

状态位：受 CARRY、C54CM、M40、SATA、SATD、SXMD 影响。

影响 ACOVx、ACOVy、CARRY。

(1) ADD [src,] dst

说明：该指令执行两个寄存器的加法。dst＝dst＋src。

状态位：受 M40、SATA、SATD、SXMD 影响。

影响 ACOVx 和 CARRY。

可重复性：可以。

例：ADD AC1,AC0

(2) ADD k4,dst

说明：该指令执行寄存器内容和 4 位无符号常数 k4 的加法。dst＝dst＋k4。

状态位：受 M40、SATA、SATD 影响。

影响 ACOVx 和 CARRY。

可重复性：可以。

例：ADD ＃15,AC0

(3) ADD k16,[src,] dst

说明：该指令执行寄存器内容和 16 位带符号常数 k16 的加法。dst＝src＋k16。

状态位：受 M40、SATA、SATD、SXMD 影响。

影响 ACOVx 和 CARRY。

可重复性：可以。

例：ADD ＃2E00h,AC0,AC1

(4) ADD Smem,[src,] dst

说明：该指令执行寄存器和存储器(Smem)位置内容的加法。dst＝src＋Smem。

状态位：受 M40、SATA、SATD、SXMD 影响。

影响 ACOVx 和 CARRY。

可重复性：可以。

例：ADD ＊AR3＋,T0,T1

	执行前	执行后
AR3	0302	0303
302	EF00	EF00
T0	3300	3300
T1	0	2200
CARRY	0	1

(5) ADD ACx << Tx,ACy

说明：该指令执行累加器内容 ACy 和根据 Tx 内容对累加器内容 ACx 移位后的位的加法。ACy＝ACy＋(ACx<<Tx)。

状态位：受 C54CM、M40、SATD、SXMD 影响。

影响 ACOVy 和 CARRY。

可重复性：可以。

例：ADD AC1 << T0,AC0

(6) ADD ACx << #SHIFTW,ACy

说明：该指令执行累加器内容 ACy 和根据 6 位数 SHIFW 的值对累加器内容 ACx 移位后的值的加法。ACy = ACy + (ACx << #SHIFTW)。

状态位：受 C54CM、M40、SATD、SXMD 影响。

影响 ACOVy 和 CARRY。

可重复性：可以。

例：ADD AC1 << #32,AC0

(7) ADD k16 << #16,[ACx,] ACy

说明：该指令执行累加器内容 ACx 和 16 位带符号常数左移 16 位后的值的加法。ACy = ACx + (k16 << #16)。

状态位：受 C54CM、M40、SATD、SXMD 影响。

影响 ACOVy 和 CARRY。

可重复性：可以。

例：ADD #FFF3h << #16,AC1,AC0

(8) ADD k16 << #SHFT,[ACx,] ACy

说明：该指令执行累加器内容 ACx 和根据 4 位数 SHFT 的值对 16 位带符号常数左移后的值的加法。ACy = ACx + (k16 << #SHFT)。

状态位：受 C54CM、M40、SATD、SXMD 影响。

影响 ACOVy 和 CARRY。

可重复性：可以。

例：ADD #FFF3h << #10,AC1,AC0

(9) ADD Smem << Tx,[ACx,] ACy

说明：该指令执行累加器内容 ACx 和根据 Tx 内容对存储器(Smem)位置内容移位后的值的加法。ACy = ACx + (Smem << Tx)。

状态位：受 C54CM、M40、SATD、SXMD 影响。

影响 ACOVy 和 CARRY。

可重复性：可以。

例：ADD *AR1 << T0,AC1,AC0

	执行前	执行后
AC0	00 0000 0000	00 2330 0000
AC1	00 2300 0000	00 2300 0000
T0	000C	000C
AR1	0200	0200
200	0300	0300
SXMD	0	0
M40	0	0
ACOV0	0	0
CARRY	0	1

(10) ADD Smem << #16,[ACx,] ACy

说明：该指令执行累加器内容 ACx 和对存储器(Smem)位置内容左移 16 位后的值的加法。ACy = ACx + (Smem << #16)。

状态位：受 C54CM、M40、SATD、SXMD 影响。

影响 ACOVy 和 CARRY。

可重复性：可以。

例：ADD *AR3 << #16,AC1,AC0

(11) ADD [uns(]Smem[)],CARRY,[ACx,] ACy

说明：该指令执行累加器内容 ACx 和存储器(Smem)位置的内容以及进位状态位的加法。ACy = ACx + Smem + CARRY。

状态位：受 C54CM、M40、SATD、SXMD 影响。

影响 ACOVy 和 CARRY。

可重复性：可以。

(12) ADD [uns(]Smem[)],[ACx,] ACy

说明：ACy = ACx + uns(Smem)

状态位：受 M40、SATD、SXMD 影响。

影响 ACOVy 和 CARRY。

可重复性：可以。

例：ADD uns(* AR3),AC1,AC0

(13) ADD [uns(]Smem[)] << #SHIFTW,[ACx,] ACy

说明：ACy = ACx + (uns(Smem) << #SHIFTW)

状态位：受 C54CM、M40、SATD、SXMD 影响。

影响 ACOVy 和 CARRY。

可重复性：可以。

例：ADD uns(* AR3) << #31,AC1,AC0

(14) ADD dbl(Lmem),[ACx,] ACy

说明：ACy = ACx + dbl(Lmem)

状态位：受 M40、SATD、SXMD 影响。

影响 ACOVy 和 CARRY。

可重复性：可以。

例：ADD dbl(* AR3+),AC1,AC0

功能：AR3 和 AR3+1 寻址的内容(长字)加上 AC1 的内容，结果存入 AC0。因为该指令为长操作数指令，执行后 AR3 递增 2。

(15) ADD Xmem,Ymem,ACx

说明：ACx = (Xmem << #16) + (Ymem << #16)

状态位：受 C54CM、M40、SATD、SXMD 影响。

影响 ACOVy 和 CARRY。

可重复性：可以。

例：ADD *AR3, *AR4,AC0

(16) ADD k16,Smem

说明：Smem = Smem + k16

状态位：受 SATD、SXMD 影响。

影响 ACOV0 和 CARRY

可重复性：可以。

例：ADD #FFFFh, *AR3

功　能	语　法	并行使能位	字节	周期	流水线
双 16 位加法运算	**ADD** dual(Lmem),[ACx,]ACy	无	3	1	X
	ADD dual(Lmem),Tx,ACx	无	3	1	X

说明：该指令在一个周期内执行两次并行加。这种操作被执行在设置为本地双 16 位模式的 40 位 D 单元 ALU 中。

(1) ADD dual(Lmem),[ACx,]ACy

说明：HI(ACy) = HI(Lmem) + HI(ACx)

:: LO(ACy) = LO(Lmem) + LO(ACx)

状态位：受 C54CM、SATD、SXMD 影响。

影响 ACOVy 和 CARRY。

可重复性：可以。

例：ADD dual(*AR3),AC1,AC0

(2) ADD dual(Lmem),Tx,ACx

说明：HI(ACx) = HI(Lmem) + Tx

:: LO(ACx) = LO(Lmem) + Tx

状态位：受 C54CM、SATD、SXMD 影响。

影响 ACOVx 和 CARRY。

可重复性：可以。

例：ADD dual(*AR3),T0,AC0

功　能	语　法	并行使能位	字节	周期	流水线
加运算与存储累加器内容到存储器并行	**ADD** Xmem << **#16**,ACx,ACy :: **MOV HI**(ACy << **T2**),Ymem	无	4	1	X

说明：该指令并行执行两个操作：加和存储。

ACy=ACx+(Xmem <<#16)

:: Ymem=HI(ACy <<T2)

状态位：受 C54CM、M40、SATD、SXMD 影响。

影响 ACOVy 和 CARRY。

可重复性：可以。

例：ADD *AR3<<#16,AC1,AC0

:: MOV HI(AC0<<T2),*AR4

5. ADDSUB 指令

功　能	语　法	并行使能位	字节	周期	流水线
双 16 位加和减	**ADDSUB** Tx,Smem,ACx	无	3	1	X
	ADDSUB Tx,**dual**(Lmem),ACx	无	3	1	X

(1) ADDSUB Tx,Smem,ACx

说明：HI(ACx) = Smem + Tx

:: LO(ACx) = Smem－Tx

状态位：受 C54CM、SATD、SXMD 影响。

影响 ACOVx 和 CARRY。

可重复性：可以。

例：ADDSUB T1,*AR1,AC1

(2) ADDSUB Tx,dual(Lmem),ACx

说明：HI(ACx) = HI(Lmem) + Tx

:: LO(ACx) = LO(Lmem) － Tx

状态位：受 C16、C54CM、SATD、SXMD 影响。

影响 ACOVx 和 CARRY。

可重复性：可以。

例：ADDSUB T0,dual(*AR3),AC0

6. ADDSUBCC 指令

功　能	语　法	并行使能位	字节	周期	流水线
条件加和减	**ADDSUBCC** Smem,ACx,**TC1**,ACy	无	3	1	X
	ADDSUBCC Smem,ACx,**TC2**,ACy	无	3	1	X

说明：该指令判断所选 TCx 状态位的值。根据判断结果，执行加或减。TCx 状态位的条件判断在指令的执行阶段进行。TC1 或 TC2＝0　ACy＝ACx－(Smem<<#16)；TC1 或 TC2＝1　ACy＝ACx＋(Smem<<#16)。

状态位：受 C54CM、M40、SATD、SXMD、TCx 影响。

影响 ACOVy 和 CARRY。

可重复性：可以。

例：ADDSUBCC *AR3,AC1,TC1,AC0

ADDSUBCC *AR1,AC0,TC2,AC1

	执行前	执行后
AC0	00 EC00 0000	00 EC00 0000
AC1	00 0000 0000	01 1F00 0000
AR1	0200	0200
200	3300	3300
TC2	1	1
SXMD	0	0
M40	0	0
ACOV1	0	0
CARRY	0	1

功　能	语　　法	并行使能位	字节	周期	流水线
条件加、减或搬移累加器内容	**ADDSUBCC** Smem,ACx,**TC1**,**TC2**,ACy	无	3	1	X

说明：TC1,TC2＝00,ACy = ACx－(Smem << #16);TC1,TC2＝01,ACy = ACx;TC1,TC2＝10,ACy = ACx + (Smem << #16);TC1,TC2＝11,ACy = ACx。

状态位：受 C54CM、M40、SATD、SXMD、TC1、TC2 影响。

影响 ACOVy 和 CARRY。

可重复性：可以。

例：ADDSUBCC *AR3,AC1,TC1,TC2,AC0

7. ADDSUB2CC 指令

功　　能	语　　法	并行使能位	字节	周期	流水线
带移位的条件加或减	**ADDSUB2CC** Smem,ACx,Tx,**TC1**,**TC2**,ACy	无	3	1	X

说明：TC1,TC2＝00,ACy＝ACx－(Smem<<Tx);TC1,TC2＝01,ACy＝ACx－(Smem<<#16);TC1,TC2＝10,ACy＝ACx＋(Smem<<Tx);TC1,TC2＝11,ACy＝ACx＋(Smem<<#16)。

状态位：受 C54CM、M40、SATD、SXMD、TC1、TC2 影响。

影响 ACOVy 和 CARRY。

可重复性：可以。

例：ADDSUB2CC *AR2,AC0,T1,TC1,TC2,AC2

8. ADDV 指令

功　能	语　　法	并行使能位	字节	周期	流水线
与绝对值相加	**ADD**[R]V [ACx,] ACy	有	2	1	X

说明：ACy = (ACy + |ACx|)

状态位：受 FRCT、M40、RDM、SATD、SMUL 影响。

影响 ACOVy。

可重复性：可以。

例：ADDV AC1,AC0

9. AMAR指令

功　能	语　法	并行使能位	字节	周期	流水线
修改辅助寄存器内容	**AMAR** Smem	无	2	1	AD

说明：该指令在A单元地址产生单元中执行，辅助寄存器的修改由Smem指定，就像访问单数据存储器操作数一样。该指令在流水线的寻址阶段执行，数据存储器不被访问。

状态位：受ST2_55影响。

　　无影响。

可重复性：可以。

例：AMAR *AR3+

功能：AB3的内容递增1。

功　能	语　法	并行使能位	字节	周期	流水线
修改扩展辅助寄存器内容	**AMAR** Smem,XAdst	无	3	1	AD

说明：该指令计算Smem操作数字段指定的有效地址，修改23位目的寄存器(XARx、XSP、XSSP、XDP或XCDP)。该指令在流水线的寻址阶段用A单元地址产生器完成该操作。数据存储器不被访问。

状态位：受ST2_55影响。

　　无影响。

可重复性：可以。

例：AMAR *AR1,XAR0

功能：将AR1的内容装载入XAR0。

功　能	语　法	并行使能位	字节	周期	流水线
并行修改辅助寄存器	**AMAR** Xmem,Ymem,Cmem	无	4	1	X

说明：该指令在一个周期中并行完成3个辅助寄存器修改。

状态位：受ST2_55影响。

　　无影响。

可重复性：可以。

例：AMAR *AR3+，*AR4-，*CDP

功能：AR3递增1,AR4递减1,CDP不被修改。

功　能	语　法	并行使能位	字节	周期	流水线
并行修改辅助寄存器内容和乘累加	**AMAR** Xmem :: **MAC**[R][40] [uns(]Ymem[)],[uns(]Cmem[)],ACx	无	4	1	X
	AMAR Xmem :: **MAC**[R][40] [uns(]Ymem[)],[uns(]Cmem[)],ACx >> **#16**	无	4	1	X

说明：该指令在一个周期执行两个并行操作，即修改辅助寄存器（MAR）以及乘累加（MAC）。操作执行于两个D单元MAC中。

第1条指令执行：MAR(Xmem)

::ACx=ACx+(Ymem * Cmem)

例：AMAR *AR3+

:: MAC uns(*AR4),uns(*CDP),AC0

功能：两条指令并行执行。AR3递增1。AR4寻址的无符号内容和系数数据指针寄存器（CDP）寻址的无符号内容相乘后加上AC0的内容，结果存入AC0。

第2条指令执行：MAR(Xmem)

::ACx=(ACx>>#16)+(Ymem * Cmem)

功　能	语　　法	并行使能位	字节	周期	流水线
并行修改辅助寄存器内容和乘减	**AMAR** Xmem :: MAS[R][40] [uns(]Ymem[)],[uns(]Cmem[)],ACx	无	4	1	X

例：MAR(Xmem)

:: ACx=ACx－(Ymem * Cmem)

:: MAS uns(*AR4),uns(*CDP),AC0

功　能	语　　法	并行使能位	字节	周期	流水线
并行修改辅助寄存器内容和乘	**AMAR** Xmem :: **MPY**[R][40] [uns(]Ymem[)],[uns(]Cmem[)],ACx	无	4	1	X

10. AMOV指令

功　能	语　　法	并行使能位	字节	周期	流水线
用立即数装载扩展辅助寄存器	**AMOV** k23,XAdst	无	4	1	AD

说明：该指令装载23位符号常数（k23）到23位目的寄存器（XARx、XSP、XSSP、XDP或XCDP）。该操作通过A单元地址产生器在流水线的寻址阶段完成。数据存储器不被访问。XAdst = k23。

状态位：受ST2_55影响。

　　　无影响。

可重复性：可以。

例：AMOV #7FFFFh,XAR0

功　能	语　法	并行使能位	字节	周期	流水线
修改辅助寄存器或临时寄存器内容	**AMOV** TAx,TAy	无	3	1	AD
	AMOV P8,TAx	无	3	1	AD
	AMOV D16,TAx	无	4	1	AD

说明：这些指令在A单元地址产生单元中执行。

(1) AMOV TAx,TAy

说明：从辅助或临时寄存器TAx搬移至辅助或临时寄存器TAy。

状态位：不受影响。

无影响。

可重复性：可以。

例：AMOV AR1,AR0

(2) AMOV P8,TAx

说明：被汇编成P8的程序地址标识定义的程序地址被装载入辅助或临时寄存器TAx。

状态位：不受影响。

无影响。

可重复性：可以。

例：AMOV #255,T0

(3) AMOV D16,TAx

说明：绝对数据地址带符号常数D16被装载入辅助或临时寄存器TAx。

状态位：不受影响。

无影响。

可重复性：可以。

例：AMOV #FFFFh,T1

11. AND指令

功　能	语　法	并行使能位	字节	周期	流水线
位与	**AND src,dst**	有	2	1	X
	AND k8,src,dst	有	3	1	X
	AND k16,src,dst	无	4	1	X
	AND Smem,src,dst	无	3	1	X
	AND ACx << #SHIFTW[,ACy]	有	3	1	X
	AND k16 << **#16**,[ACx,] ACy	无	4	1	X
	AND k16 << #SHFT,[ACx,] ACy	无	4	1	X
	AND k16,Smem	有	4	1	X

(1) AND src,dst

说明：该指令执行两个寄存器间的位与。dst = dst & src。

状态位：不受影响。

　　　　无影响。

可重复性：可以。

例：AND AC0,AC1

	执行前	执行后
AC0	7E 2355 4FC0	7E 2355 4FC0
AC1	0F E340 5678	0E 2340 4640

(2) AND k8,src,dst

说明：该指令执行源寄存器(src)内容和 8 位无符号数 k8 间的位与。dst=src & k8。

状态位：不受影响。

　　　　无影响。

可重复性：可以。

例：AND #FFh,AC1,AC0

(3) AND k16,src,dst

说明：该指令执行源寄存器(src)内容和 16 位无符号常数 k16 间的位与。dst=src & k16。

例：AND #FFFFh,AC1,AC0

(4) AND Smem,src,dst

说明：该指令执行源寄存器(src)和存储器(Smem)位置间的位与。dst = src & Smem。

例：AND *AR3,AC1,AC0

(5) AND ACx << #SHIFTW[,ACy]

说明：该指令执行累加器(ACy)内容与累加器(ACx)内容移位 6 位后的值位与。ACy = ACy & (ACx <<< #SHIFTW)。

例：AND AC1 << #30,AC0

(6) AND k16 << #16,[ACx,] ACy

说明：该指令执行累加器(ACx)内容与 16 位无符号常数 k16 左移 16 位后的值位与。ACy = ACx & (k16 <<< #16)。

例：AND #FFFFh << #16,AC1,AC0

(7) AND k16 << #SHFT,[ACx,] ACy

说明：该指令执行累加器(ACx)内容与 16 位无符号常数 k16 左移 4 位后 SHFT 的值位与。ACy = ACx & (k16 <<< #SHFT)。

例：AND #FFFFh << #15,AC1,AC0

(8) AND k16,Smem

说明：该指令执行存储器(Smem)位置和 16 位无符号常数 k16 间的位与。Smem = Smem & k16。

例：AND #0FC0,*AR1

12. ASUB 指令

功　　能	语　　法	并行使能位	字节	周期	流水线
通过减修改辅助寄存器或临时寄存器内容	**ASUB** TAx,TAy	无	3	1	AD
	ASUB P8,TAx	无	3	1	AD

说明：这些指令在 A 单元地址产生单元中执行。

(1) ASUB TAx,TAy

说明：TAy = TAy－TAx

状态位：受 ST2_55 影响。

无影响。

可重复性：可以。

例：ASUB T0,AR0

	执行前	执行后
XAR0	03 5000	03 0000
T0	5000	5000

(2) ASUB P8,TAx

说明：TAx = TAx－P8

例：ASUB ＃255,AR0

功　　能	语　　法	并行使能位	字节	周期	流水线
通过减修改扩展辅助寄存器内容	**ASUB** XACsrc,XACdst	无	3	1	AD

说明：(XACdst) = XACdst－(XACsrc)

例：ASUB XAR0,XAR1

13. B 指令

功　能	语　　法	并行使能位	字节	周期	流水线
无条件分支(跳转)	**B** ACx	无	2	10	X
	B L7	有	2	6	AD
	B L16	有	3	6	AD
	B P24	无	4	5	D

说明：该指令跳转到累加器(ACx)低 24 位内容定义的 24 位程序地址，或者由 Lx 或 P24 指定的程序地址。

(1) B ACx

说明：该指令跳转到累加器(ACx)低 24 位内容定义的 24 位程序地址。

状态位：不受影响。

无影响。

可重复性：不可以。

例：B AC0

	执行前	执行后
AC0	00 0000 203D	00 0000 203D
PC	5000	00203D

(2) B L7 和 B L16

说明：该指令跳转到由 Lx 指定的程序地址。

例：B branch(程序标号)

程序跳转至 branch 定义的绝对地址(7 位或 16 位范围)。

(3) B P24

说明：该指令分支到由 P24 指定的程序地址。

例：B branch(程序标号)

程序跳转至 branch 定义的绝对地址(24 位范围)。

14. BAND 指令

功　　能	语　　法	并行使能位	字节	周期	流水线
存储器和立即数位与并和 0 比较	**BAND** Smem,k16,TC1	无	4	1	X
	BAND Smem,k16,TC2	无	4	1	X

说明：该指令在 A 单元 ALU 中执行一个位字段处理。16 位字段 k16 和存储器(Smem)操作数位与，结果与 0 比较。

```
if(((Smem) AND k16 )==0) TCx=0 else TCx=1
```

状态位：不受影响。

影响 TCx。

可重复性：当指令使用 *(#k23)绝对寻址方式访问存储器操作数(Smem)时，不可重复；当使用其他寻址方式时，可重复。

例：BAND *AR0,#0060h,TC1

	执行前	执行后
*AR0	0040	0040
TC1	0	1

15. BCC 指令

功　　能	语　　法	并行使能位	字节	周期	流水线
存储器和立即数位与并和 0 比较	**BCC** l4,cond	无	2	6/5	R
	BCC L8,cond	有	3	6/5	R
	BCC L16,cond	无	4	6/5	R
	BCC P24,cond	无	5	6/5	R

注：x/y 周期，即 x 周期=条件为真，y 周期=条件为假。

说明：这些指令在流水线读阶段判断 cond 字段定义的某一条件。如果条件为真，程序跳转到 l4、Lx 或 P24 指定的程序地址。条件的设定需要一个周期的反应时间。由指令的 cond 字段确定的某一条件可被测试出来。

```
BCC l4,cond
```

状态位：受 ACOVx、CARRY、C54CM、M40、TCx 影响。

影响 ACOVx。

可重复性：不可以。

例：BCC branch,AC0 != #0

根据 branch 标号地址范围对应 l4、L8、L16 及 P24。

```
BCC branch,AC0! = # 0                     address: 004055
        …                                          004057
  Branch: …                                        00405A
                            执行前              执行后
           AC0          00 0000 3000       00 0000 3000
           PC             004055             00405A
```

功　　能	语　　法	并行使能位	字节	周期	流水线
辅助寄存器非零跳转	**BCC** L16,ARn_mod **!=#0**	无	4	6/5	A/D

说明：该指令执行程序计数器(PC)的条件分支(所选的辅助寄存器内容不等于 0)。程序跳转地址指定为相对于 PC 的 16 位带符号偏移量 L16。使用该指令，可以在当前 PC 值周围 64KB 范围内跳转。

状态位：受 C54CM 影响。

无影响。

可重复性：不可以。

例：BCC branch, *AR1(#6)!=#0

功　　能	语　　法	并行使能位	字节	周期	流水线
比较和跳转	**BCC**[U] L8,src RELOP k8	无	4	7/6	X

说明：该指令执行源寄存器(src)内容和 8 位带符号数 K8 间的比较。该指令在 D 单元 ALU 或 A 单元 ALU 中执行。比较操作在流水线的执行阶段执行。若比较结果为真，则发生跳转。

状态位：受 C54CM,M40 影响。

无影响。

可重复性：不可以。

例：BCC branch,AC0 >= #12

16. BCLR 指令

功　　能	语　　法	并行使能位	字节	周期	流水线
累加器、辅助或临时寄存器位清零	**BCLR** Baddr,src	无	3	1	X

说明：该指令执行位操作。将源寄存器中由位寻址方式定义的位清零。

状态位：不受影响。

无影响。

可重复性：可以。

例：BCLR AR3,AC0

功能：由 AR3(4～0)的内容定义 AC0 中的位清零。

功　能	语　　法	并行使能位	字节	周期	流水线
存储器位清零	**BCLR** src,Smem	无	3	1	X

例：BCLR AC0, *AR3

功能：由 AC0(3～0)定义 AR3 寻址存储器内容中的位清零。

功　能	语　　法	并行使能位	字节	周期	流水线
状态寄存器位清零	**BCLR** k4,**ST0_55**	有	2	1	X
	BCLR k4,**ST1_55**	有	2	1	X
	BCLR k4,**ST2_55**	有	2	1	X
	BCLR k4,**ST3_55**	有	2	1	X
	BCLR f-name	有	2	1	X

说明：该指令在 A 单元 ALU 中执行位操作。

状态位：不受影响。

影响选择的状态位。

可重复性：不可以。

例：BCLR AR2LC,ST2_55

功能：ST2_55 中定义的位 AR2LC(位 2)清零。

17. BCNT 指令

功　能	语　　法	并行使能位	字节	周期	流水线
累加器位计数	**BCNT** ACx,ACy,**TC1**,Tx	有	3	1	X
	BCNT ACx,ACy,**TC2**,Tx	有	3	1	X

说明：该指令在 D 单元移位器中执行位字段操作，结果存入所选的临时寄存器(Tx),A 单元中的 ALU 用于搬移操作。

状态位：不受影响。

影响 TCx。

可重复性：可以。

例：BCNT AC1,AC2,TC1,T1

功能：AC1 的内容和 AC2 的内容位与，判断结果中位为 1 的个数并将其存入 T1。个数为奇数，TC1 置“1”。

	执行前	执行后
AC1	7E 2355 4FC0	7E 2355 4FC0
AC2	0F E340 5678	0F E340 5678
T1	0000	000B
TC1	0	1

18. BFXPA 指令

功　　能	语　　法	并行使能位	字节	周期	流水线
扩展累加器位字段	**BFXPA** k16,ACx,dst	无	4	1	X

说明：该指令在D单元移位器中执行位字段操作。当目的寄存器(dst)是A单元寄存器(ARx或Tx)时，一组专用总线将D单元移位器的输出直接送入dst。

状态位：不受影响。

　　　　无影响。

可重复性：可以。

例：BFXPR #8024h,AC0,T2

功能：将16位无符号数(8024h)从最低位到最高位进行检测，确定第一个“1”位的位置。若第一个“1”位确定，则AC0中的对应位被取出至T2的对应位并用“0”分隔，使之与T2中的最高位隔开；否则，AC0中的对应位不被取出。结果存入T2。

```
Execution
# k16 (8024h)          1000 0000 0010 0100
AC0(15-0)              0010 1011 0110 0101
T2                     1000 0000 0000 0100
```

	执行前	执行后
AC0	00 2300 2B65	00 2300 2B65
T2	0000	8004

功　　能	语　　法	并行使能位	字节	周期	流水线
提取累加器位字段	**BFXTR** k16,ACx,dst	无	4	1	X

例：BFXTR #8024h,AC0,T2

功能：将16位无符号数(8024h)从最低位到最高位进行检测，确定第一个“1”位的位置。若第一个“1”位确定，则AC0中的对应位被取出，连同其低位部分送入T2的对应位；否则，AC0中的对应位不被取出。结果存入T2。

```
Execution
# k16 (8024h)          1000 0000 0010 0100
AC0(15-0)              0101 0101 1010 1010
T2                     0000 0000 0000 0010
```

	执行前	执行后
AC0	00 2300 55AA	00 2300 55AA
T2	0000	0002

19. BNOT 指令

功　　能	语　　法	并行使能位	字节	周期	流水线
累加器、辅助或临时寄存器位取反	**BNOT** Baddr,src	无	3	1	X

状态位：不受影响。

无影响。

可重复性：可以。

例：BNOT AR1,T0

功能：T0 中位置由 AR1(3～0)内容定义的位取反。

	执行前	执行后
T0	E000	F000
AR1	000C	000C

功　能	语　　法	并行使能位	字节	周期	流水线
存储器位取反	**BNOT** src,Smem	无	3	1	X

说明：指令对由源(src)操作数内容定义的存储器(Smem)位置中的单个位取反。

例：BNOT AC0, * AR3

功能：AR3 寻址的内容中位置由 AC0(3～0)定义的位取反。

20. BSET 指令

功　　能	语　　法	并行使能位	字节	周期	流水线
累加器、辅助或临时寄存器位置“1”	**BSET** Baddr,src	无	3	1	X

状态位：不受影响。

无影响。

可重复性：可以。

例：BSET AR3,AC0

功能：将 AR3(4～0)内容所定义的 AC0 位置“1”。

功　能	语　　法	并行使能位	字节	周期	流水线
存储器位置“1”	**BSET** src,Smem	无	3	1	X

例：BSET AC0, * AR3

功能：将源(src)操作数内容定义的存储器(Smem)中的位置“1”。

功　能	语　　法	并行使能位	字节	周期	流水线
状态寄存器位置“1”	**BSET** k4,**ST0_55**	有	2	1	X
	BSET k4,**ST1_55**	有	2	1	X
	BSET k4,**ST2_55**	有	2	1	X
	BSET k4,**ST3_55**	有	2	1	X
	BSET f-name	有	2	1	X

说明：这些指令在 A 单元 ALU 中执行位操作。

例：BSET CARRY,ST0_55

	执行前	执行后
ST0_55	0000	0800

21. BTST 指令

功　能	语　法	并行使能位	字节	周期	流水线
测试累加器、辅助或临时寄存器位	**BTST** Baddr,src,**TC1**	无	3	1	X
	BTST Baddr,src,**TC2**	无	3	1	X

说明：该指令执行位操作。指令测试通过位寻址方式选择的源寄存器中的单个位，测试位被复制到选择的 TCx 状态位。

状态位：不受影响。

　　影响 TCx。

可重复性：可以。

例：BTST @#12,T0,TC1

功能：T0 中位置由寄存器位地址(12)定义的位测试，测试位复制到 TC1。

	执行前	执行后
T0	FE00	FE00
TC1	0	1

功　能	语　法	并行使能位	字节	周期	流水线
测试存储器位	**BTST** src,Smem,TCx	无	3	1	X
	BTST k4,Smem,TCx	无	3	1	X

说明：这些指令在 A 单元 ALU 中执行位操作。执行对存储器(Smem)位置中单个位的测试。测试位由源(src)操作数的内容或者 4 位立即数 k4 定义，测试位复制到所选的 TCx 状态位。

状态位：不受影响。

　　影响 TCx。

可重复性：可以。

例：BTST AC0,*AR0,TC1

	执行前	执行后
AC0	00 0000 0008	00 0000 0008
*AR0	00C0	00C0
TC1	0	0

例：BTST #12,*AR3,TC1

22. BTSTCLR 指令

功　　能	语　　法	并行使能位	字节	周期	流水线
测试和清零存储器位	**BTSTCLR** k4,Smem,**TC1**	无	3	1	X
	BTSTCLR k4,Smem,**TC2**	无	3	1	X

说明：该指令在 A 单元 ALU 中执行位操作。该指令执行对存储器(Smem)位置中单个位的测试。测试位内 4 位立即数 k4 定义。测试位复制到所选的 TCx 状态位并在 Smem 中清零。

状态位：不受影响。

　　　　影响 TCx。

可重复性：可以。

例：BTSTCLR #12, * AR3,TC1

23. BTSTNOT 指令

功　　能	语　　法	并行使能位	字节	周期	流水线
测试和取反存储器位	**BTSTNOT** k4,Smem,**TC1**	无	3	1	X
	BTSTNOT k4,Smem,**TC2**	无	3	1	X

例：BTSTNOT #12, * AR0,TC1

	执行前	执行后
* AR0	00C0	10C0
TC1	0	0

24. BTSTP 指令

功　　能	语　　法	并行使能位	字节	周期	流水线
测试累加器、辅助或临时寄存器比特对	**BTSTP** Baddr,src	无	3	1	X

说明：测试通过位寻址方式定位的源寄存器的两个连续位，Baddr 和 Baddr+1。测试位被复制到状态位 TC1 和 TC2。

状态位：不受影响。

　　　　影响 TC1、TC2。

可重复性：可以。

例：BTSTP AR1(T0),AC0

	执行前	执行后
AC0	E0 1234 0000	E0 1234 0000
AR0	0026	0026
T0	0001	0001
TC1	0	0
TC2	0	1

25. BTSTSET 指令

功　能	语　法	并行使能位	字节	周期	流水线
测试和置位存储器位	**BTSTSET** k4,Smem,**TC1**	无	3	1	X
	BTSTSET k4,Smem,**TC2**	无	3	1	X

说明：该指令在A单元ALU中执行位操作。执行对存储器(Smem)位置中单个位的测试。测试位由4位立即数k4定义。测试位复制到所选的TCx状态位，并对测试位置"1"。

状态位：不受影响。

影响TCx。

可重复性：可以。

例：BTSTSET #12，*AR3，TC1

功能：对AR3寻址的内容中位置由无符号4位数(12)定义的位测试，测试位复制到TC1，AR3寻址的内容中测试位置"1"。

26. CALL 指令

功　能	语　法	并行使能位	字节	周期	流水线
无条件调用	**CALL** ACx	无	2	10	X
	CALL L16	有	3	6	AD
	CALL P24	无	4	5	D

说明：这些指令将控制传至由累加器ACx低24位内容定义的，或者由程序地址标号汇编得到的L16或P24数据指定的子程序地址。

(1) CALL ACx

功能：程序控制传至由累加器AC0(23～0)的内容定义的程序地址。

状态位：不受影响。

无影响。

可重复性：不可以。

例：CALL AC0

(2) CALL L16

功能：该指令将控制传至由L16指定的子程序地址。

(3) CALL P24

功能：该指令将控制传至由P24指定的子程序地址。

27. CALLCC 指令

功　能	语　法	并行使能位	字节	周期	流水线
条件调用	**CALLCC** L16,cond	无	4	6/5	R
	CALLCC P24,cond	无	5	5/5	R

注：x/y周期，即x周期=条件为真，y周期=条件为假。

说明：这些指令在流水线的读阶段判断 cond 字段定义的某一条件。若条件为真，则一个子程序调用发生在由程序地址标号汇编的 L16 或 P24 定义的程序地址上。条件的设定需要一个周期的反应时间。指令的 cond 字段所确定的某一条件能被测试作为判断。

(1) CALLCC L16,cond

说明：这些指令在流水线的读阶段判断 cond 字段定义的某一条件。若条件为真，则一个子程序调用发生在由 L16 指定的程序地址上。

状态位：受 ACOVx、CARRY、C54CM、M40、TCx 影响。

影响 ACOVx。

可重复性：不可以。

例：CALLCC (subroutine),AC1 >= #2000h

功能：AC1 的内容等于或大于 2000h，控制传至子程序的程序地址标识。用子程序地址装载程序计数器(PC)。

(2) CALLCC P24,cond

状态位：受 ACOVx、CARRY、C54CM、M40、TCx 影响。

影响 ACOVx。

可重复性：不可以。

例：CALLCC FOO,TC1

功能：如 TC1 置"1"，程序传至 24 位数定义的绝对地址的程序地址标识(FOO)。若 TC 清零，则程序计数器递增 6，并且执行下一条指令。

28. CMP 指令

功　　能	语　　法	并行使能位	字节	周期	流水线
比较存储器与立即数	**CMP** Smem==k16,**TC1**	无	4	1	X
	CMP Smem==k16,**TC2**	无	5	1	X

说明：指令在 A 单元 ALU 执行比较。数据存储器操作数与 16 位带符号常数 k16 比较。如果它们相等，则 TCx 状态位置"1"，否则清零。

```
if((Smem)==k16) TCx=1 else TCx=0
```

状态位：不受影响。

影响 TCx。

可重复性：可以。

例：CMP *AR1+== #400h,TC1

	执行前	执行后
AR1	0295	0296
0295	0400	0400
TC1	0	1

功　能	语　法	并行使能位	字节	周期	流水线
比较累加器、辅助或临时寄存器内容	**CMP**[U] src RELOP dst,**TC1**	有	3	1	X
	CMP[U] src RELOP dst,**TC2**	有	3	1	X

说明：指令在D单元ALU或A单元ALU中执行比较。两个累加器、辅助寄存器和临时寄存器的内容相比较。当累加器ACx和辅助或临时寄存器TAx比较时，ACx的低16位与TAx在A单元ALU中比较。若比较为真，TCx状态位置“1”，否则清零。

状态位：不受影响。

影响TCx。

可重复性：可以。

例：CMP AC1 == T1,TC1

	执行前	执行后
AC1	00 0028 0400	00 0028 0400
T1	0400	0400
TC1	0	1

例：CMP T1 >= AC1,TC1

29. CMPAND 指令

功　能	语　法	并行使能位	字节	周期	流水线
用与比较累加器、辅助或临时寄存器内容	**CMPAND**[U] src RELOP dst,TCy,TCx	有	3	1	X
	CMPAND[U] src RELOP dst,!TCy,TCx	有	3	1	X

说明：这些指令在D单元ALU或A单元ALU中执行比较。两个累加器、辅助寄存器和临时寄存器的内容进行比较。当累加器ACx和辅助或临时寄存器TAx比较时，ACx的低16位和TAx在A单元ALU中比较。

(1) CMPAND[U] src RELOP dst,TCy,TCx

状态位：受C54CM、M40、TCy影响。

影响TCx。

可重复性：可以。

例：CMPAND AC1 == AC2,TC1,TC2

功能：如果M40=0累加器和累加器之间进行32位无符号数比较，M40=1累加器和累加器之间进行40位无符号数比较。AC1(31～0)的内容和AC2(31～0)的内容比较，若内容相等，则结果为真，TC2=TC1&1。

	执行前	执行后
AC1	00 0028 0400	00 0028 0400
AC2	10 0028 0400	10 0028 0400
M40	0	0
TC1	1	1
TC2	0	1

(2) CMPAND[U] src RELOP dst,!TCy,TCx

例：CMPAND AC1 == AC2,!TC1,TC2

功能：AC1(31～0)的内容和 AC2(31～0)的内容比较。若内容相等，则结果为真，TC2=!TC1&1。

30. CMPOR 指令

功 能	语 法	并行使能位	字节	周期	流水线
用或比较累加器、辅助或临时寄存器内容	**CMPOR**[U] src RELOP dst,TCy,TCx	有	3	1	X
	CMPOR[U] src RELOP dst,!TCy,TCx	有	3	1	X

(1) CMPOR[U] src RELOP dst,TCy,TCx

功能：两个累加器、辅助寄存器和临时寄存器的内容进行比较。当累加器 ACx 和辅助或临时寄存器 TAx 比较时，ACx 的低 16 位和 TAx 在 A 单元 ALU 中比较。若比较为真，则 TCx 状态位置"1"，否则清零。比较结果和 TCy 位或，然后更新 TCx。

状态位：受 C54CM、M40、TCy 影响。

影响 TCx。

可重复性：可以。

例：CMPORU AC1 !=AR1,TC1,TC2

功能：AC1(15～0)的无符号内容和 AR1 的无符号内容比较。若内容相等，则结果为假，TC2=TC1|0。

	执行前	执行后
AC1	00 0028 0400	00 0028 0400
AR1	0400	0400
TC1	1	1
TC2	0	1

(2) CMPOR[U] src RELOP dst,!TCy,TCx

例：CMPORU AC1 != AR1,!TC1,TC2

31. .CR 指令

功 能	语 法	并行使能位	字节	周期	流水线
循环寻址限定符	<instruction>. **CR**	无	1	1	AD

说明：该指令是只能和间接 Smem、Xmem、Ymem、Lmem、Baddr、Cmem 寻址指令并行的指令限定符。该指令不能和其他类型指令并行，并且不能单独执行。

状态位：不受影响。

无影响。

可重复性：可以。

32. DELAY 指令

功　能	语　　法	并行使能位	字节	周期	流水线
存储器延迟	**DELAY** Smem	无	2	1	X

说明：该指令将存储器(Smem)位置内容复制到下一个高地址(Smem＋1)。数据复制时，被寻址位置的内容保持不变。一个专用数据通道用于此存储器搬移。

状态位：不受影响。

　　无影响。

可重复性：可以。

例：DELAY ＊AR1＋

	执行前	执行后
AR1	0200	0201
200	3400	3400
201	0123	3400
202	3020	3202

33. EXP 指令

功　　能	语　　法	并行使能位	字节	周期	流水线
计算累加器内容指数	**EXP** ACx,Tx	有	3	1	X

说明：指令在 D 单元移位器中计算源累加器 ACx 的指数。运算结果存入临时寄存器 Tx。A 单元 ALU 用于搬移操作。

指数是一个范围在－8～31 的带符号二进制补码值。指数是通过计算 ACx 中的前导位个数并将此数值减去 8 得到的。前导位的个数为对齐 40 位带符号累加器内容所需的向最高位移位的次数。

状态位：不受影响。

　　无影响。

可重复性：可以。

例：EXP AC0,T1

功能：从 AC0 内容的前导位数中减去 8 计算指数。指数值是一个范围在－8～31 的带符号的二进制补码值，结果存入 T1。

	执行前	执行后
AC0	FF FFFF FFCB	FF FFFF FFCB
T1	0000	0019

34. FIRSADD 指令

功　　能	语　　法	并行使能位	字节	周期	流水线
对称有限冲激响应滤波器	**FIRSADD** Xmem, Ymem, Cmem, ACx, ACy	无	4	1	X

说明：该指令执行两个并行操作，乘累加(MAC)和加。

```
ACy=ACy+(ACx * Cmem)
:: ACx=(Xmem<<# 16)+(Ymem<<#16)
```

状态位：受 C54CM、FRCT、M40、SATD、SMUL、SXMD 影响。

影响 ACOVx、ACOVy、CARRY。

可重复性：可以。

例：FIRSADD *AR0,*AR1,*CDP,AC0,AC1

功能：AC0(32～16)的内容和系数数据指针寄存器(CDP)寻址的内容相乘后加上AC1的内容，结果存入AC1。AR0寻址的内容左移16位后的值和AR1寻址的内容左移16位后的值相加，结果存入AC0。

	执行前	执行后
AC0	00 6900 0000	00 0023 0000
AC1	00 0023 0000	FF D8ED 3F00
*AR0	3400	3400
*AR1	EF00	EF00
*CDP	A067	A067
ACOV0	0	0
ACOV1	0	0
CARRY	0	1
FRCT	0	0
SXMD	0	0

35. FIRSSUB 指令

功　能	语　法	并行使能位	字节	周期	流水线
不对称有限冲激响应滤波器	**FIRSSUB** Xmem,Ymem,Cmem,ACx,ACy	无	4	1	X

说明：该指令执行两个并行操作，乘累加(MAC)和减。

```
ACy=ACy+(ACx * Cmem)
:: ACx=(Xmem<<#16)-(Ymem<<#16)
```

状态位：受 C54CM、FRCT、M40、SATD、SMUL、SXMD 影响。

影响 ACOVx、ACOVy、CARRY。

可重复性：可以。

例：FIRSSUB *AR0,*AR1,*CDP,AC0,AC1

36. IDLE 指令

功　能	语　法	并行使能位	字节	周期	流水线
空闲	**IDLE**	无	4	?	D

说明：指令强制正在执行的程序等待，直至中断或复位发生。处理器的省电模式取决于通过外设访问机制可访问的配置寄存器。

状态位：受 INTM 影响。

无影响。

可重复性：不可以。

37. INTR 指令

功 能	语 法	并行使能位	字节	周期	流水线
软件中断	**INTR** k5	无	2	3	D

说明：指令将控制传至指定的中断服务程序(ISR)，中断全局禁止(ST1_55 的内容压至数据堆栈指针后，INTM 位置"1")。ISR 的地址存入由中断向量指针(IVPD 或 IVPH)的内容和 5 位常数 k5 组合起来定义的中断向量地址。该指令的执行与 INTM 位的值无关。

状态位：不受影响。

影响 INTM、IFR0、IFR1。

可重复性：不可以。

例：INTR #3

功能：程序控制传至指定的中断服务程序。中断向量地址由中断向量指针(IVPD)的内容和无符号的 5 位数(3)组合定义。

38. .LK 指令

功 能	语 法	并行使能位	字节	周期	流水线
锁存访问限制符	.LK	无	2	1	D

说明：这是一个操作数限制符，能同规定的 13 条指令并行执行读—修改—写操作对一个特殊的存储器操作数。指令不能单独执行。

39. LMS 指令

功 能	语 法	并行使能位	字节	周期	流水线
最小均方	**LMS** Xmem，Ymem，ACx，ACy	无	4	1	X

说明：指令在单周期内执行两个并行操作：乘累加(MAL)和加。

```
ACy=ACy+(Xmem * Ymem)
:: ACx=round(ACx+(Xmem<<#16))
```

状态位：受 C54CM、FRCT、M40、SATD、SMUL、SXMD 影响。

影响 ACOVx、ACOVy、CARRY。

可重复性：可以。

例：LMS *AR0，*AR1，AC0，AC1

功能：AR0 寻址的内容和 AR1 寻址的内容相乘后加上 AC1 的内容，结果存入 AC1。AR0 寻址的内容左移 16 位后加上 AC0 的内容。结果舍入后存入 AC0。

	执行前	执行后
AC0	00 1111 2222	00 2111 0000
AC1	00 1000 0000	00 1200 0000
*AR0	1000	1000
*AR1	2000	2000
ACOV0	0	0
ACOV1	0	0
CARRY	0	0
FRCT	0	0

40. LMSF 指令

功　能	语　　法	并行使能位	字节	周期	流水线
最小均方	**LMSF** Xmem,Ymem,ACx,ACy	无	4	1	X

说明：指令在单周期内执行三个并行操作：乘累加(MAL)和加。操作被执行在D单元MAC和ALU中。

```
ACx=T3 * (Ymem)
ACy=ACy+(Xmem) * (Ymem)
Xmem=HI(rnd(ACx+(Xmem)<<#16))
```

41. .LR 指令

功　能	语　　法	并行使能位	字节	周期	流水线
线性寻址限定符	<instruction>. **LR**	无	1	1	AD

说明：指令是只能和间接Smem、Xmem、Ymem、Lmem、Baddr、Cmem寻址指令并行的指令限定符。指令不能和其他类型指令并行，并且不能单独执行。

42. MAC 指令

功　能	语　　法	并行使能位	字节	周期	流水线
乘并累加	**MAC**[R] ACx,Tx,ACy[,ACy]	有	2	1	X
	MAC[R] ACy,Tx,ACx,ACy	有	2	1	X
	MACK[R] Tx,k8,[ACx,] ACy	有	3	1	X
	MACK[R] Tx,k16,[ACx,] ACy	无	4	1	X
	MACM[R] [T3 =]Smem,Cmem,ACx	无	3	1	X
	MACM[R] [T3 =]Smem,[ACx,] ACy	无	3	1	X
	MACM[R] [T3 =]Smem,Tx,[ACx,] ACy	无	3	1	X
	MACMK[R] [T3 =]Smem,k8,[ACx,] ACy	无	4	1	X
	MACM[R][40] [T3 =][uns(]Xmem[)],[uns(]Ymem[)],[ACx,] ACy	无	4	1	X
	MACM[R][40] [T3 =][uns(]Xmem[)],[uns(]Ymem[)],ACx>>**#16**[,ACy]	无	4	1	X
	MAC[R] Smem,uns(Cmem),ACx	无	3	1	X

说明：指令在D单元MAC中执行乘累加。

(1) MAC[R] ACx,Tx,ACy[,ACy]

说明：该指令在D单元MAC中执行乘累加。乘法器的输入操作数为ACx(32～16)和Tx的内容带符号扩展至17位后的值。ACy = ACy + (ACx * Tx)。

状态位：受FRCT、M40、SATD、SMUL影响。

影响ACOVy。

可重复性：可以。

例：MAC AC1,T0,AC0

功能：AR0寻址的内容和AR1寻址的内容相乘后加上AC1的内容，结果存入AC1。AR0寻址的内容左移16位后加上AC0的内容。结果舍入后存入AC0。

(2) MAC[R] ACy,Tx,ACx,ACy

说明：ACy = (ACy * Tx) + ACx

(3) MACK[R] Tx,k8,[ACx,] ACy

说明：该指令在D单元MAC中执行乘累加，乘法器的输入操作数为Tx的内容带符号扩展至17位后的值和8位符号常数k8带符号扩展至17位后的值。ACy = ACx + (Tx * k8)。

例：MACK T0,#FFh,AC1,AC0

(4) MACK[R] Tx,k16,[ACx,] ACy

说明：该指令在D单元MAC中执行乘累加，乘法器的输入操作数为Tx的内容带符号扩展至17位后的值和16位符号常数k16带符号扩展至17位后的值。ACy=ACx+(Tx *k16)。

例：MACK T0,#FFFFh,AC1,AC0

(5) MACM[R] [T3 =]Smem,Cmem,ACx

说明：指令在D单元MAC中执行乘累加。乘法器的输入操作数为存储器(Smem)的内容带符号扩展至17位后的值和使用系数寻址方式数据存储器操作数Cmem带符号扩展至17位后的值。ACx = ACx + (Smem * Cmem)。

例：MACMR *AR1,*CDP,AC2

	执行前	执行后
AC2	00 EC00 0000	00 EC3F 8000
*AR1	0302	0302
CDP	0202	0202
302	FE00	FE00
202	0040	0040
ACOV2	0	1

(6) MACM[R] [T3 =]Smem,[ACx,] ACy

说明：指令在D单元MAC中执行乘累加。乘法器的输入操作数为ACx(32～16)和存储器(Smem)的内容带符号扩展至17位后的值。ACy = ACy + (Smem * ACx)。

例：MACM *AR3,AC0,AC1

(7) MACM[R] [T3 =]Smem,Tx,[ACx,] ACy

说明：指令在D单元MAC执行乘累加。乘法器的输入操作数为ACx(32～16)和存储器(Smem)的内容带符号扩展至17位后的值。ACy = ACx + (Tx * Smem)。

例：MACM *AR3,T0,AC1,AC0

(8) MACMK[R] [T3 =]Smem,k8,[ACx,] ACy

说明：指令在D单元MAC中执行乘累加。乘法器的输入操作数为存储器(Smem)的内容带符号扩展至17位后的值和8位符号常数k8带符号扩展至17位后的值。ACy=ACx+(Smem * k8)。

例：MACMK *AR3,#FFh,AC1,AC0

(9) MACM[R][40] [T3 =][uns(]Xmem[)],[uns(]Ymem[)],[ACx,] Acy

说明：指令在D单元MAC中执行乘累加。乘法器的输入操作数为数据存储器(Xmem)的内容扩展至17位后的值和数据存储器(Ymem)的内容扩展至17位后的值。ACy = ACx + (Xmem * Ymem)。

例：MACMR uns(*AR2+),uns(*AR3+),AC3

	执行前	执行后
AC3	00 2300 EC00	00 9221 0000
AR2	302	303
AR3	202	203
ACOV3	0	1
302	FE00	FE00
202	7000	7000
M40	0	0
STAD	0	0
FRCT	0	0

(10) MACM[R][40] [T3=][uns(]Xmem[)],[uns(]Ymem[)],ACx>>#16[,ACy]

说明：指令在D单元MAC中执行乘累加。乘法器的输入操作数为数据存储器(Xmem)的内容扩展至17位后的值和数据存储器(Ymem)的内容扩展至17位后的值。ACy = (ACx >> #16) + (Xmem * Ymem)。

例：MACM uns(*AR3),uns(*AR4),AC1 >> #16,AC0

(11) MAC[R] Smem,uns(Cmem),ACx

说明：指令在D单元MAC中执行乘累加。乘法器的输入操作数为数据存储器(Smem)的内容和数据存储器(Cmem)的内容。ACx = ACx + (Smem * Cmem)。

例：MAC *AR3-,uns(*CDP+),AC0

43. MACMZ指令

功　能	语　法	并行使能位	字节	周期	流水线
带有并行延迟的乘累加	**MACM**[R]**Z**[T3 =] Smem, Cmem,ACx	无	1	1	AD

说明：该指令在D单元ALU中执行乘累加与存储器延迟指令的并行。乘法器的输入操作数为存储器(Smem)的内容带符号扩展至17位后的值和使用系数寻址方式寻址的数据存储器操作数Lmem带符号扩展至17位后的值。

```
ACx=ACx+(Smem * Cmem)
:: delay(Smem)
```

状态位：受FRCT、M40、RDM、SATD、SMUL影响。
　　　影响ACOVx。

可重复性：可以。

例：MACMZ ＊AR3,＊CDP,AC0

功能：AR3寻址的内容和系数数据指引寄存器(CDP)寻址的内容相乘后加上AC0的内容，结果存入AC0。AR3寻址的内容被复制到下一个高地址。

44. MAC::MAC指令

功能	语　法	并行使能位	字节	周期	流水线
并行乘和累加	**MAC**[R][40][uns(]Xmem[)],[uns(]Cmem[)],ACx ::**MAC**[R][40][uns(]Ymem[)],[uns(]Cmem[)],ACy	无	4	1	X
	MAC[R][40][uns(]Xmem[)],[uns(]Cmem[)],ACx>>**#16** ::**MAC**[R][40][uns(]Ymem[)],[uns(]Cmem[)],ACy	无	4	1	X
	MAC[R][40][uns(]Xmem[)],[uns(]Cmem[)],ACx>>**#16** ::**MAC**[R][40][uns(]Ymem[)],[uns(]Cmem[)],ACy>>**#16**	无	4	1	X
	MAC[R][40][uns(]Smem[)],[uns(]HI(Cmem)[)],ACy ::**MAC**[R][40][uns(]Smem[)],[uns(]LO(Cmem)[)],ACx	无	4	1	X
	MAC[R][40][uns(]Smem[)],[uns(]HI(Cmem)[)],ACy ::**MAC**[R][40][uns(]Smem[)],[uns(]LO(Cmem)[)],ACx>>**#16**	无	4	1	X
	MAC[R][40][uns(]Smem[)],[uns(]HI(Cmem)[)],ACy>>**#16** ::**MAC**[R][40][uns(]Smem[)],[uns(]LO(Cmem)[)],ACx>>**#16**	无	4	1	X
	MAC[R][40][uns(]HI(Lmem)[)],[uns(]HI(Cmem)[)],ACy ::**MAC**[R][40][uns(]LO(Lmem)[)],[uns(]LO(Cmem)[)],ACx	无	4	1	X
	MAC[R][40][uns(]HI(Lmem)[)],[uns(]HI(Cmem)[)],ACy ::**MAC**[R][40][uns(]LO(Lmem)[)],[uns(]LO(Cmem)[)],ACx>> **#16**	无	4	1	X
	MAC[R][40][uns(]HI(Lmem)[)],[uns(]HI(Cmem)[)],ACy>>**#16** ::**MAC**[R][40][uns(]LO(Lmem)[)],[uns(]LO(Cmem)[)],ACx>> **#16**	无	4	1	X
	MAC[R][40][uns(]Ymem[)],[uns(]HI(Cmem)[)],ACy ::**MAC**[R][40][uns(]Xmem[)],[uns(]LO(Cmem)[)],ACx	无	4	1	X
	MAC[R][40][uns(]HI(Ymem)[)],[uns(]HI(Cmem)[)],ACy ::**MAC**[R][40][uns(]LO(Xmem)[)],[uns(]LO(Cmem)[)],ACx>>**#16**	无	4	1	X
	MAC[R][40][uns(]HI(Ymem)[)],[uns(]HI(Cmem)[)],ACy>>**#16** ::**MAC**[R][40][uns(]LO(Xmem)[)],[uns(]LO(Cmem)[)],ACx>>**#16**	无	4	1	X

说明：这些指令在一个周期内执行两个并行的乘累加(MAC)运算。运算在两个 D 单元 MAC 中执行。

(1) MAC[R][40][uns(]Xmem[)],[uns(]Cmem[)],ACx
　　::MAC[R][40][uns(]Ymem[)],[uns(]Cmem[)],ACy

说明：ACx=ACx+(Xmem * Cmem)
　　:: ACy=ACy+(Ymem * Cmem)

(2) MAC[R][40][uns(]Xmem[)],[uns(]Cmem[)],ACx>>#16
　　:: MAC[R][40][uns(]Ymem[)],[uns(]Cmem[)],ACy

说明：ACx=(ACx>>#16)+(Xmem * Cmem)
　　:: ACy=ACy+(Ymem * Cmem)

(3) MAC[R][40][uns(]Xmem[)],[uns(]Cmem[)],ACx>>#16
　　:: MAC[R][40][uns(]Ymem[)],[uns(]Cmem[)],ACy>>#16

说明：ACx=(ACx>>#16)+(Xmem * Cmem)
　　:: ACy=(ACy>>#16)+(Ymem * Cmem)

(4) MAC[R][40][uns(]Smem[)],[uns(]HI(Cmem)[)],ACy
　　:: MAC[R][40][uns(]Smem[)],[uns(]LO(Cmem)[)],ACx

说明：ACy=ACy+(Smem * HI(Cmem))
　　:: ACx=ACx+(Smem * LO(Cmem))

(5) MAC[R][40][uns(]Smem[)],[uns(]HI(Cmem)[)],ACy
　　:: MAC[R][40][uns(]Smem[)],[uns(]LO(Cmem)[)],ACx>>#16

说明：ACy=ACy+(Smem * HI(Cmem))
　　:: ACx=(ACx>>#16)+(Smem * LO(Cmem))

(6) MAC[R][40][uns(]Smem[)],[uns(]HI(Cmem)[)],ACy>>#16
　　:: MAC[R][40][uns(]Smem[)],[uns(]LO(Cmem)[)],ACx>>#16

说明：ACy=(ACy>>#16)+(Smem * HI(Cmem))
　　:: ACx=(ACx>>#16)+(Smem * LO(Cmem))

(7) MAC[R][40][uns(]HI(Lmem)[)],[uns(]HI(Cmem)[)],ACy
　　:: MAC[R][40][uns(]LO(Lmem)[)],[uns(]LO(Cmem)[)],ACx

说明：ACy=ACy+(HI(Lmem) * HI(Cmem))
　　:: ACx=ACx+(LO(Lmem) * LO(Cmem))

(8) MAC[R][40][uns(]HI(Lmem)[)],[uns(]HI(Cmem)[)],ACy
　　:: MAC[R][40][uns(]LO(Lmem)[)],[uns(]LO(Cmem)[)],ACx>>#16

说明：ACy=ACy+(HI(Lmem) * HI(Cmem))
　　:: ACx=(ACx>>#16)+(LO(Lmem) * LO(Cmem))

(9) MAC[R][40][uns(]HI(Lmem)[)],[uns(]HI(Cmem)[)],ACy>>#16
　　:: MAC[R][40][uns(]LO(Lmem)[)],[uns(]LO(Cmem)[)],ACx>>#16

说明：ACy=(ACy>>#16)+(HI(Lmem) * HI(Cmem))
　　:: ACx=(ACx>>#16)+(LO(Lmem) * LO(Cmem))

(10) MAC[R][40][uns(]Ymem[)],[uns(]HI(Cmem)[)],ACy
:: MAC[R][40][uns(]Xmem[)],[uns(]LO(Cmem)[)],ACx

说明：ACy=ACy+(Ymem * HI(Cmem))
:: ACx=ACx+(Xmem * LO(Cmem))

(11) MAC[R][40][uns(]HI(Ymem)[)],[uns(]HI(Cmem)[)],ACy
:: MAC[R][40][uns(]LO(Xmem)[)],[uns(]LO(Cmem)[)],ACx>>#16

说明：ACy=ACy+(HI(Ymem) * HI(Cmem))
:: ACx=(ACx>>#16)+(LO(Xmem) * LO(Cmem))

(12) MAC[R][40][uns(]HI(Ymem)[)],[uns(]HI(Cmem)[)],ACy>>#16
:: MAC[R][40][uns(]LO(Xmem)[)],[uns(]LO(Cmem)[)],ACx>>#16

说明：ACy=(ACy>>#16)+(HI(Ymem) * HI(Cmem))
:: ACx=(ACx>>#16)+(LO(Xmem) * LO(Cmem))

45. MAC::MAS 指令

功能	语法	并行使能位	字节	周期	流水线
并行乘和减的乘累加	**MAC**[R][40] [uns(]Smem[)],[uns(]HI(Cmem)[)],ACy :: **MAS**[R][40] [uns(]Smem[)],[uns(]LO(Cmem)[)],ACx	无	4	1	X
	MAC[R][40] [uns(]Smem[)],[uns(]HI(Cmem)[)],ACy >> **#16** :: **MAS**[R][40] [uns(]Smem[)],[uns(]LO(Cmem)[)],ACx	无	4	1	X
	MAC[R][40] [uns(]HI(Lmem)[)],[uns(]HI(Cmem)[)],ACy :: **MAS**[R][40] [uns(]LO(Lmem)[)],[uns(]LO(Cmem)[)],ACx	无	4	1	X
	MAC[R][40] [uns(]HI(Lmem)[)],[uns(]HI(Cmem)[)],ACy >> **#16** :: **MAS**[R][40] [uns(]LO(Lmem)[)],[uns(]LO(Cmem)[)],ACx	无	4	1	X
	MAC[R][40] [uns(]Ymem[)],[uns(]HI(Cmem)[)],ACy :: **MAS**[R][40] [uns(]Xmem[)],[uns(]LO(Cmem)[)],ACx	无	5	1	X
	MAC[R][40] [uns(]HI(Ymem)[)],[uns(]HI(Cmem)[)],ACy >> **#16** :: **MAS**[R][40] [uns(]LO(Xmem)[)],[uns(]LO(Cmem)[)],ACx	无	5	1	X

(1) MAC[R][40] [uns(]Smem[)],[uns(]HI(Cmem)[)],ACy
:: MAS[R][40] [uns(]Smem[)],[uns(]LO(Cmem)[)],ACx

说明：ACy = ACy + (Smem * HI(Cmem))
:: ACx = ACx-(Smem * LO(Cmem))

(2) MAC[R][40] [uns(]Smem[)],[uns(]HI(Cmem)[)],ACy >> #16
:: MAS[R][40] [uns(]Smem[)],[uns(]LO(Cmem)[)],ACx

说明：ACy = (ACy >> #16) + (Smem * HI(Cmem))
:: ACx = ACx-(Smem * LO(Cmem))

(3) MAC[R][40] [uns(]HI(Lmem)[)],[uns(]HI(Cmem)[)],ACy

:: MAS[R][40] [uns(]LO(Lmem)[)],[uns(]LO(Cmem)[)],ACx

说明：ACy = ACy + (HI(Lmem) * HI(Cmem))

:: ACx = ACx − (LO(Lmem) * LO(Cmem))

(4) MAC[R][40] [uns(]HI(Lmem)[)],[uns(]HI(Cmem)[)],ACy >> #16

:: MAS[R][40] [uns(]LO(Lmem)[)],[uns(]LO(Cmem)[)],ACx

说明：ACy = (ACy >> #16) + (HI(Lmem) * HI(Cmem))

:: ACx = ACx − (LO(Lmem) * LO(Cmem))

(5) MAC[R][40] [uns(]Ymem[)],[uns(]HI(Cmem)[)],ACy

:: MAS[R][40] [uns(]Xmem[)],[uns(]LO(Cmem)[)],ACx

说明：ACy = ACy + (Ymem * HI(Cmem))

:: ACx = ACx − (Xmem * LO(Cmem))

(6) MAC[R][40] [uns(]HI(Ymem)[)],[uns(]HI(Cmem)[)],ACy >> #16

:: MAS[R][40] [uns(]LO(Xmem)[)],[uns(]LO(Cmem)[)],ACx

说明：ACy = (ACy >> #16) + (HI(Ymem) * HI(Cmem))

:: ACx = ACx − (LO(Xmem) * LO(Cmem))

46. MAC::MPY 指令

功能	语法	并行使能位	字节	周期	流水线
乘累加和乘并行	**MAC**[R][40] [uns(]Xmem[)],[uns(]Cmem[)],ACx :: **MPY**[R][40] [uns(]Ymem[)],[uns(]Cmem[)],ACy	无	4	1	X
	MAC[R][40] [uns(]Smem[)],[uns(]HI(Cmem)[)],ACy :: **MPY**[R][40] [uns(]Smem[)],[uns(]LO(Cmem)[)],ACx	无	4	1	X
	MAC[R][40] [uns(]Smem[)],[uns(]HI(Cmem)[)],ACy >> **#16** :: **MPY**[R][40] [uns(]Smem[)],[uns(]LO(Cmem)[)],ACx	无	4	1	X
	MAC[R][40] [uns(]HI(Lmem)[)],[uns(]HI(Cmem)[)],ACy :: **MPY**[R][40] [uns(]LO(Lmem)[)],[uns(]LO(Cmem)[)],ACx	无	4	1	X
	MAC[R][40] [uns(]HI(Lmem)[)],[uns(]HI(Cmem)[)],ACy>> **#16** :: **MPY**[R][40] [uns(]LO(Lmem)[)],[uns(]LO(Cmem)[)],ACx	无	5	1	X
	MAC[R][40] [uns(]HI(Ymem)[)],[uns(]HI(Cmem)[)],ACy>> **#16** :: **MPY**[R][40] [uns(]LO(Xmem)[)],[uns(]LO(Cmem)[)],ACx	无	5	1	X

(1) MAC[R][40] [uns(]Xmem[)],[uns(]Cmem[)],ACx

:: MPY[R][40] [uns(]Ymem[)],[uns(]Cmem[)],ACy

说明：ACx = ACx + (Xmem * Cmem)

:: ACy = Ymem * Cmem

(2) MAC[R][40] [uns(]Smem[)],[uns(]HI(Cmem)[)],ACy

:: MPY[R][40] [uns(]Smem[)],[uns(]LO(Cmem)[)],ACx

说明：ACy = ACy + (Smem * HI(Cmem))

:: ACx = Smem * LO(Cmem)

(3) MAC[R][40] [uns(]Smem[)],[uns(]HI(Cmem)[)],ACy >> #16

:: MPY[R][40] [uns(]Smem[)],[uns(]LO(Cmem)[)],ACx

说明：ACy = (ACy >> #16) + (Smem * HI(Cmem))

:: ACx = Smem * LO(Cmem)

(4) MAC[R][40] [uns(]HI(Lmem)[)],[uns(]HI(Cmem)[)],ACy

:: MPY[R][40] [uns(]LO(Lmem)[)],[uns(]LO(Cmem)[)],ACx

说明：ACy = (ACy >> #16) + (HI(Lmem) * HI(Cmem))

:: ACx = ACx − (LO(Lmem) * LO(Cmem))

(5) MAC[R][40] [uns(]HI(Lmem)[)],[uns(]HI(Cmem)[)],ACy >> #16

:: MPY[R][40] [uns(]LO(Lmem)[)],[uns(]LO(Cmem)[)],ACx

说明：ACy = ACy + (HI(Lmem) * HI(Cmem))

:: ACx = LO(Lmem) * LO(Cmem)

(6) MAC[R][40] [uns(]HI(Ymem)[)],[uns(]HI(Cmem)[)],ACy >> #16

:: MPY[R][40] [uns(]LO(Xmem)[)],[uns(]LO(Cmem)[)],ACx

说明：ACy = (ACy >> #16) + (HI(Lmem) * HI(Cmem))

:: ACx = LO(Lmem) * LO(Cmem)

47. MACM::MOV 指令

功　　能	语　　法	并行使能位	字节	周期	流水线
乘累加和从存储器装载累加器并行	**MACM**[R] [T3 =]Xmem,Tx,ACx :: **MOV** Ymem << **#16**,ACy	无	4	1	X

说明：ACx = ACx + (Tx * Xmem)

:: ACy = Ymem << #16

功　　能	语　　法	并行使能位	字节	周期	流水线
乘累加和累加器内容存入存储器并行	**MACM**[R] [T3 =]Xmem,Tx,ACy :: **MOV** HI(ACx << **T2**),Ymem	无	4	1	X

说明：ACy = rnd(ACy + (Tx * Xmem)),

:: Ymem = HI(ACx << T2) [,T3 = Xmem]

48. MANT::NEXP 指令

功　　能	语　　法	并行使能位	字节	周期	流水线
计算累加器内容的尾数和指数	**MANT** ACx,ACy :: **NEXP** ACx,Tx	无	4	1	X

说明：该指令计算源累加器的指数和尾数。指数和尾数的计算在D单元移位器中执行。指数计算后存入临时寄存器Tx。A单元用于搬移操作。尾数存入累加器ACy。

状态位：不受影响。

无影响。

可重复性：可以。

例：MANT AC0,AC1

::NEXP AC0,T1

功能：从 8 中减去 AC0 内容的前导位的个数计算指数。指数值是一个范围在－31～8 的带符号的二进制补码，结果存入 T1。尾数是通过对齐 32 位带符号 ACx 内容计算的。尾数值存入 AC1。

	执行前	执行后
AC0	21 0A0A 0A0A	21 0A0A 0A0A
AC1	FF FFFF F001	00 4214 1414
T1	0000	0007

49. MAS 指令

功能	语　法	并行使能位	字节	周期	流水线
乘减	**MAS**[R] Tx,[ACx,] ACy	有	2	1	X
	MASM[R] [T3 =]Smem,Cmem,ACx	无	3	1	X
	MASM[R] [T3 =]Smem,[ACx,] ACy	无	3	1	X
	MASM[R] [T3 =]Smem,Tx,[ACx,] ACy	无	3	1	X
	MASM[R][40] [T3 =][uns(]Xmem[)],[uns(]Ymem[)],[ACx,]ACy	无	4	1	X
	MAS[R] Smem,uns(Cmem),ACx	无	3	1	X

说明：该指令在单元 MAC 中执行乘减操作。

(1) MAS[R] Tx,[ACx,] ACy

说明：该指令在 D 单元 MAC 中执行乘减操作。乘法器的输入操作数为 ACx(32～16)和 Tx 的内容带符号扩展至 17 位后的值。ACy=ACy－(ACx * Tx)。

状态位：受 FRCT、M40、RDM、SATD、SMUL 影响。

影响 ACOVy。

可重复性：可以。

例：MASR T1,AC0,AC1

功能：从 AC1 的内容减去 AC0 和 T1 的内容的乘积，结果舍入后存入 AC1。

	执行前	执行后
AC0	00 EC00 0000	00 EC00 0000
AC1	00 3400 0000	00 1680 0000
T1	2000	2000
M40	0	0
ACOV1	0	0
FRCT	0	0

(2) MASM[R][T3=]Smem,Cmem,ACx

说明：指令在 D 单元 MAc 中执行乘减操作。乘法器的输入操作数为存储器(Smem)的内容带符号扩展至 17 位后的值和使用系数寻址方式寻址的数据存储器操作数 Cmem 的内容带符号扩展至 17 位后的值。ACx=ACx－(Smem * Cmem)。

例：MASMR * AR1，* CDP,AC2

(3) MASM[R][T3=]Smem,[ACx,]ACy

说明：该指令在 D 单元 MAC 中执行乘减操作。乘法器的输入操作数为 ACx(32～16)和存储器的内容带符号扩展至 17 位后的值。ACy=ACy－(Smem * ACx)。

例：MASM * AR3,AC1,AC0

(4) MASM[R][T3=]Smem,Tx,[ACx,]ACy

说明：ACy=ACx－(Tx * Smem)

例：MASM * AR3,AC1,AC0

(5) MASM[R][40][T3=][uns(]Xmem[)],[uns(]Ymem[)],[ACx,]ACy

说明：ACy=ACx－(Xmem * Ymem)

例：MASMuns(* AR2+),uns(* AR3+),AC3

(6) MAS[R]Smem,uns(Cmem),ACx

说明：ACx=ACx－(Smem * uns(Cmem))

例：MAS * AR3－,uns(* CDP+),AC0

50. MAS::MAC 指令

功能	语　法	并行使能位	字节	周期	流水线
乘减和乘累加并行	**MAS**[R][40][uns(]Xmem[)],[uns(]Cmem[)],ACx :: **MAC**[R][40] [uns(]Ymem[)],[uns(]Cmem[)],ACy	无	4	1	X
	MAS[R][40] [uns(]Xmem[)],[uns(]Cmem[)],ACx :: **MAC**[R][40] [uns(]Ymem[)],[uns(]Cmem[)],ACy >> **#16**	无	4	1	X
	MAS[R][40] [uns(]Smem[)],[uns(]HI(Cmem)[)],ACy :: **MAC**[R][40] [uns(]Smem[)],[uns(]LO(Cmem)[)],ACx	无	4	1	X
	MAS[R][40] [uns(]HI(Lmem)[)],[uns(]HI(Cmem)[)],ACy :: **MAC**[R][40] [uns(]LO(Lmem)[)],[uns(]LO(Cmem)[)],ACx	无	4	1	X

说明：这些指令在单周期内执行两条并行操作：乘减(MAS)和乘累加(MAC)。操作在两个 D 单元 MAC 中执行。

状态位：受 FRCT、M40、RDM、SATD、SMUL、SXMD 影响。

　　影响 ACOVx、ACOVy。

可重复性：可以。

(1) MAS[R][40] [uns(]Xmem[)],[uns(]Cmem[)],ACx

　　:: MAC[R][40] [uns(]Ymem[)],[uns(]Cmem[)],Acy

说明：ACx ＝ ACx － (Xmem * Cmem)

　　:: ACy ＝ ACy ＋ (Ymem * Cmem)

例：MASR40 uns(* AR0),uns(* CDP),AC0

:: MACR40 uns(* AR1),uns(* CDP),AC1

	执行前	执行后
AC0	00 6900 0000	00 486B 0000
AC1	00 0023 0000	00 95E3 0000
* AR0	3400	3400
* AR1	EF00	EF00
* CDP	A067	A067
ACOV0	0	0
CARRY	0	0
FRCT	0	0

(2) MAS[R][40] [uns(]Xmem[)],[uns(]Cmem[)],ACx

:: MAC[R][40] [uns(]Ymem[)],[uns(]Cmem[)],ACy >> #16

说明：ACx = ACx − (Xmem * Cmem)

:: ACy = (ACy >> #16) + (Ymem * Cmem)

例：MAS uns(* AR3),uns(* CDP),AC0

:: MAC uns(* AR4),uns(* CDP),AC1 >> #16

(3) MAS[R][40] [uns(]Smem[)],[uns(]HI(Cmem)[)],ACy

:: MAC[R][40] [uns(]Smem[)],[uns(]LO(Cmem)[)],ACx

说明：ACx = ACx − (Xmem * HICmem)

:: ACy = ACy + (Ymem * LOCmem)

例：MAS uns(* AR3−),uns(HI(* CDP+)),AC1

:: MAC uns(* AR3−),uns(LO(* CDP+)),AC0

(4) MAS[R][40] [uns(]HI(Lmem)[)],[uns(]HI(Cmem)[)],ACy

:: MAC[R][40] [uns(]LO(Lmem)[)],[uns(]LO(Cmem)[)],ACx

说明：ACy = ACy − (HI(Lmem) * HI(Cmem))

:: ACx = ACx + (LO(Lmem) * LO(Cmem))

例：MAS uns(HI(* AR3−)),uns(HI(* CDP+)),AC1

:: MAC uns(LO(* AR3−)),uns(LO(* CDP+)),AC0

51. MAS::MAS 指令

功能	语　　法	并行使能位	字节	周期	流水线
乘减并行	**MAS**[R][40] [uns(]Xmem[)],[uns(]Cmem[)],ACx :: **MAS**[R][40] [uns(]Ymem[)],[uns(]Cmem[)],ACy	无	4	1	X
	MAS[R][40] [uns(]Smem[)],[uns(]HI(Cmem)[)],ACy :: **MAS**[R][40] [uns(]Smem[)],[uns(]LO(Cmem)[)],ACx	无	4	1	X
	MAS[R][40] [uns(]HI(Lmem)[)],[uns(]HI(Cmem)[)],ACy :: **MAS**[R][40] [uns(]LO(Lmem)[)],[uns(]LO(Cmem)[)],ACx	无	4	1	X
	MAS[R][40] [uns(]HI(Ymem)[)],[uns(]HI(Cmem)[)],ACy :: **MAS**[R][40] [uns(]LO(Xmem)[)],[uns(]LO(Cmem)[)],ACx	无	5	1	X

说明：指令在一个周期内执行两个并行乘减运算，操作在两个 D 单元 MAC 中执行。
状态位：受 FRCT、M40、RDM、SATD、SMUL、SXMD 影响。
　　　影响 ACOVx、ACOVy。
可重复性：可以。

(1) MAS[R][40] [uns(]Xmem[)],[uns(]Cmem[)],ACx
　:: MAS[R][40] [uns(]Ymem[)],[uns(]Cmem[)],ACy

说明：ACx = ACx − (Xmem * Cmem)
　　:: ACy = ACy − (Ymem * Cmem)

例：MAS uns(*AR3),uns(*CDP),AC0
　:: MAS uns(*AR4),uns(*CDP),AC1
　MAS uns(*AR3−),uns(HI(*CDP+)),AC1
　:: MAC uns(*AR3−),uns(LO(*CDP+)),AC0

(2) MAS[R][40] [uns(]Smem[)],[uns(]HI(Cmem)[)],ACy
　:: MAS[R][40] [uns(]Smem[)],[uns(]LO(Cmem)[)],ACx

说明：ACy = ACy − (Smem * HI(Cmem))
　　:: ACx = ACx − (Smem * LO(Cmem))

(3) MAS[R][40] [uns(]HI(Lmem)[)],[uns(]HI(Cmem)[)],ACy
　:: MAS[R][40] [uns(]LO(Lmem)[)],[uns(]LO(Cmem)[)],ACx

说明：ACy = ACy − (HI(Lmem) * HI(Cmem))
　　:: ACx = ACx − (LO(Lmem) * LO(Cmem))

(4) MAS[R][40] [uns(]HI(Ymem)[)],[uns(]HI(Cmem)[)],ACy
　:: MAS[R][40] [uns(]LO(Xmem)[)],[uns(]LO(Cmem)[)],ACx

说明：ACy = ACy − (HI(Ymem) * HI(Cmem))
　　:: ACx = ACx − (LO(Xmem) * LO(Cmem))

52. MAS::MPY 指令

功能	语　法	并行使能位	字节	周期	流水线
乘减和乘并行	**MAS**[R][40] [uns(]Xmem[)],[uns(]Cmem[)],ACx :: **MPY**[R][40] [uns(]Ymem[)],[uns(]Cmem[)],ACy	无	4	1	X
	MAS[R][40] [uns(]Smem[)],[uns(]HI(Cmem)[)],ACy :: **MPY**[R][40] [uns(]Smem[)],[uns(]LO(Cmem)[)],ACx	无	4	1	X
	MAS[R][40] [uns(]HI(Lmem)[)],[uns(]HI(Cmem)[)],ACy :: **MPY**[R][40] [uns(]LO(Lmem)[)],[uns(]LO(Cmem)[)],ACx	无	4	1	X

说明：指令在一个周期内执行乘减(MAS)和乘并行操作。
状态位：受 FRCT、M40、RDM、SATD、SMUL、SXMD 影响。
　　　影响 ACOVx、ACOVy。
可重复性：可以。

MAS[R][40] [uns(]Xmem[)],[uns(]Cmem[)],ACx
:: MPY[R][40] [uns(]Ymem[)],[uns(]Cmem[)],Acy
说明：ACx = ACx − (Xmem * Cmem)
:: ACy = Ymem * Cmem
为节省篇幅，读者可参考前面讲述的类似例子，后面两条指令不再赘述。

53. MASM::MOV 指令

功　能	语　法	并行使能位	字节	周期	流水线
乘减和从存储器装载累加器并行	**MASM**[R] [T3=]Xmem,Tx,ACx :: **MOV** Ymem << **#16**,ACy	无	4	1	X

说明：ACx = ACx − (Tx * Xmem)
:: ACy = Ymem << #16
状态位：受 FRCT、M40、RDM、SATD、SMUL、SXMD 影响。
影响 ACOVx、ACOVy。
可重复性：可以。
例：MASM *AR3,T0,AC0
:: MOV *AR4 << #16,AC1

功　能	语　法	并行使能位	字节	周期	流水线
乘减和将累加器内容装入存储器并行	**MASM**[R] [T3 =]Xmem,Tx,ACx :: **MOV** Ymem << **#16**,ACy	无	4	1	X

说明：ACy = rnd(ACy − (Tx * Xmem))
:: Ymem = HI(ACx << T2) [,T3 = Xmem]

54. MAX 指令

功　能	语　法	并行使能位	字节	周期	流水线
比较累加器、辅助寄存器、临时寄存器最大值	**MAX** [src,] dst	有	2	1	X

说明：该指令在 D 单元 ALU 或 A 单元 ALU 中执行最大值比较。对两个累加器、辅助寄存器和临时寄存器的内容进行比较。当 src 是累加器 ACx，dst 是辅助或临时寄存器 TAx，比较时，在 A 单元 ALU 中将 ACx 的低 16 位和 TAx 比较。如果 M40=0，进行 32 位比较；M40=1，进行 40 位比较。若比较为真，TCx 状态位置“1”，否则清零。

状态位：受 C54CM、M40、SXMD 影响。
影响 CARRY。
可重复性：可以。
例：MAX AC2,AC1
功能：AC2 的内容小于 AC1 的内容，AC1 的内容不变，CARRY 状态位置“1”。

	执行前	执行后
AC2	00 0000 0000	00 0000 0000
AC1	00 8500 000	00 8500 000
SXMD	1	1
M40	0	0
CARRY	0	1

55. MAXDIFF 指令

功　　能	语　　法	并行使能位	字节	周期	流水线
比较选择累加器最大值	**MAXDIFF** ACx,ACy,ACz,ACw	有	3	1	X
	DMAXDIFF ACx,ACy,ACz,ACw,TRNx	有	3	1	X

说明：第一条指令在D单元ALU中执行两个并行16位最大值选择。第2条指令在D单元ALU中执行一个40位最大值选择。

MAXDIFF ACx,ACy,ACz,ACw

状态位：受C54CM、SATD影响。

　　　　影响ACOVw、CARRY。

可重复性：可以。

例：MAXDIFF AC0,AC1,AC2,AC1

功能：差存入AC1。从AC1(39～16)的内容中减去AC0(39～16)的内容，结果存入AC1(39～16)。由于SATD=1，检测到溢出，AC1(39～16)=FF 8000h(饱和)。从AC1(15～0)的内容中减去AC0(15～0)的内容，结果存入AC1(15～0)。最大值存入AC2。TRN0和TRN1的内容右移1位。AC0(31～16)大于AC1(31～16)，AC0(39～16)存入AC2(39～16)，TRN0(15)清零。AC0(15～0)大于AC1(15～0)，AC0(15～0)存入AC2(15～0)，TRN1(15)清零。

	执行前	执行后
AC0	10 2400 2222	10 2400 2222
AC1	90 0000 0000	FF 8000 DDDE
AC2	00 0000 000	10 2400 2222
SATD	1	1
TRN0	1000	0800
TRN1	0100	0080
ACOV1	0	1
CARRY	1	1

56. MIN 指令

功　　能	语　　法	并行使能位	字节	周期	流水线
比较累加器、辅助寄存器、临时寄存器最小值	**MIN** [src,] dst	有	2	1	X

说明：该指令在D单元ALU或A单元ALU中执行最小值比较。将两个累加器、辅助寄存器和临时寄存器的内容进行比较。当累加器ACx和辅助或临时寄存器TAx相比较时，在A单元ALU中比较ACx的低16位和TAx。若比较为真，TCx状态位置“1”，否则清零。

状态位：受C54CM、M40、SXMD影响。

影响CARRY。

可重复性：可以。

例：MIN AC1,T1

功能：AC1(15～0)的内容大于T1的内容，T1的内容不变，CARRY状态位置“1”。

	执行前	执行后
AC2	00 8000 0000	00 8000 0000
T1	8020	8020
CARRY	0	1

57. MINDIFF指令

功　　能	语　　法	并行使能位	字节	周期	流水线
比较选择累加器最小值	**MINDIFF** ACx,ACy,ACz,ACw	有	3	1	X
	DMINDIFF ACx,ACy,ACz,ACw,TRNx	有	3	1	X

说明：第一条指令在D单元ALU中执行两个并行16位最小值选择。第2条指令在D单元ALU中执行一个40位最小值选择。

例：MINDIFF AC0,AC1,AC2,AC1

功能：差存入AC1。从AC1(39～16)的内容中减去AC0(39～16)的内容，结果存入AC1(39～16)。由于SATD＝1，检测到溢出，AC1(39～16)＝FF 8000b(饱和)。从AC1(15～0)的内容中减去AC0(15～0)的内容，结果存入AC1(15～0)。最小值存入AC2(从31位和15位取出符号位)。TRN0和TRN1的内容右移1位。AC0(31～16)大于等于AC1(31～16)，AC1(39～16)存入AC2(39～16)，TRN0(15)置“1”。AC0(15～0)大于等于AC1(15～0)，AC1(15～0)存入AC2(15～0)，TRN1(15)置“1”。

58. mmap指令

功　　能	语　法	并行使能位	字节	周期	流水线
存储器映射寄存器限定符	**mmap**	无	1	1	D

说明：这是一个可以和任何指令并行，从而进行Smem或Lmem直接存储器访问(dma)的操作数限定符。该操作数限定符使用户可以部分地防止相对于数据堆栈指针(SP)或局部数据页寄存器(DP)的dma访问。它强制dma访问相对于存储器映射寄存器(MMR)的数据页起始地址00 0000h。

例：MOV AC0,T2

|| mmap

59. MOV 指令

功　能	语　法	并行使能位	字节	周期	流水线
装入累加器从存储器	**MOV**[rnd(]Smem<<Tx[)],ACx	无	3	1	X
	MOV low_byte(Smem)<<#SHIFTW,ACx	无	3	1	X
	MOV high_byte(Smem)<<#SHIFTW,ACx	无	3	1	X
	MOV Smem<<#**16**,ACx	无	2	1	X
	MOV[uns(]Smem[)],ACx	无	3	1	X
	MOV[uns(]Smem[)]<<#SHIFTW,ACx	无	4	1	X
	MOV[40]**dbl**(Lmem),ACx	无	3	1	X
	MOV Xmem,Ymem,ACx	无	3	1	X

说明：指令用 16 位带符号常数 k16、存储器(Smem)的内容、数据存储器操作数(Lmem)的内容或者双数据存储器操作数(Xmem 和 Ymem)的内容来装载所选的累加器(ACx)。

(1) MOV [rnd(]Smem << Tx[)],ACx

说明：该指令用根据 Tx 的内容对存储器(Smem)位置的内容移位后的值装载累加器(ACx)。ACx = Smem << Tx。

状态位：受 C54CM、M40、RDM、SATD、SXMD 影响。

影响 ACOVx。

可重复性：可以。

例：MOV *AR3 << T0,AC0

(2) MOV low_byte(Smem) << #SHIFTW,ACx

说明：ACx = low_byte(Smem) << #SHIFTW

例：MOV low_byte(*AR3) << #31,AC0

(3) MOV high_byte(Smem) << #SHIFTW,ACx

说明：ACx = high_byte(Smem) << #SHIFTW

例：MOV high_byte(*AR3) << #31,AC0

(4) MOV Smem << #16,ACx

说明：ACx = Smem << #16

例：MOV *AR3+ << #16,AC1

(5) MOV [uns(]Smem[)],ACx

说明：ACx = Smem

例：MOV uns(*AR3),AC0

(6) MOV [uns(]Smem[)] << #SHIFTW,ACx

说明：ACx = Smem << #SHIFTW

例：MOV uns(*AR3) << #31,AC0

(7) MOV[40] dbl(Lmem),ACx

说明：ACx = dbl(Lmem)

例：MOV40 dbl(＊AR3－)，AC0

(8) MOV Xmem，Ymem，ACx

说明：LO(ACx) = Xmem

:: HI(ACx) = Ymem

例：MOV ＊AR3，＊AR4，AC0

功　能	语　法	并行使能位	字节	周期	流水线
装入累加器对从存储器	**MOV dbl**(Lmem)，**pair**(**HI**(ACx))	无	3	1	X
	MOV dbl(Lmem)，**pair**(**LO**(ACx))	无	3	1	X

说明：该指令用数据存储器操作数(Lmem)的内容装载所选的累加器对 ACx 和 AC(x+1)。

(1) MOV dbl(Lmem)，pair(HI(ACx))

说明：该指令用数据存储器操作数(Lmem)的高 16 位装载累加器(ACx)的高 16 位，用数据存储器操作数(Lmem)的低 16 位装载累加器 AC(x+1)的高 16 位。pair(HI(ACx)) = Lmem。

状态位：受 C54CM、M40、SATD、SXMD 影响。

影响 ACOVx 和 ACOV(x+1)。

可重复性：可以。

例：MOV dbl(＊AR3+)，pair(HI(AC2))

	执行前	执行后
AC2	00 0200 FC00	00 3400 0000
AC3	00 0000 0000	00 0FD3 0000
AR3	0200	0201
200	3400	3400
201	0FD3	0FD3

(2) MOV dbl(Lmem)，pair(LO(ACx))

说明：pair(LO(ACx))=Lmem

功　能	语　法	并行使能位	字节	周期	流水线
立即数装载累加器	**MOV** k16 << #**16**，ACx	无	4	1	X
	MOV k16 << #SHFT，ACx	无	4	1	X

说明：指令用 16 位带符号常数 k16 装载所选的累加器(ACx)。

(1) MOV k16 << #16，ACx

说明：该指令用 16 位带符号常数 k16 左移 16 位后的值装载所选的累加器(ACx)。ACx=k16 << #16。

状态位：受 C54CM、M40、SATD、SXMD 影响。

影响 ACOVx。

可重复性：可以。

例：MOV #−2 << #16,AC0

(2) MOV k16 << #SHFT,ACx

说明：ACx = k16 << #SHFT

例：MOV #−2 << #15,AC0

功　能	语　法	并行使能位	字节	周期	流水线
立即数装载累加器	**MOV** Smem,dst	无	2	1	X
	MOV [uns(]**high_byte**(Smem)[)],dst	无	3	1	X
	MOV [uns(]**low_byte**(Smem)[)],dst	无	3	1	X

说明：该指令用存储器(Smem)的内容装载所选目的(dst)寄存器。

(1) MOV Smem,dst

说明：dst=Smem

状态位：受 M40、SXMD 影响。

　　　无影响。

可重复性：可以。

例：MOV *AR3+,AR1

	执行前	执行后
AR1	FC00	3400
AR3	0200	0201
200	3400	3400

(2) MOV [uns(]high_byte(Smem)[)],dst

说明：dst=high_byte(Smem)

例：MOV uns(high_byte(*AR3)),AC0

(3) MOV [uns(]low_byte(Smem)[)],dst

说明：dst=low_byte(Smem)

例：MOV uns(low_byte(*AR3)),AC0

功　能	语　法	并行使能位	字节	周期	流水线
立即数装载累加器、辅助寄存器、临时寄存器	**MOV** k4,dst	有	2	1	X
	MOV −k4,dst	有	2	1	X
	MOV k16,dst	无	4	1	X

说明：该指令用 4 位无符号常数 k4、表示 4 位无符号常数的二进制补码或 16 位带符号常数 k16 装载所选的目的(dst)寄存器。

(1) MOV k4,dst

说明：dst=k4

状态位：受 M40 影响。

　　　无影响。

可重复性：可以。

例：MOV #2,AC0

(2) MOV -k4,dst

说明：dst=-k4

例：MOV #-2,AC0

(3) MOV k16,dst

说明：dst=k16

例：MOV #248,AC1

功能	语法	并行使能位	字节	周期	流水线
装载辅助寄存器、临时寄存器对从存储器	**MOV dbl**(Lmem),**pair**(TAx)	无	3	1	X

说明：该指令用数据存储器操作数(Lmem)的高16位装载临时或辅助寄存器TAx。数据存储器操作数(Lmem)的低16位装载临时或辅助寄存器TA(x+1)。pair(TAx)=Lmem。

例：MOV dbl(*AR2),pair(T0)

功能	语法	并行使能位	字节	周期	流水线
装载CPU寄存器从存储器	**MOV** Smem,**BK03**	无	3	1	X
	MOV Smem,**BK47**	无	3	1	X
	MOV Smem,**BKC**	无	3	1	X
	MOV Smem,**BSA01**	无	3	1	X
	MOV Smem,**BSA23**	无	3	1	X
	MOV Smem,**BSA45**	无	3	1	X
	MOV Smem,**BSA67**	无	3	1	X
	MOV Smem,**BSAC**	无	3	1	X
	MOV Smem,**BRC0**	无	3	1	X
	MOV Smem,**BRC1**	无	3	1	X
	MOV Smem,**CDP**	无	3	1	X
	MOV Smem,**CSR**	无	3	1	X
	MOV Smem,**DP**	无	3	1	X
	MOV Smem,**DPH**	无	3	1	X
	MOV Smem,**PDP**	无	3	1	X
	MOV Smem,**SP**	无	3	1	X
	MOV Smem,**SSP**	无	3	1	X
	MOV Smem,**TRN0**	无	3	1	X
	MOV Smem,**TRN1**	无	3	1	X
	MOV dbl(Lmem),**RETA**	无	3	1	X

说明：该指令1~19用存储器(Smem)的内容装载目的CPU寄存器。指令使用独立于A单元ALU和D单元运算单元的专用数据通道来执行操作。存储器位置的内容0扩展至目的CPU寄存器的位宽度。指令第20装载数据存储器操作数(Lmem)的内容至

24 位 RETA 寄存器(调用于程序的返回地址)和 8 位 CFCT 寄存器(调用于程序的活动控制流运行状态标志)。

状态位：不受影响。

无影响。

可重复性：指令 13 和 20 不可重复,其他指令可以重复。

功　　能	语　　法	并行使能位	字节	周期	流水线
装载 CPU 寄存器用立即数	**MOV** k12,**BK03**	无	3	1	X
	MOV k12,**BK47**	无	3	1	X
	MOV k12,**BKC**	无	3	1	X
	MOV k12,**BRC0**	无	3	1	X
	MOV k12,**BRC1**	无	3	1	X
	MOV k12,**CSR**	无	3	1	X
	MOV k7,**DPH**	无	3	1	X
	MOV k9,**PDP**	无	4	1	X
	MOV k16,**BSA01**	无	4	1	X
	MOV k16,**BSA23**	无	4	1	X
	MOV k16,**BSA45**	无	4	1	X
	MOV k16,**BSA67**	无	4	1	X
	MOV k16,**BSAC**	无	4	1	X
	MOV k16,**CDP**	无	4	1	X
	MOV k16,**DP**	无	4	1	X
	MOV k16,**SP**	无	4	1	X
	MOV k16,**SSP**	无	4	1	X

说明：这些指令用无符号常数 kx 装载目的 CPU 寄存器。指令使用独立于 A 单元 ALU 和 D 单元运算单元的专用数据通道执行操作。存储器位置的内容 0 扩展至目的 CPU 寄存器的位宽度。

状态位：不受影响。

无影响。

可重复性：指令 15 不可重复,其他指令可以重复。

功　　能	语　　法	并行使能位	字节	周期	流水线
装载扩展辅助寄存器从存储器	**MOV dbl**(Lmem),XAdst	无	3	1	X

说明：该指令用数据存储器(Lmem)操作数寻址的数据低 23 位装载 23 位的目的寄存器(XARx、XSP、XSSP、XDP 或 XCDP)。XAdst = dbl(Lmem)。

状态位：不受影响。

无影响。

例：MOV dbl(* AR3),XAR

功能：将 AR3 寻址位置的低 7 位内容和 AR3+1 寻址位置的 16 位内容装载入 XAR1。

功　能	语　法	并行使能位	字节	周期	流水线
装载存储器用立即数	**MOV** k8,Smem	无	3	1	X
	MOV k16,Smem	无	3	1	X

说明：这些指令初始化数据存储器位置。这些指令存储 8 位带符号常数 k8 或 16 位带符号常数 k16 至存储器(Smem)位置。它们使用专用数据通道执行此操作。

状态位：不受影响。

无影响。

可重复性：可以。

例：MOV #248，*(#0501h)

功　能	语　法	并行使能位	字节	周期	流水线
移动累加器内容到辅助寄存器或临时寄存器	**MOV HI**(ACx),TAx	有	2	1	X

说明：该指令把累加器的高位部分 ACx(31～16)搬移至辅助或临时寄存器 TAx。TAx = HI(ACx)。

状态位：受 M40 影响。

无影响。

可重复性：可以。

例：MOV HI(AC0),AR2

功　能	语　法	并行使能位	字节	周期	流水线
移动累加器,辅助寄存器或临时寄存器内容	**MOV** src,dst	有	2	1	X

说明：指令搬移源(src)寄存器的内容至目的(dst)寄存器。dst＝src。

例：MOV AC0,AC1

功　能	语　法	并行使能位	字节	周期	流水线
移动辅助寄存器或临时寄存器内容到累加器	**MOV** TAx,**HI**(ACx)	有	2	1	X

说明：该指令将辅助或临时寄存器(TAx)的内容搬移至累加器的高位部分 Ac(31～16)。HI(ACx)＝TAx。

例：MOV T0,HI(AC0)

功　能	语　法	并行使能位	字节	周期	流水线
移动辅助寄存器或临时寄存器内容到 CPU 寄存器	**MOV** TAx,**BRC0**	有	2	1	X
	MOV TAx,**BRC1**	有	2	1	X
	MOV TAx,**CDP**	有	2	1	X
	MOV TAx,**CSR**	有	2	1	X
	MOV TAx,**SP**	有	2	1	X
	MOV TAx,**SSP**	有	2	1	X

说明：该指令将辅助或临时寄存器(TAx)的内容搬移至累加器的高位部分AC(31～16)。HI(ACx)＝TAx。

状态位：不受影响。

无影响。

可重复性：可以。

例：MOV T1,BRC1

功　能	语　法	并行使能位	字节	周期	流水线
移动CPU寄存器内容到辅助寄存器或临时寄存器	**MOV BRC0**,TAx	有	2	1	X
	MOV BRC1,TAx	有	2	1	X
	MOV CDP,TAx	有	2	1	X
	MOV SP,TAx	有	2	1	X
	MOV SSP,TAx	有	2	1	X
	MOV RPTC,TAx	有	2	1	X

说明：这些指令移动CPU寄存器的内容至辅助寄存器或临时寄存器(TAx)。所有的搬移操作在流水线的执行阶段执行，A单元ALU用于传送寄存器内容。

例：MOV BRC1,T1

功　能	语　法	并行使能位	字节	周期	流水线
移动扩展辅助寄存器内容	**MOV** xsrc,xdst	无	2	1	X

说明：该指令将源寄存器(xsrc)的内容搬移至目的寄存器(xdst)。xdst＝xsrc。

例：MOV AC0,XAR1

功　能	语　法	并行使能位	字节	周期	流水线
移动存储器内容到存储器	**MOV** Cmem,Smem	无	3	1	X
	MOV Smem,Cmem	无	3	1	X
	MOV Cmem,**dbl**(Lmem)	无	3	1	X
	MOV dbl(Lmem),Cmem	无	3	1	X
	MOV dbl(Xmem),**dbl**(Ymem)	无	3	1	X
	MOV Xmem,Ymem	无	3	1	X

说明：这些指令存储一个存储器位置的内容至另一个存储器位置。它们使用专用数据通道执行此操作。

(1) MOV Cmem,Smem

说明：该指令将使用系数寻址方式寻址的数据存储器操作数Cmem的内容存储至另一存储器(Smem)位置。Smem＝Cmem。

例：MOV ＊CDP,＊(＃0500h)

(2) MOV Smem,Cmem

说明：该指令将存储器(Smem)位置的内容存储至使用系数寻址方式寻址的数据存

储器位且(Cmem)。Cmem=Smem。

例：MOV ＊AR3，＊CDP

(3) MOV Cmem,dbl(Lmem)

说明：该指令将使用系数寻址方式寻址的两个连续的数据存储器(Cmem)单元的内容存储至两个连续的数据存储器(Lmem)单元。Lmem=dbl(Cmem)。

例：MOV ＊(CDP+T0),dbl(＊AR1)

(4) MOV dbl(Lmem),Cmem

说明：该指令将两个连续的数据存储器(Lmem)单元的内容存储至使用系数寻址方式寻址的两个连续的数据存储器(Cmem)单元。dbl(Cmem)=Lmem。

例：MOV dbl(＊AR3+)，＊CDP

(5) MOV dbl(Xmem),dbl(Ymem)

说明：该指令将使用双寻址方式寻址的两个连续数据存储器(Xmem)位置的内容存储至两个连续数据存储器(Ymem)位置。dbl(Ymem)=dbl(Xmem)。

例：MOV dbl(＊AR0),dbl(＊AR1)

(6) MOV Xmem,Ymem

说明：该指令将使用双寻址方式寻址的数据存储器(Xmem)位置的内容存储至另一数据存储器(Ymem)位置。Ymem=Xmem。

例：MOV ＊AR5，＊AR3

功能	语　　法	并行使能位	字节	周期	流水线
存储累加器内容到存储器	**MOV HI**(ACx),Smem	无	2	1	X
	MOV [rnd(]**HI**(ACx)[)],Smem	无	3	1	X
	MOV ACx<<Tx,Smem	无	3	1	X
	MOV [rnd(]**HI**(ACx<<Tx)[)],Smem	无	3	1	X
	MOV ACx<<#SHIFTW,Smem	无	3	1	X
	MOV HI(ACx<<#SHIFTW),Smem	无	3	1	X
	MOV [rnd(]**HI**(ACx<<#SHIFTW)[)],Smem	无	4	1	X
	MOV [uns(][rnd(]**HI**[(saturate](ACx)[)))],Smem	无	3	1	X
	MOV [uns(][rnd(]**HI**[(saturate](ACx<<Tx)[)))],Smem	无	3	1	X
	MOV [uns(][rnd(]**HI**[(saturate](ACx<<#SHIFTW)[)))],Smem	无	4	1	X
	MOV ACx,**dbl**(Lmem)	无	3	1	X
	MOV [uns(]**saturate**(ACx)[)],**dbl**(Lmem)	无	3	1	X
	MOV ACx >>**#1**,**dual**(Lmem)	无	3	1	X
	MOV ACx,Xmem,Ymem	无	3	1	X

说明：该指令将指定的累加器(ACx)的内容存储至存储器(Smem)位置，数据存储器操作数(Lmem)或双数据存储器操作数(Xmem 和 Ymem)。

(1) MOV HI(ACx),Smem

说明：该指令将累加器的高位部分 ACx(31～16)存储到存储器(Smem)位置。

例：MOV HI(AC0)，* AR3

由于篇幅所限，指令不一一赘述，只列举一些。

(2) MOV [uns(][rnd(]HI[(saturate](ACx)[)))],Smem

说明：该指令将累加器的高位部分 ACx(31～16)存储至存储器(Smem)位置。

例：MOV uns(rnd(HI(saturate(AC0))))，* AR3

功能：将 AC0 的无符号内容舍入，进行饱和处理后，AC0(31～16)存入 AR3 寻址的位置。

(3) MOV ACx,Xmem,Ymem

说明：该指令并行执行两个存储操作。

例：MOV AC0，* AR1，* AR2

功能：AC0(15～0)的内容存入 AR1 寻址的位置，AC0(31～16)的内容存入 AR2 寻址的位置。

功　　能	语　　法	并行使能位	字节	周期	流水线
存储累加器对内容到存储器	**MOV pair**(**HI**(ACx)),**dbl**(Lmem)	无	3	1	X
	MOV pair(**LO**(ACx)),**dbl**(Lmem)	无	3	1	X

说明：该指令将指定的累加器对 ACx 和 AC(x+1)的内容存储至数据存储器操作数(Lmem)。

MOV pair(HI(ACx)),dbl(Lmem)

说明：指令将累加器高 16 位 ACx(31～16)存储至数据存储器操作数(Lmem)的高 16 位，将累加器 AC(x+1)的高 16 位存储至数据存储器操作数(Lmem)的低 16 位。

例：MOV pair(HI(AC0)),dbl(* AR1+)

功能：AC0(31～16)的内容存入 AR1 寻址的位置，AC1(31～16)的内容存入 AR1+1 寻址的位置。AR1 递增 2。AR1 是否为偶数，影响此操作。

功　　能	语　　法	并行使能位	字节	周期	流水线
存储累加器、辅助寄存器、临时寄存器内容到存储器	**MOV** src,Smem	无	2	1	X
	MOV src,**high_byte**(Smem)	无	3	1	X
	MOV src,**low_byte**(Smem)	无	3	1	X

说明：该指令将指定的源(src)寄存器的内容存储至存储器(Smem)位置。

(1) MOV src,Smem

说明：当 src 是累加器时，ACx(15～0)被存储到存储器位置；当 src 是辅助寄存器或临时寄存器时，寄存器相应的内容被存储到存储器中。

例：MOV AC0，*(#0E10h)

功能：AC0(15～0)的内容存入 E10h。

(2) MOV src,high_byte(Smem)

说明：该指令将源寄存器(src)的低字节(7～0)存储至存储器(Smem)位置的高字节(15～8),Smem 的低字节(7～0)不变。

例：MOV AC1,high_byte(* AR1)

功　能	语　法	并行使能位	字节	周期	流水线
存储辅助寄存器、临时寄存器的内容到存储器	**MOV pair**(TAx),**dbl**(Lmem)	无	3	1	X

说明：该指令将辅助或临时寄存器(TAx)的内容存储至数据存储器操作数(Lmem)的高 16 位,将 TA(x+1)的内容存储至数据存储器操作数(Lmem)的低 16 位。

例：MOV pair(T0),dbl(* AR2)

功能：T0 的内容存入 AR2 寻址的位置,T1 的内容存入 AR2+1 寻址的位置。AR2 内容是否为偶数,影响此操作。

功　能	语　法	并行使能位	字节	周期	流水线
存储 CPU 寄存器内容到存储器	**MOV BK03**,Smem	无	3	1	X
	MOV BK47,Smem	无	3	1	X
	MOV BKC,Smem	无	3	1	X
	MOV BSA01,Smem	无	3	1	X
	MOV BSA23,Smem	无	3	1	X
	MOV BSA45,Smem	无	3	1	X
	MOV BSA67,Smem	无	3	1	X
	MOV BSAC,Smem	无	3	1	X
	MOV BRC0,Smem	无	3	1	X
	MOV BRC1,Smem	无	3	1	X
	MOV CDP,Smem	无	3	1	X
	MOV CSR,Smem	无	3	1	X
	MOV DP,Smem	无	3	1	X
	MOV DPH,Smem	无	3	1	X
	MOV PDP,Smem		3	1	X
	MOV SP,Smem		3	1	X
	MOV SSP,Smem		3	1	X
	MOV TRN0,Smem		3	1	X
	MOV TRN1,Smem		3	1	X
	MOV RETA,dbl(Lmem)		3	5	X

说明：这些指令将指定的源 CPU 寄存器内容存储至存储器(Smem)位置或数据存储器操作数(Lmem)。

状态位：不受影响。

无影响。

可重复性：第 20 条指令不可重复，其他指令可重复。

例：MOV SP，* AR1+

功能：数据堆栈指针(SP)的内容存入 AR1 寻址的位置，AR1 递增 1。

	执行前	执行后
AR1	0200	0201
SP	0200	0200
200	0000	0200

例：MOV SSP，* AR1+

功能：系统堆栈指针(SSP)的内容存入 AR1 寻址的位置，AR1 递增 1。

	执行前	执行后
AR1	0201	0202
SSP	0200	0000
200	00FF	0000

功　　能	语　　法	并行使能位	字节	周期	流水线
存储扩展辅助寄存器内容到存储器	**MOV** XAsrc,**dbl**(Lmem)	无	3	1	X

说明：该指令将 23 位源寄存器(XARx、XSP、XSSP、XDP 或 XCDP)的内容存储至数据存储器操作数(Lmem)寻址的 32 位数据存储器位置。数据存储器的高 9 位以“0”填充。

例：MOV XAR1，dbl(* AR3)

功能：XAR1 的高 7 位搬移至 AR3 寻址位置的低 7 位，高 9 位以“0”填充，XAR1 的低 16 位搬移至 AR3+1 寻址的位置。AR3 是否为偶数，影响此操作。

60. MOV::MOV 指令

功　　能	语　　法	并行使能位	字节	周期	流水线
从存储器装载累加器和存储累加器的内容至存储器并行	**MOV** Xmem << **#16**,ACy :: **MOV HI**(ACx << **T2**),Ymem	无	4	1	X

说明：该指令并行执行两个操作：装载和存储。

```
ACy=Xmem<<#16
:: Ymem=HI(ACx<<T2)
```

例：MOV * AR3 << #16，AC0

:: MOV HI(AC1 << T2)，* AR4

功能：两条指令并行执行，AR3 寻址的内容左移 16 位后存入 AC0。根据 T2 的内容对 AC1 的内容移位后，AC1(31～16)存入 AR4 的地址。

61. MPY 指令

功能	语　法	并行使能位	字节	周期	流水线
乘	**MPY**[R] [ACx,] ACy	无	2	1	X
	MPY[R] Tx,[ACx,] ACy	无	2	1	X
	MPYK[R] k8,[ACx,] ACy	无	3	1	X
	MPYK[R] k16,[ACx,] ACy	无	4	1	X
	MPYM[R] [T3=]Smem,Cmem,ACx	无	3	1	X
	MPYM[R] [T3=]Smem,[ACx,] ACy	无	3	1	X
	MPYMK[R] [T3=]Smem,k8,ACx	无	4	1	X
	MPYM[R][40] [T3=][uns(]Xmem[)],[uns(]Ymem[)],ACx	无	4	1	X
	MPYM[R][U] [T3=]Smem,Tx,ACx	无	3	1	X
	MPY[R] Smem,uns(Cmem),ACx	无	3	1	X

说明：这些指令在D单元MAC中执行乘法运算。

(1) MPY[R] [ACx,] ACy

说明：该指令在D单元MAC中执行乘法运算。乘法器的输入操作数为ACx(32～16)和ACy(32～16)。

例：MPY AC0,AC1

功能：AC1的内容和AC0的内容相乘，结果存入AC1。

(2) MPY[R] Tx,[ACx,] ACy

说明：该指令在D单元MAC中执行乘法运算，乘法器的输入操作数为ACx(32～16)和Tx的内容符号扩展至17位后的值。ACy=ACx * Tx。

例：MPY T0,AC1,AC0

功能：AC1的内容和T0的内容相乘，结果存入AC0。

(3) MPYK[R] k8,[ACx,] ACy

说明：该指令在D单元MAC中执行乘法运算，乘法器的输入操作数为ACx(32～16)和8位带符号常数k8符号扩展至17位后的值。ACy=ACx * k8。

例：MPYK #-2,AC1,AC0

功能：AC1的内容和8位带符号数(-2)相乘，结果存入AC0。

(4) MPYM[R] [T3 =]Smem,Cmem,ACx

说明：该指令在D单元MAC中执行乘法运算，乘法器的输入操作数为存储器(Smem)位置的内容符号扩展至17位后的值和使用系数寻址方式寻址的数据存储器操作数(Cmem)的内容符号扩展至17位后的值。ACx=Smem * Cmem。

例：MPYM *AR3,*CDP,AC0

功能：AR3寻址的内容和系数数据指针寄存器(CDP)寻址的内容相乘，结果存入AC0。

62. MPY::MAC 指令

功能	语法	并行使能位	字节	周期	流水线
乘并行乘累加	**MPY**[R][40] [uns(]Xmem[)],[uns(]Cmem[)],ACx :: **MAC**[R][40] [uns(]Ymem[)],[uns(]Cmem[)],ACy >> #**16**	无	4	1	X
	MPY[R][40] [uns(]Smem[)],[uns(]HI(Cmem)[)],ACy :: **MAC**[R][40] [uns(]Smem[)],[uns(]LO(Cmem)[)],ACx	无	4	1	X
	MPY[R][40] [uns(]HI(Lmem)[)],[uns(]HI(Cmem)[)],ACy :: **MAC**[R][40] [uns(]LO(Lmem)[)],[uns(]LO(Cmem)[)],ACx	无	4	1	X
	MPY[R][40] [uns(]Ymem[)],[uns(]HI(Cmem)[)],ACy :: **MAC**[R][40] [uns(]Xmem[)],[uns(]LO(Cmem)[)],ACx	无	4	1	X

说明：该指令在一个周期内执行两个并行操作：乘和乘累加(MAC)。

```
MPY[R][40] [uns(]Xmem[)],[uns(]Cmem[)],ACx
:: MAC[R][40] [uns(]Ymem[)],[uns(]Cmem[)],ACy >>#16
```

例：ACx = Xmem * Cmem
:: ACy = (ACy >> #16) + (Ymem * Cmem)

63. MPY::MAS 指令

功 能	语法	并行使能位	字节	周期	流水线
乘并行乘累减	**MPY**[R][40] [uns(]Smem[)],[uns(]HI(Cmem)[)],ACy :: **MAS**[R][40] [uns(]Smem[)],[uns(]LO(Cmem)[)],ACx	无	4	1	X
	MPY[R][40] [uns(]HI(Lmem)[)],[uns(]HI(Cmem)[)],ACy :: **MAS**[R][40] [uns(]LO(Lmem)[)],[uns(]LO(Cmem)[)],ACx	无	4	1	X
	MPY[R][40] [uns(]Ymem[)],[uns(]HI(Cmem)[)],ACy :: **MAS**[R][40] [uns(]Xmem[)],[uns(]LO(Cmem)[)],ACx	无	5	1	X

说明：该指令在一个周期内执行两个并行操作：乘和乘减(MAS)。操作执行在D单元MAC中。

```
MPY[R][40] [uns(]Smem[)],[uns(]HI(Cmem)[)],ACy
:: MAS[R][40] [uns(]Smem[)],[uns(]LO(Cmem)[)],ACx
```

例：ACy = Smem * HI(Cmem)
:: ACx = ACx -(Smem * LO(Cmem))

64. MPY::MPY 指令

说明：该指令在单周期内执行两个并行乘。

```
MPY[R][40] [uns(]Xmem[)],[uns(]Cmem[)],ACx
:: MPY[R][40] [uns(]Ymem[)],[uns(]Cmem[)],ACy
```

功能	语　法	并行使能位	字节	周期	流水线
并行乘	**MPY**[R][40] [uns(]Xmem[)],[uns(]Cmem[)],ACx :: **MPY**[R][40] [uns(]Ymem[)],[uns(]Cmem[)],ACy	无	4	1	X
	MPY[R][40] [uns(]Smem[)],[uns(]HI(Cmem)[)],ACy :: **MPY**[R][40] [uns(]Smem[)],[uns(]LO(Cmem)[)],ACx	无	4	1	X
	MPY[R][40] [uns(]HI(Lmem)[)],[uns(]HI(Cmem)[)],ACy :: **MPY**[R][40] [uns(]LO(Lmem)[)],[uns(]LO(Cmem)[)],ACx	无	4	1	X
	MPY[R][40] [uns(]Ymem[)],[uns(]HI(Cmem)[)],ACy :: **MPY**[R][40] [uns(]Xmem[)],[uns(]LO(Cmem)[)],ACx	无	5	1	X

说明：ACx = Xmem * Cmem

:: ACy = Ymem * Cmem

例：MPY uns(* AR3),uns(* CDP),AC0

:: MPY uns(* AR4),uns(* CDP),AC1

65. MPYM::MOV 指令

功　能	语　法	并行使能位	字节	周期	流水线
乘和存储累加器内容至存储器并行	**MPYM**[R] [T3 =]Xmem,Tx,ACy :: **MOV** HI(ACx << T2),Ymem	无	4	1	X

说明：该指令并行执行两个操作：乘和存储。

```
ACy =rnd(Tx * Xmem)
:: Ymem =HI(ACx <<T2) [,T3 =Xmem]
```

66. NEG 指令

功　能	语　法	并行使能位	字节	周期	流水线
取反累加器、辅助或临时寄存器内容	**NEG** [src,] dst	有	2	1	X

说明：该指令计算源寄存器(src)内容的二进制补码。dst =－src。

状态位：受 M40、SATA、SATD、SXMD 影响。

影响 ACOVx,CARRY。

可重复性：可以。

例：NEG AC1,AC0

67. NOP 指令

功　能	语　法	并行使能位	字节	周期	流水线
无操作	**NOP**	有	1	1	D
	NOP_16	有	2	1	D

说明：指令 1 使程序计数寄存器(PC)增加 1 个字节，指令 2 使程序计数器增加 2 个字节。

68. NOT 指令

功　　能	语　　法	并行使能位	字节	周期	流水线
累加器、辅助或临时寄存器内容取反	**NOT** [src,] dst	有	2	1	X

说明：指令计算源寄存器(src)内容的按位反码。

69. OR 指令

功　能	语　　法	并行使能位	字节	周期	流水线
按位或	**OR** src,dst	有	2	1	X
	OR k8,src,dst	有	3	1	X
	OR k16,src,dst	无	4	1	X
	OR Smem,src,dst	无	3	1	X
	OR ACx << #**SHIFTW**[,ACy]	有	3	1	X
	OR k16 << #**16**,[ACx,] ACy	无	4	1	X
	OR k16 << #**SHFT**,[ACx,] ACy	无	4	1	X
	OR k16,Smem	无	4	1	X

说明：这些指令执行位或操作。dst = dst | src。

OR src,dst

状态位：不受影响。

　　　　无影响。

可重复性：可以。

例：OR AC1,AC0

功能：AC0 的内容和 AC1 的内容按位或，结果存入 AC0。

70. POP 指令

功　能	语　　法	并行使能位	字节	周期	流水线
弹出栈顶	**POP** dst1,dst2	有	2	1	X
	POP dst	有	2	1	X
	POP dst,Smem	无	3	1	X
	POP dbl(ACx)	有	2	1	X
	POP Smem	无	2	1	X
	POP dbl(Lmem)	无	2	1	X

说明：这些指令移动数据堆栈指针(SP)寻址的数据存储器的内容至累加器、辅助或临时寄存器及数据存储器。

(1) POP dst1,dst2

说明：该指令将 SP 指向的 16 位数据存储器位置的内容移动至目的寄存器 dst1，将 SP+1 指向的 16 位数据存储器的内容移动至目的寄存器 dst2。

状态位：不受影响。

无影响。

可重复性：可以。

例：POP AC0,AC1

功能：数据堆栈指针(SP)指向的存储器位置的内容复制到 AC0(15～0),SP+1 指向的存储器的内容复制到 AC1(15～0)。累加器的位 39～16 不变,SP 递增 2。

(2) POP dbl(ACx)

说明：该指令将 SP 指向的 16 位数据存储器位置的内容移动至累加器高位部分 ACx(31～16),将 SP+1 指向的 16 位数据存储器的内容移动至累加器的低位部分 AC0(15～0)。

状态位：不受影响。

无影响。

可重复性：可以。

例：POP AC0,AC1

功能：数据堆栈指针(SP)指向的存储器位置的内容复制到 AC0(15～0),SP+1 指向的存储器的内容复制到 AC1(15～0)。累加器的位 39～16 不变,SP 递增 2。

71. POPBOTH 指令

功　能	语　法	并行使能位	字节	周期	流水线
从堆栈指针寻址的存储器中弹出数据至累加器或扩展辅助寄存器	**POPBOTH** xdst	有	2	1	X

说明：该指令将数据堆栈指针(SP)、系统堆栈指针(SSP)寻址的两个 16 位数据存储器的内容移动至累加器 ACx 或 23 位目的寄存器(XARx、XSP、XSSP、XDP 或 XCDP)。

72. port 指令

功　能	语　法	并行使能位	字节	周期	流水线
外设端口寄存器访问限定符	**port**(Smem)	无	1	1	D
	port(k16)		3	1	D

说明：这些操作数限定符允许部分地禁止访问数据存储器和访问 64K 字 I/O 空间。I/O 数据位置由 Smem、Xmem 或 Ymem 字段指定。

例：MOV port(*CDP+),T2

功能：CDP(I/O 地址)寻址的内容装载入 T2。寻址后,CDP 递增 1。

73. PSH 指令

功　能	语　法	并行使能位	字节	周期	流水线
压入栈顶	**PSH** src1,src2	有	2	1	X
	PSH src	有	2	1	X
	PSH src,Smem	无	3	1	X
	PSH dbl(ACx)	有	2	1	X
	PSH Smem	无	2	1	X
	PSH dbl(Lmem)	无	2	1	X

说明：该指令将一个或两个操作数移动至数据堆栈指针(SP)寻址的数据存储器位置。操作数可以是：累加器、辅助或临时寄存器；数据存储器位置。

(1) PSH src1,src2

说明：该指令将SP减2,然后将源寄存器src1的内容移动至SP指向的16位数据存储器,将源寄存器src2的内容搬移至SP+1指向的16位存储器位置。

例：PSH AR0,AC1

功能：数据堆栈指针(SP)减2。AR0的内容复制到SP指向的存储器位置,AC1(15～0)的内容复制到SP+1指向的存储器。

(2) PSH dbl(ACx)

说明：数据堆栈指针(SP)减2。AC0(31～16)的内容复制到SP指向的存储器位置,AC0(15～0)的内容复制到SP+1指向的存储器位置。

例：PSH dbl(AC0)

功能：数据堆栈指针(SP)减2。AC0(31～16)的内容复制到SP指向的存储器位置,AC0(15～0)的内容复制到SP+1指向的存储器位置。

74. PSHBOTH 指令

功　能	语　法	并行使能位	字节	周期	流水线
压入累加器或扩展辅助寄存器内容至堆栈指针寻址的存储器	**PSHBOTH** xdst	有	2	1	X

说明：该指令将累加器ACx的低32位或23位源寄存器(XARx、XSP、XSSP、XDP或XCDP)的内容移动至数据堆栈指针(SP)和系统堆栈指针(SSP)寻址的两个16位数据存储器位置。

75. RESET 指令

功　能	语　法	并行使能位	字节	周期	流水线
软件复位	**RESET**	无	2	?	D

说明：该指令执行不可屏蔽软件复位。它随时可以用来将设备置于已知状态。

复位指令影响ST0_55、ST1_55、ST2_55、IFR0、IFR1和T2;状态寄存器ST3_55和中断向量指针寄存器(IVPD和IVPH)不受影响。当此复位指令被应答时,INTM被设置为“1”,以禁止可屏蔽中断。IFR0和IFR1中所有未处理中断被清除。

系统控制寄存器、中断向量指针和外设寄存器的初始化与硬件复位所执行的初始化是不同的。

76. RET 指令

功　能	语　法	并行使能位	字节	周期	流水线
无条件返回	**RET**	有	2	5	D

说明：该指令将程序控制返回至调用子程序。

77. RETCC 指令

功　能	语　法	并行使能位	字节	周期	流水线
条件返回	**RETCC** cond	有	3	5/5	R

说明：该指令在流水线的读阶段判断 cond 字段定义的某一条件。若条件为真，返回调用子程序的返回地址。条件的设定需要一个周期的反应时间。由指令的 cond 字段所确定的某一条件可被测试出来。

状态位：受 ACOVx、CARRY、C54CM、M40、TCx 影响。

　　影响 ACOVx。

可重复性：不可以。

例：RETCC ACOV0 = #0

功能：AC0 溢出位等于 0，调用子程序的返回地址装入程序计数器(PC)。

78. RETI 指令

功　能	语　法	并行使能位	字节	周期	流水线
中断返回	**RETI**	无	2	5	D

说明：该指令将程序控制返回至中断任务。

79. ROL 指令

功　能	语　法	并行使能位	字节	周期	流水线
循环左移累加器、辅助或临时寄存器内容	**ROL TC2**,src,**TC2**,dst	有	3	1	X
	ROL TC2,src,**CARRY**,dst	有	3	1	X
	ROL CARRY,src,**TC2**,dst	有	3	1	X
	ROL CARRY,src,**CARRY**,dst	有	3	1	X

说明：该指令执行位循环左移至高位的操作。TC2 和 CARRY 都可用于移入 1 位(BitIn)或存储移出位(BitOut)。BitIn 中的 1 位移入源(src)操作数，移出位存入 BitOut。

状态位：受 CARRY、M40、TC2 影响。

　　影响 CARRY 和 TC2。

可重复性：可以。

例：ROL CARRY,AC1,TC2,AC1

功能：指令执行前的 TC2(1)值被移入 AC1 的最低位，从 AC1 中移出的位 31 存入 CARRY 状态位。循环后的值存入 AC1。由于 M40=0，保护位(39～32)清零。

	执行前	执行后
AC1	0F E340 5678	00 C680 ACF1
TC2	1	1

```
CARRY        1        1
M40          0        0
```

80. ROR指令

功　能	语　法	并行使能位	字节	周期	流水线
循环右移累加器、辅助或临时寄存器内容	**ROR TC2**,src,**TC2**,dst	有	3	1	X
	ROR TC2,src,**CARRY**,dst	有	3	1	X
	ROR CARRY,src,**TC2**,dst	有	3	1	X
	ROR CARRY,src,**CARRY**,dst	有	3	1	X

说明：该指令执行位循环右移至低位的操作。TC2和CARRY都可用于移入1位(BitIn)或存储移出位(BitOut)。BitIn中的1位移入源(src)操作数，移出位存入BitOut。

状态位：受CARRY、M40、TC2影响。

影响CARRY和TC2。

可重复性：可以。

例：ROR TC2,AC0,TC2,AC1

功能：在指令执行前的TC2(1)值被移入AC1的位31，从AC1中移出的最低位存入TC2状态位。AC保留原来值，循环后的值存入AC1。由于M40＝0，保护位(39～32)清零。

81. ROUND指令

功　能	语　法	并行使能位	字节	周期	流水线
累加器内容舍入	**ROUND** [ACx,] ACy	有	2	1	X

说明：该指令在D单元内对源累加器ACx进行舍入。ACy ＝ rnd(ACx)。

舍入操作取决于RDM位。当RDM＝0时，偏差舍入无限被执行，8000h被加到40位的源累加器ACx中；当RDM＝1时，无偏差舍入最接近被执行。根据源累加器ACx17位最低有效位的值来加8000h。若8000h＜bit(15－0)＜10000h，8000h加到40位累加器中；若bit(15－0) ＝＝ 8000h且bit(16) ＝＝ 1，8000h加到40位累加器中。舍入完成后，结果的低16位被清零。

82. RPT指令

功　能	语　法	并行使能位	字节	周期	流水线
无条件重复单个指令	**RPT** k8	有	2	1	AD
	RPT k16	有	3	1	AD
	RPT CSR	有	2	1	AD

说明：该指令重复下一条或下两条并行指令，重复次数由计算单重复寄存器(CSR)的内容＋1或立即数kx＋1指定。装载此值至重复计数寄存器(RPTC)。单条指令或并行指令最大的执行次数为$2^{16}－1$(65 535)。

例：RPT #3

MACM *AR3+，*AR4+，AC1

功能：跟在重复指令后的单指令被重复执行4次。

83. RPTADD 指令

功　　能	语　　法	并行使能位	字节	周期	流水线
无条件重复单指令并递增 CSR	**RPTADD CSR**，TAx	有	2	1	X
	RPTADD CSR，k4	有	2	1	X

说明：这些指令重复下一条或下两条并行指令，重复次数由计算单重复寄存器(CSR)的内容+1指定。装载此值至重复计数寄存器(RPTC)。单条指令或并行指令最大的执行次数为 $2^{16}-1$(65 535)。根据 TAx 或 k4 内容递增 CSR。

84. RPTB 指令

功　　能	语　　法	并行使能位	字节	周期	流水线
无条件重复指令块	**RPTBLOCAL** pmad	有	2	1	X
	RPTB pmad	有	2	1	X

说明：这些指令重复指令块，重复次数的指定方法有：若没有检测到循环，重复次数由 BRC0 的内存+1指定；若有一级循环被检测到，重复次数由 BRC1 的内容+1指定。

85. RPTCC 指令

功　　能	语　　法	并行使能位	字节	周期	流水线
条件重复单指令	**RPTCC** k8，cond	有	3	1	AD

说明：该指令判断由 cond 字段定义的某一条件。若条件为真，重复执行下一条或下两条并行指令，重复次数由8位立即数 k8+1指定。单条指令或并行指令最大的执行次数为 $2^{8}-1$(255)。

86. RPTSUB 指令

功　　能	语　　法	并行使能位	字节	周期	流水线
无条件重复单指令并递减 CSR	**RPTSUB CSR**，k4	有	2	1	X

说明：该指令重复执行下一条或下两条并行指令，重复的次数由计算单重复寄存器(CSR)的内容+1指定。CSB 的内容递减 k4 内容。

87. SAT 指令

功　　能	语　　法	并行使能位	字节	周期	流水线
饱和处理累加器内容	**SAT**[R] [ACx,] ACy	有	2	1	X

说明：该指令在 D 单元 ALU 中执行把源累加器 ACx 饱和处理成宽度为32位的数

据帧。

例：SAT AC0,AC1

功能：饱和处理 AC0 的 32 位宽度的内容，饱和值 FF 8000 0000 存入 AC1。

	执行前	执行后
AC0	EF 0FF0 8023	EF 0FF0 8023
AC1	00 0000 0000	FF 8000 0000
ACOV1	0	1

88. SFTCC 指令

功　能	语　法	并行使能位	字节	周期	流水线
累加器内容条件移位	**SFTCC** ACx,**TC1**	有	2	1	X
	SFTCC ACx,**TC2**	有	2	1	X

说明：如果源累加器 ACx(39～0)等于 0，该指令将 TCx 状态位置“1”。如果源累加器 ACx(31～0)有两个符号位，该指令将 32 位累加器 ACx 左移 1 位，TCx 状态位清“0”。如果源累加器 ACx(31～0)没有两个符号位，该指令将 TCx 状态位置“1”。符号位可在位 31 和 30 的位置取出。

89. SFTL 指令

功　能	语　法	并行使能位	字节	周期	流水线
累加器内容逻辑移位	**SFTL** ACx,Tx[,ACy]	有	2	1	X
	SFTL ACx,#SHIFTW[,ACy]	有	3	1	X

说明：这些指令在 D 单元移位器中根据立即数 SHIFTW 或临时寄存器(Tx)的内容执行无符号移位。

例：SFTL AC0,T0,AC1

功能：根据 T0 的内容对 AC0 的内容逻辑右移，结果存入 AC1。进行右移是由于 T0 的内容为负(−6)。因为 M40＝0，保护位(39～32)清零。

	执行前	执行后
AC0	5F B000 1234	5F B000 1234
AC1	00 C680 ACF0	00 02C0 0048
T0	FFFA	FFFA
M40	0	0

功　能	语　法	并行使能位	字节	周期	流水线
累加器、辅助或临时寄存器内容逻辑移位	**SFTL** dst,**#1**	有	2	1	X
	SFTL dst,**#−1**	有	2	1	X

说明：这些指令执行 1 位无符号移位。如果目的操作数是累加器(ACx)，则移位发生在 D 单元移位器中；如果目的操作数是辅助或临时寄存器(TAx)，则移位发生在 A 单

元 ALU 中。

90. SFTS 指令

功　　能	语　　法	并行使能位	字节	周期	流水线
累加器内容带符号移位	**SFTS** ACx,Tx[,ACy]	有	2	1	X
	SFTSC ACx,Tx[,ACy]	有	2	1	X
	SFTS ACx,#SHIFTW[,ACy]	有	3	1	X
	SFTSC ACx,#SHIFTW[,ACy]	有	3	1	X

说明：这些指令在 D 单元移位器中根据临时寄存器(Tx)或立即数 SHIFTW 的内容执行带符号移位。

(1) SFTS ACx,Tx[,ACy]

说明：该指令根据临时寄有器(Tx)的内容对累加器(ACx)内容执行移位。若 Tx 中的 16 位数超出－32～31 的范围,移位数(Tx)饱和为－32 或 31,并且以此值执行移位。当此饱和发生时,报告目的累加器溢出。

例：SFTS AC1,T0,AC0

功能：根据 T0 的内容对 AC1 的内容移位,结果存入 AC0。

(2) SFTSC ACx,Tx[,ACy]

说明：该指令根据临时寄存器(Tx)的内容对累加器(ACx)内容执行移位,将移出位存放在 CARRY 状态位。若 Tx 中的 16 位数超出－32～31 的范围,移位数(Tx)饱和为－32 或 31,并以此值执行移位。当此饱和发生时,报告目的累加器溢出,将移出位存入目的累加器。

例：SFTSC AC2,T1

功能：根据 T1 的内容对 AC2 的内容左移,饱和结果存入 AC2。移出位存入 CARRY 状态位。由于 SATD=1 且 M40=0,AC2=FF 8000 0000(饱和值)。

	执行前	执行后
AC1	80 AA00 1234	FF 8000 0000
T1	0005	0005
CARRY	0	0
M40	0	0
ACOV2	0	1
SXMD	1	1
SATD	1	1

功　　能	语　　法	并行使能位	字节	周期	流水线
累加器、辅助或临时寄存器内容带符号移位	**SFTS** dst,#－1	有	2	1	X
	SFTS dst,#1	有	2	1	X

说明：这些指令执行 1 位移位。如果目的操作数是累加器(ACx),移位发生在 D 单元移位器中;如果目的操作数是辅助或临时寄存器(TAx),移位发生在 A 单元 ALU 中。

SFTS dst,#-1

说明：该指令对目的寄存器(dst)的内容右移1位。

例：SFTS AC0,#-1

功能：AC0的内容右移1位,结果存入AC0。

91. SQA指令

功 能	语 法	并行使能位	字节	周期	流水线
平方和累加	**SQA**[R] [ACx,] ACy	有	2	1	X
	SQAM[R] [T3=]Smem,[ACx,] ACy	无	3	1	X

说明：该指令在D单元MAC中执行乘与累加运算。乘法器操作数：ACx为ACx(32～16),存储器为(Smem)的内容符号扩展至17位后的值。

(1) SQA[R] [ACx,] ACy

说明：该指令在D单元MAC中执行乘与加运算。ACy = ACy + (ACx * ACx)。

(2) SQAM[R] [T3 =]Smem,[ACx,] ACy

说明：ACy = ACx + (Smem * Smem)。

92. SQDST指令

功 能	语 法	并行使能位	字节	周期	流水线
平方距离	**SQDST** Xmem,Ymem,ACx,ACy	无	4	1	X

说明：该指令执行两个并行操作：乘累加(MAC)和减。乘法器输入操作数：ACx为ACx(32～16)。

```
ACy=ACy+(ACx*ACx)
:: ACx=(Xmem<<#16)-(Ymem<<#16)
```

93. SQR指令

功 能	语 法	并行使能位	字节	周期	流水线
平方	**SQR**[R] [ACx,] ACy	有	2	1	X
	SQRM[R] [T3=]Smem,ACx	无	3	1	X

说明：该指令在D单元MAC中执行乘运算。乘法器输入操作数：ACx为ACx(32～16),存储器为(Smem)的内容带符号扩展至17位后的值。

(1) SQR[R] [ACx,] ACy

说明：该指令在D单元MAC中执行乘运算,乘法器的输入操作数为ACx(32～16)。ACy=ACx * ACx。

(2) SQRM[R] [T3=]Smem,ACx

说明：该指令在D单元MAC中执行乘,乘法器的输入操作数为存储器(Smem)内容带符号扩展至17位后的值。ACx=Smem * Smem。

94. SQS 指令

功 能	语 法	并行使能位	字节	周期	流水线
平方和减	**SQS**[R] [ACx,] ACy	有	2	1	X
	SQSM[R] [T3=]Smem,ACx	无	3	1	X

说明：该指令在D单元MAC中执行乘和减运算。

```
SQS[R] [ACx,] ACy
```

说明：该指令在D单元MAC中执行乘和减运算，乘法器的输入操作数为ACx(32～16)。ACy=ACy-(ACx * ACx)。

95. SUB 指令

功 能	语 法	并行使能位	字节	周期	流水线
双16位减	**SUB dual**(Lmem),[ACy,] ACy	无	3	1	X
	SUB ACx,**dual**(Lmem),ACy	无	3	1	X
	SUB dual(Lmem),Tx,ACx	无	3	1	X
	SUB Tx,**dual**(Lmem),ACx	无	3	1	X

说明：这些指令在一个周期内执行两个并行减法。

(1) SUB dual(Lmem),[ACy,] ACy

说明：HI(ACy) = HI(ACx) - HI(Lmem)

:: LO(ACy) = LO(ACx) - LO(Lmem)

例：SUB dual(* AR3),AC1,AC0

(2) SUB ACx,dual(Lmem),ACy

说明：HI(ACy) = HI(Lmem) - HI(ACx)

:: LO(ACy) = LO(Lmem) - LO(ACx)

例：SUB AC1,dual(* AR3),AC0

功能	语 法	并行使能位	字节	周期	流水线
减	**SUB** [src,] dst	无	2	1	X
	SUB k4,dst	无	2	1	X
	SUB k16,[src,] dst	无	4	1	X
	SUB Smem,[src,] dst	无	3	1	X
	SUB src,Smem,dst	无	3	1	X
	SUB ACx <<Tx,ACy	无	2	1	X
	SUB ACx << #SHIFTW,ACy	无	3	1	X
	SUB k16 << #**16**,[ACx,] ACy	无	4	1	X
	SUB k16 << #SHFT,[ACx,] ACy	无	4	1	X
	SUB Smem << Tx,[ACx,] ACy	无	3	1	X
	SUB Smem << #**16**,[ACx,],ACy	无	3	1	X

续表

功能	语　　法	并行使能位	字节	周期	流水线
	SUB ACx,Smem << **#16**,ACy	无	3	1	X
	SUB [uns(]Smem[)],**BORROW**,[ACx,] ACy	无	3	1	X
	SUB [uns(]Smem[)],[ACx,] ACy	无	3	1	X
减	**SUB** [uns(]Smem[)] << #SHIFTW,[ACx,] ACy	无	4	1	X
	SUB dbl(Lmem),[ACx,] ACy	无	3	1	X
	SUB ACx,**dbl**(Lmem),ACy	无	3	1	X
	SUB Xmem,Ymem,ACx	无	3	1	X

说明：这些指令执行减法。

(1) SUB [src,] dst

说明：该指令在两个寄存器间执行减法。dst = dst − src。

例：SUB AC1,AC0

(2) SUB [uns(]Smem[)],BORROW,[ACx,] ACy

说明：该指令执行从累加器内容 ACx 中减去存储器(Smem)位置的内容和 CARRY 状态位的逻辑反码(BORROW)。ACy=ACx−Smem−BORROW。

例：SUB uns(* AR1),BORROW,AC0,AC1

96. SUBADD 指令

功　　能	语　　法	并行使能位	字节	周期	流水线
双 16 位减和加	**SUBADD** Tx,Smem,ACx	无	3	1	X
	SUBADD Tx,**dual**(Lmem),ACx	无	3	1	X

说明：这些指令在一个周期内执行两个并行的减和加运算。

(1) SUBADD Tx,Smem,ACx

说明：该指令在一个周期内执行两个并行算术运算减和加。

```
HI(ACx)=Smem-Tx
:: LO(ACx)=Smem+Tx
```

例：SUBADD T0, * AR3,AC0

功能：两条指令并行执行。从 AR3 寻址的内容中减去 T0 的内容，结果存入 AC0(39～16)。AR3 寻址的内容加上 T0 的内容，结果存入 AC0(15～0)。

(2) SUBADD Tx,dual(Lmem),ACx

说明：HI(ACx)=HI(Lmem)−Tx

　　:: LO(ACx)=LO(Lmem)+Tx

97. SUBC 指令

功　能	语　　法	并行使能位	字节	周期	流水线
条件减	**SUBC** Smem,[ACx,] ACy	无	3	1	X

说明：该指令在D单元ALU中执行条件减。D单元移位器不用来执行存储器操作数的移位。((ACx－(Smem＜＜＃15))＞＝0)ACy＝(ACx－(Smem＜＜＃15))＜＜＃1＋1，否则ACy＝ACx＜＜＃1。

例：SUBC ＊AR1,AC0,AC1

功能：从AC0的内容中减去对AR1寻址的内容左移15位后的值，结果大于0，且左移1位，加1，新的结果存于AC1。该结果产生溢出及进位。

98. SWAP 指令

功　能	语　法	并行使能位	字节	周期	流水线
交换累加器内容	**SWAP** ACx,ACy				
	SWAP AC0,AC2	有	2	1	X
	SWAP AC1,AC3				

说明：该指令执行两个累加器间的并行搬移。这些操作在独立D单元运算单元的专用数据通道中执行。

例：SWAP AC0,AC2

功能：AC0的内容和AC2内容互换。

功　能	语　法	并行使能位	字节	周期	流水线
交换辅助寄存器内容	**SWAP** ARx,ARy				
	SWAP AR0,AR1	有	2	1	AD
	SWAP AR0,AR2	有	2	1	AD
	SWAP AR1,AR3	有	2	1	AD

说明：该指令执行辅助寄存器间的并行搬移。这些操作在独立A单元运算单元的专用数据通道中执行。

例：SWAP AR0,AR2

功能：AR0的内容和AR2内容互换。

功　能	语　法	并行使能位	字节	周期	流水线
交换辅助和临时寄存器内容	**SWAP** ARx,Tx				
	SWAP AR4,T0	有	2	1	AD
	SWAP AR5,T1	有	2	1	AD
	SWAP AR6,T2	有	2	1	AD
	SWAP AR7,T3	有	2	1	AD

说明：该指令执行辅助寄存器和临时寄存器间的并行搬移。这些操作在独立A单元运算单元的专用数据通道中执行。

功　能	语　法	并行使能位	字节	周期	流水线
交换临时寄存器内容	**SWAP** Tx,Ty				
	SWAP T0,T2	有	2	1	AD
	SWAP T1,T3	有	2	1	AD

说明：该指令执行临时寄存器间的并行搬移。这些操作在独立A单元运算单元的专用数据通道中执行。

99. SWAPP 指令

功　能	语　法	并行使能位	字节	周期	流水线
交换累加器对内容	**SWAPP AC0,AC2**	有	2	1	X

说明：该指令在单周期内执行4个累加器(AC0和AC2、AC1和AC3)间的两个并行搬移。这些操作在独立于D单元运算单元的专用数据通道中执行。交换是在流水线的执行阶段执行的。

例：SWAPP AC0,AC2

功能：并行执行下面两个交换指令：AC0的内容和AC2的内容互换，AC1的内容和AC3的内容互换。

功　能	语　法	并行使能位	字节	周期	流水线
交换辅助寄存器对内容	**SWAPP AR0,AR2**	有	2	1	AD

说明：该指令在单周期内执行4个临时寄存器(AR0和AR2、AR1和AR3)间的两个并行搬移。这些操作在独立于A单元运算单元的专用数据通道中执行。交换是在流水线的执行阶段执行的。

例：SWAPP AR0,AR2

功能：并行执行下面两个交换指令：AR0的内容和AR2的内容互换，AR1的内容和AR3的内容互换。

功　能	语　法	并行使能位	字节	周期	流水线
交换辅助和临时寄存器对内容	**SWAPP AR4,T0**	有	2	1	AD
	SWAPP AR6,T2	有	2	1	AD

说明：该指令在一个周期内执行两个辅助寄存器与两个临时寄存器间内容互换。这些操作在独立于A单元运算单元的专用数据通道中执行。累加器交换是在流水线的执行阶段执行。

例：SWAPP AR4,T0

功能：并行执行两个交换指令；AR4的内容和T0的内容互换，AR5的内容和T1的内容互换。

功　能	语　法	并行使能位	字节	周期	流水线
交换临时寄存器对内容	**SWAPP T0,T2**	有	2	1	AD

说明：该指令在一个周期内执行 T0 和 T2、T1 和 T3 间内容互换。这些操作在独立于 A 单元运算单元的专用数据通道中执行。交换是在流水线的寻址阶段执行的。

100. SWAP4 指令

功　　能	语　　法	并行使能位	字节	周期	流水线
交换辅助和临时寄存器对内容	**SWAP4 AR4,T0**	有	2	1	AD

说明：该指令在一个周期内执行 4 个辅助寄存器(AR4、AR5、AR6 和 AR7)与 4 个临时寄存器(T0、T1、T2 和 T3)间的内容互换。这些操作在独立于 A 单元运算单元的专用数据通道中执行。交换是在流水线的寻址阶段执行的。

101. TRAP 指令

功　能	语　　法	并行使能位	字节	周期	流水线
软件陷阱	**TRAP** k5	无	2	?	AD

说明：该指令执行将程序控制转至指定的中断服务程序(ISR)且不影响 ST1_55 中的 INTM 位。ISR 的地址存入由中断向量指针(IVPD 或 IVPH)的内容和 5 位常数 k5 组合定义的中断向量地址。指令的执行与 INTM 位的值无关。该指令不可屏蔽。

例：TRAP #5

功能：程序控制转至指定的中断服务程序。中断向量地址由中断向量指引(IVPD)的内容和无符号 5 位数(5)组合起来确定。

102. XCC 指令

功　能	语　　法	并行使能位	字节	周期	流水线
条件执行	**XCC** [label,]cond	无	2	1	AD
	XCCPART [label,]cond	无	2	1	AD

说明：该指令判断 cond 字段定义的单个条件，使用户可以控制下一指令或部分指令对应的所有操作的执行。指令 1 和指令 2 的不同之处是指令 2 总在寻址阶段被执行。

例：XCC branch,AR0 != #0

　　ADD *AR2+,AC0

功能：若 AR0 的内容不等于 0，下一条指令(ADD)被执行，AC0 的内容加上 AR2 寻址的内容，结果存入 AC0，AR2 递增 1。若 AR0 的内容等于 0，下一条指令(ADD)不被执行，控制转至条件执行指令(ADD)的下一条指令。

例：XCCPART branch,AR0 != #0

　　ADD *AR2+,AC0

功能：若 AR0 的内容不等于 0，下一条指令(ADD)被执行，AC0 的内容加上 AR2 寻址的内容，结果存入 AC0，AR2 递增 1。若 AR0 的内容等于 0，下一条指令(ADD)不被执行，控制转至条件执行指令(ADD)的下一条指令。

103. XOR指令

功　能	语　　法	并行使能位	字节	周期	流水线
按位异或	**XOR** src,dst	有	2	1	X
	XOR k8,src,dst	有	3	1	X
	XOR k16,src,dst	无	4	1	X
	XOR Smem,src,dst	无	3	1	X
	XOR ACx << #SHIFTW[,ACy]	有	3	1	X
	XOR k16 << **#16**,[ACx,] ACy	无	4	1	X
	XOR k16 << #SHFT,[ACx,] ACy	无	4	1	X
	XOR k16,Smem	无	4	1	X

说明：这些指令执行位异或操作。如果目标操作数是累加器，操作在D单元中进行；如果目标操作数是辅助或临时寄存器，操作在A单元ALU中进行；如果目标操作数是存储器，操作在A单元ALU中进行。

(1) XOR src,dst

说明：该指令执行两个寄存器间的位异或(XOR)。dst = dst ^ src。

例：XOR AC0,AC1

(2) XOR k16 << #SHFT,[ACx,] ACy

说明：该指令执行累加器(ACx)内容和根据4位数SHFT对16位无符号常数k16左移后的值间的位异或。

思考题

1. TMS320C55x DSP提供哪几种寻址方式？举例说明它们是如何寻址的。

2. TMS320C55x DSP并行指令的并行特征和遵守的规则是什么？

3. 已知AC1=04000000h，AR3=0100h，(100)=2000h。当MOV *AR3 + << #16时，AC1指令执行后，AC1和AR3的内容分别是多少？

4. 已知AC0=02000000h，AC1=04000000h，AR3=0100h，(100)=0002h。当ADD uns(*AR3) << #31时，AC1，AC0指令执行后，AC0、AC1和AR3的内容分别是多少？

5. 已知AC1=0042000000h，*AR3=0300h，*AR4=0400h，*CDP=0004，执行下面指令后，AC1、AR3、AR4、CDP的值是多少？

```
AMAR * AR3+
:: MAS uns(* AR4),uns(* CDP),AC1>>#16
```

CHAPTER 4

第4章 TMS320C55x应用程序开发

本章主要讲述TMS320C55x DSP软件开发流程、开发工具、相应文件编写规则、汇编语言编程基本方法、C语言程序基本结构和编程方法。

知识要点

◆ 理解C55x DSP软件开发流程，以及每个环节在软件开发中的作用。
◆ 理解汇编语言编程的基本格式和语法要求。
◆ 了解汇编器和链接器的作用及相应的文件格式和语法要求。
◆ 理解并掌握C语言编程基本要求、规则，通过实例加深理解编程方法。

4.1 TMS320C55x软件开发流程和开发工具

图4-1所示为C55x处理器软件开发流程。开发流程从左向右，中间一行为主要开发流程。开发过程产生可执行COFF文件，作为C55x DSP输入调试文件。

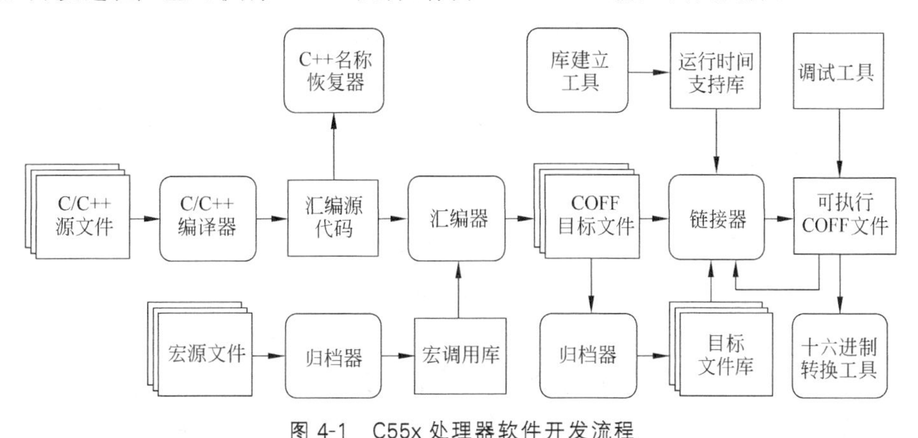

图4-1 C55x处理器软件开发流程

1. 建立源程序

用C语言或汇编语言编写源程序，扩展名分别为.c和.asm。在asm文件中，除了DSP的指令外，还有汇编伪指令。

2. C编译器(C Compiler)

将C语言源程序自动编译为TMS320C55x的汇编语言源程序。编译器包括一个建库工具，利用这个工具可以建立用户自己的运行时间库。

3. 汇编器(Assembler)

将汇编语言的源程序文件汇编成机器语言的目标程序文件(.obj 文件),格式为COFF(公用目标文件格式)。

4. 链接器(Linker)

链接器的基本任务是将目标文件链接在一起,产生可执行模块(.out 文件)。链接器可以接受的输入文件包括汇编器产生的 COFF 目标文件、链接命令文件(.cmd 文件)、库文件,以及部分链接好的文件。链接伪指令可以用来组合目标文件段、装订段或符号到某地址或者存储器区字段,定义或重定义全局符号。它所产生的可执行 COFF 目标模块可以装入各种开发工具,或由 TMS320 器件来执行。

5. 归档器(Archiver)

归档器允许用户将一组文件归入一个档案文件(库)。如将若干个宏归入一个宏库,汇编器将搜索这个库,并调用源文件中使用的宏;也可以用归档器将一组目标文件收入一个目标文件库,链接器将链接库内的成员,并解决外部引用。

6. 库建立工具(Library-Build Utility)

建库工具能够建立用户自定义的 C/C++ 运行时间支持库。标准的运行时间支持库在 rts.src 文件中以源代码的形式,在 rts55.lib 文件中以目标代码的形式提供。

7. 调试工具(Debug Tools)

(1) 软件仿真器(Simulator):将链接器输出文件(.out 文件)调入到一个 PC 的软件模拟窗口下,对 DSP 代码进行软件模拟和调试。TMS320 软件仿真器是一个软件程序,使用主机的处理器和存储器仿真 TMS320 DSP 的微处理器和微计算机模式,从而进行软件开发和非实时的程序验证。

(2) 硬件在线仿真器(XDS Emulator):为可扩展的开发系统仿真器(XDS510),可以用来进行系统级的集成调试,是进行 DSP 芯片软、硬件开发的最佳工具。XDS510 是德州仪器公司(TI)为其系列 DSP 设计用以系统调试的专用硬件仿真器(Emulator),其全称为 TMS320 扩展开发系统 XDS(eXtended Development System)。

8. 十六进制转换工具(Hex-Conversion Utility)

TI 的软件仿真器和硬件仿真器接收可执行的 COFF 文件(.out)作为输入。在程序设计和调试阶段,都是利用仿真器与 PC 进行联机在线仿真。通过硬件仿真器,将可执行的 COFF 文件从 PC 下载到 DSP 目标系统的程序存储器中运行和调试。当程序调试仿真通过后,希望 DSP 目标系统成为一个独立的系统,一般是将程序存储在片外断电不会丢失内容的外部程序存储器(如 Flash、EPROM)中。上电后,通过 DSP 自举引导程序(BOOTLOADER),将程序代码从速度相对较慢的 EPROM 移到速度较快的 DSP 片内 RAM 或片外 RAM 中运行,但大多数可擦除存储器不支持 COFF 文件。十六进制转换程序将 COFF 文件(.out)转化为标准的 ASCII 码十六进制文件格式,从而可写入 EPROM,还可以自动生成支持 BOOTLOADER 从 EPROM 引导加载 DSP 程序的固化代码。

4.2 汇编语言编程方法

4.2.1 汇编伪指令

汇编伪指令为程序提供数据并控制汇编过程。汇编器伪指令具有以下功能。

(1) 将代码和数据汇编入指定段。

(2) 在存储器中为未初始化变量保留空间。

(3) 控制列表的出现。

(4) 初始化存储器。

(5) 汇编条件块。

(6) 声明全局变量。

(7) 指定汇编器获得宏库。

(8) 检查符号调试信息。

1. 伪指令概述

汇编伪指令和它们的参数必须在同一行。除了列出的汇编伪指令,TMS320C55x 软件工具还支持下列伪指令:汇编器为宏使用了许多伪指令;绝对列表器也使用伪指令。绝对列表伪指令不能由用户输入,而是由绝对列表器插入源程序。C/C++ 编译器为符号的调试使用伪指令。与其他伪指令不同,符号调试伪指令在大多数汇编语言程序中不被使用。

大多数情况下,包含伪指令的源语句可能也包含标号和注释。标号开始于第一列,注释必须以分号开头;或者当一行中只有注释时,以星号开头。为了增加可读性,标号和注释不作为伪指令语法的一部分显示。但是有些伪指令要求标号,标号就会在语法中显示出来。由于篇幅所限,这里仅介绍一部分伪指令,如表 4-1 所示。

表 4-1 常用汇编伪指令

伪指令	描　述	举　例
.title	在列表页头显示标题	.title "example.asm"
.end	结束程序	放在汇编语言源程序最后(结束)
.text	汇编进入.text(可执行代码)段	.text 段是源程序正文。经汇编后,紧随.text 后的是可执行程序代码
.bss	在.bss 段(未初始化段)中保留 size 字的空间	bss x,4 表示在数据存储器中空出 4 个存储单元存放变量 x1、x2、x3 和 x4,x 代表第一个单元的地址
.data	汇编进入.data(初始化的数据)段	其后的是已初始化数据
.sect	汇编进入一个命名(初始化的)段	.sect "vector"定义向量表,紧随其后的是复位向量和中断向量,名为 vector
.usect	在一个命名段(未初始化)中保留 size 字的空间	STACK .usect "STACK",10h 表示在数据存储器中留出 16 个单元作为堆栈区,名为 STACK(栈顶地址)

2. 段定义伪指令

为便于链接器将程序、数据分段定位于指定的(物理存在的)存储器空间,并将不同的.obj 文件链接起来,TI 公司的 DSP 软件设计使用了程序、数据、变量分段定义的方法。段的使用非常灵活,但常用以下约定。

.text——此段存放程序代码。

.data——此段存放创始化了的数据。

.bss——此段存放未初始化的变量。

.sect "vector"——定义一个有名段,放初始化了的数据或程序代码。

符号名.**usect** "段名",字个数——为一个有名称的段保留一段存储空间,但不初始化。

通常在 out 文件中至少有前 3 种段(由汇编器产生),.sect 和.usect 段是用户自定义的有名称段。这 5 种段的地址都是可浮动的,段中每条指令或每个数据存储单元的地址都是相对于段首(地址为 0)地址的相对量,用段指针(SPC)来计算,将来 DSP 实际系统中的地址可以由链接器来重定位。

3. 条件汇编伪指令

.if、.elseif、.else、.endif 伪指令告诉汇编器按照表达式的计算结果对代码块进行条件汇编。

.if expression——标志条件块的开始,仅当条件为真(expression 的值非 0 即为真)时,汇编代码。

.elseif expression——标志若.if 条件为假,而.elseif 条件为真时,汇编代码块。

.else——标志若.if 条件为假时,汇编代码块。

.endif——标志条件块的结束,并终止该条件代码块。

4. 引用其他文件和初始化常数伪指令

以下伪指令用于指示汇编器如何引用文件、符号。

.include "文件名"——将指定义件复制到当前位置,其内容可以是程序、数据、符号定义。

.copy "文件名"——与 include 类似。

.def 符号名——在当前文件中定义一个符号可以被其他文件使用。

.ref 符号名——在其他文件中定义,可以在本文件中使用的符号。

.global 符号名——其作用相当于.def、.ref 效果之和。

以下为初始化常数及其他伪指令。

.mmregs——定义存储器映射寄存器的符号名,这样就可以用 AR0、PMST 等助记符替换实际的存储器地址。

.float 数 1、数 2——指定的各浮点数连续放置到存储器中(从当前段指针开始)。

.word 数 1、数 2——指定的各数(十六进制)连续放置到存储器中。

.space n——以位为单位,空出 n 位存储空间。

.end——程序块结束。

. set——定义符号常量，如 K . set 256，汇编器将把所有符号 K 换成 256。

. label symbol——定义一个符号，用于指向在当前段内的装入地址，而不是运行地址。

5. 宏定义和宏调用

TMS320C55x 汇编支持宏语言。如果程序中需要多次执行某段程序，可以把这段程序定义(宏定义)为一个宏，然后在需要重复执行这段程序的地方调用这条宏。

宏定义如下：

```
macname  .macro  [parameter 1][,…,parameter n]
…
    [.mexit]
    .endm
```

其中，macname 为宏指令名，必须放在源程序语句的标号位置。. macro 作为宏定义第 1 行的记号，必须放在助记符操作码位置。[parameter n]为任选的替代符号。[. mexit] 是跳转到. endm 语句。当检测到宏展开将失败，没有必要完成剩下的宏展开时，. mexit 命令将起作用。. endm 结束宏定义，终止宏。

【例 4-1】 宏定义、调用和扩展。

宏定义：

```
add3 .macro P1,P2,P3,ADDRP     : ADDRP=P1+P2+P3
     MOV P1,A
     ADD P2,AC0,AC0
     ADD P3,AC0,AC0
     MOV AC0,ADDRP
     .endm
```

调用宏：

```
.global abc,def,ghi,adr
add3 abc,def,ghi,adr
```

调用执行以下操作。

```
MOV abc,AC0
ADD def,AC0,AC0
ADD ghi,AC0,AC0
MOV AC0,adr
```

汇编器将每条宏调用语句都展开为相应的指令序列。编写宏时，应先定义宏，再调用宏。宏的作用与调用子程序/函数有类似之处，在源程序中有助于分层次地书写程序，简明清晰；不同之处在于每个宏调用都被汇编器展开，多次调用同一宏时生成的目标代码将比调用子程序时生成的代码长。宏的优点是省去了跳转、返回等子程序调用时的操作，因此执行速度较快。

4.2.2 汇编语言程序编写方法

汇编语言编程可以使用助记符指令集(Mnemonic Instruction Set)或代数指令集

(Algebraic Instruction Set),但两种不能混用。本书以助记符指令集为例,介绍汇编语言程序编写方法。

汇编语言源程序文件中可能包含下列汇编语言要素:①汇编伪指令;②汇编语言指令;③宏命令。

助记符指令一般包含4个部分,其一般组成形式为:

```
[标号][:]助记符 [操作数][;注释]
```

例如:

```
SYN1 .set 2              ;符号 SYN1=2
Begin: MOV SYN1,AR1      ;将 2 装入 AR1
.word 016h               ;初始化字(016h)
```

其书写规则如下。

(1) 所有语句必须以标号、空格、星号或分号开始。

(2) 所有包含汇编伪指令的语句必须在一行完全指定。

(3) 标号可选。若使用标号,标号必须从第一列开始。

(4) 每个区必须用一个或多个空格分开,Tab键与空格等效。

(5) 程序中可以有注释。注释在第一列开始时,前面需标上星号(*)或分号(;),但在其他列开始的注释前面只能标分号。

【例4-2】 源文件example.asm文件。

```
        .title "example.asm"
        .mmregs
STACK   .usect "STACK",10H
        .bss x,1
        .def start ,INT_2
        .data
table:  .word -7
        .text
start:  MOV #STACK,SP
        MOV #x,AR1
        MOV table, * AR1
        MOV * AR1,AC0
        BCLR INTM              ;开中断
        MOV #04h,IMR
        BCC end,AC0>> 0
        ABS AC0
end:    B end,
        SFT AC0,#8
        RETI
        .end
```

4.3 公共目标文件格式(COFF)

4.3.1 COFF文件的基本概念

把汇编器和链接器产生的可被TMS320C55x DSP器件执行的目标文件叫做公用目标文件格式(Common Object Format File)。

由于COFF使模块化程序设计更加简单,因此COFF会使模块化编程和管理变得更加方便,这些模块叫做段。汇编器和链接器都有建立并管理段的一些伪指令。

目标文件中最小的单元叫做段,是指连续地占据存储空间的一个代码块或数据块,是COFF文件中最重要的概念。一个目标文件中的每一个段都是分开的和各不相同的。所有的COFF目标文件都包含以下三种形式的段。

(1) .text:文本段。

(2) .data:数据段。

(3) .bss:保留空间段。

此外,汇编器和链接器都可以建立、命名和链接自定义段,这些段的使用与.text、.dada和.bss段类似。其优点是在目标文件中与.text、.data和.bss分开汇编,链接时作为一个单独的部分分配到存储器。

段有两类:已初始化段和未初始化段。已初始化段中包含数据和程序代码,包括.text、.data以及.sect段:未初始化段为未初始化过的数据保留存储空间,包括.bss和.usect。

编程时,段没有绝对定位,每个段都认为是从0地址开始的一块连续的存储空间,因此程序员只需要用段伪指令来组织程序的代码和数据,而无需关心这些段究竟定位在系统何处。

汇编时,汇编器根据汇编命令用适当的段将各部分程序代码和数据连在一起,构成目标文件。

由于所有的段都是从0地址开始的,因此程序编译完成后无法直接运行。要让程序正确运行,必须对段重新定位,即把各个段重新定位到目标存储器中,这个工作由链接器完成。目标文件中的段与目标存储器之间的分割关系如图4-2所示。

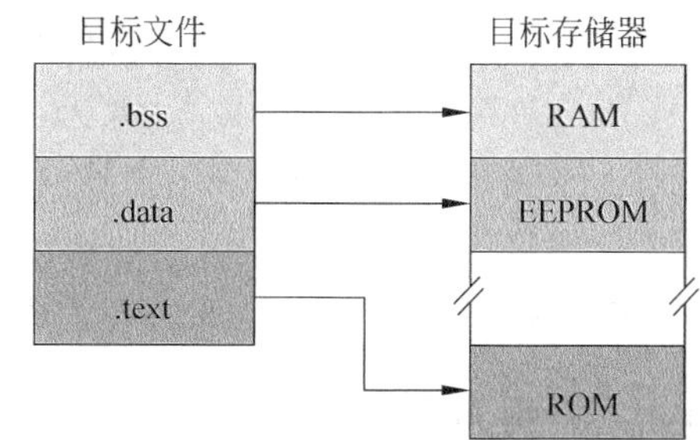

图4-2 逻辑段在存储器中分割

4.3.2 COFF文件中的符号

COFF文件中包含一张符号表,这张符号表存储了关于程序中符号的信息。链接器使用这些表执行重定位,调试工具也使用这些表提供符号调试。

外部符号是定义在一个模块中而在另一个模块中引用的符号。用户可以使用.def、.ref或.global伪指令来定义外部符号。

(1) .def：在当前文件中定义，在其他文件中被使用。

(2) .ref：在当前模块中被引用，但是定义在其他模块中。

(3) .global：具有上面的任何一种功能。

下面的代码表示了上述定义。

```
    .def  x              ;定义 x
    .ref  y              ;引用 y
X:  ADD   #04h,AC1,AC0
    B     y              ;引用 y
```

x 的.def 定义指出这是一个定义在该模块中的外部符号，另外的模块可引用 x。y 的.ref 定义指出这是一个未定义符号，而在其他模块中有定义。

汇编器把 x 和 y 放到目标文件的符号表中。当该文件和其他文件链接的时候，x 的入口定义了其他文件中对 x 未解释的引用。y 的入口使链接器在其他文件中的符号表中查找 y 的定义。

4.4 汇编器和链接器

4.4.1 汇编器的作用

汇编器把汇编语言源文件转换成机器语言的目标文件，这些文件是 COFF 格式的。源文件包含下列汇编语言元素：汇编伪指令、宏伪指令和汇编语言指令。

TMS320C55x 有两个汇编器。

(1) masm55(助记符汇编器)接受 C54x 和 C55x 助记符汇编源程序。

(2) asm55(代数汇编器)只接受 C55x 代数汇编源程序。

每一个汇编器完成如下工作。

(1) 处理文本文件中的源语句，以创建一个可重定位的 C55x 目标文件。

(2) 创建一个源文件列表，并提供控制功能。

(3) 允许用户把代码分成段，并为目标代码的每个段提供一个 SPC。

(4) 定义并引用一个全局的符号，在源程序列表中添加一个交叉引用列表。

(5) 汇编条件块。

(6) 支持宏，允许用户定义内嵌的或库中的宏。

4.4.2 汇编器对段的处理

汇编器依靠伪指令(.bss、.usect、.text、.data 和.sect)确定汇编语言程序的各个部分。如果汇编程序中一个段命令都没用，汇编器将把程序中的内容都汇编到.text 段。

.bss　　(未初始化段)

.usect　　(未初始化段)

.text　　(已初始化段)

. data　　（已初始化段）

. sect　　（已初始化段）

1. 未初始化段

未初始化段在存储器中保留空间，它们通常被分配到 RAM 中。这些段只是简单地保留空间。程序在运行时可以使用这些空间来创建和存储变量。可以使用. bss 和. usect 伪指令来创建存储空间。. bss 在. bss 段中保留存储空间；. usect 在一个专门的未初始化的命名段中保留空间。

2. 已初始化段

已初始化段包含可执行代码或已初始化数据，这些段的内容存储在目标文件中，加载程序时再放到 TMS320C55x 存储器中。每个已初始化段可以独立地重定位，并且可以引用在其他段中定义的符号。

当汇编器遇到. sect、. data、. text 命令时，停止当前段的汇编，开始将随后的代码或数据汇编到指定的段。段是通过迭代过程建立的。例如，当汇编器首次遇到一个. data 命令时，. data 段是空的，. data 后面的语句被汇编到. data 段中，直到遇到一个. text 或. sect 命令为止。如果汇编器在后面又遇到. data 指令，则将 data 后的语句汇编到已存在的. data 段中语句的后面，这样建立的唯一的 data 段可以在存储器中分配一个连续的空间。

当汇编器遇到. bss 和. usect 命令时，并不结束当前段的汇编，只是暂时离开当前段。. bss 和. usect 命令可以出现在一个已初始化段中的任何地方，而不影响已初始化段的内容。

当汇编器遇到. text、. data 和. sect 伪指令时，汇编器停止将随后的程序代码或数据顺序编译进当前段中，而是顺序编译进入遇到的段中。

汇编器为每个段都安排了一个单独的段程序计数器(SPC)。SPC 表示一个程序代码或数据段内的当前地址。最初，汇编器将每个 SPC 置为“0”。当代码或数据被加到一个段内时，相应的 SPC 的值增加。如果继续汇编进一个段，则汇编器记住前面的 SPC 值，并在该点继续增加 SPC 的值。

4.4.3 链接器的作用

链接器的作用就是根据链接命令或链接命令文件(. cmd 文件)，将一个或多个 COFF 目标文件链接起来，生成存储器映像文件(. map)和可执行文件的输出文件(. out 文件)，其作用如下所述。

(1) 分配段到目标系统被配置的存储器中。

(2) 重定位符号和段的地址，给它们分配最终地址。

(3) 解释输入文件间未定义的外部引用。

链接命令语言控制存储器配置、输出段定义以及地址绑定。该语言支持表达式赋值和计算。用户通过定义和创建一个自己设计的存储器模型来对存储器进行配置。

两个能处理大量工作的伪指令 MEMORY 和 SECTIONS 使用户可以完成以下工作。

(1) 把段分配到指定的存储区域中。

(2) 组合目标文件段。

(3) 在链接时定义或重定义全局符号。

链接器的主要功能就是对程序定位,它采用的是一种相对的程序定位方式。程序的定位方式有三种:编译时定位、链接时定位和加载时定位。MCU系统采用编译时定位,编程时由ORG语句确定代码块和数据块的绝对地址,编译器以此地址为首地址,连续、顺序地存放该代码块或数据块。DSP系统采用链接时定位,编程时由段伪指令来区分不同的代码块和数据块。编译器每遇到一个段伪指令,就从0地址重新开始一个代码块或数据块;链接器将同名的段合并,并按.cmd文件中的段命令实际定位。PC系统采用加载时定位,编程、编译和链接时均未对系统绝对定位,而是在程序运行前,由操作系统对程序重定位,并加载到存储空间中。由此可见,编译时定位简单、容易上手,但程序员必须熟悉硬件资源。链接时,定位程序员不必熟悉硬件资源,可将软件开发人员和硬件开发人员基本上分离,但定位灵活、掌握较难。加载时,定位必须有操作系统支持。

4.4.4 链接器对段的处理

链接器对段的处理具有两个功能。其一,将输入段组合生成输出段,即将多个.obj文件中的同名段合并成一个输出段;也可将不同名的段合并产生一个输出段。其二,将输出段定位到实际的存储空间中。链接器提供MEMORY和SECTIONS两个指令来完成上述功能。MEMORY命令用于描述系统实际的硬件资源;SECTIONS指令用于描述段如何定位到恰当的硬件资源上。链接器通过命令文件(.cmd)来获得上述信息。

1. 缺省的存储器分配

已经汇编后的文件file1.obj和file2.obj作为链接器的输入。每个目标文件中都有默认的.text、.data和.bss段,还有自定义段,可执行的输出模块将这些段合并。链接器将两个文件的.text段组合在一起形成一个text段,然后结合.data,再结合.bss,最后将自定义段放在结尾。

2. 段放入规定的存储空间

如果有时希望采用其他结合方法,例如,不希望将所有的.text段合并到一个.text段,或者希望将自定义段放在.data的前面,又或者想将代码与数据分别存放到不同的存储器(RAM、ROM、EPRAM等)中,就需要采用MEMORY和SECTIONS伪指令定义一个.cmd文件,告诉链接器如何安排这些段。

4.4.5 链接命令文件

链接命令文件含有链接时所需要的信息。命令文件.cmd由三部分组成:输入输出定义MEMORY指令和SECTIONS指令。输入输出定义这部分包括输入文件名(目标文件.obj、库文件.lib和交叉索引文件.map)、输出文件.out和链接器选项。

链接命令文件exam.cmd如下所示。

```
exam.obj                /* 输入文件 */
```

```
-o exam.out             /* 链接器选项 */
-m exam.map             /* 链接器选项 */
-e start                /* 链接器选项 */
MEMORY
{
    PAGE0:
      EPROM: org=0E000H,len=100H
    PAGE1:
      SPRAM: org=0060H,len=20H
      DARAM: org=0080H,len=100H
}
SECTIONS
{
    .text      :>EPROM   PAGE 0
    .data      :>EPROM   PAGE 0
    .bss       :>SPRAM   PAGE 1
    STACK      :>DARAM   PAGE 1
}
```

1. MEMORY 指令

MEMORY 指令用来定义用户设计的系统中所包含的各种形式的存储器，以及它们占据的地址范围。MEMORY 伪指令的句法格式如下：

```
MEMORY
{
    PAGE0: name 1[(attr)]: origin=constant,length=constant;
    PAGE1: name 1[(attr)]: origin=constant,length=constant;
}
```

在链接器命令文件中，MEMORY 用大写字母，紧随其后的是用大括号括起来的一个定义存储器范围的清单，包括如下几项。

(1) PAGE：存储空间标记，最多可规定 255 页。PAGE0 定义为程序存储器；PAGE1 定义为数据存储器。如果缺省，默认为 PAGE0。

(2) name：定义存储器区间名字。一个存储器名字可以包含 8 个字符，A～Z、a～z、$、.、_均可。对链接器来说，存储器区间名字都是内部记号。不同页中的存储器空间可以取相同的名字，但在同页内的名字不能相同，而且不许重叠配置。

(3) attr：定义已命名地址空间的属性。属性选项一共有 4 项：R(读)、W(写)、X(可为代码空间)、I(可初始化)。attr 缺省时，默认 4 种特性都有。一般使用缺省值。

(4) origin：指定存储区的起始位置，可缩写成 org 或 o。

(5) length：指定存储区的长度，可缩写成 len 或 l。

(6) fill：填充值，为没有定位输出段的存储器单元填充一个数，可缩写成 f。此选项不常用。

2. SECTIONS 指令

SECTIONS 指令可将输出段定位到所定义的存储器中。具体任务如下：说明如何将输入段组合成输出段：在可执行程序中定义输出段，规定输出段在存储器中的存放位置；允许重新命名输出段。

SECTIONS 指令的语法如下所述。

```
SECTIONS
{
    name: [property,property,property,...]
    name: [property,property,property,...]
    name: [property,property,property,...]
}
```

在链接器命令文件中，SECTIONS 命令用大写字母，紧随其后并用大括号括起来的是输出段的详细说明。以 name 开头的每个段的说明定义了一个输出段（输出段是输出文件中的一个段）。跟在 name 后面的是定义段内容和段如何分配的属性列表。属性间用可选的逗号分开。段的可能属性有以下几个。

(1) **load allocation** 定义在存储器中段将要装载的位置。

语法：

```
load=allocation
```

或

```
allocation
```

或

```
>allocation
```

(2) **run allocation** 定义在存储器中段将要运行的位置。

语法：

```
run=allocation
```

或

```
run>allocation
```

(3) **input sections** 定义组成输出段的输入段。

语法：

```
{input_sections}
```

(4) **sections type** 定义特殊段类型的标志。

语法：

```
type=COPY
```

或

```
type=DSECT
```

或

```
type=NOLOAD
```

(5) fill value 定义用于填充未初始化空穴的值。

语法：

```
fill=value
```

或

```
name: ... {...}=value
```

【例 4-3】 SECTIONS 伪指令举例。

```
file1.obj file2.obj
-o prog.out
SECTIONS
{
    .text:      load =ROM, run =800h
    .const:     load =ROM
    .bss:       load =RAM
    .vectors:   load =FF80h
    {
        t1.obj(.intvec1)
        t2.obj(.intvec2)
        endvec =. ;
    }
    .data:      align=16
}
```

. bss 段组合了 file1. obj 和 file2. obj 的 bss 段，并被装入 RAM 存储区；. data 段组合了 file1. obj 和 file2. obj 的. data 段，链接器将它放在 RAM 存储区，并且 16 个字的边界对齐；. text 段组合了 file1. obj 和 file2. obj 的 text 段，并被装入 ROM 存储区，但运行时该段重新定位在地址 0800h；. const 段组合了两个 obj 文件的 const 段，被装入 ROM 存储区；. vectors 段由两个 obj 文件中的. intvec1 和. intvec2 组成。

4.5 C 语言编程方法

TI 公司为 TMS320C55x 处理器提供了一系列软件开发工具支持，包括可优化的 C/C++ 编译器、汇编器、链接器和其他工具。由于 C 语言具有兼容性和可移植性特点，并较少依赖硬件，现在 DSP 生产厂商都推出了与 DSP 芯片相对应的 C 编译器，通过 C 语言编制的功能程序编译后能够运行在各种 DSP 上。利用 C 语言开发 DSP 程序可以缩短开发时间，提高效率，同时提高了程序的可移植性。

4.5.1 55x DSP C 语言概述

1. C 语言开发工具

(1) C/C++ 编译器：它识别 C/C++ 源代码并生成 C55x 汇编语言源代码。优化器是编译器的一部分。优化器修改代码，以提高 C/C++ 程序的效率。

(2) 汇编器：它将汇编语言源文件转化成机器语言目标文件。参看 4.4 节所述。

(3) 链接器：它将目标文件结合成一个可执行目标模块。参看 4.4 节所述。

(4) 归档器：它使用户能够将一组文件集中到一个称为库的归档文件。

(5) 建库工具：用户可以使用建库工具来建立自己的运行时间支持库。

(6) 调试工具：C55x 调试器接收可执行 COFF 文件作为输入，但大多数 EPROM 编程器不支持。十六进制转换工具可将 COFF 目标文件转换成相应格式并下载到 EPROM 编程器中。

(7) 绝对列表器：接收链接后的目标文件作为输入，并创建.abs 文件作为输出。用户可以将这些.abs 文件进行汇编，从而产生一个包含绝对地址而非相对地址的列表。

(8) 交叉引用列表器：它利用目标文件产生一个交叉引用列表。它给出了链接源文件中的符号、符号的定义以及符号的引用。

(9) C++ 名称恢复器：是一个调试助手，将检测到的损坏的名字还原成可以在 C++ 源代码中找到的初始名。

2. C 语言使用的数据类型

TMS320C55x 编译器支持的 C/C++ 数据类型如表 4-2 所示。

表 4-2 TMS320C55x 编译器支持的 C/C++ 数据类型

类　型	大小	表　示	最小值	最大值
char，signed char（有符号字符）	16 位	ASCII 码	−32 768	32 767
unsigned char（无符号字符）	16 位	ASCII 码	0	65 535
short，signed short（短整型）	16 位	二进制补码	−32 768	32 767
unsigned short（无符号短整型）	16 位	二进制数	0	65 535
int，signed int（整型）	16 位	二进制补码	−32 768	32 767
unsigned int（无符号整型）	32 位	二进制数	0	65 535
long，signed long（长整型）	32 位	二进制补码	−2 147 483 648	2 147 483 647
unsigned long（无符号长整型）	40 位	二进制数	0	4 294 967 295
long long，signed long long（40 位长整型）	40 位	二进制补码	−549 755 813 888	549 755 813 887
unsigned long long（40 位无符号长整型）	16 位	二进制数	0	1 099 511 627 775
enum (C)（枚举型）	16 位	二进制补码	−32 768	32 767
enum (C++)（枚举型）	16，32，40 位	二进制补码	−549 755 813 888	549 755 813 887
float（浮点型）	32 位	32 位浮点	1.175 494e−38	3.40 282 346e+38
double（双精度浮点型）	32 位	32 位浮点	1.175 494e−38	3.40 282 346e+38
long double（长双精度浮点型）	32 位	32 位浮点	1.175 494e−38	3.40 282 346e+38
pointers (data)（数据指针）： small memory mode（小存储模式） large memory mode（大存储模式）	16 位 23 位	二进制数 二进制数	0 0	0xFFFF 0x7FFFF
pointers (function)（程序指针）	24 位	二进制数	0	0xFFFFFF

注意：C55x 的字节是 16 位。

根据 ISO C 定义，操作数的长度决定存储一个对象需要的字节数。ISO 进一步规定，对字符使用 sizeof 时，结果为 1。因为 C55x 字符是 16 比特(使其可以独立寻址)，一个字节同样也是 16 比特。这可能导致用户不期望发生的结果。例如，sizeof(int)＝＝1(不是 2)。C55x 的字节和字是等同的(16 比特)。

注意：long long 型是 40 比特。

long long 数据类型根据 ISO/IEC 9899 C 标准执行。然而，C55x 编译器执行这一数据类型为 40 比特而不是 64 比特。可以结合格式化的 I/O 函数(比如 printf 和 scanf)，使用“ll”长度修正器来显示或读取 long long 型变量。例如，printf("%lld\n",(long long) global)。

4.5.2 关键字

C55x C/C++ 编译器支持标准 const 和 volatile 关键字。另外，C55x C/C++ 编译器通过支持 interrupt、ioport 和 restrict 关键字扩展了 C/C++ 语言。

1. const 关键字

C55x C/C++ 编译器支持 ISO 标准关键字 const。这一关键字给予用户对特定数据对象存储分配的更大控制权。可以将 const 限定符应用于任意变量或矩阵的定义来保证它们的值不被改变。如果定义一个对象为常量，则常量段为对象分配存储。

定义中，const 关键字的位置很重要。例如，下面的第一条语句定义了一个常量指针 p 对于一个整型变量。第二条语句定义了一个变量指针 q 对于一个整型常量：

```
int * const p=&x;
const int * p=&x;
```

使用 const 关键字，用户可以定义大的常量表，并将它们分配到系统 ROM 中。例如，要分配一个 ROM 表，可以使用下列定义：

```
Const int digits[]={0,1 2,3,4,5,6,7,8,9};
```

2. ioport 关键字

C55x 处理器为 I/O 包含了一个二级存储空间。编译器通过增加 ioport 关键字来扩展 C/C++ 语言，从而支持 I/O 寻址模式。

ioport 类型限定符可以和包含矩阵、结构体、共用体和枚举在内的标准类型限定符一起使用。它也可以和 const、volatile 类型限定符一起使用。当和矩阵一起使用时，ioport 限定矩阵的元素，而不是矩阵类型本身。结构体的成员不能由 ioport 限定，除非它们是指向 I/O 口数据的指针。

ioport 类型限定符只适用于全局或静态变量。局部变量不能由 ioport 限定，除非变量是一个指针声明。例如：

```
void foo(void)
{
```

```
    ioport int i;        /*无效*/
    ioport int *i;       /*有效*/
}
```

当声明一个由ioport限定的指针时(注意,声明的意义将依据限定符位置的不同而不同),因为I/O空间是16位可寻址的,所以指向I/O空间的指针总是16位,就算在大存储器模式中也是如此。

注意:用户不能使用带有一个直接ioport指针参数的printf()函数。printf()函数中的指针参数必须转换成"void *",如下例所示:

```
ioport int * p;
printf ( "%p\n", (void * ) p );
```

【例4-4】 声明一个I/O空间的指针。

```
int * ioport ioport_pointer;          /* ioport pointer */
int i;
int j;
void foo (void)
{
    ioport_pointer =&I;
    j= * ioport_pointer;
}
```

编译器输出:

```
_foo:
MOV #_i,port(#_ioport_pointer)        ;存储#i(I/O存储器)的地址;
MOV port(#_ioport_pointer),AR3        ;装载#i(I/O存储器)的地址;
MOV *AR3,AR1                          ;间接装载#i的值到AR1
MOV AR1,*abs16(#_j)                   ;存储i的值到j
RET
```

【例4-5】 声明一个指向I/O空间中的数据指针。

```
ioport int * ptr_to_ioport;
ioport int i;
void foo (void)
{
    int j;
    i=10;
    ptr_to_ioport=&I;
    j= * ptr_to_ioport;
}
```

编译器输出:

```
_foo:
MOV #_i,*abs16(#_ptr_to_ioport)       ;存储#i的地址
MOV *abs16(#_ptr_to_ioport),AR3
AADD #-1,SP
```

```
MOV #10,port(#_i)                        ;存储 10 到#i (I/O memory)中
MOV *AR3,AR1
MOV AR1,*SP(#0)
AADD #1,SP
RET
```

【例 4-6】 声明一个指向 I/O 空间中数据的 ioport 指针。

```
ioport int * ioport iop_ptr_to_ioport;
ioport int i;
ioport int j;
void foo (void)
{
    i=10;
    iop_ptr_to_ioport=&I;
    j=*iop_ptr_to_ioport;
}
```

编译器输出：

```
_foo:
MOV #10,port(#_i)                        ;存储 10 到#i (I/O memory)
MOV #_i,port(#_iop_ptr_to_ioport)        ;存储#i (I/O memory)的地址
MOV port(#_iop_ptr_to_ioport),AR3        ;装载#i 的地址
MOV *AR3,AR1                             ;load #i
MOV AR1,port(#_j)                        ;存储 10 到#j (I/O memory)
RET
```

3. interrupt 关键字

C55x 编译器通过添加 interrupt 关键字扩展 C/C++ 语言，来指定将作为中断函数的函数。

处理中断的函数要求有特殊寄存器保存规则和一个特殊的返回流程。当 C/C++ 代码被中断时，中断程序必须保存程序使用的或程序调用的函数所使用的所有机器寄存器的内容。当在函数定义中使用 interrupt 关键字时，编译器生成基于中断函数规则和中断特殊返回流程的寄存器保存操作。

用户可以对定义为返回 void 且无参数的函数使用 interrupt 关键字。中断函数体可以有局部变量，也可以自由使用堆栈。例如：

```
interrupt void int_handler()
{
    unsigned int flags;
    ...
}
```

c_int00 是 C/C++ 入口点，为系统复位中断而保留。这个特殊的中断程序初始化系统并调用 main 函数。因为它没有调用者，所以 c_int00 不保存任何寄存器。

4. onchip 关键字

onchip 关键字通知编译器一个指向数据的指针可作为双 MAC 指令的一个操作数。

传递给带有 onchip 参数的函数的数据或最终将被 onchip 表达式引用的数据必须链接到片内存储器(不是外部存储器)。不恰当地链接数据可能导致通道 BB 数据总线引用外部存储器,这将产生一个总线错误。

```
onchip int x[100];                    /* 阵列声明 */
onchip int *p;                        /* 指针声明 */
```

5. restrict 关键字

为了帮助编译器决定存储器的从属性,用户可以用 restrict 关键字限定一个指针、引用或阵列。restrict 关键字是一种可以应用于指针、引用和矩阵的类型限定。程序员使用它保证了在指针声明范围内被指针指向的对象只能被那个指针访问。任何对这一保证的破坏都能致使程序未定义。这一特性帮助编译器优化特定代码段,因为混叠信息更容易被确定。

6. volatile 关键字

优化器通过分析数据流,以避免随时可能发生的存储器访问。如果存在明确依靠 C/C++ 代码中所写的存储器访问的代码,用户必须使用 volatile 关键字来确定这些访问。编译器不会优化移除任何 volatile 变量的引用。

下例中,循环等待一个被读取为 0xFF 的位置:

```
unsigned int *ctrl;
while (*ctrl !=0xFF);
```

在这个例子中,*ctrl 是一个循环不变的表示式,所以循环被优化为单存储器读操作。为了更正此错误,需要声明 ctrl 为:

```
volatile unsigned int *ctrl;
```

4.5.3 C 语言和汇编语言混合编程

TMS320C55x C/C++ 编译器可以嵌入 C55x 汇编语言指令,或在编译器输出的汇编语言中直接嵌入汇编指令,这一功能是对 C/C++ 语言的扩展——asm 语句。asm 语句提供 C/C++ 不能提供的对硬件特性的访问。asm 语句在构成上像调用一个名为 asm 并带有一个字符串常量参数的函数,即

```
asm("STR: .byte \"abc\"") ;
```

插入的代码必须是合法的汇编语言语句。像所有汇编语言语句一样,在引号中的代码行必须以一个标号、空格 Tab,或注释符(引号或分号)开头。编译器对字符串不执行检查;如果有错,汇编器会进行检测。

asm 语句不遵循一般 C/C++ 语句的语法限制。每一条语句均可以作为语句或声明出现,甚至在块之外也可以。在编译的模块开头插入伪指令是很有用的。

注意:避免 asm 语句破坏 C/C++ 环境。

编译器不检查插入的指令。在 C/C++ 代码中插入跳转和标号会导致插入代码内或

周围的变量操作结果不可预测。改变段或影响汇编环境的伪指令也可能很麻烦。

当用户优化带有 asm 语句的程序时，要特别小心。尽管优化器不能去掉 asm 语句，但它可以重排它们附近代码的顺序，这可能导致不期望的结果发生。

用 C 语言和汇编语言混合编程的方法主要有以下三种。

(1) 独立编写 C 程序和汇编程序，分开编译或汇编，以形成各自的目标代码模块，然后用链接器将 C 模块和汇编模块链接起来。例如，主程序用 C 语言编写，中断向量文件(vector.asm)用汇编语言编写。若要从 C 程序中访问汇编程序的变量，将汇编语言程序在.bss 块中定义的变量或函数名前面加一条下划线"_"，将变量说明为外部变量，同时在 C 程序中将变量说明为外部变量，如下所示。

汇编程序：

```
.bss _var,1                          ;定义变量
.gobal _var                          ;说明为外部变量
```

C 程序：

```
Extern int var;                      /* 外部变量 */
var=1;                               /* 访问变量 */
```

若要在汇编程序中访问 C 程序变量或函数，可以采用同样的方法。

C 程序：

```
global int i;                        /* 定义 i 为全局变量 */
global float x                       /* 定义 x 为全局变量 */
main( )
{
    …
}
```

汇编程序：

```
.ref    _i;
.ref    _x;
MOV     *_i ,DP
MOV     _x ,AC0
```

(2) 在 C 语言程序的相应位置直接嵌入汇编语句。这是一种 C 语言和汇编语言之间比较直接的接口方法。采用这种方法，一方面可以在 C 语言中实现用 C 语言不好实现的一些硬件控制功能，如插入等待状态、中断位能或禁止等；另一方面可以用这种方法在 C 程序中的关键部分用汇编语句代替 C 语句来优化这个程序。但是，采用这种方法的缺点是比较容易破坏 C 环境，因为 C 编译器在编译嵌入了汇编语句的 C 程序时不检查或分析所嵌入的汇编语句。

嵌入汇编语句的方法比较简单，只需在汇编语句的左、右加上一个双引号，用小括号将汇编语句括住，在括号前加上 asm 标识符即可，如下所示。

```
asm("汇编语句");
```

如上所述，在C程序中直接嵌入汇编语句的一个典型应用是控制DSP芯片的一些硬件资源。对于55x处理器，在C程序中一般采用下列汇编语句实现一些硬件控制。

```
asm("NOP");                    /*插入等待周期*/
asm("bset INTM");              /*关中断*/
asm("bclr INTM");              /*开中断*/
```

除硬件控制外，汇编语句也可以嵌入在C程序中实现其他功能，但是TI建议不要采用这种方法改变C变量的数值，因为这容易改变C环境。

(3) 对C程序进行编译，生成相应的汇编程序，然后对汇编程序进行手工优化和修改。这种方法通过查看交叉列表的汇编程序，对某些编译不是很优但是比较关键的汇编语句进行修改。修改汇编语句时.必须严格遵循不破坏C环境的原则。所以，这种方法需要程序员对C编译器及C环境有充分的理解。一般不推荐使用这种方法。

4.5.4 C编译器的存储器模式

C55x编译器将存储器视为单个线性块，这个线性块被分成数据子块和代码子块。每个由C程序产生的代码或数据子块都被存放在它们独自的连续存储空间内。编译器假设在目标存储器中有可用的完全24位地址空间。

注意：链接器定义存储器映射。

定义存储器映射并分配代码和数据到目标存储器的是链接器而不是编译器。编译器没有假定可用的存储器的类型、对于数据或代码不可用的存储单元(空穴)或是为I/O或控制目的而保留的存储单元。编译器产生可以重定位的代码，这些代码允许链接器将数据和代码分配到合适的存储空间。

1. C编译器段定义

编译器产生可重定位的代码块和数据块，这些块称为段。C55x将存储器处理为程序存储器和数据存储器两个线性块。程序存储器包含可执行代码；数据存储器主要包含外部变量、静态变量和系统堆栈。编译器的任务是产生可重定位的代码，允许链接器将代码和数据定位进合适的存储空间。

C编译器对C语言程序编译后生成6个可以重定位的代码和数据段。这些段可以用不同的方式分配至存储器，以符合不同系统配置的需要。这6个段分为两种类型，一是已初始化段，二是未初始化段。

已初始化段主要包括数据表和可执行代码。C编译器共创建3个已初始化段：.text、.cinit、.const。

(1) .text段：包含可执行代码和字符串。

(2) .cinit段：包含初始化变量和常数表。

(3) .const段：字符串和switch表。在大存储器模式中，常数表也包含在.const段中。

未初始化段用于保留存储器空间，程序利用这些空间在运行时创建和存储变量。C编译器创建3个未初始化段：.bss、.stack和.sysmem。

(1) . bss 段：保留全局和静态变量空间。在小模式中，. bss 段也为常数表保留空间。在引导或装载时，C 的引导程序或装载器在. cinit 段之外(可能在 ROM 中)复制数据，并使用它初始化. bss 段中的变量。

(2) . stack 段：为系统堆栈分配存储器。这个存储器用于传递变量及分配局部存储。

(3) . sysmem 段：为动态存储器分配被函数 malloc、calloc 和 realloc 使用的预留空间。

一般的，. text、. cinit 和. const 连同汇编语言中的. data 段可链入到系统的 ROM 或 RAM 中，. bss、. stack 和. system 段应链入 RAM 中。

2. C 系统堆栈

C/C++ 编译器使用堆栈完成存放局部变量；为函数传递参数；保存处理器状态。

运行时间堆栈被分配在一个连续存储块中，使用硬件堆栈指针(SP)来管理堆栈。代码并不检测运行时间堆栈是否溢出。当堆栈超出为它分配的存储空间的限制时出现溢出。因此，必须为堆栈分配足够的空间。

C55x 也支持二级系统堆栈。为了与 C54x 兼容，主运行时间堆栈存放低 16 位地址。二级系统堆栈存放 C55x 返回地址的高 8 位。编译器使用二级堆栈指针(SSP)来管理二级系统维栈。

两个堆栈的大小均由链接器规定。链接器也创建全局符号_STACK_SIZE 和_SYSSTACK_SIZE，并且给它们以字节为单位赋值。该值为这两个堆栈各自的长度。默认的堆栈长度是 1000 字节。默认的二级系统堆栈的长度也是 1000 字节。可以在链接命令中选择指定两个堆栈长度。

要注意的是，stack 和 sysstack 段必须位于同一页。

3. 动态存储器分配

编译器提供的一些函数(如 malloc、calloc 和 realloc)允许用户在运行时间为变量动态分配存储器。动态分配由标准运行时间支持函数来提供。

存储器由. sysmem 段中定义的全局池或堆来分配。用户可以通过在链接命令中使用-heap size 选项来设置. sysmem 段的大小。链接器也产生全局符号_SYSMEM_SIZE，并以字节为单位给它赋值，该位等于堆的长度。默认的大小为 2000 字节。

动态分配的对象不是直接寻址(它们往往通过指针访问)，并且存储器池位于一个独立的段(. sysmem)中，因此，动态存储器池的大小仅受限于在用户堆中的可用存储器数量。为了在. bss 段中保存空间，用户可以分配来自堆的大数组，代替将它们定义为全局或静态。例如：

```
struct big table[100];
```

用户可以使用指针调用函数 malloc：

```
struct big * table
table= (struct big * )malloc(100 * sizeof(struct big));
```

4. 大、小存储器模式

编译器支持两种存储器模式：小存储器模式和大存储器模式。

小存储器模式是编译器的缺省存储器模式。在小存储器模式中，.bss和.data段(所有的静态和全局数据)、.stack和sysstack段(主堆栈和二级系统堆栈)、.sysmem段(动态存储空间)、.const段必须在大小为64K字的存储页内。对于.text段(代码)、switch段(switch语句)或.cinit/.pinit段(变量的初始化)的大小和位置，没有严格的限制。

在小存储器模式中，编译器用16位数据指针来访问数据。XARn寄存器的高7位被设置为指向包含.bss段的页。在程序运行的整个过程中，它们的值不变。

大存储器模式与小存储器模式的区别在于它不限制.bss段的大小，因此对全局变量和静态变量来说，具有无限的空间。大存储器模式支持数据的不严格存放。要使用大存储器模式，必须使用ml shell选项。在大存储器模式中，数据指针是23位的，并在存储器中占用两个字；.stack和.sysstack段必须放在同一页内。除代码段外的其他所有段只能放在一页存储器中，不能跨页存放。和小存储器模式相比，这些段可以放在不同页。

5. 字段、构体对齐

当编译器为结构体分配空间时，它给结构体分配存储所有结构体成员所需的字。当一个结构体包含32位(长整型)成员时，长整型在双字边界上对齐。这可能要求在结构体之前、内部或尾部进行填充，以保证对齐长整型以及结构体的sizeof值是一个偶数。

所有非字段类型都对齐于字边界。分配所需的位数给字段。把一个字中相邻的位填入相邻的字段，但是相邻的字段不重叠字。如果一个字段与下一个字重叠，整个字段将存放到下一个字。字段将按照它们被遇到的顺序填充，首先填充结构体字的最高值。

4.5.5 C语言代码优化

通过使用特定的编译选项、C代码转换和编译器的特性，可以使用户的C代码执行效率达到最高。

1. 数据类型

在编写代码时，一定要仔细考虑数据类型的大小。C55x编译器定义的C数据类型定义如表4-2(有符号数和无符号数)所示。

浮点数遵从IEEE格式。基于每种数据类型的大小，在编写代码时应遵从下列原则。

(1) 避免假定int型和long型大小相同的代码。

(2) 在定点算法中(尤其是乘法)尽可能用int类型。在乘法操作中用long型数据将导致对一个运行时间库程序的调用。

(3) 对于循环计数器，应使用int或unsigned int型，而不是long型。C55x具有高效的硬件循环机制，但是硬件循环计数器的宽度只有16位。

(4) 避免假设char型是8位或者long long型是64位的代码。

2. 用C语言编写正确运算表达式

使用C代码写正确而高效的乘法表达式有助于提高代码执行效率和正确性。在C55x DSP上，16×16→32位(积)正确的乘法表达式为：

```
long res=(long)(int)src1 * (long)(int)src2;
```

注意：相同的规则也可以应用于其他C算术操作符。例如，如果想把两个16位数相加，得到一个32位的结果，正确的语法是：

```
long res=(long)(int)src1+(long)(int)src2;
```

3. 利用编译选项对C语言程序进行优化

如果将未经优化的C语言程序直接运行时发现效率较低，并且生成的代码量较大，可以通过编译器的优化选项来对程序进行优化。优化的作用是化简循环，重新组织表达式和声明，将变量直接分配到寄存器中。编译器工具包括一个shell程序(c155)，此程序可用于单步编译、优化、汇编和链接。

通过在c155命令行中指定-On选项进行优化。n表示优化程序的级别(0、1、2、3)，它决定了优化程序的类型和程度：-O0、-O1、-O2、-O3。

可以单独使用-O3选项执行一般的文件级优化程序，还可以联合其他选项一起执行更多具体的优化。

4.5.6 中断处理

只要遵循下述规则，C/C++代码就可以在不破坏C/C++环境的条件下被中断和返回。C/C++环境被初始化时，启动程序不使能或禁止中断。如果系统通过硬件复位被初始化，则中断被禁止。如果系统中使用了中断，则必须处理任何要求的中断位或屏蔽。这种操作对于C/C++环境没有任何影响，并且可以用asm语句轻易实现。

一个中断程序可以执行任何其他函数执行的操作，包括访问全局变量、分配局部变量和调用其他函数。

1. 编写中断程序

编写一个中断程序时，应注意以下几点。

(1) 必须处理特殊的中断屏蔽。

(2) 中断处理程序不能有参数。

(3) 中断处理程序不能被一般的C/C++代码调用。

(4) 中断处理程序可以处理一个或多个中断。除了系统复位中断c_int00外，对于一个确定的中断，编译器不产生特殊的代码。当进入c_int00时，不能假定运行时间堆栈已经建立，因此，不能分配局部变量，也不能在运行时间堆栈中存储任何信息。

(5) 为了将一个中断程序和一个中断连接起来，必须将一个分支指令放入适当的中断向量。用户可以通过使用.sect汇编伪指令创建简单的分支指令表来使用汇编器和链接器完成这项工作。

(6) 在汇编语言中，要在符号名之前加下划线。例如，将c_int00写为_c_int00。

(7) 在中断程序的顶端，堆栈可能不能被对齐至一个偶数地址。用户必须写入代码，以确定堆栈指针被正确对齐。

2. 中断入口的保护现场

中断程序使用的所有寄存器，包括父辈(上一级)程序使用的寄存器，都必须被保护。

如果中断程序调用其他函数，需要另外一些寄存器。这些寄存器无论使用与否，也必须被保护起来。

3. C++ 中断程序

通过使用中断关键字，可以用 C/C++ 函数直接处理中断，例如：

```
interrupt void isr( )
{
    …
}
```

两个内部操作符支持在 C 中使能或禁止中断。它们在文件 c55x.h 中被定义，如下所示。

```
void _enable_interrupts(void);
unsigned int _disable_interrupts(void);
void _restore_interrupts(unsigned int);
```

这些函数编译对 ST1 状态寄存器中的 INTM 位清“0”(使能)或置“1”(禁止)的指令。

4.5.7 C 语言的数据访问方法

1. DSP 片内寄存器的访问

DSP 片内寄存器在 C 语言中一般采用指针方式来访问。常用的方法是将 DSP 寄存器地址的列表定义在头文件中(如 reg.h 或 5509.h)。DSP 寄存器地址定义的形式为宏，如下所示。

```
  #define IER0          *(int *)0x00
  #define IFR0          *(int *)0x01
  #define ST0_55        *(int *)0x02
  #define ST1_55        *(int *)0x03
  #define ST3_55        *(int *)0x04
  #define ST0           *(int *)0x06
  #define ST1           *(int *)0x07
  #define AC0L          *(int *)0x08
  #define AC0H          *(int *)0x09
  #define AC0G          *(int *)0x0A
  #define AC1L          *(int *)0x0B
  #define AC1H          *(int *)0x0C
  #define AC1G          *(int *)0x0D
    …                   …
  #define CDPH          *(int *)0x4F
main()
{
    …
    *IER0 = *IER0 | #02
    …
}
```

2. DSP 内部和外部存储器的访问

对存储器的访问也采用指针方式来进行。下例通过指针操作对内部存储器单元 0x3000 和外部存储器单元 0x8FFF 进行操作。

```
int data1=0x3000;          /*内部存储单元*/
int data2=0x8FFF;          /*外部存储单元*/
int func()
{
    …
     *data1=1000;
     *data2=20;
    …
}
```

3. DSP I/O 端口的访问

对 I/O 端口访问用 ioport 关键字完成，格式如下：

```
ioport type port hex_num
```

其中，ioport 是关键字，表明是 I/O 变量；type 是 char、short、int 和 unsigned 类型；port 表示 I/O 地址；hex_num 是十六进制地址。

```
void TIMER_init(void)
{
    ioport unsigned int *tim0;
    ioport unsigned int *prd0;
    …
    tim0=(unsigned int *)0x1000;
    prd0=(unsigned int *)0x1001;
    …
     *tim0=0;
     *prd0=0x0FFFF;
}
```

4.6 C55x 库函数和 C 语言编程实例

4.6.1 C55x 库函数访问

在 DSP 算法设计过程中，经常会用到一些算法，如 FFT、FIR/IIR 滤波器等；在图像处理中经常用到 DCT、卷积、自相关等运算。TI 工程人员设计好相应的算法程序，这些程序经过调试和验证后以库的形式打包起来，提供给编程设计人员，以便大大减少编程人员在无关程序上的设计，把主要精力放在任务目标中，提高设计效率。

1. C55x 数字信号处理库

TI 的 TMS320C55x DSPLIB 是针对 55x 系列 DSP 开发的数字信号处理库，包括超过 50 个 C 可调用的优化的汇编通用信号处理函数。这些函数通常用在运算量巨大的实时应用上，这些算法最优的执行速度比用标准 ANSI C 语言编写的等效代码快得多。

数字信号处理库可以从 TI 公司网站下载，下载文件解压之后生成一个 dsplib 目录，用户可以查看每一个 DSPLIB 函数的使用示例。数字信号处理库主要包含下面类型的函数。

(1) 快速傅里叶变换(FFT)；

(2) 卷积与滤波(Filtering and Convolution)；

(3) 自适应滤波(Adaptive Filtering)；

(4) 相关性运算(Correlation)；

(5) 数学运算(Math)；

(6) 三角函数运算(Trigonometric)；

(7) 其他运算(Miscellaneous)；

(8) 矩阵(Matrix)。

DSPLIB 函数通常在 Q.15 分数数据类型的元素上操作。Q.15(DATA)指 Q.15 操作数由一个短数据类型(16 位)表示。其他数据还有 Q.31(LDATA)，即 Q.31 操作数由一个长数据类型(32 位)表示。Q.3.12 包含了 3 个整数位和 12 个分数位。

DSPLIB 库包括 4 部分：C 程序头文件 dsplib.h、对象库 55xdsp.lib、容许对函数定制的源库以及例程和链接文件。

2. C55x 图像、视频处理库

C55x IMGLIB 库是一个优化的图像、视频处理函数库，它包含 31 个图像和视频处理函数，这些程序被使用到高强度计算实时应用中。该函数库具有优化的汇编代码例程；完全兼容 TI C55x 编译器的 C 可调用程序；支持大存储模式；这些通用图像处理函数适用于压缩、视频处理、机器视觉和医学影像等方面的应用。

库中函数主要完成的功能有压缩和解压缩，图像分析以及图片滤波和格式转换。

IMGLIB 库软件主要包括：C 编程头文件 imglib.h，图像实例的头文件 image_sample.h，小波函数头文件 wavelet.h，支持大存储模式的对象库 55ximagex.lib，支持小存储模式的对象库 55ximage.lib，以及最终用户函数优化源库 55ximage.src。

4.6.2 C 语言编程实例

下面用两个例子来介绍 C 语言实现处理功能。

【例 4-7】 信号滤波处理程序。

```
#include <stdlib.h>
#include <math.h>
#include <tms320.h>
#include <dsplib.h>
#include <stdio.h>
short test(DATA *r,DATA *rtest,short n,DATA maxerror);
short eflag1=PASS;
short eflag2=PASS;
DATA *dbptr =&db[0];
```

```
void main()
{
    short i;
    for (i =0; i <NX; i++) r[i] =0;          //清除输出缓冲区
    for (i =0; i < (NH+2); i++) db[i] =0;   //清除延迟缓冲区
    //compute
    fir(x,h,r,dbptr,NX,NH);
    //test
    eflag1 =test (r,rtest,NX,MAXERROR);
    //2. Test for dual-buffer
    //clear
    for (i =0; i <NX; i++) r[i] =0;          //清除输出缓冲区
    for (i =0; i < (NH+2); i++) db[i] =0;   //清除延迟缓冲区
    dbptr =&db[0];
    //compute
    if (NX >=4)
    {
        fir(x,h,r,dbptr,NX/4,NH);
        fir(&x[NX/4],h,&r[NX/4],dbptr,NX/4,NH);
        fir(&x[2* (NX/4)],h,&r[2* (NX/4)],dbptr,NX/4,NH);
        fir(&x[3* (NX/4)],h,&r[3* (NX/4)],dbptr,(NX - (3 * (NX/4))),NH);
    }
    return;
}
```

【例 4-8】 求图像边界函数。

```
#include <stdio.h>
#include <stdlib.h>
#include "imagelib.h"
#define WIDTH 128
#define HEIGHT 8
#pragma DATA_SECTION(temp_wksp,".wksp_array");
short temp_wksp[WIDTH];
void main( )
{
    int    i;
    int    Width;
    short       * input;
    int * output, * XY;
    int        rows,cols;

    Width=512;

    input= (short * )malloc((size_t)(Width* sizeof(short)));
    output= (int * )malloc((size_t)(Width* sizeof(int)));
    XY= (int * )malloc((size_t)(2* Width* sizeof(int)));
    for( i=0; i <Width; i++)
        {input[i]=0; output[i]=-1;}
    rows=32; cols=16;
```

```
    input[0]=15;     input[1]=5;
    input[2]=10;    input[3]=99;
    IMG_boundary( input,rows,cols,XY,output );
}
```

思考题

1. 简述55x DSP应用程序开发流程。

2. 汇编程序中的伪指令有什么作用？其中，段定义伪指令有哪些？初始化段和未初始化段有何区别？

3. C编译器定义哪些段？说明每个段的作用和含义。

4. 什么是大、小存储模式？

5. C语言和汇编语言混合编程方法有哪些？

6. 在C语言编程中，编写中断程序应注意什么？

CHAPTER 5

第5章

TMS320C55x DSP 片内外设

TMS320C55x DSP CPU 通过和片内外设进行信息交换，完成对外部状态跟踪。根据 55x 系列 DSP 型号的不同，片内外设种类和数量也不同，不同的型号反映出信息交换能力的不同。本章主要介绍时钟发生器、定时器、A/D 转换器、主机接口、外部存储器接口、实时时钟等外设的基本结构、工作原理以及相应的编程应用方法。

知识要点

◆ 理解 55x DSP 时钟发生器工作原理和控制方法。

◆ 掌握 55x DSP 中断系统、中断矢量和优先级。

◆ 掌握 55x DSP 通用定时器和 Watchdog（看门狗）的基本结构、工作原理及控制方法。

◆ 掌握 55x DSP A/D 转换器的结构、工作原理和控制方法。

◆ 掌握 55x DSP DMA 控制器的结构、工作原理和控制方法。

◆ 掌握 55x DSP HPI 的结构、工作原理和控制方法。

◆ 掌握 55x DSP EMIF 的结构、工作原理和控制方法。

◆ 掌握 55x DSP RTC 的结构、工作原理和控制方法。

◆ 掌握 55x DSP I^2C 模块的结构、工作原理和控制方法。

◆ 掌握 55x DSP USB 模块的结构、工作原理和控制方法。

5.1 时钟发生器

5.1.1 时钟发生器输入输出电路

时钟发生器可以用内部振荡电路或外部时钟源驱动，如图 5-1 所示。内部振荡电路驱动方式是将一个晶体跨接到 X1 和 X2/CLKIN 引脚两端，使内部振荡器工作。外部时钟源驱动方式是将一个外部时钟信号直接加到 X2/CLKIN 引脚（X1 悬空）。

时钟信号通过 CLKIN 引脚输入时钟发生器，产生 DSP 工作的基准时钟。时钟发生器内包含一个数字锁相环（DPLL），可以通过配置锁相环的工作模式来产生 DSP 所需要的时钟。CPU 时钟通过一个可编程的时钟分频器产生分频信号送到 CLKOUT 引脚。CLKDIV 位对 CLKOUT 输出频率的影响如表 5-1 所示。

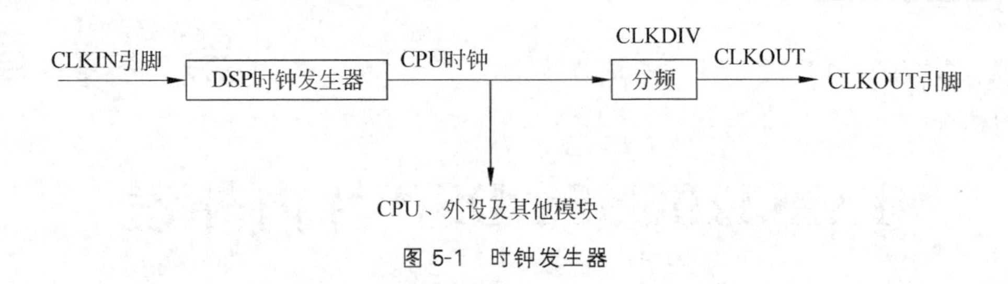

图 5-1 时钟发生器

表 5-1 CLKDIV 位对 CLKOUT 输出频率的影响

CLKDIV	CLKOUT 频率	CLKDIV	CLKOUT 频率
000b	1/1×CPU 时钟频率	100b	1/8×CPU 时钟频率
001b	1/2×CPU 时钟频率	101b	1/10×CPU 时钟频率
010b	1/4×CPU 时钟频率	110b	1/12×CPU 时钟频率
011b	1/6×CPU 时钟频率	111b	1/14×CPU 时钟频率

5.1.2 时钟发生器工作流程

时钟发生器工作流程如图 5-2 所示。

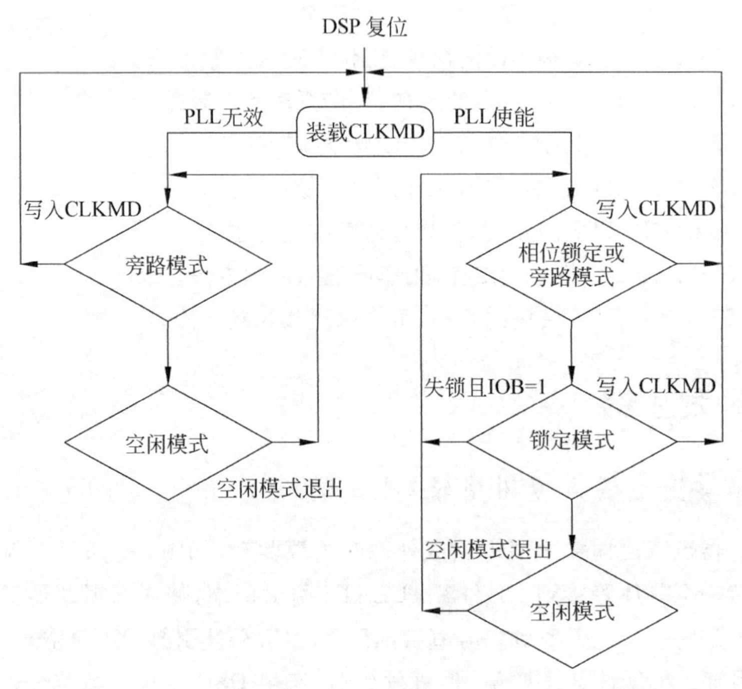

图 5-2 时钟发生器工作流程

时钟发生器内有一个时钟模式寄存器 CLKMD，用来监控时钟发生器的工作行为。例如，控制 CLKMD 寄存器内的 PLL ENABLE 位来选定在两种主模式之一进行工作。

(1) 旁路模式(Bypass Mode)：在这种工作方式中，PLL 工作在旁路方式，输出的时钟频率取决于 PLLDIV 位对输入时钟频率进行 1、1/2、1/4 分频。

(2) 锁定模式(Lock Mode)：在这种工作方式下，输入信号频率能够乘或除设定的因子，得到所需频率的输出信号。输入信号相位和输出信号相位保持一致。锁定模式下的输出频率举例如表 5-2 所示。

$$输出频率=\frac{PLLMULT}{PLLDIV+1}\times输入频率$$

表 5-2 锁定模式下输出频率举例

PLLMULT	PLLDIV	输出频率	PLLMULT	PLLDIV	输出频率
31	0(除 1)	31×输入频率	2	2(除 3)	2/3×输入频率
10	1(除 2)	5×输入频率	2	3(除 4)	1/2×输入频率

时钟发生器还有一种空闲模式，可以降低芯片功耗。通过关闭 CLKGEN 完成。空闲模式时输出时钟停止，并保持高电平。

时钟模式寄存器如图 5-3 所示。时钟模式寄存器字段定义如表 5-3 所示。

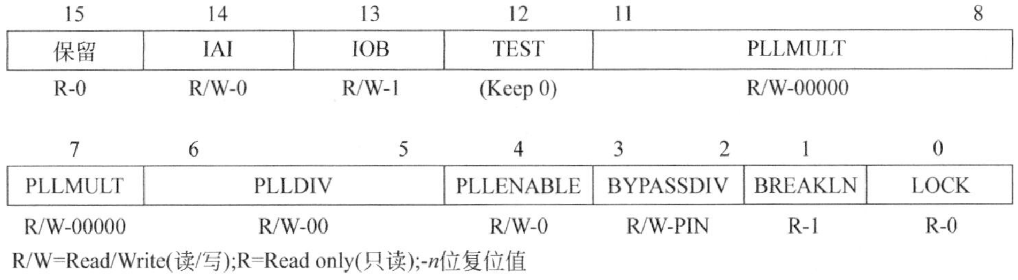

15	14	13	12	11～8
保留	IAI	IOB	TEST	PLLMULT
R-0	R/W-0	R/W-1	(Keep 0)	R/W-00000

7	6～5	4	3～2	1	0
PLLMULT	PLLDIV	PLLENABLE	BYPASSDIV	BREAKLN	LOCK
R/W-00000	R/W-00	R/W-0	R/W-PIN	R-1	R-0

R/W=Read/Write(读/写);R=Read only(只读);-*n*位复位值

图 5-3 时钟模式寄存器(CLKMD)

表 5-3 时钟模式寄存器字段定义

位	字段	值	功能描述
15	保留	0	保留位，为 0
14	IAI	 0 1	空闲后初始化位，IAI 位决定时钟发生器从空闲模式退出后，PLL 怎样获得相位锁定 PLL 使用与进入空闲状态之前的设置进行锁定 PLL 重新开始锁定过程
13	IOB	 0 1	中断后初始化位。相位锁定中发生中断是否采用初始化 PLL 时钟发生器不会中断 PLL，仍旧处于锁存模式，继续输出时钟 时钟发生器切换到旁路模式，并重新启动 PLL 锁定模式
12	TEST	0	DSP 复位和编程时必须保证该位是“0”
11～7	PLLMULT	0-1FH	PLL 乘数(PLLenable=1 时，有效取值范围 2～31)

续表

位	字　段	值	功能描述
6～5	PLLDIV	 0 1 2 3	PLL 分频值(PLLenable=1 时,有效取值范围 0～3) 分频值是 1,即不分频 输入信号频率被 2 分频 3 分频 4 分频
4	PLLENABLE	 0 1	PLL 使能位 PLL 无效位(进入旁路模式) PLL 使能,进入锁定模式输出设定频率的信号
3～2	BYPASSDIV	 0 1 2 3	旁路模式下分频值 不分频,分频值是 1 2 分频 4 分频 4 分频
1	BREAKLN	 0 1	失锁指示 PLL 相位已经失去锁定 PLL 相位锁定恢复
0	LOCK	 0 1	锁定模式指示 时钟发生器工作在旁路模式,输出时钟信号频率由 BYPASSDIV 值决定 时钟发生器工作在锁定模式,输出时钟信号频率由 PLLMULT 和 PLLDIV 值决定

5.2 中断系统

5.2.1 DSP 中断介绍

几乎所有的微处理器都具有中断功能。中断是衡量微处理器性能的一项主要指标。如果一个处理器的中断系统较丰富,说明这种处理器的处理能力较强。DSP 中断是指由于硬件和软件发出信号,使 DSP 将目前正在执行的任务挂起,而去执行中断服务程序(ISR)。

TMS320C55x 系列 DSP 支持 32 个中断源。一些中断源可由软件或硬件触发,另一些只能由软件触发。当 CPU 在同一时刻接收到多个硬件发出的请求信号时,CPU 根据预先定义的优先级别进行响应。55x 系列 DSP 中无论是软件或硬件产生的中断,都分为可屏蔽中断和不可屏蔽中断。可屏蔽中断可以通过软件封锁,不可屏蔽中断不能被封锁,所有的软件中断都是不可屏蔽中断。

DSP 处理中断需要 4 个阶段:接收中断请求阶段,软件或硬件请求对当前执行的程序进行挂起;响应中断请求阶段,CPU 响应中断请求,如果是可屏蔽中断,当条件必须满足时才会响应,当为非可屏蔽中断时,立即响应中断请求;中断服务程序准备阶段,CPU 主要完成下列任务:①完成当前执行的指令,丢弃当前还未到译码阶段的流水线中的指令；②自动存储当前某些寄存器值到数据栈和系统栈中；③获得中断矢量（预先设置的矢量地址），由中断矢量指针指向中断服务程序，执行中断服务程序阶段。

需要注意的是，外部中断必须发生在硬件复位的3个时钟周期之后，否则中断不被识别。当硬件复位时，所有的中断都无效。中断无效状态一直保持到软件对栈指针SP和SSP初始化完成。在上述过程完成后，中断是否有效，取决于INM位、IER0和IER1寄存器的设置。

5.2.2 中断矢量和优先级

TMS320C55x DSP支持32个中断源。当接收并响应中断请求后，CPU产生一个与中断服务程序对应的中断矢量地址。当多个硬件同时申请中断时，CPU根据定义的中断优先级进行响应，如表5-4所示。

表5-4 中断矢量和优先级

中断号	优先级	矢量名	软件中断名	矢量地址	作　用
0	1(最高)	RESET(IV0)	SINT0	0h	复位
1	2	NMI(IV1)	SINT1	8h	硬件NMI或软中断1
2	4	INT0	SINT2	10h	硬件中断或软件中断
3	6	INT1	SINT3	18h	硬件中断或软件中断
4	7	TINT	SINT4	20h	定时器总中断或软件中断
5	8	PROG0	SINT5	28h	I^2S0发送或MMC/SD0中断或软件中断
6	10	UART	SINT6	30h	UART中断或软件中断
7	11	PROG1	SINT7	38h	I^2S1接收或MMC/SD0中断或软件中断
8	12	DMA	SINT8	40h	DMA中断或软件中断
9	14	PROG2	SINT9	48h	I^2S1发送或MMC/SD1中断或软件中断
10	15	—	SINT10	50h	软件中断
11	16	PROG3	SINT11	58h	I^2S1接收或MMC/SD1中断或软件中断
12	18	LCD	SINT12	60h	LCD硬件中断或软件中断
13	19	SAR	SINT13	68h	A/D中断或软件中断
14	22	XMT2	SINT14	70h	I^2S2中断或软件中断
15	23	RCV2	SINT15	78h	I^2S2中断或软件中断
16	5	XMT3	SINT16	80h	I^2S3中断或软件中断
17	9	RCV3	SINT17	88h	I^2S3中断或软件中断
18	13	RTC	SINT18	90h	REAL TIMER中断或软件中断

续表

中断号	优先级	矢量名	软件中断名	矢量地址	作　用
19	17	SPI	SINT19	98h	SPI 中断或软件中断
20	20	USB	SINT20	A0h	USB 中断或软件中断
21	21	GPIO	SINT21	A8h	GPIO 中断或软件中断
22	24	EMIF	SINT22	B0h	EMIF 中断或软件中断
23	25	I^2C	SINT23	B8h	I^2C 中断或软件中断
24	3	BERR	SINT24	C0h	总线错误中断或软件中断
25	26	DLOG	SINT25	C8h	数据标志中断或软件中断
26	27(最低)	RTOS	SINT26	D0h	实时操作系统中断或软件中断
27	14	—	SINT27	D8h	软中断 27
28	15	—	SINT28	E0h	软中断 28
29	16	—	SINT29	E8h	软中断 29
30	17	—	SINT30	F0h	软中断 30
31	18	—	SINT31	F8h	软中断 31

5.2.3 可屏蔽中断

可屏蔽中断可以通过软件封锁或使能，所有可屏蔽中断都是硬件中断，如表 5-5、表 5-6 所示。可屏蔽中断处理流程如图 5-4 所示。

表 5-5 可屏蔽中断

中断名	描　述
矢量 2～23	中断被引脚或 DSP 外设触发
BERRINT	总线错误中断
DLOGINT	数据日志中断
RTOSINT	实时操作系统中断由 BREAKPOINT 或 WATCHPOINT 引起，仿真时使用

表 5-6 可屏蔽中断控制位和寄存器

位或寄存器名	描　述
INTM	中断模式位，控制所有可屏蔽中断使能/屏蔽
IER0 和 IER1	中断使能寄存器，每位可屏蔽中断对应寄存器中的 1 位
DBIER0 和 DBIER1	调试中断使能寄存器

中断矢量寄存器 IFR0 和中断标志寄存器 IER0 如图 5-5 所示。

中断矢量寄存器 IFR1 和中断标志寄存器 IER1 如图 5-6 所示。

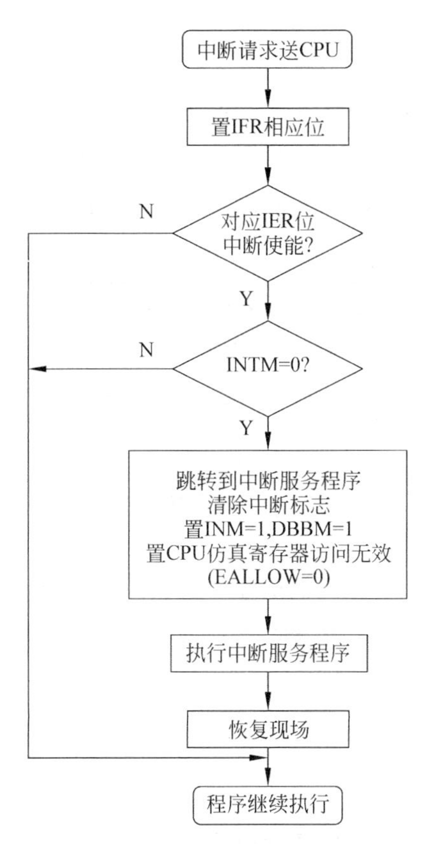

图 5-4 可屏蔽中断处理流程

15	14	13	12	11	10	9	8
RCV2	XMT2	SAR	LCD	PROG3	Reserved	PROG2	DMA
R/W-0	R/W-0	R/W-0	R/W-0	R/W-0	R/W-0	R/W-0	R/W-0

7	6	5	4	3	2	1	0
PROG1	UART	PROG0	TINT	INT1	INT0	Reserved	
R/W-0	R/W-0	R/W-0	R/W-0	R/W-0	R/W-0	R-0	

R/W=读/写；R=只读；-*n*=复位值

图 5-5 中断矢量寄存器 IFR0 和中断标志寄存器 IER0

15–11	10	9	8
	RTOS	DLOG	BERR
R-0	R/W-0	R/W-0	R/W-0

7	6	5	4	3	2	1	0
I2C	EMIF	GPIO	USB	SPI	RTC	RCV3	XMT3
R/W-0	R/W-0	R/W-0	R/W-0	R/W-0	R/W-0	R-0	

R/W=读/写;R=只读;-*n*=复位值

图 5-6 中断矢量寄存器 IFR1 和中断标志寄存器 IER1

5.2.4 不可屏蔽中断

当 CPU 接收到不可屏蔽中断请求后，CPU 立即无条件地响应并且跳转到中断服务程序。不可屏蔽中断包括硬件中断 RESET、NMI 和所有软件中断，如表 5-7 所示。

表 5-7 不可屏蔽中断中的软件中断

软件中断指令	描　述
INTR ＃k5	通过这条指令可初始化 32 个中断服务，k5 是 5b 数(0～31)
TRAP ＃k5	功能同上，但不会影响 INTM 位
RESET	软件复位操作，强迫 CPU 执行 RESET 服务子程序

5.3 通用定时器和 Watchdog 定时器

TMS320VC5509 DSP 有两个相同但独立的 20 位软件可编程通用定时器。两个定时器能产生周期性的中断和给 DSP 外围设备的周期信号。同时，TMS320VC5509 DSP 具有一个 Watchdog 定时器。下面分别介绍它们的结构和功能。

5.3.1 通用定时器结构

通用计数器由一个 4 位的预定标器 PSC 和一个 16 位的主计数器 TIM 构成 20 位计数器，另外还有两个周期寄存器 TDDR 和 PRD。当定时器初始化或重新装入计数值时，周期寄存器中的数值被复制到计数器中。定时器控制寄存器 TCR 负责监控定时器的操作和定时器引脚 TIN/TOUT。TIN/TOUT 引脚输出状态取决于 TCR 寄存器 FUNC 位的值，引脚可以作为通用输出口、定时器输出、时钟输出或高阻状态，如图 5-7 所示。

预定标计数器 PSC 通过输入时钟信号驱动，时钟信号可以是 CPU 时钟或外部时钟。每输入一个时钟信号，预定标计数器减 1。当预定标计数器减到 0 时再来一个时钟，主计数器 TIM 减 1。在主计数器 TIM 减 1 为 0 后的一个时钟周期内，定时器发出中断请求 TINT 给 CPU，一个同步事件 TEVT 给 DMA 和一个应用输出信号从定时器引脚。定时器送出信号的速率计算公式如下所示。

$$\text{TINT}=\frac{\text{输入时钟速率}}{(\text{TDDR}+1)\times(\text{PRD}+1)}$$

定时器通过设定 TCR 的 ARB 位，配置为自动重装入模式。在这种模式中，当计数器值每次计数到 0 时，预定标计数器 PSC 和主计数器 TIM 被重新装入值进行计数。为保证在自动重装入模式下定时器引脚输入正确，必须使(TDDR＋1)×(PRD＋1)大于等于 4 个时钟周期。

5.3.2 定时器引脚

通用定时器有一个引脚，该引脚可以配置如表 5-8 所示功能。在定时器控制寄存器 TCR 中，两个 FUNC 位定义引脚功能和所需要的时钟源。

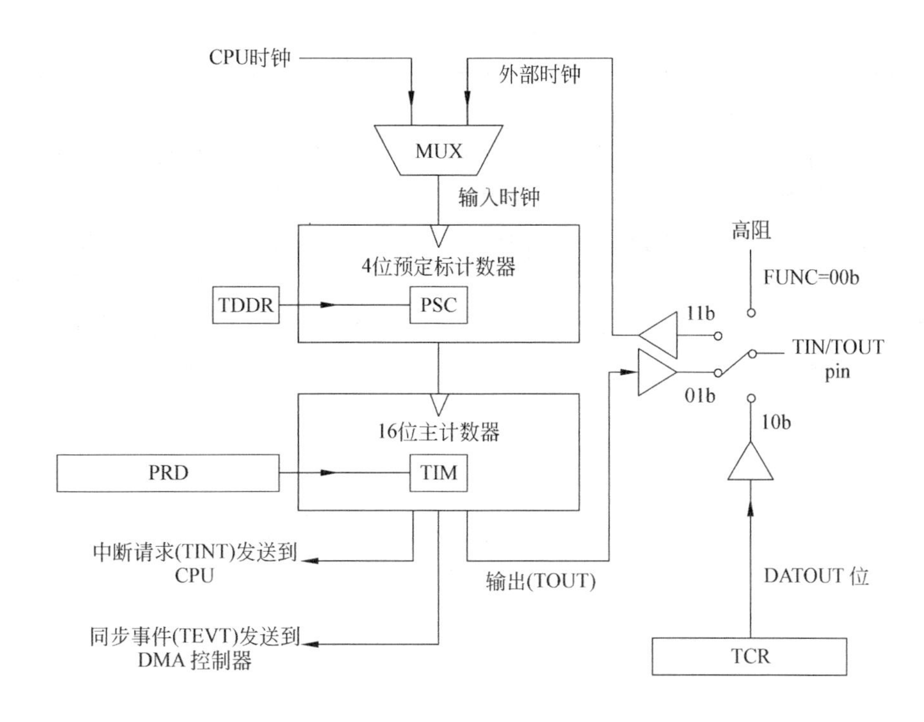

图 5-7 通用定时器功能图

表 5-8 定时器引脚和 FUNC 位

FUNC 位	引 脚 功 能	时 钟 源
00b	高阻	内部(DSP 时钟发生器)
01b	时钟输出。每次主计数器减到 0,引脚信号改变。信号极性由 POLAR 位选择,并且信号是锁定电平或脉冲,取决于 CP 位。如果是脉冲信号,可以通过 PWID 位定义脉宽	内部(DSP 时钟发生器)
10b	通用输出,引脚输出电平值	内部(DSP 时钟发生器)
11b	外部时钟输入,引脚接收 DSP 外部时钟信号	外部

当 FUNC 位为 00b 时,定时器引脚 TIN/TOUT 在高阻状态。引脚独立于通用定时器,既不接收信号,也不发送信号。定时器输入时钟是 CPU 时钟。

当 FUNC 位为 01b 时,定时器引脚被用作输出,所以该引脚不能用于时钟信号输入。定时器输入时钟信号是 CPU 时钟。引脚输出状态受 CP、POLAR、TCR 寄存器的 PWID 位来控制。当 CP=0 时,工作在脉冲模式;CP=1 时,工作在时钟模式。在脉冲模式下,当 TIM 计数到 0 时,引脚输出一个脉冲,脉冲宽度通过 PWID 位设定可以是 1、2、4 或 8 个 CPU 时钟周期。脉冲的极性由 POLAR 位控制,POLAR=0 输出高电平,POLAR=1 输出低电平。当引脚配置成时钟模式时,时钟输出在每次 TIM 计数到 0 时切换状态。当 POLAR=0 时,引脚输出开始为低电平,每次 TIM 计数到 0 时转换为高电平。当 POLAR=1 时,引脚输出开始为高电平,每次 TIM 计数到 0 时转换为低电平。

当 FUNC 位为 10b 时，定时器引脚被配置为通用输出，独立于定时器。引脚输出与 DATOUT 位一致。引脚输出低电平，写“0”到 DATOUT 位；反之，写“1”到 DATOUT 位。定时器输入时钟是 CPU 时钟。

当 FUNC 位为 11b 时，定时器引脚被用作外部时钟源输入引脚，因此不能被使用输出。通用定时器唯一输出的是中断请求信号和 DMA 同步事件。

通过设置 FUNC 位，可选择 4 种定时器引脚功能和时钟源。但这 4 种功能之间有一定切换顺序，不能随意变换。当 DSP 复位后使得 FUNC＝00b，可以设置 FUNC 从 00b 改变为 01b、10b、11b 其中之一；如果 FUNC＝01b 或 10b，只能在两者之间切换；当 FUNC＝11b 时，不能切换到其他 3 种功能状态，只有对 DSP 复位后返回 FUNC＝00b，才能进行 4 种功能切换。

5.3.3 定时器中断

通用定时器有一个定时中断信号 TINT。当主计数器 TIM 计数减到 0 时，中断请求信号送给 CPU。定时器中断频率按以下公式求得。

$$\text{定时器中断频率}=\frac{\text{输入时钟频率}}{(\text{TDDR}+1)(\text{PRD}+1)}$$

TINT 能自动地在中断标志寄存器 IF0、IF1 之一中设置标志，也能使能或屏蔽中断使能寄存器 IE0、IE1 其中之一，以及调试中断使能寄存器 DBIER0、DBIER1 其中之一。当不使用通用定时器时，应当屏蔽定时器中断，以免引起不可预料的中断。

通过在 TCR 中设置自动重装位 ARB，定时器能够配置成自动重装入模式。在这种模式中，定时器每次计数到 0 时，预定标寄存器和定时计数器重新装入计数值重新计数。定时周期(TDDR＋1)×(PRD＋1)大于等于 4 个时钟周期。

5.3.4 初始化定时器

确信定时器停止位 TSS＝1，定时器装入使能位 TLB＝1，TCR 中其他控制位设置正确，当 TLB＝1 时，从周期寄存器 PRD 和 TDDR 分别送计数值给计数寄存器 TIM 和 PSC。通过写入 TDDR 值来装入希望的预定标周期；写入 PRD 值，装入希望的主计数周期。关闭定时器装入位 TLB＝0，并且启动定时器 TSS＝0，TIM 已经装入 PRD 的值，PSC 装入 TDDR 的值。

设置控制寄存器 TCR 的位 TSS＝1，停止通用定时器计数；TSS＝0，启动定时器计数。定时器计数寄存器数值有人工装入和自动装入两种方式。人工装入可以直接写数值到相应寄存器的 I/O 地址。控制寄存器 TCR 中的 TLB 和 ARB 位能提供两种不同的自动重装入数值方法。当 TLB＝1 时，PSC 和 TIM 分别被装入 TDDR 和 PRD 中的数值，这种方法一般用于初始化。如果 ARB＝1，每次 TIM 计数到 0，计数寄存器(TIM 和 PSC)被装入周期寄存器(TDDR 和 PRD)的数值。这种方式容许通用定时器连续计数而不需要程序输入。如果 ARB＝0，当 TIM 计数到 0 时，定时器停止计数。

当 DSP 复位后，通用定时器状态为：定时器计数停止，TSS＝1；预定标计数器

PSC=0；主计数器 TIM 值为 FFFFH。计数器被设置 ARB=0，非自动重装入模式，定时器不会被强迫进入 IDLE 模式(通过指令，使 IDLEEN=0)。定时器引脚处于高阻状态，时钟源采用内部时钟，即 FUNC=00b。仿真状态下，软件断点能使定时器立即停止。

5.3.5 定时器的寄存器

对于通用定时器来说，有主计数寄存器 TIM、主周期寄存器 PRD、预定标寄存器 PRSC、控制寄存器 TCR。每个都有相应的 I/O 地址，如附录所述。

通用定时器的周期和计数寄存器包括 TDDR、PSC、PRD 和 TIM。定时器有两个计数器：一个 4 位的预定标计数器和一个 16 位的主计数器。其中每一个都对应一个计数寄存器和一个周期寄存器。定时器工作时，计数寄存器减操作，定时器能够自动地将周期寄存器的值重新装入关联的计数寄存器。

寄存器对应关系如表 5-9 所示。

表 5-9 寄存器对应关系

计数器名	寄存器名	描述
预定标计数器	PSC TDDR	预定标计数寄存器，定时器预定标寄存器 PRSC 的 9～6 位 定时器分频寄存器，定时器预定标寄存器 PRSC 的 3～0 位
主计数器	TIM PRD	主计数寄存器 主周期寄存器

通用定时器周期和计数寄存器格式如图 5-8 所示。

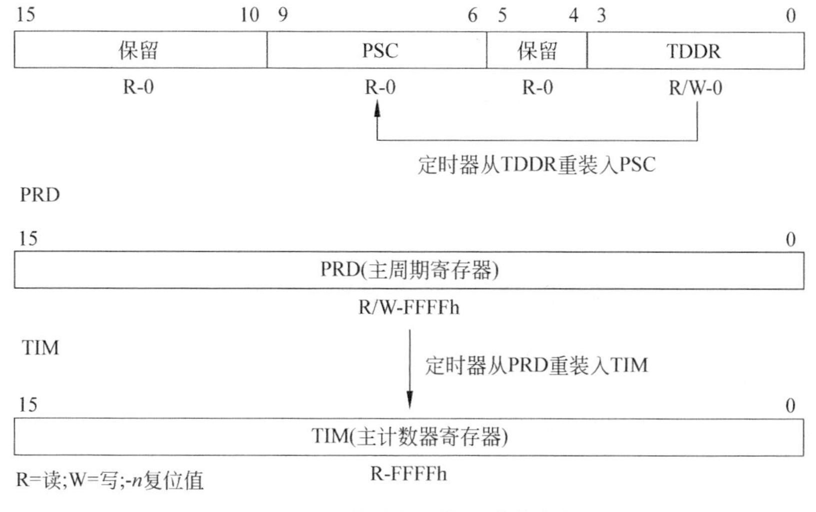

图 5-8 通用定时器周期和计数寄存器

PRSC 寄存器位描述如表 5-10 所示。PRD 和 TIM 寄存器位描述如表 5-11 所示。

表 5-10 PRSC 寄存器位描述

位	字段名	值	功能描述
15～10	保留		读出总为“0”，写入无效
9～6	PSC	0h～Fh	预定标计数寄存器。该寄存器包含预定标计数器当前计数值，每输入一个时钟周期减 1，减到 0 后来一个时钟周期，TIM 值减 1
5～4	保留		读出总为“0”，写入无效
3～0	TDDR	0h～Fh	定时器分频寄存器(预定标周期寄存器)，当 PSC 被装入/重装入时，复制它的值到 PSC 中

表 5-11 PRD 和 TIM 寄存器位描述

位	字段名	值	功能描述
15～0	PRD	0000h～FFFFh	主周期寄存器。当主计数寄存器 TIM 被装入/重装入时，复制它的值到 TIM 中
15～0	TIM	0000h～FFFFh	主计数寄存器。该寄存器包含当前计数值，PSC 减到 0 后，输入一个时钟周期，TIM 减 1

定时器控制寄存器 TCR 如图 5-9 所示。

15	14	13	12～11	10	9	8
IDLEEN	INTEXT	ERRTIM	FUNC	TLB	SOFT	FREE
R/W-0	R-0	R-0	R/W-00	R/W-0	R/W-0	R/W-0

7～6	5	4	3	2	1	0
PWID	ARB	TSS	CP	POLAR	DATOUT	Reserved
R/W-00	R/W-0	R/W-1	R/W-0	R/W-0	R/W-0	R-0

R=读;W=写;-*n*=复位值

图 5-9 定时器控制寄存器 TCR

TCR 寄存器位描述如表 5-12 所示。

表 5-12 TCR 寄存器位描述

位	字段名	值	功能描述
15	IDLEEN		定时器空闲使能位。如果外设定义为空闲模式，IDLEEN＝1，定时器将停止计数，进入低功耗的空闲模式
		0	定时器不会进入空闲模式
		1	外设定义为空闲模式(PERIS＝1)，定时器停止计数，进入低功耗状态
14	INTEXT		内部到外部时钟改变指示。当改变定时器时钟源从内部到外部时，程序可以检查该位，判断定时器是否准备好使用外部时钟源
		0	定时器没有准备好使用外部时钟源
		1	定时器准备好使用外部时钟源
13	ERRTIM		定时器引脚错误标志。对 FUNC 位的某些修改产生错误，通过 ERRTIM 反映出来。当 ERRTIM＝1 时，需要复位和重新初始化定时器
		0	无错误检测到
		1	写入 FUNC 位顺序错误

续表

位	字段名	值	功 能 描 述
12～11	FUNC	 00b 01b 10b 11b	定义定时器引脚功能位。这两位定义定时器引脚，决定定时器时钟源 定时器引脚无功能。引脚处于高阻状态。内部时钟源 定时器输出。每次主计数器减到0时，引脚信号发生变化，信号极性选择取决于POLAR位。输出信号是跳变或脉冲，取决于CP位。如果输出脉冲信号，脉冲宽度取决于PWID位。内部时钟源 通用输出口。引脚输出电平取决于DATOUT位的值。内部时钟源 外部时钟输入。引脚接收来自于DSP外部的时钟信号。外部时钟源
10	TLB	 0 1	定时器装载位。当TLB=1时，定时器将周期寄存器中的值装入计数寄存器 TLB=0，TIM和PSC不被装载 TLB=1，PRD值装入TIM，TDDR值装入PSC
9	SOFT	 0 1	软件停止位。当FREE=0时，该位决定定时器是否响应断点和仿真停止 硬停止，定时器立即停止工作 软停止，当主计数器TIM减到0时，定时器停止
8	FREE	 0 1	自由运行位。该位定义在断点或仿真调试终止时。定时器继续工作与否，取决于SOFT状态 定时器受SOFT位影响 定时器自由运行
7～6	PWID	 00b 01b 10b 11b	定时器输出脉冲宽度位。当定时器引脚被设置为输出(FUNC=01b)时，选择脉冲模式(CP=0)。脉冲宽度被定义为CPU时钟周期 1 CPU时钟周期 2 CPU时钟周期 4 CPU时钟周期 8 CPU时钟周期
5	ARB	 0 1	自动重装入位。当ARB=1时，计数寄存器自动重装入周期寄存器的值，无论主计数器TIM是否计数到0 ARB被清除 每次TIM计数到0，TIM重装入PRD的值，PSC重装入TDDR的值
4	TSS	 0 1	定时器停止状态位。使用TSS来停止、启动定时器 启动定时器 停止定时器
3	CP	 0 1	时钟模式/脉冲模式选择位。当定时器引脚被设置成输出时，CP定义引脚输出是脉冲或跳变信号 脉冲模式。每次当TIM计数到0时，引脚输出一个脉冲，脉冲宽度由PWID位定义，极性由POLAR定义 时钟模式。每次TIM计数到0，引脚输出50%占空比时钟信号

续表

位	字段名	值	功能描述
2	POLAR		定时器输出极性位
		0	定时器引脚开始为低电平。依据不同事件发生来分类：①脉冲模式。每次当TIM计数到0时，一个高电平脉冲信号从引脚输出。PWID定义脉冲宽度，两次脉冲之间是低电平；②时钟模式。第一次TIM计数到0时，定时器引脚信号跳变为高电平。后续计数过程中，电平反复切换
		1	定时器引脚开始为高电平。定义与0状态时相反
1	DATOUT		数据输出位。当定时器引脚定义为通用输出引脚时(FUNC=10b)，使用DATOUT控制引脚信号电平
		0	引脚输出低电平
		1	引脚输出高电平
0	Reserved		保留位。读总为“0”，写无效

5.3.6 定时器初始化举例

【例5-1】 设置定时器从TIN/TOUT引脚输出2MHz时钟信号，DSP CPU CLOCK为200MHz，在软件断点和仿真停止时定时器继续计数。当DSP的外设被设定为IDLE模式时，定时器不受影响，继续计数。

设置TIN/TOUT引脚定时器输出，需要设置TCR中的FUNC位为01b，使引脚工作在时钟模式；设置TCR的CP=1，使定时器计数为零时，输出状态切换。本例中默认引脚极性缺省值是“0”。由于TIN/TOUT引脚状态每次在定时器计数为0时切换，输出时钟周期是定时器计数值定时的2倍。为了使CPU时钟频率减小100倍，需要定时器计数值是50，对应每次高电平和低电平。可以设置定时器主计数周期10(PRD=9)，预定标周期5(TDDR=4)，自动重装入方式ARB=1。为了保证定时器不受仿真断点影响，设置TCR的FREE位为1，不受外设空闲模式影响，清除TCR的IDLEEN位。

初始化代码如下所示。

```
;定时器寄存器地址
;**************************************************************
TIM0 .set 0x1000                    ;TIMER 0, Timer Count Register
PRD0 .set 0x1001                    ;TIMER 0, Timer Period Register
TCR0 .set 0x1002                    ;TIMER 0, Timer Control Register
PRSC0 .set 0x1003                   ;TIMER 0, Timer Prescaler Register
;**************************************************************
;定时器设定
;**************************************************************
TIMER_PERIOD .set 9                 ;for timer period of 10
TIMER_PRESCALE .set 4               ;for prescaler value of 5
.text
INIT:
mov  #TIMER_PERIOD, port(#PRD0)     ;configure the timer period register
mov  #TIMER_PRESCALE, port(#PRSC0)  ;configure the timer prescaler register
```

```
mov   #0000110100111000b, port(#TCR0)
;0~~~~~~~~~~~~~~~IDLEEN 0=do not idle with Peripheral Domain
;~0~~~~~~~~~~~~~~INTEXT n/a
;~~0~~~~~~~~~~~~~ERR_TIM 1=if illegal function change occurs
;~~~01~~~~~~~~~~~FUNC 01=TIN/TOUT pin is a timer output
;~~~~~1~~~~~~~~~~TLB 1=loading from period registers
;~~~~~~0~~~~~~~~~SOFT n/a
;~~~~~~~1~~~~~~~~FREE 1=Timer doesn't stop on emulation halt
;~~~~~~~~00~~~~~~PWID n/a
;~~~~~~~~~~1~~~~~ARB 1=auto-reload enabled
;~~~~~~~~~~~1~~~~TSS 1=stop timer
;~~~~~~~~~~~~1~~~CP 0=pulse mode, 1=clock (toggle) mode
;~~~~~~~~~~~~~0~~POLAR 0=normal polarity
;~~~~~~~~~~~~~~0~DATOUT n/a
;~~~~~~~~~~~~~~~0 Reserved
and  #1111101111101111b, port(#TCR0)
;~~~~~0~~~~~~~~~~TLB 0=stop loading from period registers
;~~~~~~~~~~~0~~~~TSS 0=start timer
```

【例 5-2】 设置定时器从 TINT/TOUT 引脚输出周期性的脉冲信号，定时器 TINT/TOUT 引脚每 125μs(8kHz)输出低电平脉冲，DSP CPU CLOCK 为 200MHz。输出脉冲为 4 时钟周期。软件断点事件中，定时器立即停止。如果 DSP 外设被设置成空闲模式，定时器也应当进入空闲模式。

设置 TCR 寄存器中 FUNC＝01b，引脚输出脉冲模式。设定 TCR 寄存器中 CP＝0b，该位能够使定时器计数到 0 时输出单脉冲，未来产生一个逻辑低电平脉冲。TINT/TOUT 引脚极性被设置成 1b。为了产生 4 周期脉冲，定义 TCR 寄存器中 PWID＝10b。由于每次定时器计数到 0，引脚输出一个脉冲，定时器计数值就等于输出时钟周期。为了产生 8kHz 周期信号，定时器必须计数 2 000 000 000/8000＝25 000 CPU 时钟周期。取定时器周期为 25 000(PRD＝24 999)，预定标寄存器周期为 1(TDDR＝0)，自动重装入 ARB＝1 能再计数到 0 时，重新装入计数值并计数。为了使定时器在仿真断点发生时停止，设置 TCR 寄存器的 FREE 位为 0，SOFT 位为 1b，设置 IDLEEN 位为 1b。

```
;**************************************************************
;TIMER Register Addresses
;**************************************************************
TIM0 .set 0x1000                    ;TIMER 0, Timer Count Register
PRD0 .set 0x1001                    ;TIMER 0, Timer Period Register
TCR0 .set 0x1002                    ;TIMER 0, Timer Control Register
PRSC0 .set 0x1003                   ;TIMER 0, Timer Prescaler Register
;**************************************************************
;TIMER Configuration
;**************************************************************
TIMER_PERIOD .set 24999             ;for timer period of 25000
TIMER_PRESCALE .set 0               ;for prescale value of 1
.text
INIT:
```

```
mov   #TIMER_PERIOD, port(#PRD0)        ;configure the timer period register
mov   #TIMER_PRESCALE, port(#PRSC0)     ;configure the timer prescaler register
mov   #1000110010110100b, port(#TCR0)
;1~~~~~~~~~~~~~~~IDLEEN 1=idle timer with Peripheral Domain
;~0~~~~~~~~~~~~~~INTEXT n/a
;~~0~~~~~~~~~~~~~ERR_TIM 1=if illegal function change occurs
;~~~01~~~~~~~~~~~FUNC 01=TIN/TOUT pin is a timer output
;~~~~~1~~~~~~~~~~TLB 1=loading from period registers
;~~~~~~0~~~~~~~~~SOFT 0=On emulation halt, stop immediately
;~~~~~~~0~~~~~~~~FREE 0=Behavior controlled by SOFT
;~~~~~~~~10~~~~~~PWID 10=output pulse width is 4 cycles
;~~~~~~~~~~1~~~~~ARB 1=auto-reload enabled
;~~~~~~~~~~~1~~~~TSS 1=stop timer
;~~~~~~~~~~~~0~~~CP 0=pulse mode, 1=clock (toggle) mode
;~~~~~~~~~~~~~1~~POLAR 1=reverse polarity
;~~~~~~~~~~~~~~0~DATOUT n/a
;~~~~~~~~~~~~~~~0 Reserved
and   #1111101111101111b, port(#TCR0)
;~~~~~0~~~~~~~~~~TLB 0=stop loading from period registers
;~~~~~~~~~~~0~~~~TSS 0=start timer
```

【**例 5-3**】 定时器工作于外部时钟信号，设置定时器 TIN/TOUT 引脚每隔 50 个外部时钟周期产生一个 DMA 同步事件。在软件断点事件情况下，定时器能继续运行。如果 DSP 外设被设置到 IDLE 模式，定时器能继续运行，不受影响。

为了设置定时器引脚作为定时器时钟输入，设置 TCR 寄存器中的 FUNC 为 11b。这种设置能够使定时器计数以 TIN/TOUT 引脚输入的外部时钟为基准。在这个模式下，为了保证正确设置，在复位和 FUNC 位修改为 11b 之间保证至少 4 个外部时钟周期。当定时器减到 0 时，自动产生一个 DMA 同步事件信号。DMA 应当正确设置，以便响应该事件。为了使定时器不受仿真断点影响，设置 TCR 中的 FREE 位为“1”。不受外设 IDLE 模式限制，设置 TCRIDLEEN 位为“0”。

```
;***********************************************************************
;TIMER Register Addresses
;***********************************************************************
TIM0 .set 0x1000                        ;TIMER 0, Timer Count Register
PRD0 .set 0x1001                        ;TIMER 0, Timer Period Register
TCR0 .set 0x1002                        ;TIMER 0, Timer Control Register
PRSC0 .set 0x1003                       ;TIMER 0, Timer Prescaler Register
;***********************************************************************
;TIMER Configuration
;***********************************************************************
TIMER_PERIOD .set 49                    ;for timer period of 50
TIMER_PRESCALE .set 0                   ;for prescale value of 1
.text
INIT:
mov   #TIMER_PERIOD, port(#PRD0)        ;configure the timer period register
mov   #TIMER_PRESCALE, port(#PRSC0)     ;configure the timer prescaler register
```

```
mov  #0001110100110100b, port(#TCR0)
;0~~~~~~~~~~~~~~~IDLEEN 0=do not idle timer with Peripheral Domain
;~0~~~~~~~~~~~~~~INTEXT Ready to use external clock when INTEXT=1
;~~0~~~~~~~~~~~~~ERR_TIM 1=if illegal function change occurs
;~~~11~~~~~~~~~~~FUNC 11=TIN/TOUT pin is a timer input
;~~~~~1~~~~~~~~~~TLB 1=loading from period registers
;~~~~~~0~~~~~~~~~SOFT N/A when FREE=1
;~~~~~~~1~~~~~~~~FREE 1=Continue running on emulation halt
;~~~~~~~~00~~~~~~PWID N/A when TIN/TOUT pin is an input
;~~~~~~~~~~1~~~~~ARB 1=auto-reload enabled
;~~~~~~~~~~~1~~~~TSS 1=stop timer
;~~~~~~~~~~~~0~~~CP N/A when TIN/TOUT pin is an input
;~~~~~~~~~~~~~1~~POLAR 0=normal polarity
;~~~~~~~~~~~~~~0~DATOUT N/A when TIN/TOUT pin is an input
;~~~~~~~~~~~~~~~0 Reserved
wait_for_FUNC_change:
btst #14, port(#TCR0), TC1             ;poll the INTEXT bit to determine
bcc wait_for_FUNC_change, !TC1         ;when the clock source has changed.
and #1111101111101111b, port(#TCR0)
;~~~~~0~~~~~~~~~~TLB 0=stop loading from period registers
;~~~~~~~~~~~0~~~~TSS 0=start timer
```

5.3.7 Watchdog 定时器

1. Watchdog 定时器结构介绍

5509 DSP 内部有一个 Watchdog 定时器。Watchdog 定时器能够有效阻止由于软件循环不能退出而导致系统进入锁死状态,如图 5-10 所示。

Watchdog 定时器提供一个自动机制,通过预先设定一个循环数来恢复应用软件错误。正常情况下,Watchdog 定时器在计数到 0 之前,通过应用软件操作,使得 Watchdog 定时器复位并开始又一次计数。如果应用程序进入一种不可恢复情况(循环而不能退出),Watchdog 定时器不能复位,一直计数减到 0,引起时间溢出触发。时间溢出能够触发中断或 DSP 复位。

Watchdog 定时器由一个 16 位主计数器和一个 16 位预定标器构成一个 32 位动态范围的计数器。CPU 时钟提供 Watchdog 定时器时钟基准,每输入一个 CPU 时钟,预定标器减 1。每次预定标器减 1 计数到 0 时的时钟,同样使主计数器减 1。预定标器减到 0 后,能够自动地重装计数值,又一次开始计数。当主计数器计数到 0 时,一个时间溢出事件发生,引起下面可编程事件的发生:Watchdog 定时器中断,DSP 复位,不可屏蔽中断(NMI),或无事件发生。时间溢出事件的设置是通过对 Watchdog 定时器控制寄存器进行编程来完成。

装入预定标器的数方式由控制寄存器 WDTCR 的 TDDR 位和控制寄存器 WDTCR2 的预定标模式位 PREMD 决定。预定标直接模式 PREMD=0,预定标器总是直接装入 4 位 TDDR 内容,Watchdog 定时器有一个 20 位动态计数范围。当处于间接模式时,PREMD=1,预定标器从 TDDR 间接装入 16 位的预置数,该模式提供一个 16 位预定义定标值,范围 1~65 535、32 位的动态计数范围。当 Watchdog 定时器初始化使能后,主计数器从 Watchdog 定时器周期寄存器 PRD 中装入计数值。主计数器进行减数操作,直到

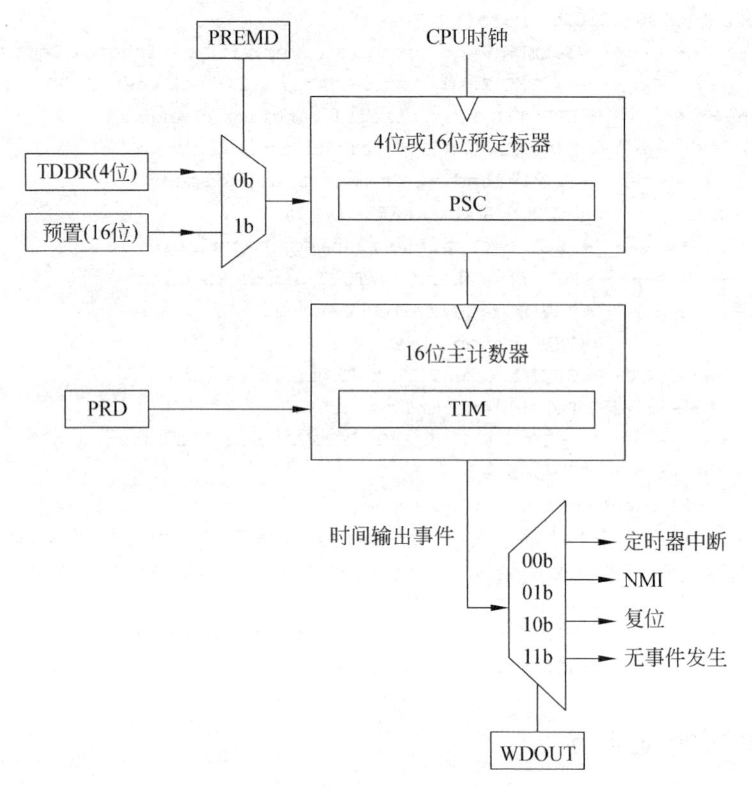

图 5-10 Watchdog 定时器功能模块

应用程序将关键值序列写到 WDKEY 中。写入关键值序列后，预定标器和主计数器被重新装入数值进行减数计数。如果主计数器到达 0，时间溢出发生。这种情况下，Watchdog 定时器无效，需要 DSP 复位后再次使定时器工作。

Watchdog 定时器的时钟信号受到时钟发生 CLKGEN 控制。如果 CLKGEN 进入空闲状态，Watchdog 定时器的时钟会停止，直到 CLKGEN 退出空闲状态。所以，如果定时器工作，就要使空闲状态寄存器 ISTR 的 CLKGENIS 位清零。

2. Watchdog 定时器设置

复位后，Watchdog 定时器是无效的，计数器没有工作，并且定时器输出与时间溢出事件无连接。一旦 Watchdog 定时器使能，定时器输出与时间溢出事件连接，并且预定标器和计数器被装入计数值，开始减 1 计数。Watchdog 定时器除了时间溢出事件和硬件复位可以使它无效外，软件不能够设置无效。一个特殊关键值序列被提供给 Watchdog 定时器以避免由于软件陷入死循环或其他软件失败情况。

在 Watchdog 定时器有效（使能）之前，定时器应进行初始值设置和模式选择。初始化步骤如下：程序设定期望的周期值并送入主计数器，即送入 Watchdog 定时器周期寄存器 WDPRD；设定工作模式对 Watchdog 定时器控制寄存器 WDTCR 相应 WDOUT、SOFT 和 FREE 位，并对 TDDR 装入预定标值；将关键值 5C6h 写到定时器控制寄存器 2（WDTCR2）中的 WDKEY 位，将导致 Watchdog 定时器进入欲活动状态；将关键值 A7Eh 写到 WDTCR2 中的 WDKEY 位，置 WDEN 位为“1”，并设置预定标模式位 PREMD。写入第二个关键值，并且置 WDEN＝1，使能 Watchdog 定时器，这时预定标器和主计数器值被装入并开始减 1 计数。如果 Watchdog 定时器发生时间溢出，被选择的事件将产生。

3. Watchdog 定时器工作流程

Watchdog 定时器工作流程如图 5-11 所示。

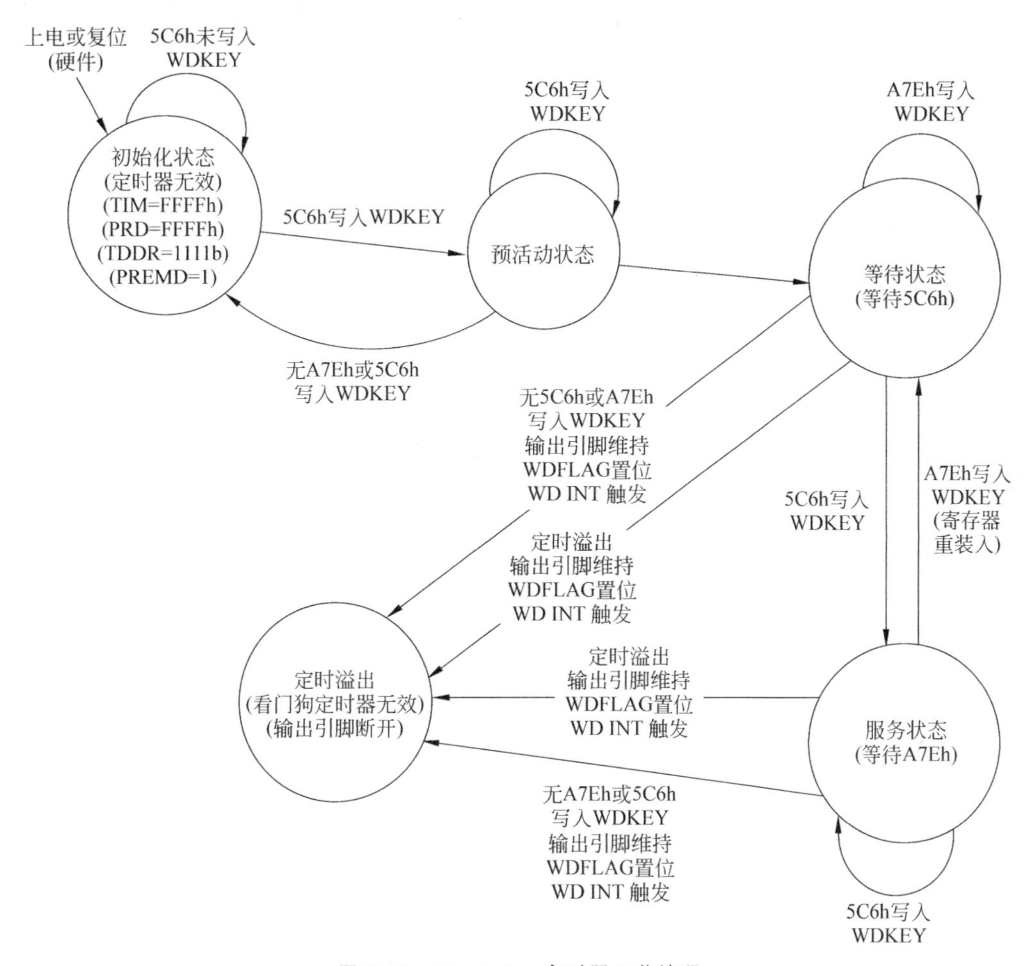

图 5-11 Watchdog 定时器工作流程

4. Watchdog 定时器工作

在 Watchdog 定时器时间溢出发生之前，定时器必须周期性地对 WDTCR2 寄存器的 WDKEY 位写入 5C6h 后接着写 A7Eh。只有写完 5C6h，再写 A7Eh 的顺序才对定时器有效，其他任何对 WDKEY 的写操作都会立即触发 Watchdog 定时器时间溢出，产生如下结果：WDTCR2 寄存器的 WDFLAG 位置"1"；内部可屏蔽 Watchdog 定时器、中断、不可屏蔽中断 NMI 或复位被触发。然而，从 WDTCR2 读操作不会引起时间溢出事件。Watchdog 定时器在时间溢出状态时，定时器无效，并且 WDEN 位被清除，定时器输出事件无连接。

复位后，Watchdog 定时器是无效的，允许对 Watchdog 定时器寄存器读或写操作。然而，一旦一个 5C6h 关键字写入 WDKEY 位，Watchdog 定时器进入预活动状态，在预活动状态且 WDEN＝1 时，将 A7Eh 写入 WDKEY，使 Watchdog 定时器使能（进入活动状态)，这时软件不能使 Watchdog 定时器无效，但定时器溢出事件或硬件复位能使 Watchdog 定时器无效。在预活动状态期间，寄存器 WDTIM、WDPRD、WDTCR 和 PREMD 位应当被设置，设置 WDEN=1 和 PREMD 位，同时将 A7Eh 写入 WDKEY 位，进入活动状态。缺省值 WDTIM=FFFFh，WDPRD=FFFFh，WDTCR2(PREMD)=1 和 WDTCR(TDDR)=1111b。每次 Watchdog 定时器工作时(没有时间溢出事件)，计数器和预定标器会自动重装入计数值。

5. 时间溢出事件

如果溢出事件 WDOUT 选择 DSP 复位，当发生一个时间溢出时，DSP 自动地复位，并且所有寄存器被复位。

如果溢出事件选择 Watchdog 定时器中断，可能有外部中断 INT3 和 Watchdog 定时器中断对中断标志位产生影响，这时需要检测是否是 Watchdog 定时器中断。

如果溢出事件选择不可屏蔽中断 NMI，意味着时间溢出事件会使 CPU 产生一个不可屏蔽中断。

6. Watchdog 定时器寄存器

一旦 Watchdog 定时器使能，寄存器就处于写保护之下，对 WDTIM、WDPRD 和 WDTCR 无法写入。对 WDTCR2 寄存器的 WDFLAG、WDEN 和 PREMD 也无法写入。Watchdog 定时器内存映射寄存器如表 5-13 所示。

表 5-13 Watchdog 定时器内存映射寄存器

I/O 地址(Hex)	名 称	描 述
4000	WDTIM	Watchdog 定时器计数寄存器
4001	WDPRD	Watchdog 定时器周期寄存器
4002	WDTCR	Watchdog 定时器控制寄存器
4003	WDTCR2	Watchdog 定时器控制寄存器 2

Watchdog 定时器计数寄存器 WDTIM 是 16 位可读/写寄存器，复位值为 FFFFh，取值范围是 0000h～FFFFh。它的计数值由 Watchdog 定时器周期寄存器装入并减 1 计数。

Watchdog 定时器周期寄存器 WDPRD 定义同计数寄存器 WDTIM。

Watchdog 定时器控制寄存器 WDTCR 提供 Watchdog 定时器控制和状态信息。寄存器位字段如图 5-12 和表 5-14 所示。

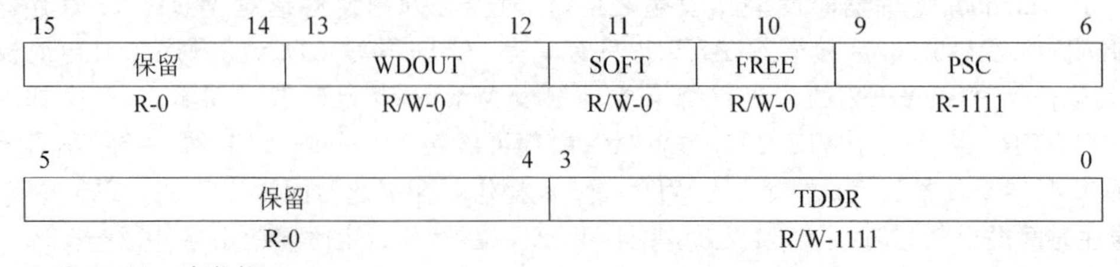

图 5-12 控制寄存器 WDTCR

表 5-14 控制寄存器 WDTCR 字段

位	字段	值	描 述
15～14	保留		保留位读总是“0”,写无效
13～12	WDOUT	 00b 01b 10b 11b	Watchdog 定时器输出位,这些位控制 4 路开关,决定定时器输出连接到哪里 输出连接到 Watchdog 定时器中断 输出连接到不可屏蔽中断 NMI 输出连接到 RESET 输出无连接
11	SOFT	 0 1	SOFT 位和 FREE 位共同决定 Watchdog 定时器在调试时断点或仿真停止时的状态 Watchdog 定时器立即停止 当计数器 WDTIM 减到 0 时,Watchdog 定时器停止
10	FREE	 0 1	和 SOFT 共同作用 由 SOFT 位选择 Watchdog 定时器模式 Watchdog 定时器自由运行,不管 SOFT 位的状态
9～6	PSC	××××b	预定标计数器位。当在预定标直接模式时,PREMD=0,只读 当预定标计数器减到 0 或定时器被复位时,预定标器重新装入 TDDR 内的值,并且 WDTIM 值减 1 在间接模式,PREMD=1。预定标器是一个内部 16 位寄存器,不能读,该 PSC 位无用
5～4	保留		保留位读总是“0”,写无效
3～0	TDDR	0～15 0～15 0000b 0001b 0010b 0011b 0100b 0101b 0110b 0111b 1000b 1001b 1010b 1011b 1100b 1101b 1110b 1111b	Watchdog 定时器分频寄存器位,控制预定标器的初始化值 在预定标直接模式下,该值是预定标器直接计数值,最大 15。PSC 减到 0 时,重新装入 TDDR 值 在预定标间接模式下,预定标器是一个 16 位计数器,不能读。这个值指示预定标器计数值最大 65 535。PSC 减到 0 时,重新装入 TDDR 值 预定标值 0001h 0003h 0007h 000Fh 001Fh 003Fh 007Fh 00FFh 01FFh 03FFh 07FFh 0FFFh 1FFFh 3FFFh 7FFFh FFFFh

Watchdog 定时器控制寄存器 WDTCR2 提供 Watchdog 定时器控制和状态信息。寄存器位字段如图 5-13 和表 5-15 所示。

15	14	13	12	11～0
WDFLAG	WDEN	保留	PREMD	WDKEY
R/W-0	R/W-0	R-0	R/W-1	R/W-000000000000

R=读;W=写;-n=复位值

图 5-13 控制寄存器 WDTCR2

表 5-15 控制寄存器 WDTCR2 字段

位	字段	值	描述
15	WDFLAG	 0 1	Watchdog 定时器标志位。通过使能定时器来复位。该位写 1 操作可以清除该位 无 Watchdog 定时器时间溢出事件发生 有溢出事件发生
14	WDEN	 0 1	Watchdog 定时器使能位 Watchdog 定时器无效。定时器输出无连接溢出事件,计数器不工作 Watchdog 定时器使能
13	保留	0	保留位读总是“0”,写无效
12	PREMD	 0 1	预定标模式选择位 直接模式。4 位预定标器被使用,能读 PSC 位。当预定标器减到 0 时,被重新装入 TDDR 的值 在间接模式内部,16 位预定标器被使用,不能读。当预定标器减到 0 时,它被重新装入与 TDDR 值关联的预定标值
11～0	WDKEY	5C6h 或 A7Eh	Watchdog 定时器复位关键值位 12 位的值使用在定时器发生溢出之前。只有当写顺序为 5C6h 后跟一个 A7Eh 时,定时器复位,其他任何方式都会立即触发 Watchdog 定时器时间溢出事件

5.4 A/D 转换器

TMS320C5509 有一个 10 位的连续逼近模/数转换器。ADC 能够同时采样 4 路模拟通道中的 1 路,产生 10 位分辨率的数字量。最大采样速率是 21.5kHz,使得 ADC 适合采样慢速变换的模拟信号。

ADC 功能模块如图 5-14 所示。

TMS320C5509 DSP 封装不同,对应的模拟量输入引脚 AIN 数量也有所不同。CPUCLKDIV 是 ADCCLKCTL 寄存器的一个字段;CONVRATEDIV 和 SAMPTIMEDIV 是 ADCCLKDIV 寄存器的字段。ADC 基于连续逼近体系结构,采样和保持环节能够帮助产生稳定的采样信号。ADC 在 AVDD 和 AVSS 引脚接入外部参考电压。

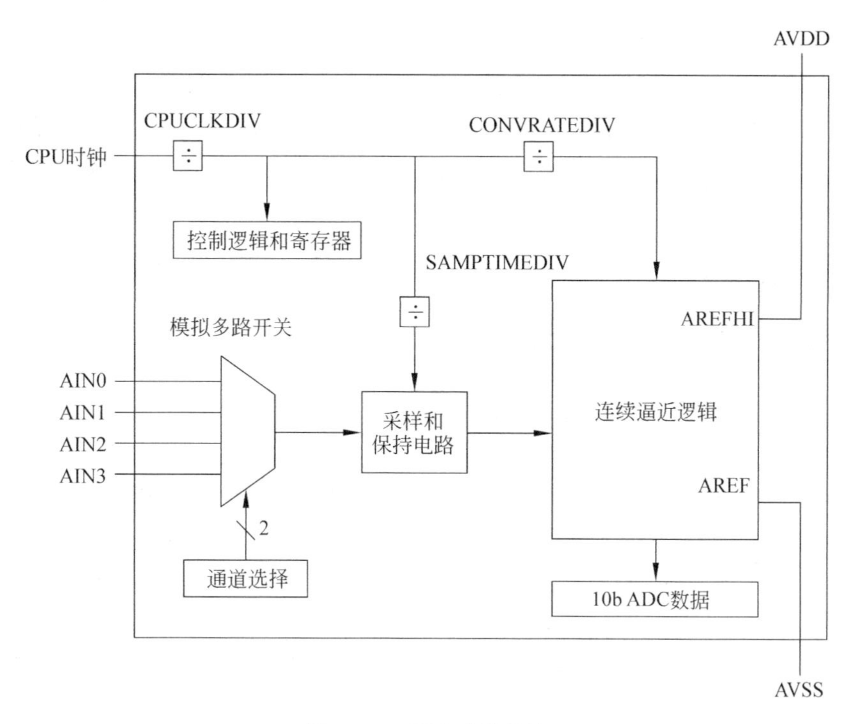

图 5-14 ADC 功能模块

5.4.1 转换时间

ADC 总的转换时间由两部分构成：采样和保持时间及转换时间。采样和保持时间是通过采样和保持电路获得模拟采样信号的时间，这个时间大于等于 40μs。转换时间是转换器通过连续逼近转换模拟量为数字量的时间，这个转换时间需要 13 个转换时钟周期。内部转换时钟最大频率为 2MHz。下面的等式描述 ADC 通过编程进行时钟划分：

ADC 时钟＝CPU 时钟/(CPUCLKDIV＋1)

ADC 转换时钟＝ADC 时钟/[2×(CONVRATEDIV＋1)] (≤2MHz)

ADC 采样和保持周期＝(1/ADC 时钟)/[2×(CONVRATEDIV＋1＋SAMPTIMEDIV)] (≥40μs)

ADC 总转换时间＝ADC 采样和保持周期＋13×ADC 转换时钟周期

5.4.2 ADC 初始化和转换监控

ADC 仅仅工作在单次激发模式，因此每次转换时，DSP 都必须通过对 ADC 控制寄存器 ADCCTL 的 ADCSTART 位写“1”来初始化 ADC。

一旦转换开始，在选择另一条通道和初始化一个新的转换之间，DSP 必须等待，直到转换完成。ADC 不支持对于 DSP 和 DMA 控制器的中断，所以 DSP 必须检测 ADC 数据寄存器 ADCDATA 的 ADCBUSY 位状态，来判断转换进程。

转换过程结束后，ADCBUSY 位值从 1 变为 0，指示转换数据有效，DSP 能从 ADCDATA 寄存器的 ADCDATA 位读取数据。ADCCTL 寄存器中通道选择位的值被重新产生在 ADCDATA 寄存器中,以便 DSP 能确定采样通道。

为了能够节省电能,可以使 ADC 进入低功耗模式,DSP 通过相应位,可以单独控制 ADC 进入活动模式或空闲模式。ADC 作为外设的一部分,当外设变为空闲模式时,ADCCLKCTL 的 IDLEEN 位决定 ADC 变为空闲,IDLEEN＝1;或保持活动模式,IDLEEN＝0。

5.4.3 ADC 寄存器

ADC 寄存器和相应访问的地址列于表 5-16 中。

表 5-16 ADC 寄存器和 I/O 地址

地址(Hex)	名 称	描 述
6800	ADCCTL	ADC 控制寄存器
6801	ADCDATA	ADC 数据寄存器
6802	ADCCLKDIV	ADC 时钟分频寄存器
6803	ADCCLKCTL	ADC 时钟控制寄存器

1. ADC 控制寄存器 ADCCTL

ADC 控制寄存器 ADCCTL 各字段及其值如图 5-15 和表 5-17 所示。

15	14　　12	11　　0
ADCSTART	CHSELECT	保留
R/W-0	R/W-111	R-0

R=读;W=写;-n=复位值

图 5-15 ADC 控制寄存器 ADCCTL

表 5-17 ADC 控制寄存器 ADCCTL 字段值

位	字 段	值	描 述
15	ADCSTART	 0 1	开始转换位 写 0 无影响 开始转换循环。在转换时,该位被自动清除
14～12	CHSELECT	 000b 001b 010b 011b 100b～111b	模拟量输入选择位,以决定 4 条模拟输入通道中的哪一条进行 A/D 转换 模拟输入 AIN0 通道被选择 模拟输入 AIN1 通道被选择 模拟输入 AIN2 通道被选择 模拟输入 AIN3 通道被选择 所有模拟通道关闭
11～0	保留		这些保留位读总为“0”

2. ADC 数据寄存器 ADCDATA

这是只读寄存器,指示 A/D 转换是否正在处理。数值指出是哪条通道的模拟量转换得到的数字量。

ADC数据寄存器ADCDATA各字段及其值如图5-16和表5-18所示。

15	14～12	11～10	9～0
ADCBUSY	CHSELECT	保留	ADCDATA
R-0	R-111	R-0	R-0

R=读;W=写;-n=复位值

图5-16 ADC数据寄存器ADCDATA

表5-18 ADC数据寄存器ADCDATA字段值

位	字段	值	描述
15	ADCBUSY	 0 1	ADC忙指示位 ADC数据有效 ADC正在转换。当ADCSTART位置"1"后,ADCBUSY变高电平;当ADC转换完成时,该位返回低电平"0"
14～12	CHSELECT	 000b 001b 010b 011b 100b～111b	通道选择位。这几位指示ADCDATA位中的数据是由哪一路输入模拟量进行A/D转换后得到的 模拟输入AIN0通道被选择 模拟输入AIN1通道被选择 模拟输入AIN2通道被选择 模拟输入AIN3通道被选择 保留
11～10	保留		这些保留位读总为"0"
9～0	ADCDATA		ADC数据位。模拟信号转换的10位数字量

注意:5509 DSP有多种封装形式。根据封装形式的不同,模拟量输入通道AIN的数量有所不同。

3. ADC时钟分频寄存器ADCCLKDIV

ADC时钟分频寄存器ADCCLKDIV的各字段及其值如图5-17和表5-19所示。

15～8	7～4	3～0
SAMPTIMEDIV	保留	CONVRATEDIV
R/W-0	R-0	R/W-1111

R=读;W=写;-n=复位值

图5-17 ADC时钟分频寄存器ADCCLKDIV

表5-19 ADC时钟分频寄存器ADCCLKDIV字段值

位	字 段	值	描述
15～8	SAMPTIMEDIV	0～255	采样和保持时间分频位。这8位值关联转换率划分频位CONVRATEDIV和ADC时钟周期,共同决定采样和保持周期时间。ADC采样和保持周期 = ADC时钟周期 × [2 × (CONVRATEDIV+1+SAMPTIMEDIV)]
7～4	保留		这些保留位读总为"0"

续表

位	字 段	值	描 述
3～0	CONVRATEDIV		转换时钟率分频位。4位值决定ADC时钟分频位产生所要求的转换时钟。ADC转换时钟＝ADC时钟/[2×(CONVRATEDIV＋1)]
		0000b	转换时钟＝ADC时钟/2
		0001b	转换时钟＝ADC时钟/4
		0010b	转换时钟＝ADC时钟/6
		0011b	转换时钟＝ADC时钟/8
		0100b	转换时钟＝ADC时钟/10
		0101b	转换时钟＝ADC时钟/12
		0110b	转换时钟＝ADC时钟/14
		0111b	转换时钟＝ADC时钟/16
		1000b	转换时钟＝ADC时钟/18
		1001b	转换时钟＝ADC时钟/20
		1010b	转换时钟＝ADC时钟/22
		1011b	转换时钟＝ADC时钟/24
		1100b	转换时钟＝ADC时钟/26
		1101b	转换时钟＝ADC时钟/28
		1110b	转换时钟＝ADC时钟/30
		1111b	转换时钟＝ADC时钟/32

4. ADC时钟控制寄存器ADCCLKCTL

ADC时钟控制寄存器是一个可读/写寄存器。该寄存器包含CPU时钟分频值，并决定ADC是否进入低功耗空闲(idle)状态。

ADC时钟控制寄存器ADCCLKCTL的各字段及其值如图5-18和表5-20所示。

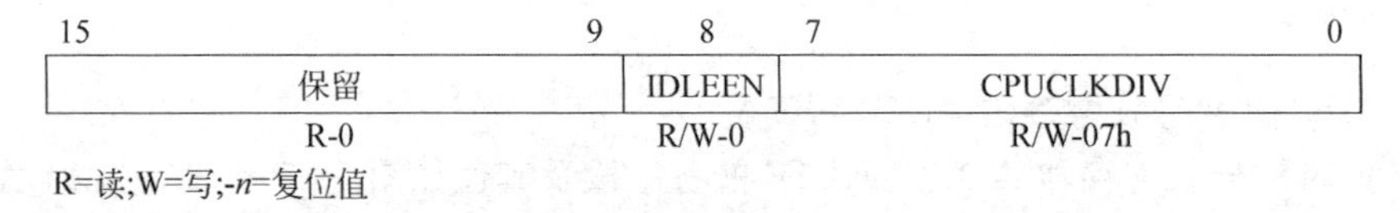

图5-18 ADC时钟控制寄存器ADCCLKCTL

表5-20 ADC时钟控制寄存器ADCCLKCTL字段值

位	字 段	值	描 述
15～9	保留		这些保留位读总为“0”
8	IDLEEN		空闲状态使能位。该位单独控制ADC打开(active)或关闭(idle)。当外设域变为idle状态时，该位决定ADC是否变为空闲(idle)
		0	ADC不能进入空闲状态
		1	如果外设域设定为空闲，ADC进入空闲状态
7～0	CPUCLKDIV	0～255	CPU时钟分频位。这些位指示CPU时钟分频率 ADC时钟＝CPU时钟/(CPUCLKDIV＋1)

5. ADC 转换举例

下面例子通过编程介绍当 DSP 主频为 144MHz 时,时钟分频器怎样获得最大采样频率。ADC 采样率被设置好之后,DSP 开始利用 ADC 采样模拟输入信号。

【例 5-4】 当 DSP 主频为 144MHz 时,编程设置 ADC 时钟为 4MHz,计算 ADC 最高采样速率。

为了获得 4MHz 时钟,144MHz 的 CPU 时钟必须除以 36,可利用 ADCCLKCTL 的 CPUCLKDIV 位来实现。ADC 时钟=CPU 时钟/(CPUCLKDIV+1)=144MHz/(35+1)=4MHz。CPUCLKDIV=0010 0011。4MHz ADC 时钟现在被划分为由两部分组成的转换时间。

编程产生最大可能 2MHz 的转换时钟频率,在 ADCCLKDIV 寄存器的 CONVRATEDIV 位肯定要设置一个最小值。ADC 转换时钟 = ADC 时钟/[2×CONVRATEDIV+1)]=4MHz/[2×(0+1)]=2MHz。

实际转换时间是 13 个时钟周期,ADC 转换时间=13×(1/ADC 转换时钟)=13×(1/2MHz)=6.5μs。

编程时钟分频器设置采样和保持时间,这个时间必须大于等于 40μs。八位分频器、ADCCLKDIV 寄存器的 SAMPTIMEDIV 位与转换率分频器一同控制采样和保持时间。ADC 采样和保持周期=(1/ADC 时钟)/[2×(CONVRATEDIV+1+SAMPTIMEDIV)]=(1/4MHz)/[2×(0+1+SAMPTIMEDIV)]=250ns×[2×(0+1+79)]=40μs。从上述例子可以看出,总的转换时间等于 40μs 采样和保持时间加上 6.5μs 转换时间。所以,每次转换需要 46.5μs,最大采样速率是 21.5kHz。

5.5 DMA 控制器

DMA 控制器可以实现内存、外存、外设以及主机接口 HPI 之间直接进行数据传输,而不需要 CPU 干涉。5509 DSP 内部有一个 DMA 控制器,其内部功能结构如图 5-19 所示,特征如下所述。

(1) DMA 操作独立于 CPU。

(2) 有 4 个标准端口,每个数据源(内部双口存取 RAM、内部单口存取 RAM、外部存储器、外设)对应一个。

(3) 有 1 个辅助端口,控制主机接口 HPI 和内存之间的数据传输。

(4) 6 条通道容许 DMA 控制器在标准端口之间保持 6 个独立块传输。

(5) 通过位指定每条通道的低或高优先级。

(6) 事件同步功能,每条通道的数据传输可以独立于事件发生。

(7) 每条通道都可申请中断。

(8) 软件可选择更新数据传输源和目标地址。

(9) 有 1 个专用空闲控制位域。

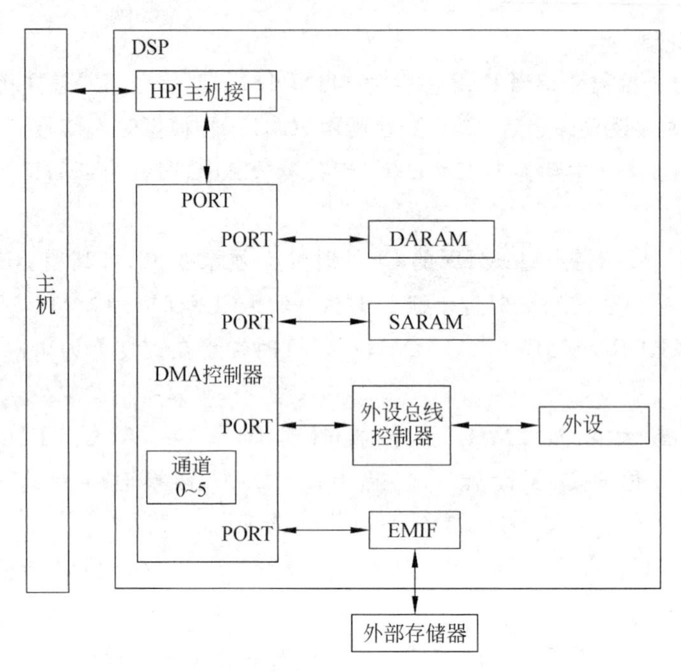

图 5-19 DMA 控制器功能框图

5.5.1 DMA 控制器通道和端口存取方式

DMA 控制器有 6 条通道，在 4 个标准端口之间传输数据，每个通道从 1 个端口（数据源）读数据、写数据到相同端口或另一个端口（目标）。每条通道有 1 个先进先出（FIFO）缓冲器，允许数据传输分为 2 个阶段。端口读访问，传输来自于源端口的数据到 FIFO 缓冲器；端口写访问，传输 FIFO 缓冲器中的数据到目标端口。在 1 条通道中，传输数据所需要的一系列条件称为通道上下文。在 6 条通道中，每一条都包含 1 个可编程和更新寄存器结构。通过代码可以修改配置寄存器。当数据正在传输时，配置寄存器的内容被复制到工作寄存器，并且 DMA 控制器使用工作寄存器值去控制通道动作。只要通过代码使能通道（DMACCR 中 EN＝1），配置寄存器内容就被复制到工作寄存器中。此外，如果自动初始化模式被打开（DMACCR 中 AUTOINIT＝1），复制工作发生在两个块传输之间。

当 DMA 控制器以当前设定状态正在运行时，可以通过编程修改一些配置寄存器，改变下一次数据块的传输。下次传输将使用新的配置，而不需要停止 DMA 控制器。DMACSDP、DMACCR、DMACICR、DMACSR、DMAGCR、DMAGSCR 和 DMAGTCR 寄存器不能被修改。当 DMA 通道正在运行时，如果修改这些寄存器，会引起对通道不可预料的操作。通道控制寄存器结构如图 5-20 所示。

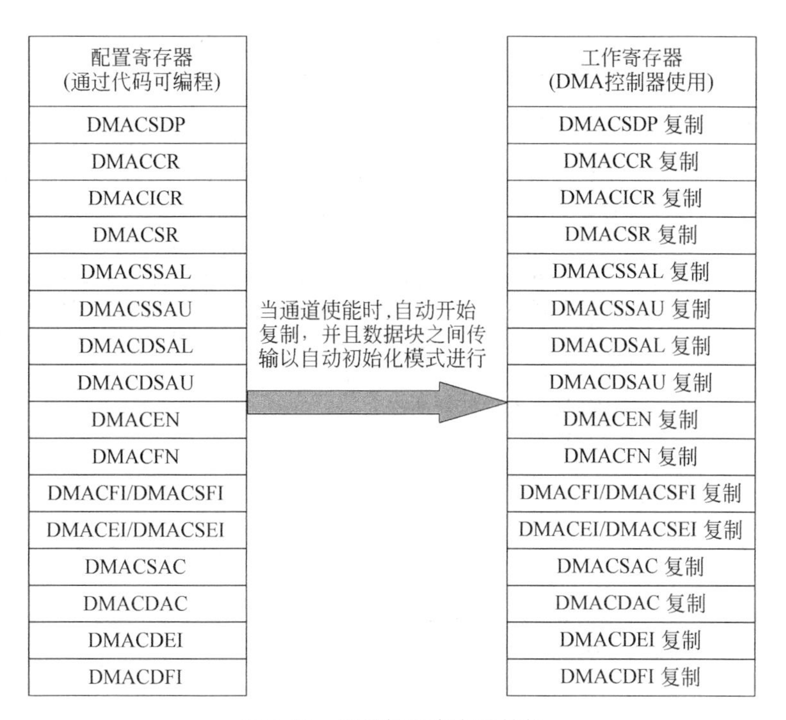

图 5-20 通道控制寄存器结构

5.5.2 DMA 通道自动初始化

一个数据块传输完成后,DMA 控制器自动地使通道无效。如果通道需要再次使用,CPU 重新编程,设定通道新配置,并重新使能 DMA 通道;或者 DMA 控制器自动地重新初始化设置和重新使能通道。

当自动初始化设定被使用时,一次数据块传输完成。DMA 控制器自动地从配置寄存器到工作寄存器重新复制通道配置值,并重新使能通道,使通道再次工作。自动初始化设定通过设定通道寄存器 DMACCR 的 AUTOINIT 位来实现。

当设定为自动初始化时,DMACCR 中 REPEAT 和 ENDPROG 两位被使用。REPEAT 用来控制 DMA 控制器是否等待来自 CPU 对配置寄存器已经被复制完成的指示。ENDPROG 是一个握手控制位,用于 CPU 和 DMA 控制器寄存器复制过程的状态通信过程。

通道控制寄存器初始化相关位如图 5-21 所示,其字段描述如表 5-21 所示。

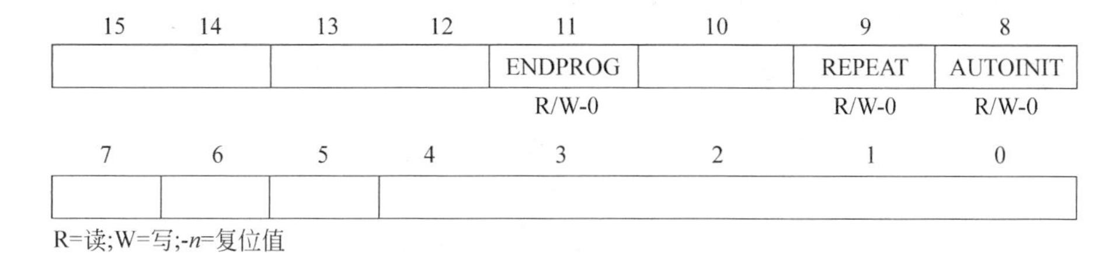

图 5-21 通道控制寄存器(DMACCR)初始化相关位

表 5-21 通道控制寄存器(DMACCR)字段描述

位	字 段	值	描 述
11	ENDPROG		编程结束位。每条DMA通道有两组寄存器：配置寄存器和工作寄存器。当配置寄存器内容复制到工作寄存器后，DMA控制器自动地清除ENDPROG位，CPU可通过编程配置寄存器设定通道为下次传输的配置为了确保等待CPU自动初始化，要进行下列过程：通过清除REPEAT位(REPEAT＝0)，使自动初始化，等待设置ENDPROG＝1；测试当ENDPROG＝0时，DMA控制器已经完成对寄存器设置的复制工作，配置寄存器现在可以编程配置、下次循环操作；编程配置寄存器；置ENDPROG＝1，指出寄存器结束编程
		0	配置寄存器准备好编程
		1	结束编程
9	REPEAT		重复条件位。如果一条通道选择自动初始化模式，REPEAT位特指两个特殊重复条件之一
		0	当ENDPROG＝1时重复。一旦DMA传输完成，自动初始化将等待ENDPROG＝1后再执行
		1	重复而不管ENDPROG位。一旦DMA传输完成，无论ENDPROG位是0或1，自动初始化将执行
8	AUTOINIT		自动初始化位。DMA控制器支持自动初始化，可以在两次数据块传输中自动重新初始化通道
		0	自动初始化无效。在当前数据块传输结束后，通道停止工作。如果要立即停止数据传输，可以清零通道使能位
		1	自动初始化使能。当前数据块传输完成，DMA控制器重新初始化通道并开始新的数据块传输。要停止通道工作，有下面两种方法：清除通道使能位EN＝0，可立即使通道停止工作；清除自动初始化位AUTOINIT＝0，可在一个数据块传输完成后，使通道停止工作

5.5.3 DMA数据传送单元

DMA控制器有4种数据传输单位，即字节(Byte)、要素(Element)、帧(Frame)、块(Block)。字节是一个8位值，是DMA数据传输的最小单位。要素是一个或多个字节作为一个单元去传输，取决于编程数据类型，一个要素可以是一个8位、16位或32位值。一个要素传输不能被打断。帧由一个或多个要素构成，作为一个单元去传输，帧传输时能在要素之间被中断。块由一个或多个帧构成，每条通道能传输一个块数据一次或多次。数据块的传输在帧之间或要素之间能被中断。

5.5.4 通道起始地址配置

当一个数据在DMA通道中传输时，读的第一个地址为源起始地址，写入的第一个地址称作目标起始地址。这些是字节地址。对应DMA来说，在存储器或I/O空间，每8位对应一个地址。每条通道包含下列定义开始地址的寄存器，如表5-22所示。DMA控制器能够访问所有内部、外部存储器和I/O空间(包括DSP外设寄存器)。

表 5-22 DMA 传输起始地址寄存器

寄存器名	装入内容	寄存器名	装入内容
DMACSSAL	源起始地址(低位部分)	DMACDSAL	目标起始地址(低位部分)
DMACSSAU	源起始地址(高位部分)	DMACDSAU	目标起始地址(高位部分)

1. 存储器起始地址

CPU 使用 23 位地址,DMA 控制器使用 24 位地址。为了将源或目标地址装入起始地址寄存器,要执行下述操作。

(1) 识别正确的地址。如果有一个字地址,左移 1 位形成 24 位地址。例如,字地址 02 4000h 应当被转换为字节地址 04 8000h。

(2) 装入字节地址的 16 位最低有效位到 DMACSSAL 寄存器(源)或 DMACDSAL 寄存器(目标)。

(3) 装入字节地址的 8 位最高有效位到 DMACSSAU 寄存器(源)或 DMACDSAU 寄存器(目标)的低 8 位。

2. I/O 起始地址

对于 I/O 空间映射,CPU 使用 16 位字地址,DMA 控制器使用 17 位字节地址。将源或目标地址装入起始地址寄存器,要执行如下操作。

(1) 识别正确的地址。如果有一个字地址,左移 1 位形成 17 位地址。例如,字地址 8000h 应当被转换为字节地址 01 0000h。

(2) 装入字节地址的 16 位最低有效位到 DMACSSAL 寄存器(源)或 DMACDSAL 寄存器(目标)。

(3) 装入字节地址的最高有效位到 DMACSSAU 寄存器(源)或 DMACDSAU 寄存器(目标)的最低有效位。

5.5.5 通道地址更新

当一条 DMA 通道正在传输数据时,DMA 控制器开始读和写访问起始地址。一次数据传输完成后,这些地址必须被更新,以便数据连续读和写或以索引方式分配。有两种层级方式设置地址更新。

(1) 块层级地址更新。在自动初始化模式中,块传输能够一个接一个进行,直到关闭自动初始化或使通道无效。如果传输块过程想要不同的起始地址,可以在两个块传输中更新起始地址。

(2) 要素层级地址更新。DMA 控制器在每个要素传输完成后更新源地址和/或目标地址。在每个要素传输结束时,DMA 控制器内的源地址是从数据源读取最后一个字节的地址。同样,每个要素传输结束时,DMA 控制器内的目标地址是数据写入目标最后一个字节地址。通过软件控制,能够确保源地址指向下一要素起始地址,并且能够准确定位数据源要素。对 DMACCR 寄存器的 SRCAMODE 位,可选择数据源地址模式。对 DMACCR 寄存器的 DSTAMODE 位,可选择数据目标地址模式。

5.5.6 数据猝发

与端口关联的通道支持数据猝发，能够提高 DMA 整体性能。当猝发使能时，DMA 控制器实现通道每次以 4 个要素为一次数据猝发，而不需要每次单个要素的数据传输。

SARAM 和 DARAM 端口支持这种猝发模式。如果要求的地址范围被设置为同步存储器类型，EMIF 端口支持数据猝发；如果设置为异步存储器类型，DMA 控制器将执行 4 个单个存取访问。外设(Peripheral)端口不支持猝发模式，因此 DMA 执行 4 个单个外设端口存取访问来传输猝发数据。当数据源和数据接收目标被设置成 EMIF 端口时，猝发模式将不被支持。

5.5.7 同步通道活动

一个通道数据传输可以通过 DSP 外设产生的一个事件或一个外部中断引脚产生的事件信号来同步。通过使用 DMACCR 的 SYNC 位，能够指定同步事件触发通道活动。在 DMACCR 寄存器中，每条通道有 FS 位，能够选择两种同步方式。

(1) 要素同步模式(FS=0)，要求每个要素传输时有一个同步事件触发。当选择的同步事件发生时，一个读访问请求送给源端口，并且一个写访问请求送给目标端口。当前要素所有字节传输完成时，直到下次同步事件发生，通道都不会产生访问请求。

(2) 帧同步模式(FS=1)，要求一个事件触发整个帧的要素。当事件发生时，对帧里的每条要素传输通道发出一个读请求和一个写请求。所有要素传输完成后，直到下一次事件发生时，通道都不会产生读、写请求。

如果指定了一个同步事件，DMA 访问源和目标时，一旦接收请求，它将根据预先定义的位置和通道编程优先级工作。如果没有选择同步通道(SYNC=00000b)，通道被使能(DMACCR 寄存器 EN=1)后，会送出一个访问请求给源端口。如果设置 DMA 去识别一个同步事件(SYNC 是非 00000b 的其他值)，并且同步事件发生在通道使能之前，通道只有使能，同步事件将被服务。如果要在通道使能之前忽略同步事件发生，最好当通道无效时，将 SYNC 字段设置为 00000b。

1. DMA 通道读同步和写同步

当 DMS 通道配置成同步方式时，同步事件同源端口和目标端口的要素读操作、写操作关联起来。有以下 3 种情况。

(1) 源端口是外设，目标端口是 SARAM、DARAM 或 EMIF。通道等待同步事件发生后，从外设端口读数据到通道 FIFO 中。一旦 FIFO 装满，DMA 通道开始将 FIFO 数据写到目标端口并清空 FIFO(源同步)。

(2) 源端口是 SARAM、DARAM 或 EMIF，目标端口是外设。通道一旦使能，就从源端口读数据到通道 FIFO。当同步事件发生被检测到时，FIFO 才会写入数据到外设端口。当通道设置成帧同步模式时，若通道正在等候同步事件发生，FIFO 也许会发生几个预读操作数据操作。

(3) 源端口是 SARAM、DARAM 或 EMIF，目标端口是 SARAM、DARAM 或 EMIF。通道等待同步事件发生，读源端口数据到通道 FIFO 中。一旦 FIFO 填满，DMA 通道开始写入目标端口并清空 FIFO。

每条通道在它的状态寄存器 DMACSR 中有一个同步标志(SYNC)。当同步事件发生时，DMA 控制器设置标志(SYNC=1)。当 DMA 控制器接收同步信号后，完成第一次读访问(传输数据从源端口到通道缓冲)，并清除同步标志(SYNC=0)。

如果 DMA 控制器正在为一条通道服务，DMA 清除了 DMACSR 寄存器中的 SYNC 位，一个通道同步事件发生，同步事件将被丢弃。

2. 通道活动监控

DMA 控制器能送一个中断给 CPU 来响应操作事件，如表 5-23 所示。每条通道在中断控制寄存器 DMACICR 中有一个中断使能位(IE)，同时在状态寄存器 DMACSR 中有一些响应状态位。如果表中的操作事件发生，DMA 控制器会检查相应中断位，并根据下述步骤工作。

表 5-23 DMA 操作事件和相关位与中断

操作事件	中断使能位	状态位	相关中断
数据块传输完成	BLOCKIE	BLOCK	通道中断
最后一帧传输开始	LASTIE	LAST	通道中断
帧传输完成	FRAMEIE	FRAME	通道中断
当前帧一半已经传输	HALFIE	HALF	通道中断
同步事件丢弃	DROPIE	DROP	通道中断
时间溢出错误发生	TIMEOUTIE	TIMEOUT	总线错误中断

如果 IE 为 1，中断使能，DMA 控制器设置相应状态位，并送相关中断请求给 CPU。如果程序读 DMACSR 寄存器，它能自动清除。

如果 IE 为 0，没有中断发出，状态位不受影响。

3. 通道中断

在 6 条通道中，每条都有自己的中断，如图 5-22 所示。通道中断是除了溢出事件外所有使能操作事件逻辑或运算。通过读状态寄存器 DMACSR 的相应位，能够判断是哪个事件引起了中断。DMACSR 中的位不能自动清除，对 DMACSR 进行读操作后可以清除所有位。所以，应当在每次中断发生后读 DMACSR 寄存器，清除即将发生的状态位。

假定正在对通道 1 进行监控，设置 DMACICR 寄存器如下所示。

BLOCKIE=0

LASTIE=0

FRAMEIE=1

HALFIE=0

DROPIE=1

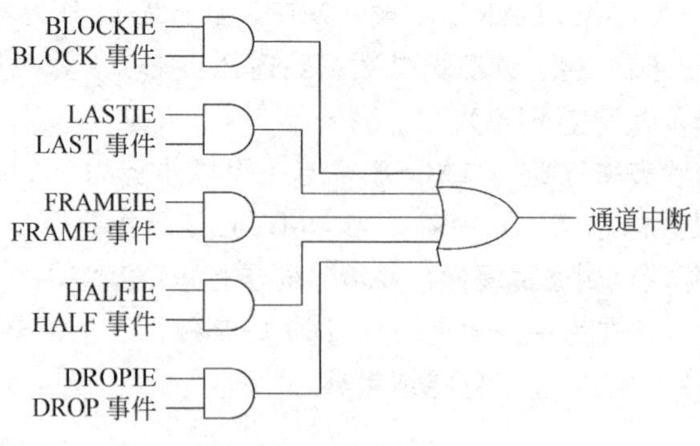

图 5-22 触发一个通道中断请求

当数据帧正在传输或一个同步事件被丢弃时，通道 1 中断请求送给 CPU。没有其他事件产生通道 1 中断。为了判断是否是一个或两个事件触发中断，通过读 DMACSR 状态寄存器中的 FRAME 和 DROP 位来完成。

通道 1 中断能设置相应 CPU 中的中断标志寄存器标志位，CPU 可以响应该中断，或者忽略该中断。

4. 时间溢出错误条件

当一个存储器访问已经被拖延太多周期，就会发生时间溢出错误。DMA 的 4 个标准端口硬件上都支持时间溢出错误检测。

(1) DARAM 端口：一个时间溢出计数器在 DARAM 端口中保持跟踪发出请求到访问 DARAM 花费多少时钟周期。当计数器达到溢出值 255 个 CPU 时钟周期时，DARAM 端口发出一个内部时间溢出信号给 DMA 控制器。这个计数器可以通过 DMAGTCR 寄存器的计数器使能位 DTCE 控制。DARAM 端口时间溢出错误发生是由于 CPU 正在使用这个端口阻止 DMA 访问，或由于指定地址并不存在。

(2) SARAM 端口：一个时间溢出计数器在 SARAM 端口中保持跟踪发出请求到访问 DARAM 花费多少时钟周期。计数器达到溢出值 255 个 CPU 时钟周期时，SARAM 端口发出一个内部时间溢出信号给 DMA 控制器。

(3) External Memory(外部存储器)端口：一个时间溢出计数器在外部存储器接口中保持跟踪外部准备引脚变为低电平花费多少时钟周期。计数器达到编程设定溢出值时，EMIF 发出一个时间溢出信号给 DMA 控制器。

(4) 外设(Peripheral)端口：一个时间溢出计数器在外设总线控制器中计数从发出请求到访问外设花费多少时钟周期。计数器达到溢出值 127 个 CPU 时钟周期时，外设总线控制器会发出一个内部时间溢出信号给 DMA 控制器。

5.5.8 DMA 控制寄存器

表 5-24 列出了 DMA 控制器寄存器类型。有 3 个全局控制寄存器，DMAGCR、DMAGSCR 和 DMAGTCR 控制所有通道的活动。另外，对于每条 DMA 通道，都有通道设置寄存器。

表 5-24 DMA 控制器寄存器

寄 存 器	描 述
DMAGCR	全局控制寄存器(1 个)
DMAGSCR	全局软件兼容寄存器(1 个)
DMAGTCR	全局时间溢出控制寄存器(1 个)
DMACCR	通道控制寄存器(1 个/通道)
DMACICR	中断控制寄存器(1 个/通道)
DMACSR	状态寄存器(1 个/通道)
DMACSDP	源和目标参数寄存器(1 个/通道)
DMACSSAL	源起始地址(低位)寄存器(1 个/通道)
DMACSSAU	源起始地址(高位)寄存器(1 个/通道)
DMACDSAL	目标起始地址(低位)寄存器(1 个/通道)
DMACDSAU	目标起始地址(高位)寄存器(1 个/通道)
DMACEN	要素个数寄存器(1 个/通道)
DMACFN	帧个数寄存器(1 个/通道)
DMACEI/DMACSEI	要素索引寄存器/源要素索引寄存器(1 个/通道)
DMACFI/DMACSFI	帧索引寄存器/源帧索引寄存器(1 个/通道)
DMACDEI	目标要素索引寄存器(1 个/通道)
DMACDFI	目标帧索引寄存器(1 个/通道)
DMACSAC	源地址计数寄存器
DMACDAC	目标地址计数寄存器

1. 全局控制寄存器 DMAGCR

全局控制寄存器是一个 16 位可读/写寄存器,如图 5-23 所示,其字段描述如表 5-25 所示。利用 I/O 映射寄存器设置 DMA 仿真模式(FREE)和定义 DMA 控制主机接口(EHPIEXCL 和 EHPIPRIO)。

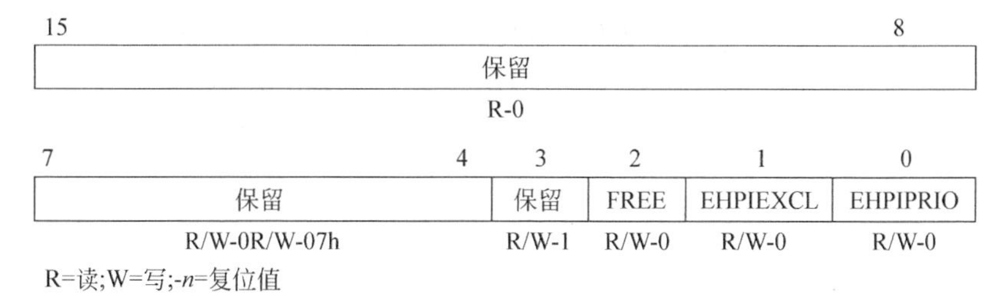

图 5-23 全局控制寄存器 DMAGCR

表 5-25 全局控制寄存器 DMAGCR 字段描述

位	字 段	值	描 述
15～4	保留		这些保留位读总为“0”
3	保留	1	总写“1”到这个保留位
2	FREE	 0 1	仿真模式位。控制 DMA 控制器在仿真模式下断点发生时的行为 断点会终止 DMA 传输 当断点发生时，DMA 传输继续，不会中断
1	EHPIEXCL	 0 1	HPI 独享访问位。EHPIEXCL 定义主机接口(HPI)独享访问 DSP 内部 RAM。注意：无论该位值是什么，HPI 不能访问外设端口 HPI 共享内部 RAM 同 DMA 通道。HPI 能访问任何内部和外部存储器，只要它的地址能够达到 HPI 独享访问内部 RAM。如果有通道访问 DARAM 端口或 SARAM 端口，这些通道将被停止。对于这种方式，HPI 不能访问外部存储器端口
0	EHPIPRIO	 0 1	HPI 优先级位。该位指出在 DMA 控制器服务链中，HPI 是高或低优先级。独享访问中，优先级设置无关 低优先级 高优先级

2. 全局软件兼容寄存器 DMAGSCR

全局软件兼容寄存器是一个 16 位可读/写寄存器，用于 DMA 控制器得到目标要素索引和目标帧索引。最初设计时，DMA 控制器设计对于源和目标使用相同的要素索引寄存器(DMACEI)，并且帧索引相同。后来设计出增强模式，允许将源和目标索引分开。DMAGSCR 提供一个选择原始索引模式(保持与原始设计代码软件兼容)或增强索引模式。

3. 全局时间溢出控制寄存器 DMAGTCR

全局时间溢出控制寄存器是一个 16 位可读/写寄存器，用于时间溢出计数器对 SARAM 和 DARAM 端口的使能或无效。如果时间溢出计数器无效，对于这些端口，DMA 控制器将不会产生时间溢出错误。

4. 通道控制寄存器 DMACCR

每条通道有一个通道控制寄存器，该 I/O 映射寄存器的主要作用如下所述。

选择源和目标地址怎样更新(SRCAMODE 和 DSTAMODE)；使能和控制 DMA 重复传输(AUTOINIT、REPEAT 和 ENDPROG)；使能或无效通道(EN)；选择通道的优先级(PRIO)；选择帧同步(FS)；定义通道同步传输触发事件(SYNC)，如图 5-24 所示。

15～14	13～12	11	10	9	8
DSTAMODE	SRCAMODE	ENDPROG	保留	REPEAT	AUTOINIT
R/W-0	R/W-0	R/W-0	R/W-0	R/W-0	R/W-0

7	6	5	4～0
EN	PRIO	FS	SYNC
R/W-0	R/W-0	R/W-0	R/W-0

R=读; W=写; -n=复位值; †要正确操作DMA控制器，位10必须保持“0”

图 5-24 通道控制寄存器 DMACCR

通道控制寄存器 DMACCR 字段描述如表 5-26 所示。

表 5-26 通道控制寄存器 DMACCR 字段描述

位	字 段	值	功 能
15～14	DSTAMODE		目标地址模式位。该位定义 DMA 控制器写操作通道目标端口的地址访问模式
		00b	固定地址。每次元素传输使用相同的地址
		01b	自动增量。每次元素传输，根据所选的数据类型地址增加。如果数据类型是 8 位，Address = Address + 1；如果数据类型是 16 位，Address＝Address＋2；如果数据类型是 32 位，Address＝Address＋4
		10b	单索引。每次元素传输完成，地址以适当的索引数增加，Address＝Address＋element index
		11b	双索引。每次元素传输完成，地址增加适当的索引数。如果当前帧中有多个元素传输，Address＝Address＋element index；如果帧的最后一个元素传输完，Address＝Address＋frame index
13～12	SRCAMODE		源地址模式位。该位定义 DMA 控制器读操作通道源端口的地址访问模式
		00b	固定地址。每次元素传输使用相同的地址
		01b	自动增量。每次元素传输，根据所选的数据类型地址增加。如果数据类型是 8 位，Address = Address + 1；如果数据类型是 16 位，Address＝Address＋2；如果数据类型是 32 位，Address＝Address＋4
		10b	单索引。每次元素传输完，按编程设定的元素索引数地址增加，Address＝Address＋element index
		11b	双索引。每次元素传输完，按适当的索引数增加地址。如果当前帧中有多个元素传输，Address＝Address＋element index；如果帧的最后一个元素传输完，Address＝Address＋frame index
11	ENDPROG		结束编程位。每条 DMA 通道有两套寄存器，即设置寄存器和工作寄存器。当自动初始化位被设置时，块数据重复传输，在传输过程中可以对下次 DMA 传输改变配置。传输结束时，配置寄存器的内容复制到工作寄存器，DMA 以新的设置进行传输 设置寄存器内容复制到工作寄存器后，DMA 控制器自动清除该位。CPU 能够编程完成寄存器控制 DMA 通道下次传输时的设置。为了确保 CPU 完成自动初始化，采取下述操作：通过清除 REPEAT 位，等待 ENDPROG＝1 时自动初始化；测试 ENDPROG＝0 时，指示 DMA 完成复制先前的设置，对下一次传输可以编程配置寄存器；编程设置寄存器；置 ENDPROG＝1，指示寄存器编程结束
		0	设置寄存器准备好编程/正在编程过程中
		1	编程结束
10	保留	0	该位必须保持“0”。编程修改 DMACCR，该位写“0”
9	REPEAT		重复状态位。如果一条通道选择自动初始化，REPEAT 特指两个重复条件
		0	仅仅当 ENDPROG＝1 时，重复。一旦当前 DMA 传输完成，自动初始化将等待 ENDPROG＝1
		1	重复，而不管 ENDPROG 状态。一旦当前 DMA 传输完成，将进行自动初始化，而不管 ENDPROG 的状态

续表

位	字　段	值	功　能
8	AUTOINIT	 0 1	自动初始化位。DMA块传输之间的通道自动重新初始化 自动初始化无效。当前块传输结束,通道停止活动 自动初始化使能。一旦当前块传输完成,DMA控制器重新初始化通道并开始一个新的块传输。有两种方式停止通道工作:为了立即停止通道工作,清除通道使能位EN=0;为了在当前块传输完成后使通道停止工作,清除AUTOINIT(AUTOINIT=0)
7	EN	 0 1	通道使能位。EN使通道传输使能或无效。在通道中,一旦块传输完成,DMA控制器清除EN 通道无效。通道不能为DMA服务。如果通道已经为DMA服务而传输数据,DMA控制器停止传输并复位通道 通道使能。一旦当前数据块传输完成,DMA控制器重新初始化通道,开始新的数据块传输。下次有效时间到来时,通道能为DMA控制器服务
6	PRIO	 0 1	通道优先级位。6条DMA通道中的每条被给定一个固定位置和可编程优先级。PRIO决定与之关联通道的优先级,高优先级通道先于低优先级通道被服务 低优先级 高优先级
5	FS	 0 1	帧/要素同步位。使用SYNC位指定通道的同步事件。FS位决定在一个要素或一帧数据传输时是否同步事件初始化 要素同步。当选择的同步事件发生时,通道的一个要素数据传输。每个要素传输须等待同步事件发生 帧同步。当选择的同步事件发生时,通道的一个完整帧数据传输。每个帧传输须等待同步事件发生
4～0	SYNC		同步控制位。SYNC位定义在DSP中哪种事件(例如定时器溢出)初始化通道数据传输。多条通道可以有相同的SYNC值。换句话说,一个事件可以初始化多条通道 DSP复位后,SYNC=00000b(没有同步事件)。DMA控制器在通道中传输数据前不会等待同步事件发生。通道只要使能(EN=1),就开始工作 如果DMA被设置用于识别一个同步事件(SYNC是除了0之外的其他值),并且同步事件发生之前通道有效,同步事件将被锁存和服务。如果能忽视同步事件发生,在通道无效(EN=0)时,将同步位清"0"(SYNC=0)。每个55x系列DSP有效的同步事件被记录在设备专用手册中

5. 中断控制寄存器DMACICR和中断状态寄存器DMACSR

每条通道都有一个中断控制寄存器和一个中断状态寄存器。DMACICR和DMACSR都是I/O映射寄存器,其位构成如图5-25和图5-26所示,字段功能描述如表5-27和表5-28所示。

使用中断控制寄存器DMACICR指出一个或多个可操作事件将触发一个中断。如果一个可操作事件发生,并且其中断使能位是"1",那么一个中断请求被送到DSP CPU。

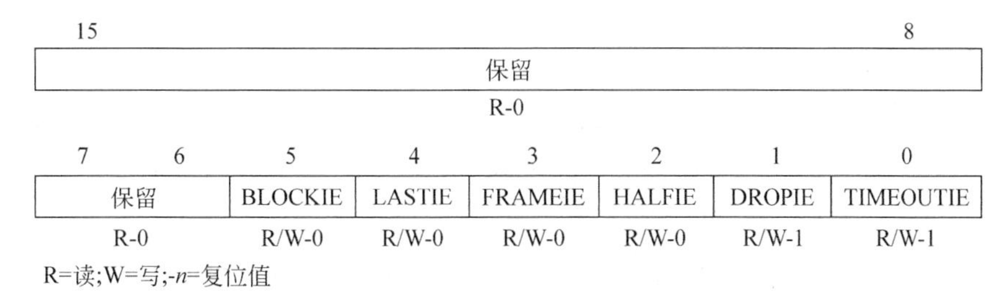

图 5-25　中断控制寄存器 DMACICR

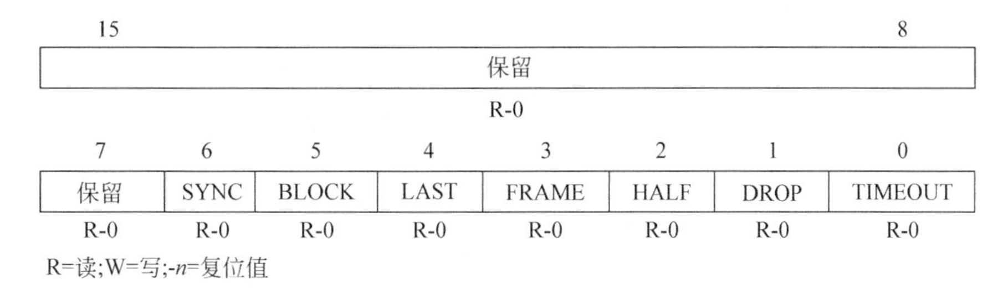

图 5-26　中断状态寄存器 DMACSR

每条通道有自己的中断请求线送到 CPU，同时有一套标志、使能位在 CPU 中。另外，DMA 控制器能发出一个总线中断请求给 CPU，响应时间溢出错误。

为了看到可操作事件或 DMA 控制器发生的事件，通过编程，能读 DMACSR。仅仅当可操作事件发生，并且在 DMACICR 中关联中断使能位被置位时，DMA 控制器的一个中断标志位被置位。程序读完 DMACSR 寄存器后，所有位被自动清除。

DMACSR 寄存器的 SYNC 位用于检测同步事件发生(SYNC＝1)和访问请求被服务(SYNC＝0)。

表 5-27　中断控制寄存器 DMACICR 字段描述

位	字　段	值	描　述
15～6	保留		这些保留位读总为“0”
5	BLOCKIE		块数据中断使能位。该位定义当前数据块从源端口到目标端口传输完成时，DMA 控制器如何响应
		0	不记录事件
		1	置 BLOCK 位并发出通道中断请求给 CPU
4	LASTIE		最后帧中断使能位。该位定义当 DMA 控制器开始从源端口到目标端口传输最后一帧数据时，DMA 控制器如何响应
		0	不记录事件
		1	置 LAST 位并发出通道中断请求给 CPU
3	FRAMEIE		整个帧中断使能位。该位定义当 DMA 控制器将一帧数据传输完成时，DMA 控制器如何响应
		0	不记录事件
		1	置 FRAME 位并发出通道中断请求给 CPU

续表

位	字　段	值	描　述
2	HALFIE		半帧中断使能位。该位定义当DMA控制器将前一半帧数据传输完成时,DMA控制器如何响应。当一帧有奇数个要素时,半帧事件发生在传输的要素数大于剩余要素数时
		0	不记录事件
		1	置HALF位并发出通道中断请求给CPU
1	DROPIE		同步事件丢弃中断使能位。在DMA控制器完成前面的DMA请求之前,DMA同步事件又一次发生,就产生一个错误,同步事件将丢弃
		0	不记录事件丢弃
		1	置DROP位并发出通道中断请求给CPU
0	TIMEOUTIE		时间溢出中断使能位。该位定义通道源端口或目标端口发生时间溢出错误时,DMA控制器如何响应
		0	不记录时间溢出错误
		1	置TIMEOUT位并发出总线错误中断请求给CPU

表5-28　中断状态寄存器DMACSR字段描述

位	字　段	值	描　述
15～7	保留		这些保留位读总为"0"
6	SYNC		同步时间状态位。DMA更新SYNC位,指出通道的同步时间已发生,并且同步通道已被服务
		0	DMA控制器已完成先前的访问请求
		1	同步事件已发生。事件的响应是通道提交访问请求给源端口
5	BLOCK		块状态位。如果BLOCKIE=1,并且DMA控制器置BLOCK位,表示当前块已经传输完
		0	块数据传输事件没有发生或清除该位
		1	块数据已经传输,通道中断请求送给CPU
4	LAST		最后帧状态位。如果LASTIE=1,并且DMA控制器开始传输,最后帧数据置LAST位
		0	最后帧数据传输没有发生或清除该位
		1	DMA控制器开始传输最后帧,通道中断请求送给CPU
3	FRAME		整个帧状态位。如果FRAMEIE=1,并且所有的帧数据已经传输完,DMA控制器置FRAME位
		0	整个帧数据传输没有发生或清除该位
		1	整个帧数据已经传输完,通道中断请求送给CPU
2	HALF		半帧状态位。如果HALFIE=1,并且当前帧前一半数据已经传输完,DMA控制器置HALF位
		0	半帧数据传输没有发生或清除该位
		1	前半帧数据已经传输完,通道中断请求送给CPU
1	DROP		同步事件丢弃状态位。在DMA控制器完成前面的DMA请求之前,DMA同步事件又一次发生,就产生一个错误,同步事件将丢弃。DMA控制器置DROPIE=1
		0	同步事件丢弃没有发生或清除该位
		1	同步事件丢弃发生,通道中断请求送给CPU

续表

位	字 段	值	描 述
0	TIMEOUT		时间溢出状态位。如果 TIMEOUTIE=1,并且溢出错误已经发生,DMA 控制器置 TIMEOUT=1
		0	时间溢出错误没有发生或清除该位
		1	时间溢出错误发生,并发出总线错误中断请求给 CPU

6. 源和目标参数寄存器 DMACSDP

每条通道有一个 16 位源和目标参数寄存器,它是一个 I/O 映射寄存器,能够选择一个源端口和一个目标端口,位端口访问指定数据类型,完成使能或无效数据打包、猝发传输。

DMACSDP 各字段如图 5-27 所示,其字段描述如表 5-29 所示。

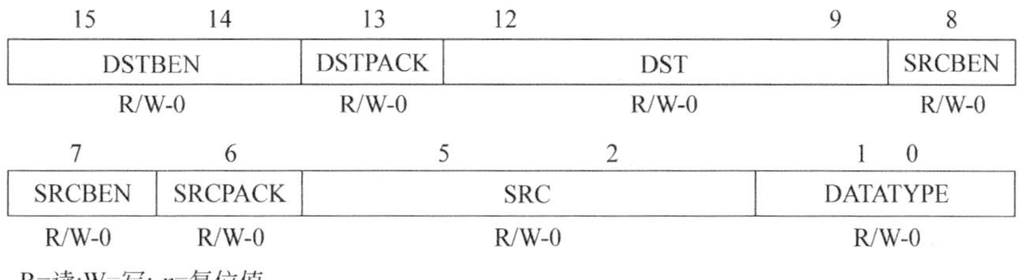

图 5-27 源和目标参数寄存器 DMACSDP

表 5-29 源和目标参数寄存器 DMACSDP 字段描述

位	字 段	值	描 述
15～14	DSTBEN		目标端口猝发传输使能位。一个猝发是 DMA 控制器对 DMA 端口发出 4 个连续 32 位的存取。DSTBEN 定义在通道的目标端口 DMA 控制器是否执行一个猝发传输。当源和目标被设置成 EMIF 端口时,猝发传输不被支持(SRC=DST=××10b)
		00b	在目标端口,猝发模式无效(单个访问使能)
		01b	在目标端口,猝发模式无效(单个访问使能)
		10b	在目标端口,猝发模式有效。当写目标端口时,DMA 控制器执行 4 个连续 32 位存取操作
		11b	保留
13	DSTPACK		目标端口打包使能位。在单次传输中,DMA 控制器能够将数据打包成 2 倍或 4 倍数据量,并传到目标端口
		0	对目标端口,打包无效
		1	对目标端口,打包使能
12～9	DST		目标端口选择位。DST 选择哪个 DMA 端口作为目标端口
		0000b	SARAM(DSP 内单输入 RAM)
		0001b	DARAM(DSP 内双输入 RAM)
		0010b	外部存储(通过外部存储器接口,EMIF)
		0011b	外设(通过外设总线控制器)
		其他	保留

续表

位	字　段	值	描　述
8～7	SRCBEN		源猝发使能位。DMA 控制器的一个猝发是 4 个连续 32 位数据存取 DMA 端口，SRCBEN 定义是否 DMA 控制器执行通道源端口的一次猝发 如有下列情况，该字段被忽视：源端口不支持猝发模式；源端口选择为固定地址模式；通道是要素同步方式；端口被设置成 EMIF 不支持猝发模式
		00b	在源端口，猝发模式无效(单个访问使能)
		01b	在源端口，猝发模式无效(单个访问使能)
		10b	在目标端口，猝发模式有效。当读源端口时，DMA 控制器执行 4 个连续 32 位存取操作
		11b	保留
6	SRCPACK		源端口打包使能位。在源端口单次传播中 DMA 控制器能够将数据打包成 2 倍或 4 倍数据量
		0	对源端口，打包无效
		1	对源端口，打包使能
5～2	SRC		源端口选择位。SRC 选择哪个 DMA 端口作为源端口
		0000b	SARAM(DSP 内单输入 RAM)
		0001b	DARAM(DSP 内双输入 RAM)
		0010b	外部存储(通过外部存储器接口，EMIF)
		0011b	外设(通过外设总线控制器)
		其他	保留
1～0	DATATYPE		数据类型位。该位定义通道源端口或目标端口访问的数据格式
		00b	8 位。DMA 控制器以 8 位数据格式访问通道的源和目标端口 源和目标起始地址不受限制。起始地址格式为×××× ×××× ×××× ××××b(×可以是“0”或“1”)
		01b	16 位。DMA 控制器以 16 位数据格式访问通道的源和目标端口。源和目标起始地址必须是一个 2 字节偶数地址。起始地址格式为×××× ×××× ×××× ×××0b(×可以是“0”或“1”)
		10b	32 位。DMA 控制器以 32 位数据格式访问通道的源和目标端口。源和目标起始地址必须是一个 4 字节偶数地址。起始地址格式为×××× ×××× ×××× ××00b(×可以是“0”或“1”)
		11b	保留

7. 源起始地址寄存器 DMACSSAL 和 DMACSSAU

每条通道有两个 16 位源起始地址寄存器。第一次访问通道源端口，DMA 控制器通过连接两个 I/O 映射寄存器产生一个“字节地址”。DMACSSAU 提供高位，DMACSSAL 提供低位。源起始地址＝DMACSSAU：DMACSSAL。

8. 目标起始地址寄存器 DMACDSAL 和 DMACDSAU

每条通道有两个 16 位目标起始地址寄存器。第一次访问通道目标端口，DMA 控制器通过连接两个 I/O 映射寄存器产生一个“字节地址”。DMACDSAU 提供高位，DMACDSAL 提供低位。目标起始地址＝DMACDSAU：DMACDSAL。

9. 要素个数寄存器 DMACEN 和帧个数寄存器 DMACFN

每条通道有一个 16 位要素数计策和帧数寄存器。DMACFN 寄存器里装入每个块的帧数,DMACEN 寄存器里装入每个帧的要素数。必须保证至少有一个帧或一个要素,最多 65 535 个。

10. 要素索引寄存器 DMACEI/DMACSEI、DMACDEI 和帧索引寄存器 DMACFI/DMACSFI、DMACDFI

为了支持地址索引模式,有 4 个索引寄存器:2 个源索引寄存器(DMACEI 和 DMACSFI)和 2 个目标索引寄存器(DMACDEI 和 DMACDFI)。这些寄存器的使用取决于 DMAGSCR 寄存器的 DINDXMD 位选择的目标索引模式。

当 DINDXMD=0(缺省模式)时,选择兼容模式。起初为 DMA 控制器设计,源和目标端口共享一个要素索引寄存器 DMACEI 和一个帧索引寄存器 DMACFI。兼容模式使能,DMACSEI 作为 DMACEI 使用,DMACSFI 作为 DMACFI。目标索引寄存器不被使用。

当 DINDXMD=1 时,选择增强模式,源索引寄存器仅仅被源端口使用,目标索引寄存器被目标端口使用。

要素和帧索引是 16 位有符号数,范围为-32 768 字节≤帧索引≥32 767 字节;-32 768 字节≤要素索引≥32 767 字节。

11. 源地址计数寄存器 DMACSAC 和目标地址计数寄存器 MACDAC

DMA 通道能通过读源和目标地址计数器监控通道工作过程。DMACSAC 内保存低 16 位当前源地址,DMACDAC 保存低 16 位当前目标地址。DSP 复位后,DMACSAC 和 DMACDAC 寄存器不会被初始化。

5.6 主机接口(HPI)

主机接口(Host Port Interface)提供一个 16 位宽的并行口,外部主机能直接访问 DSP 内部部分双端口 RAM。HPI 使用 14 位地址,每个地址被分配为对应存储器的一个 16 位字地址。

DMA 控制器处理所有 HPI 访问。通过 DMA 控制器,HPI 访问能选择两种设置中的一个。其中,一种设置是 HPI 同 DMA 通道共享 DARAM;另一种设置是 HPI 独占 DARAM。

HPI 不能够直接访问其他外设的寄存器。如果主机需要来自其他外设的数据,该数据必须先通过 CPU 或 6 条 DMA 通道之一移动到 DARAM。同样地,来自于主机的数据必须先传输到 DARAM 中,然后送到其他外设。

为了提供主机选择的灵活性,HPI 容许两种模式对应的数据和地址。非多元模式提供主机单独地址和数据总线;多元模式提供一个单总线传输地址和数据。不同模式需要不同的连接信号,三个 HPI 寄存器负责数据、地址和控制信息。

HPI 在主机—DSP 系统中的位置如图 5-28 所示。

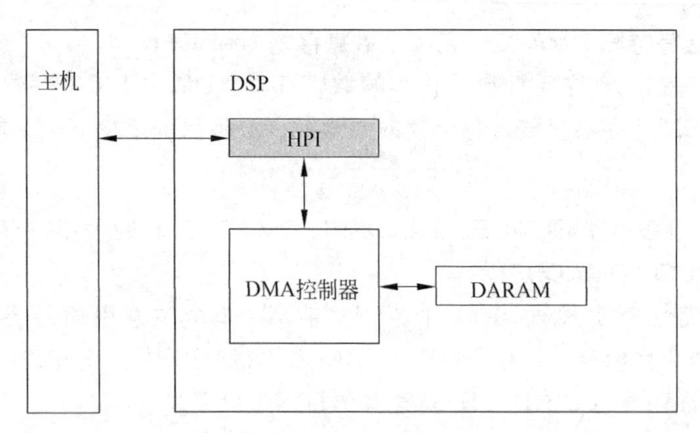

图 5-28 HPI 在主机—DSP 系统中的位置

5.6.1 DSP 存储器通过 HPI 存取

HPI 可访问的 DSP 存储器字段如图 5-29 所示。

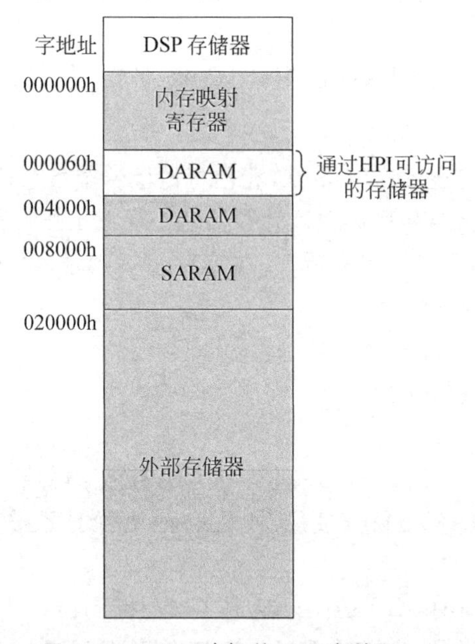

图 5-29 HPI 可访问的 DSP 存储器

注意：图中的存储器映射阴影区域不能通过 HPI 访问。

5.6.2 HPI 与 DMA 交互操作

HPI 使用 DMA 控制器移动数据进出 DSP 存储器。DMA 控制器通过专用端口为 HPI 服务。HPI 和 DMA 的 6 条通道被 DMA 控制器以循环调度方式服务。由于这种结构，使能通道的行为影响了 HPI 传输的潜在能力；同样，HPI 也会影响通道的传输能力。两个可编程选项能影响 HPI 和 DMA 之间互动。

DMA全局控制寄存器DMAGCR的EHPIPRIO位控制HPI请求的优先级。当EHPIPRIO=0时,HPI请求是低优先级在高优先级通道请求之后服务。当EHPIPRIO=1时,HPI请求是高优先级在低优先级通道请求之前服务。如果HPI与通道有相同的优先级,它们会以循环调度方式服务。

DMAGCR寄存器的EHPIEXCL位控制HPI是否独自访问DSP内部存储器。当EHPIEXCL=0(不独享)时,DMA通道能使用任何DMA端口;当EHPIEXCL=1(独享)时,DMA通道不能访问DARAM和SARAM端口,仅能访问EMIF端口(外存)和外设端口。任何通道设置去使用内部存储器会被挂起,直到HPI独享条件被释放。该能力提供主机使用最少条件挂起通道。

5.6.3 HPI信号

在5509中,HPI共享一个并口和外部内存接口。外部总线选择寄存器EBSR的并口模式位定义了是否端口被用做数据EMIF模式(00b)、完全EMIF模式(01b)、非多元HPI模式(10b)或多元HPI模式(11b),如表5-30所示。

并行口模式位的复位值被定义为GPIO0引脚复位状态。如果GPIO0复位时是高电平,完全EMIF模式使能;如果GPIO0复位时是低电平,多元HPI模式使能。复位后,软件可以修改EBSR内容,以便选择不同模式。

表5-30 HPI信号

信号	类型	描述
HD[15:0]	输入/输出/高阻	HPI数据总线。HD是一个并行、双向、三态总线 在非多元模式中,这16个信号线仅传输数据 在多元模式中,这16个信号线传输地址和数据
HA[13:0]	输入	HPI地址总线。HA是一个并行、单向地址总线,仅被用在非多元模式中。HA传输来自主机处理器的14位地址给HPI。该总线的14根线容许编址DSP存储器的16K字空间
$\overline{\text{HBE}}$[1:0]	输入	主机字节使能信号。这两位信号定义主机处理器是否获取HPIA(地址寄存器)、HPIC(控制寄存器)的整个字、最低有效字节或最高有效字节,或编址的存储器区域 00b:字;01b:MSByte;10b:LSByte;11:保留
$\overline{\text{HCS}}$	输入	HPI片选信号。该位作为HPI输入使能信号,当访问时必须是低电平
HR/$\overline{\text{W}}$	输入	HPI读/写信号。这个输入信号指出主机访问的方向。当为高电平时,指出要读DSP存储器;当为低电平时,指出要写DSP存储器
$\overline{\text{HDS1}}$ $\overline{\text{HDS2}}$	输入	HPI数据选通信号。$\overline{\text{HDS1}}$和$\overline{\text{HDS2}}$的互斥非门形成一个选通信号,在主机存取周期中控制数据传输
HRDY	输出	HPI准备信号。该信号告诉主机HPI是否已经准备好一次访问。当是低电平时,指出HPI忙,并且主机应当延长当前传输周期。当为高电平时,指出HPI已经完成数据传输,准备好主机继续传输

续表

信　号	类　　型	描　　述
HCNTL0, HCNTL1	输入	HPI存取控制信号。在非多元模式下,HCNTL0定义HPI是否存取控制寄存器HPIC或数据寄存器HPID HCNTL0　　存取类型(非多元模式) 0　　HPIC读/写 1　　HPID读/写 在多元模式中,HCNTL1和HCNTL0共同选择寄存器存取类型 HCNTL[1:0]　　存取类型(多元模式) 00　　HPIC读/写 01　　HPID读/写地址自动加1 10　　HPIA读/写 11　　HPID读/写地址不自动增加
$\overline{\text{HAS}}$	输入	地址选通信号。该信号仅使用在多元模式
$\overline{\text{HINT}}$	输出	DSP到主机中断信号。该信号使能DSP发出一个中断脉冲给主机。信号电平由HINT位控制

5.6.4 非多元(Nonmultiplexed)模式

HPI同EMIF共享一个并行口。DSP复位后,要么是EMIF模式,要么是HPI多元模式自动使能。为了选择非多元模式,复位后,写10b到外部总线选择寄存器(EBSR)的1～0位。

非多元模式特征如下所述:HPI地址和数据使用独立总线;HPI通过地址总线HA接收来自主机的14位地址,每次数据传输,地址必须出现在HA上,HPI地址寄存器不被使用;HPI数据寄存器(HPID)用于数据传输临时数据存放,如果当前访问是读操作,存储从DSP存储器中读取的数据;如果当前访问是写操作,存储写入DSP存储器的数据。DSP CPU不能访问HPID;HPIC(控制寄存器)包含DSPINT位,该位允许主机发出中断请求给DSP。DSP CPU不能访问HPIC。主机通过HCNTL0和HR/$\overline{\text{W}}$信号指出访问类型。HCNTL0=0,访问HPIC;HCNTL0=1,访问HPID。

5.6.5 多元(Multiplexed)模式

HPI同EMIF共享一个并行口。为了选择多元HPI模式,当DSP复位时,GPIO0引脚为低电平;或复位后,写11b到外部总线选择寄存器(EBSR)的1～0位。

多元模式特征如下所述:地址和数据信号在相同的总线(HPI数据总线HD[15:0])传输,因此当总线传输数据时,需要一个地址寄存器(HPIA)来存储地址。HPI支持访问大约16K字的DARAM,每个字对应一个14位地址。然而,HPIA是一个16位寄存器,主机必须写16位值到HPIA,其中13～0位是地址,15～14位为"0"。在HD总线上,地址和数据的多元意味着主机对DSP存储器执行读和写操作之前,必须装入HPIA。

当对DSP存储器执行读或写操作时,HPI使用数据寄存器(HPID)作为一个临时数据存储空间。HPID内的数据从DSP存储器中读出(主机读操作),或将数据写到DSP存储器中(主机写操作)。DSP CPU 不能访问 HPID。

HPIC 包含 DSPINT 位,该位使能主机发出中断请求给 DSP。DSP CPU 不能访问 HPIC。主机利用 HCNTL[1:0]和 HR/$\overline{W}$ 指出访问类型,HCNTL[1:0]=00b,主机请求访问控制寄存器 HPIC;HCNTL[1:0]=01b,主机请求访问数据寄存器 HPID,存取一次后 HPIA 地址自动加 1;HCNTL[1:0]=10b,主机请求访问地址寄存器 HPIA;HCNTL[1:0]=11b,主机请求访问不带自动增量的 HPID,HR/$\overline{W}$ 为读/写控制位。

5.6.6 HPI 寄存器

主机接口有 3 个寄存器,主机利用它们访问 DSP 的存储器。这些寄存器共享一条数据总线,因此主机必须使 HCNTL1 和/或 HCNTL0 输出正确电平去指定 HPI 寄存器完成主机访问。对于这些寄存器,DSP 不能读也不能写。

1. 数据寄存器(HPID)

HPID 是一个 16 位寄存器,它是一个通过 HPI 传输数据的临时保存空间。如果当前访问是读操作,HPID 存储的是从 DSP 存储器中读取的数据;如果当前访问是写操作,HPID 存储的是向 DSP 存储器写入的数据。

2. 地址寄存器(HPIA)

在多元模式中,该 16 位寄存器是一个读或写 14 位地址的临时存储空间。当主机写到 HPIA 时,15~14 位必须写"0",13~0 位写 14 位地址。在 HPI 非多元模式时,并不需要 HPIA,因为地址会直接出现在 HA[13:0]。

3. 控制寄存器(HPIC)

HPIC 是一个 16 位寄存器,提供 1 位 DSPINT 位(主机到 DSP 中断请求位,其余位都是保留位)。该位通过产生一个中断请求给 DSP CPU 使能主机。通过写"1"到 DSPINT 位,主机送一个可屏蔽中断请求给 DSP CPU。如果中断被正确使能,CPU 响应中断请求;写"0"到 DSPINT 位无效。

5.7 外部存储器接口(EMIF)

如图 5-30 所示为 EMIF 怎样实现 DSP 其他单元与外部存储器的互联。对外设总线控制器的连接允许 CPU 访问 EMIF 寄存器。

注意:地址 A[x:0]引脚的数量取决于 DSP 封装。LQFP 封装地址引脚数为 A[13:0],BGA 封装地址引脚数为 A[20:0]。

对于两种类型的存储器 EMIF 提供一种非局限性的接口:异步传输器件,包括 ROM、闪存和异步 SRAM;同步传输 DRAM(SDRAM)。

EMIF 支持下列类型访问:CPU 取 32 位指令;对于 CPU 或 DMA 控制器的 32 位数据存取;对于 CPU 或 DMA 控制器的 16 位数据存取。

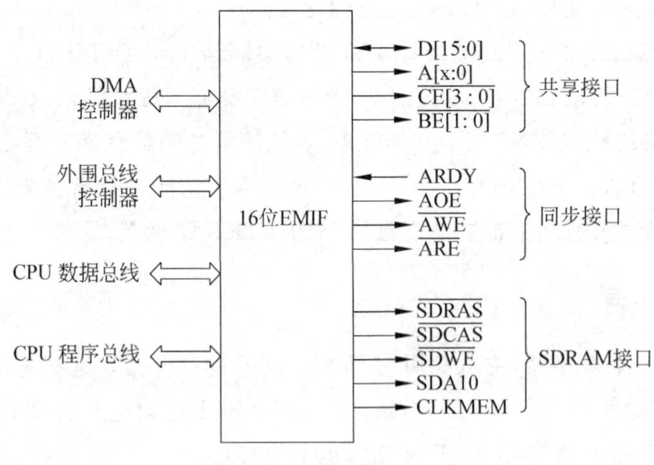

图 5-30 EMIF 输入/输出

5.7.1 EMIF 信号

1. EMIF 和 HPI 共享引脚

对于 5509 DSP，EMIF 同 HPI 共享一个并行口，如表 5-31、表 5-32 所示。外部总线选择寄存器内的并行口模式位（位 1～0），定义端口用做数据 EMIF 模式（00b）、完全 EMIF 模式（01b）、非多元 HPI 模式（10b）或多元 HPI 模式（11b）。

并行口模式位的复位值被 GPIO0 引脚复位时的状态决定。如果复位时 GPIO0＝1，完全 EMIF 模式使能；如果复位时 GPIO0＝0，多元 HPI 模式使能。复位后，可以通过软件修改 EBSR，以选择不同模式。

2. 完全 EMIF 模式和数据 EMIF 模式

完全 EMIF 模式是同外部存储器通信的标准模式。在数据 EMIF 模式，全部或一些 EMIF 地址引脚被重新安排位通用 I/O 口（GPIO）引脚。在这种模式下，EMIF 不会在这些引脚上输出地址信号，取而代之的是通过 GPIO 寄存器读或输出这些引脚。

3. EMIF 信号概述

当 EMIF 响应一个 HOLD 请求时，EMIF 的所有输出引脚被置为高阻态。

表 5-31 在异步存储器和 SDRAM 中使用 EMIF 信号

信　号	类　型	描　述
$\overline{\text{CE0}}$ $\overline{\text{CE1}}$ $\overline{\text{CE2}}$ $\overline{\text{CE3}}$	输出/高阻	芯片使能引脚 这些低电平有效的引脚对应 4 个预定义外部存储器地址范围

续表

信　　号	类　　型	描　　述
$\overline{\text{BE[1:0]}}$	输出/高阻	字节使能位。当在8位或16位数据传输字节使能引脚，EMIF发出低电平有效信号给相关引脚，告诉存储器哪些数据总线引脚被使用或忽略。$\overline{\text{BE1}}$有效，对应数据总线D[15:8]；$\overline{\text{BE0}}$有效，对应数据总线D[7:0]。当一个字节写到16位存储器时，仅仅一个字节的数据总线被使用；因此1字节使能信号工作。当一个字节数据被要求从16位存储器传输，EMIF读取存储器完整宽度，然后将其压缩成所要求的字节，结果是EMIF字节使能位都工作
D[15:0]	输入/输出/高阻	EMIF数据总线。EMIF在这些引脚一次输出或接收16位或8位数据。数据引脚的需要取决于外部存储器宽度和存取类型。数据传输过程中，EMIF不能驱动数据总线。如果总线保持使能，数据总线保持在最后输出的状态；如果总线保持无效，数据总线进入高阻状态
A[20:14](BGA only) A[13:0] A0 (BGA only)	输出/高阻	EMIF地址总线。EMIF使用地址总线送出地址到存储器。地址信号引脚的使用和数量取决于DSP的封装类型和存储器宽度
ARDY	输入	异步信号准备引脚。当EMIF需要延长访问时，异步存储器能输出这个信号由高电平变为低电平
$\overline{\text{AOE}}$	输出/高阻	异步输出使能引脚。在异步读操作过程中，EMIF输出该位低电平。该低电平有效引脚同异步存储器输出使能引脚相连接
$\overline{\text{ARE}}$	输出/高阻	异步读选通引脚。当执行溢出存储器读操作时，EMIF输出该信号。这个低电平有效引脚同异步存储器读使能引脚相连接
$\overline{\text{AWE}}$	输出/高阻	异步写选通引脚。当执行溢出存储器写操作时，EMIF输出该信号。这个低电平有效引脚同异步存储器写使能引脚相连接

表5-32　EMIF对SDRAM的专用信号

信　　号	类　　型	描　　述
$\overline{\text{SDRAS}}$	输出/高阻	SDRAM行选通引脚。执行ACTV、DCAB、REFR和MRS命令时，该信号是低电平
$\overline{\text{SDCAS}}$	输出/高阻	SDRAM列选通引脚。执行读、写操作及REFR和MRS命令时，该信号有效(低电平)
$\overline{\text{SDWE}}$	输出/高阻	SDRAM写使能引脚。在写操作和执行DCAB及MRS命令时，该信号有效(低电平)
SDA10	输出/高阻	SDRAM A10地址。当执行ACTV命令时，该信号作为行地址。SDA10也作为对SDRAM读或写操作时，自动预控使能。执行DCAB时，SDA10有效(高电平)
CLKMEM	输出/高阻	SDRAM存储器时钟引脚。该引脚提供时钟信号给DSRAM。该引脚的工作状态取决于MEMCEN位的值。如果存储器时钟通过该引脚被驱动(MEMCEN=1)，时钟频率取决于MEMREQ位
GPIO4或XF(仅对于TMS320VC5503/5507/5509A)	输出	SDRAM的CKE引脚

5.7.2 EMIF 请求

EMIF 服务的请求如表 5-33 所示。如果多个请求同时到来,EMIF 按照表中优先级顺序执行。

表 5-33 EMIF 请求和优先级

EMIF 请求	优先级	描述
HOLD	1(最高)	一个 HOLD 请求
紧急刷新	2	来自需要立即刷新同步 DRAM 的一个请求
E 总线	3	来自 DSP CPU 的 E BUS 的一个写请求
F 总线	4	来自 DSP CPU 的 F BUS 的一个写请求
D 总线	5	来自 DSP CPU 的 D BUS 的一个读请求
C 总线	6	来自 DSP CPU 的 C BUS 的一个读请求
P 总线	7	来自 DSP CPU 的 P BUS 的一个指令拾取请求
DMA 控制器	8	来自 DSP 的 DMA 控制器的一个写或读请求
Trickle refresh	9(最低)	来自需要周期性刷新的同步 DRAM 的一个请求

双字数据存取和长字数据存取请求指令执行过程有细微差别,如下所示。

```
ADD  *AR0,*AR1,AC0       ;双字数据存取,两个单独的 16 位值通过指针变量 *AR0 和 *AR1
ADD  dbl(*AR2),AC1       ;长字数据访问。一个 32 位值通过指针 AR2
```

两种访问类型都要求在 CPU 中有 16 位数据总线,但是它们发出不同的 EMIF 请求号。双字数据访问包含两个单独的 16 位值,因此需要两次 EMIF 请求;长字数据访问变换一个 32 位值,因此需要一个单独的 EMIF 请求。

5.7.3 CE 信号对应的外部存储器映射空间

外部存储器映射被划分为称作片选(CE)空间的 4 个范围。CE0 空间对应最低地址空间,CE3 空间对应最高地址空间。每个 CE 空间包含 4M 字节。CE3 空间部分地址能够被用作 DSP 内部 ROM 空间访问,能够通过改变 CPU 状态寄存器 ST3_55 开、关 CE3 空间和 ROM 之间的地址,如图 5-31 所示。

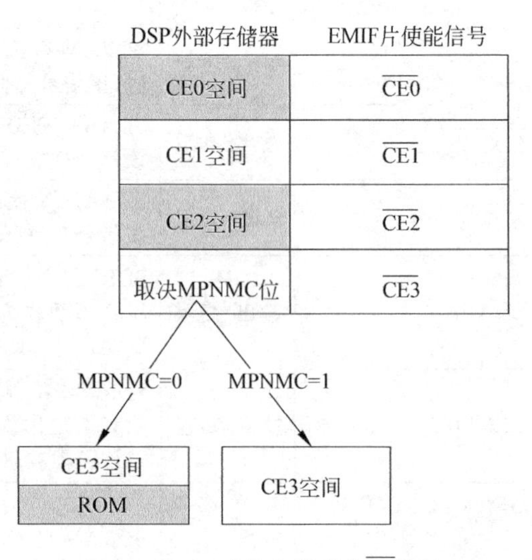

图 5-31 CE 空间和关联的 $\overline{CE}$ 信号

1. CE 空间的片使能($\overline{CE}$)引脚

在 EMIF 中,每个 CE 空间有一个关联的片使能($\overline{CE}$)引脚。为了安排一个异步存储器用作其中一个 CE 空间,连接关联 $\overline{CE}$ 引脚到片选端。当 EMIF 访问 CE 空间时,它驱动相关联信号 $\overline{CE}$ 为低电平,选择该芯片。

然而对于 SDRAM 芯片，$\overline{CE}$引脚被设计用于不同操作。EMIF 能够支持一个 SDRAM 芯片用于 2～4 个 CE 空间，这时仅仅需要连接一个$\overline{CE}$引脚到 SDRAM 芯片。

2. 定义每个 CE 空间存储器类型

除了连接片选引脚外，必须指出每个 CE 空间存储器类型。对于每个 CE 空间，必须在 CE 空间控制寄存器的 MTYPE 字段中写入正确的值，如表 5-34 所示。

表 5-34 MTYPE 字段

MTYPE 字段	存储器类型	MTYPE 字段	存储器类型
000b	异步，8 位数据总线	011b	SDRAM 16 位数据总线
001b	异步，16 位数据总线	其他	保留
010b	保留		

注意：对于 5509 来说，000b 是一个保留值。5509 DSP 不支持 8 位数据宽度的存储器，但 5509A 支持 8 位存储器读操作。

5.7.4 CE 信号对应的外部存储器映射空间

如果在两次连续 EMIF 请求之间，CE 空间或数据传输方向（读/写）发生变化，EMIF 将插入一个死循环。在死循环期间，所有片使能信号为高电平（无效）。当访问异步存储器时，该循环被自动地加到扩展的保持周期中。

5.7.5 保持(HOLD)请求，共享外部存储器

通过 DSP 的外部总线选择寄存器（EBSR）的 HOLD 和 HOLDA 两位。保持请求信号容许外设和 EMIF 共享外部总线和控制信号线。

产生和服务一个 HOLD 请求过程，按照如下步骤执行：在此过程中，握手信号通过软件或硬件实现。例如，硬件握手使用通用 I/O 引脚或外部中断引脚完成，软件握手通过 DSP 的主机接口（HPI）或多通道缓冲串行接口（MCBSP）发送信息完成。

（1）一个外部器件使用握手信号请求独自访问外部总线和控制信号线。

（2）若响应，CPU 置 HOLD=1，初始化 HOLD 请求。HOLD 请求是 EMIF 接收的最高优先级请求。

（3）EMIF 必须完成当前访问，并尽可能早地停止访问外部存储器。然后，EMIF 进入 HOLD 状态，使所有输出引脚为高阻态。GPIO4 和 XF 引脚不受影响。进入 HOLD 状态后，EMIF 清除 HOLDA 位（HOLDA=0），HOLDA=0 使 EMIF 处于保持状态。

（4）当 CPU 读 HOLDA=0 时，CPU 使用握手信号告诉外部器件可以使用外部存储器的引脚，而不需要 EMIF 的干涉。

（5）当外部器件不再需要访问存储器时，它使用握手信号告诉 CPU。

（6）响应后，CPU 清除 HOLD 位，HOLDA=1。

（7）当 HOLD 返回 0 时，EMIF 重新接管输出引脚并继续工作。

5.7.6 写发布(Write Posting)，对外部存储器缓冲写

一般情况下，当 CPU 请求到达 EMIF 时，EMIF 不会对 CPU 发出响应，直到 EMIF 送出数据到外部总线上。结果，当数据被送到外部存储器后，CPU 开始下一次操作。

如果写发布使能，只要 EMIF 一接收到地址和数据，EMIF 就会响应 CPU。地址和数据被存储在 EMIF 内专用的写发布寄存器中。当有一个时间空档，EMIF 就会运行被发布的写操作。如果 CPU 下次访问并不是 EMIF 而是内部存储器，这个访问能够与发布的写操作同时运行。

EMIF 支持两级写发布，写发布寄存器支持数据和地址在同一时间内对 CPU 存取两次。EMIF 按照先请求、先服务原则来分配写发布寄存器，然而，如果一个 E 总线请求和一个 F 总线请求同时到达，E 总线请求被给予优先服务。

为了对所有 CE 空间写发布使能，置位 EMIF 全局控制寄存器的 WPE 位。如果 DMA 控制器没有请求写发布寄存器，EMIF 对 DMA 控制器的响应，会优先 DMA 写外部存储器。这个响应容许 DMA 控制器提前传输下次地址，避免在猝发传输或背靠背单个传输中发生死循环。

5.7.7 CPU 指令流水线

CPU 使用指令流水线时，流水线的读阶段用于读取执行指令所需的操作数和其他数据，而一条指令的结果需要在流水线的写阶段写入外部存储器，流水线中读阶段总是早于写阶段执行。多个指令在流水线中被同时执行，不同指令可能在不同的流水线阶段访问外部存储器。基于这个原因，对 EMIF 的读和写请求发生的次序可能会不同于指令进入流水线中的次序。例如：

```
I1: MOV T0, *(#External_Address_1)        ;指令 1 写外部存储器
I2: MOV *(#External_Address_2), T1        ;指令 2 读外部存储器
```

尽管指令展示写操作在读操作后面，实际上，对 EMIF 的读操作先发生。由于流水线的影响，就像表 5-35 所示，读(R)、执行(X)和写(W)阶段。

表 5-35 连续指令写和读不同的地址

R	X	W	Cycle	注　释
I1			n	
I2	I1		n+1	指令 2 读初始化
	I2	I1	n+2	指令 1 写初始化
		I2	n+3	

对于一些应用，要求保持严格的读写次序。空操作指令(NOP)或其他不影响访问外部存储器的指令被插入指令之间，延迟读操作，如表 5-36 所示。

表 5-36 空操作指令被插入指令中，使写操作发生在读操作之前

R	X	W	Cycle	注 释
I1			n	
NOP	I1		n+1	
NOP	NOP	I1	n+2	指令 1 写初始化
I2	NOP	NOP	n+3	指令 2 读初始化
	I2	NOP	n+4	
		I2	n+5	

当一个写操作跟随一个读操作访问相同地址时，在大多数情况下，写操作后紧跟读操作访问相同地址，数据被期望读出与写操作相同的数。55x CPU 提供一种特别的存储器旁路特性。当读操作时，CPU 可以从写总线直接得到备份数据，不需要访问存储器。但是当 CPU 访问外部存储器时，这种旁路特性也许导致不想要的结果。例如，假设两个物理存储器 X 和 Y 映射为相同地址，写操作访问 X，读操作访问 Y。如果存储器旁路特性产生影响，Y 不会被读。为了阻止存储器旁路，可以在写和读指令间插入 3 个或更多的 NOP 指令。

5.7.8 EMIF 访问外部异步存储器

1. 接口外部异步存储器

如图 5-32 和图 5-33 所示，在 EMIF 与外部异步存储器连接中，引脚连接部分取决于器件型号 TMS320VC5509 或 5503/5507/5509A。后者支持 8 位异步存储器(只读)，但是 5509 不支持 8 位存储器。

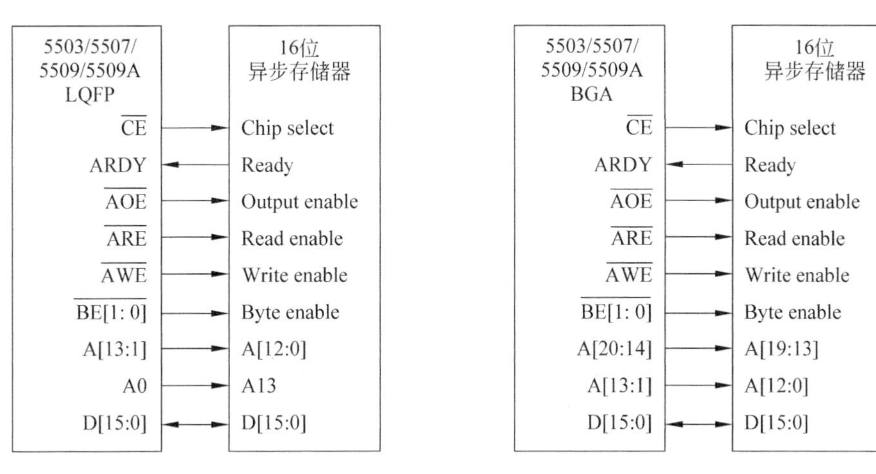

图 5-32 EMIF 连接 16 位异步存储器

引脚连接也取决于封装类型 LQFP 或 BGA。LQFP 封装提供 14 位地址线，BGA 封装提供 21 位地址线。图 5-32 所示是 EMIF 与 16 位宽异步存储器连接方式。

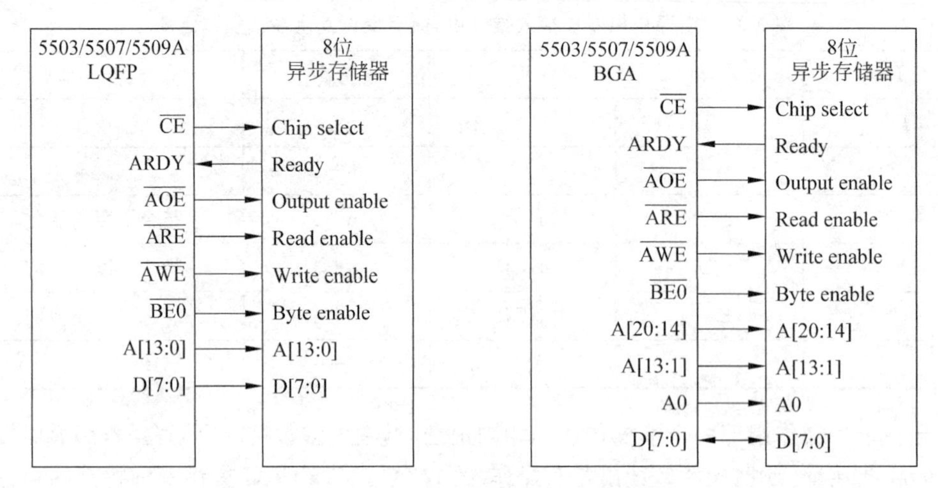

图 5-33 EMIF 连接 8 位异步存储器

只有 TMS320VC5503/5507/5509A DSP 具有这种连接方式。

2. EMIF 设置对于访问异步存储器

为了设置 EMIF 同异步存储器接口，可以对相应的寄存器字段进行编程。每个 CE 空间有寄存器 1、2 和 3。每个 CE 空间都可容纳异步存储器。使用 CE 空间寄存器 1 的 MTYPE 字段选择其中一种选择，如前所述，TMS320VC5509 DSP 不支持 8 位存储器，而 TMS320VC5503/5507/5509A DSP 支持 8 位存储器读访问。MTYPE＝000b 时，访问 8 位异步存储器；MTYPE＝001b 时，访问 16 位异步存储器。EMIF 全局控制寄存器包含两个字段，能影响异步访问，利用 WPE 位使能或无效对 CE 空间的写发布；在一个 TMS320VC5503/5507/5509A 器件中，利用 ARDYOFF 位使能或无效 ARDY 引脚，ARDYOFF 位在 TMS320VC5509 中是无效的。

5.7.9 EMIF 访问 SDRAM

在 EMIF 访问外部 SDRAM 之前，需要对相关寄存器编程设置。

1. 编程相关寄存器字段

为了设置 EMIF 同 SDRAM 的接口，需要编程下面的寄存器字段。

(1) 每个 CE 空间对应一个 CE 空间控制寄存器 1，它内部有一个存储器类型字段(MTYPE)，通过设定 MTYPE＝011b 来定义存储器类型为 SDRAM。

(2) EMIF 有一对 SDRAM 控制寄存器来设置应用到 CE 空间的 SDRAM 参数：SDRAM 控制寄存器 1 的 SDSIZE 字段指出 SDRAM 芯片的规模，64Mb 或 128Mb；SDRAM 控制寄存器 1 的 SDWID 字段必须是 0，指出 SDRAM 芯片的宽度是 16 位；SDRAM 控制寄存器 2 的 SDACC 字段必须是 0，指出 EMIF 提供 16 位数据线访问 SDRAM；SDRAM 控制寄存器 1 的 RFEN 字段置位，设置 EMIF 为对 SDRAM 自动刷新，否则，该字段必须清除；SDRAM 控制寄存器的其他字段设置成标准时间参数。

(3) SDRAM 周期寄存器定义了刷新周期。该周期是当 RFEN＝1 时，EMIF 对

SDRAM 进行周期性自动刷新的时间。

(4) EMIF 全局控制寄存器有两个自动控制 SDRAM 的存储器时钟信号。MEMCEN：该位使能或无效 CLKMEM 引脚上的存储器时钟；MEMFREQ：当存储器时钟无效(MEMCEN=0)时，写 MEMFREQ 来选择与存储器时钟信号相关的频率。当编程设置正确的 DSP 时钟和存储器时钟后，使能时钟(MEMCEN=1)。

(5) 对于 TMS320VC5509 器件，外部总线选择寄存器(EBSR)包含一个 EMIFX2 位。如果 CPU 被编程工作在 144MHz 并且 MEMFREQ=001b(二分频)，EMIFX2 位必须是"1"。对于其他 MEMFREQ 值，EMIFX2 位必须是"0"。这保证了访问 SDRAM 正确时间。

(6) 对于 TMS320VC5503/5507/5509A 器件，SDRAM 控制寄存器 3 包含一个 DIV1 位。如果 MEMFREQ=000b(时钟除以 1)，该寄存器必须是 0007h(DIV1=1)。对于其他 MEMFREQ 值，这个寄存器必须是 0003h(DIV=0)。

(7) EMIF 全局控制寄存器的 WPE 位能够使能或无效对所有 CE 空间的写发布。

(8) SDRAM 初始化寄存器用于初始化所有 SDRAM 存储器。任何对该寄存器的写操作将引起 SDRAM 的初始化过程。

2. 设置过程

设置 EMIF 之前，确信 DSP 时钟发生器被正确编程。其输出根据 EGCR 寄存器的 MEMFRAEQ 字段划分产生存储器时钟。存储器时钟频率必须满足以下条件：时间符合 SDRAM 制造商技术文档要求；时间符合 DSP 器件数据手册中电子规范部分的限制。

下面描述了 EMIF 访问外部 SDRAM 的准备过程。

(1) 清除 EMIF 全局控制寄存器(EGCR)的 MEMCEN 位。阻止存储器时钟从 CLKMEM 引脚输出。

(2) 保持 MEMCEN=0，编程 EGCR 的其他可编程字段 MEMFREQ、WPE 和 ARDYOFF(如果是异步存储器，能被使用在任何 CE 空间)。

(3) 对于每个 CE 空间包含的 SDRAM，置 CE 空间控制寄存器 1 的 MTYPE=011b。

(4) 编程 SDRAM 控制寄存器 1。

(5) 编程 SDRAM 控制寄存器 2。

(6) 如果对 TMS320VC5509 编程，设置外部总线选择寄存器的 EMIFX2 位。如果编程的是 TMS320VC5503/5507/5509A，设置 SDRAM 的控制寄存器 3。

(7) 如果 EMIF 用周期自动刷新命令刷新 SDRAM，写希望的刷新周期到 SDRAM 周期寄存器。

(8) 置 EGCR 的 MEMCEN 位，以便存储器时钟从 CLKMEM 引脚输出。

(9) 写 SDRAM 初始化寄存器，新值写到 EMIF 设置寄存器后，新设置在 EMIF 逻辑中传送需要 6 个 CPU 时钟周期。延时上述时钟后，EMIF 开始 SDRAM 初始化序列。

3. 接口 SDRAM(同步动态)存储器

如图 5-34 所示，EMIF 同 64Mb SDRAM 接口用一个 4Mb×16 SDRAM。由于单个 CE 空间是 32Mb，两个 CE 空间需要被使用，然而仅有的一个 $\overline{\mathrm{CE}}$ 引脚被用作 SDRAM 片选。

CE 空间必须是前两个或后两个一起使用，详细说就是能使用 CE0 和 CE1 空间或

CE2 和 CE3 空间，而不能用 CE1 和 CE2 空间。图 5-34 中使用的是 CE0 和 CE1 空间，芯片使能引脚是$\overline{\text{CE0}}$、$\overline{\text{CE1}}$没有使用。在 BGA(指 GHH 表面贴装)封装 DSP 中，A14 被使用；在 LQFP 封装(指 PGE 表面贴装)DSP 中，A0 被使用。

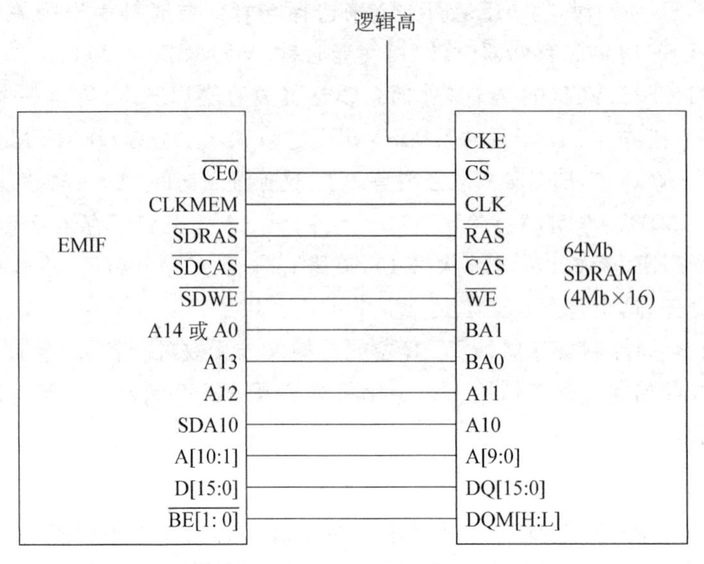

图 5-34 EMIF 与 4Mb×16 SDRAM 接口

图 5-35 所示是一个 128Mb(8Mb×16)SDRAM 同 EMIF 的接口，所有 CE 空间被占用。$\overline{\text{CE0}}$被用做 SDRAM 片选引脚，$\overline{\text{CE[3:1]}}$没有连接。

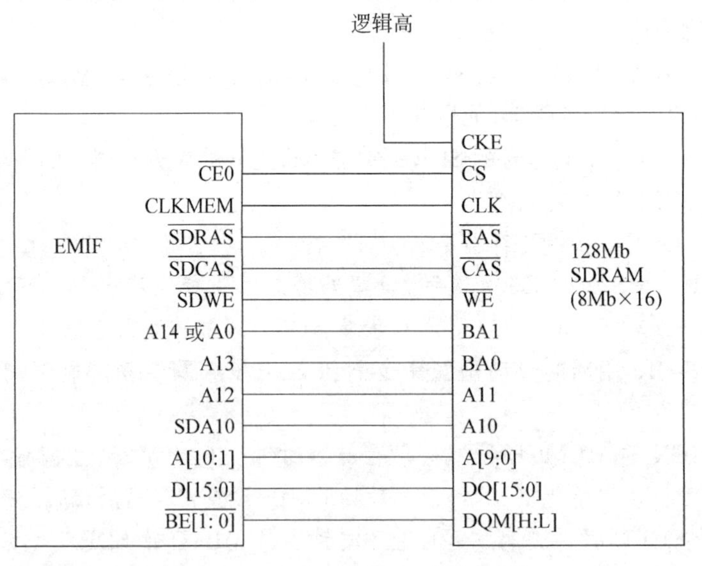

图 5-35 EMIF 与 8Mb×16 SDRAM 接口

4. SDRAM 命令

EMIF 提供工业标准的 SDRAM 命令，这些命令及具体含义如表 5-37 所示。

表 5-37 SDRAM 命令

命令	描 述	命令	描 述
DCAB	解除所有 bank(存储阵列)	MRS	置 SDRAM 的模式寄存器
ACTV	选中的 bank 活动并选择行	REFR	用内部地址自动刷新
READ	输入起始列地址并开始读操作	NOP	无 SDRAM 操作
WRT	输入起始列地址并开始写操作		

5. SDRAM 初始化

对于所有 CE 空间,设置为 SDRAM,EMIF 执行必要的功能去初始化 SDRAM。SDRAM 初始化要求通过写 EMIF 的 SDRAM 初始化寄存器完成。设置寄存器的 MTYPE 字段,应当在执行初始化之前完成。SDRAM 初始化序列如下所述。

(1) 3 个 NOP 命令被送到配置为 SDRAM 的所有 CE 空间。

(2) 1 个 DCAB 命令被送到配置为 SDRAM 的所有 CE 空间。

(3) 8 个 REFR 命令被送到配置为 SDRAM 的所有 CE 空间。

(4) 1 个 MRS 命令被送到配置为 SDRAM 的所有 CE 空间。

(5) SDRAM 初始化寄存器被清除,防止多次 MRS 周期发生。

5.7.10 EMIF 寄存器

1. EMIF 寄存器概况

EMIF 寄存器如表 5-38 所示。

表 5-38 EMIF 寄存器

I/O 地址	寄存器	描 述
0800h	EGCR	EMIF 全局控制寄存器
0801h	EMIRST	EMIF 全局复位寄存器
0802h	EMIBE	EMIF 总线错误状态寄存器
0803h	CE01	CE0 空间控制寄存器 1
0804h	CE02	CE0 空间控制寄存器 2
0805h	CE03	CE0 空间控制寄存器 3
0806h	CE11	CE1 空间控制寄存器 1
0807h	CE12	CE1 空间控制寄存器 2
0808h	CE13	CE1 空间控制寄存器 3
0809h	CE21	CE2 空间控制寄存器 1
080Ah	CE22	CE2 空间控制寄存器 2
080Bh	CE23	CE2 空间控制寄存器 3

续表

I/O 地址	寄存器	描　述
080Ch	CE31	CE3 空间控制寄存器 1
080Dh	CE32	CE3 空间控制寄存器 2
080Eh	CE33	CE3 空间控制寄存器 3
080Fh	SDC1	SDRAM 控制寄存器 1
0810h	SDPER	SDRAM 周期寄存器
0811h	SDCNT	SDRAM 计数寄存器
0812h	INIT	SDRAM 初始化寄存器
0813h	SDC2	SDRAM 控制寄存器 2
0814h	SDC3/保留	SDRAM 控制寄存器 3 或保留

TMS320VC5503/5507/5509A 的 0814h 地址被用作 SDRAM 控制寄存器 3；5509DSP 作为保留寄存器，未被使用。

2. EMIF 全局控制寄存器(EGCR)

EMIF 全局控制寄存器字段如图 5-36 所示，其字段描述如表 5-39 所示。

15～12	11～9	8
保留	MEMFREQ	保留
R-0	R/W-0	R/W-0

7	6	5	4	3	2	1	0
WPE	保留	MEMCEN	ARDYOFF	ARDY	保留	保留	保留
R/W-0	R/W-0	R/W-1	R/W-0	R-pin	R-x	R-0	R/W-0

R=读;W=写;-*n*=复位值

图 5-36　EMIF 全局控制寄存器

注意：TMS320VC5503/5507/5509A 中，4 位是 ARDYOFF；而 5509 中，该位是保留位，总是写“0”。

表 5-39　EMIF 全局控制寄存器字段描述

位	字　段	值	描　述
15～12	保留		只读保留位，读返回“0”
11～9	MEMFREQ		存储器时钟频率位。定义 CPU 时钟信号和 CLKMEM 引脚之间的频率关系。当 CLKMEM 无效时，才能改变 MEMFREQ
		000b	CLKMEM 频率等于 CPU 时钟频率
		001b	CLKMEM 频率等于 1/2CPU 时钟频率
		010b	CLKMEM 频率等于 1/4CPU 时钟频率
		011b	CLKMEM 频率等于 1/8CPU 时钟频率
		100b	CLKMEM 频率等于 1/16CPU 时钟频率
		其他	保留，未使用

续表

位	字 段	值	描 述
8	保留		只读保留位，读返回"0"
7	WPE	 0 1	写发布使能位。使用 WPE 使能或无效 EMIF 的写发布特性 无效 使能
6	保留		只读保留位，读返回"0"
5	MEMCEN	 0 1	存储器时钟使能位。定义存储器时钟是否从 CLKMEM 引脚输出 无效。CLKMEM 引脚信号保持高电平 使能。存储时钟从 CLKMEM 引脚输出，时钟频率取决于 MEMFREQ 位
4	ARDYOFF	 0 1 0	ARDY 关闭位/保留位。在 TMS320VC5503/5507/5509A 中是 ARDYOFF ARDY on。选通周期能用 ARDY 信号扩展 ARDY off。EMIF 不采样 ARDY 信号，选通周期不会扩展 在 TMS320VC5509 中是保留位 总写"0"到这个保留位
3	ARDY	 0 1	ARDY 信号状态位。EMIF 执行一个异步读或写操作，ARDY 位更新在 ARDY 引脚输出的电平；其他时间，ARDY 并不改变 ARDY 信号是低电平 ARDY 信号是高电平
2	保留		只读保留位，读状态不确定
1	保留		只读保留位，读返回"0"
0	保留		总是写"0"

对于 EMIF 的其他控制寄存器，请参考相关文献，这里不再一一叙述。

5.8 实时时钟(RTC)外设

RTC(Real-Time Clock)提供时间参考和产生基于时间的告警去中断 DSP。该外设具有如下特性。

(1) 100 年日历达到 2099 年。

(2) 计数秒、分钟、小时、天、日期、月和具有闰年补偿的年。

(3) BCD 码表示时间、日历和告警。

(4) 12 小时时钟模式(AM 和 PM)，或者 24 小时时钟模式。

(5) 秒、分钟、小时、天或星期告警中断。

(6) 更新循环中断。

(7) 周期中断。

(8) 单中断给 DSP CPU。

(9) 支持外部 32.768kHz 晶振或相同频率的时钟源。

(10) 分隔电源供电。

RTC为在DSP上运行的应用工作提供时间参考。当前日期和时间被一系列计数寄存器跟踪,每秒更新一次。时间可以表示成12小时或24小时模式。日历和时间寄存器在读和写时被存入缓冲器,以便更新,不会影响时间和日期的准确性。

告警能在一个特定时间中断DSP CPU,或在一个周期性的间隔内发生,例如每分钟一次或每天一次。另外,RTC能够在日历和时间寄存器更新时请求CPU中断,或以可编程周期性间隔请求CPU中断。

RTC由一个分隔的电源供电,不同于DSP其他部件。当DSP没电时,RTC仍旧保持供电,以便保留当前时间和日历信息。

RTCINX1,输入引脚,RTC时间基准输入信号。RTCINX1可输入32.768kHz参考时钟信号,或通过RTCINX1和RTCINX2连接外部晶振。

RTCINX2,输出引脚,RTC时间基准输出信号。RTCINX2输出经过RTC内部振荡器晶振信号。如果晶振没有被RTCINX1用作时基,RTCINX2引脚不用连接。

实时时钟功能模块如图5-37所示。

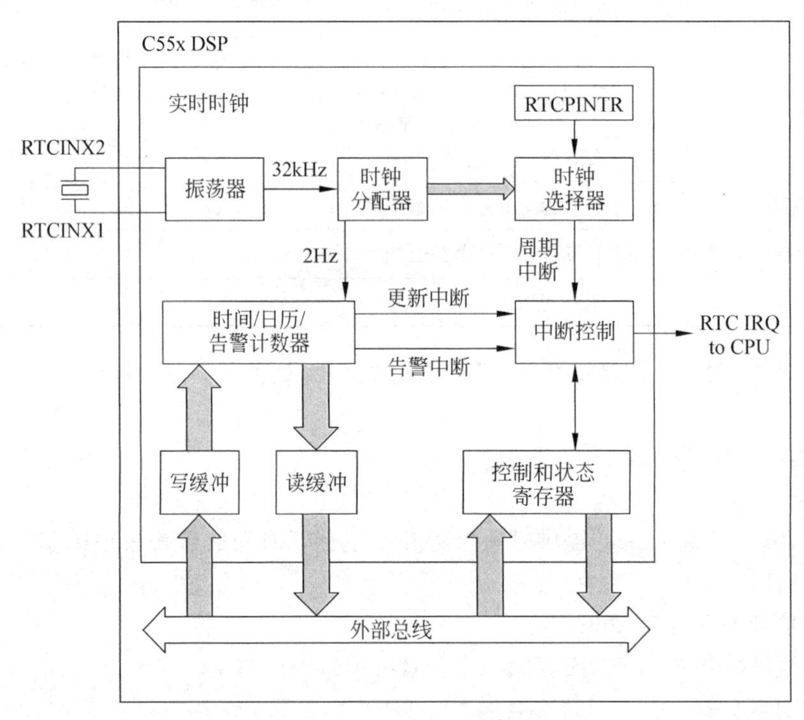

图5-37 实时时钟功能模块

5.8.1 实时时钟电源供电

RTC的电源供电独立于DSP其他部件。这种形式允许在DSP其他部件断电时,RTC能继续运行。在这种状态下,RTC时间和日历计数器继续运行,如果DSP没电,RTC就不能引起DSP中断。只要RTC处于供电状态,告警寄存器的设置就能被保存。根据元件的封装提供单独供电引脚给RTC。

5.8.2　实时时钟时间和日期寄存器

1. 时间和日期数据格式

RTC 中的时间和日期数据以 BCD 码的形式存储。表 5-40 介绍了时间/日历寄存器。

表 5-40　时间/日历寄存器

地址(Hex)	名　字	功　能	十进制范围	BCD 格式
1800h	RTCSEC	秒	0～59	00～59
1802h	RTCMIN	分	0～59	00～59
1804h	RTCHOUR	12 小时模式 24 小时模式	1～12 0～23	01～12(AM) 81～92(PM) 00～23
1806h	RTCDAYW	周天数(星期天=1)	1～7	1～7
1807h	RTCDAYM	月天数(日期)	1～31	01～31
1808h	RTCMONTH	月	1～12	01～12
1809h	RTCYEAR	年	0～99	00～99

2. 12 小时和 24 小时模式

通过设置 RTC 中断使能寄存器(RTCINTEN)的 TM 位，当前时间能以 12 小时或 24 小时模式表示。TM=0，选择 12 小时模式，RTCHOUR 的 AMPM 位指示 AM 或 PM。AMPM=0，当前时间是 AM；AMPM=1，当前时间是 PM。TM=1，选择 24 小时模式，AMPM 位无效。

3. 读和写时间/日历寄存器

当时间每秒更新一次时，时间/日历寄存器被更新。为了保护这些寄存器时间/日期的精度，RTC 提供一个读缓冲和写缓冲去存取时间/日历寄存器。读时间/日历寄存器时，RTC 从时间/日期寄存器到读缓冲复制当前时间/日期，这个读缓冲独立于时间/日历寄存器。这种独立形式确保 CPU 读取的时间/日期是读请求发出时刻的当前值，而不是自动更新后的值。当写操作时，期望写入的时间/日期被写入写缓冲；当写完成时，缓冲值被复制到时间/日历寄存器。这种方式能够保护当前时间/日期的精度。

在 RTCINTEN 寄存器中，SET 位控制时间/日历寄存器的读和写缓冲。当 SET=0 时，读和写缓冲被直接连接到时间/日历寄存器。在这种情况下，当前时间/日期被直接读取，但对更新周期中的读数据没有保护。换句话说，如果当 CPU 正在读时间/日期寄存器时，RTC 更新当前时间/日期，一个不精确的时间/日期可能被读。当 SET=1 时，时间/日期寄存器内容被复制到读缓冲(读缓冲独立于时间/日期寄存器)，即使 RTC 更新当前时间/日期，读取值被保存在读缓冲中。

1) 使用 SET 位设置时间/日期

写一个新值到时间/日历寄存器，过程如下所述。

(1) 置 RTCINTEN 寄存器的 SET 位,以隔离写缓冲和时间/日历寄存器。

(2) 写期望的时间和日期到时间/日历寄存器(RTCSEC、RTCMIN、RTCHOUR、RTCDAYW、RTCDAYM、RTCMONTH 和 RTCYEAR)。这些值将被写入写缓冲。

(3) 清除 SET 位,复制写缓冲中的值到时间/日历寄存器。

2) 使用 SET 位读时间/日历

为了读当前时间/日期,按下列过程操作。

(1) 置 RTCINTEN 寄存器的 SET 位,以便复制当前时间/日期到读缓冲,并且隔离读缓冲和时间/日历寄存器。

(2) 从时间/日历寄存器(RTCSEC、RTCMIN、RTCHOUR、RTCDAYW、RTCDAYM、RTCMONTH 和 RTCYEAR)读当前时间和日期。由于 SET=1,这些值能够从读缓冲中精确读出。

(3) 清除 SET 位,重新连接读缓冲与时间/日历寄存器。

这种方法提供了 SET 位被设置时的当前时间/日期值,并且防止由于 RTC 更新读出不正确的时间。

3) 不使用 SET 位读时间/日历

(1) 保持 SET 位被清除,读 RTCSEC,获得当前时间/日期的秒值。

(2) 读保持的时间/日历寄存器值(RTCMIN、RTCHOUR、RTCDAYW、RTCDAYM、RTCMONTH 和 RTCYEAR)。

(3) 再读一次 RTCSEC,然后同上一次读出值相比较。如果两次值相等,RTC 更新没有发生,其他寄存器读出值是当前时间;如果秒值发生改变,指出当寄存器被读取时 RTC 更新发生,读取过程应当被重复。

5.8.3 实时时钟时间和日历告警(闹钟)

告警能被设置以下间隔,引起 CPU 中断:在特定秒值或每秒;在特定分钟值或每分钟;在特定小时值或每小时;在每周特定天(星期天到星期六)或每天。

1. 时间/日历告警数据格式

时间和日历告警数据被存储为 BCD 码格式。大多数时间/日历告警寄存器的每位 BCD 数据由 4 位二进制数表示,但一些寄存器为了与功能相符,字段长度可能不同。时间/日历告警寄存器如表 5-41 所示。

表 5-41 时间/日历告警寄存器

地址(Hex)	名　字	功　能	十进制范围	BCD 格式
1801h	RTCSECA	秒告警	0～59 忽视	00～59 C0～FF
1803h	RTCMINA	分告警	0～59 忽视	00～59 C0～FF

续表

地址(Hex)	名　　字	功　　能	十进制范围	BCD 格式
1805h	RTCHOURA	12 小时模式告警 24 小时模式告警	1～12 忽视 0～23 忽视	01～12(AM) 81～92(PM) C0～FF 00～23 C0～FF
1806h	RTCDAYW	周天数告警 (星期天＝1)	1～7	1～7 8～F

2. 周天数(Day of Week)告警

实时时钟周天数(星期天到星期六)和周天数告警寄存器共用一个寄存器 RTCDAYW。DAR 字段是 4 位,6～4 位编码为希望告警周天数的 BCD 码值,1(001b)～7(111b)。

3. 小时告警

RTC 小时告警寄存器(RTCHOURA)存储希望的小时告警值。在 12 小时模式,小时被编码为 BCD 码 01(0000b 0001b)～12(0001b 0010b);在 24 小时模式,小时被编码为 BCD 码 00(0000b 0001b)～23(0010b 0011b)。

在 12 小时模式中(TM＝0),HAR 字段包含期望的小时告警时间和 AMPM 位指示告警发生字(早晨或晚间)。AMPM＝0 时,HAR 字段代表上午;AMPM＝1 时,HAR 字段代表下午。

在 24 小时模式中(TM＝1),HAR 字段包含期望的小时告警时间,并且 AMPM 位被清除。

通过置 RTCHOURA 寄存器的 7 位和 6 位,能每小时产生一个告警。在这种情况下,寄存器中的剩余位不会影响告警。

4. 分钟告警

RTC 分钟告警寄存器(RTCMINA)存储希望的分钟告警值。分钟被编码为 BCD 码 00(0000b 0000b)～59(0101b 1001b)。

通过置 RTCMINA 寄存器的 7 位和 6 位,能每分钟产生一个告警。在这种情况下,寄存器中的剩余位不会影响告警。

5. 秒告警

RTC 秒告警寄存器(RTCSECA)存储希望的秒告警值。秒被编码为 BCD 码 00(0000b 0000b)～59(0101b 1001b)。秒告警寄存器不能每秒产生一个告警。

6. 读和写时间/日历告警寄存器

为了写新值到时间/日历告警寄存器,操作过程如下所述。

(1) 置 RTCINTEN 寄存器 SET 位,分隔写缓冲与时间/日历告警寄存器。

(2) 写希望的告警值到时间/日历告警寄存器(RTCSECA、RTCMINA、RTCHOURA 和 RTCDAYW)。由于 SET＝1,这些值实际进入写缓冲。

(3) 清除 SET 位,复制写缓冲值到时间/日历告警寄存器。

当 RTC 更新当前时间/日期时，由于时间/日历告警寄存器不会改变，所以它们能被直接读。

7. 时间/日历告警设置举例

实时时钟告警设置举例如表 5-42 所示。

表 5-42 实时时钟告警设置举例

告警发生	TM	DAR 字段在 RTCDAYW	HAR 字段在 RTCHOURA	AMPM 字段在 RTCHOURA	MAR 字段在 RTCMINA	SAR 字段在 RTCSECA
每周一 3:19:46 AM (12 小时模式)	0	2(Monday)	3	0	19	46
每周一 3:19:46 PM (24 小时模式)	1	2(Monday)	15	0	19	46
每天 3:19:46 PM	0	—	3	1	19	46
周一每小时 xx:19:46	—	2(Monday)	—	—	19	46
周一每分钟 3:xx:46PM(24 小时模式)	1	2(Monday)	15	0	—	46
每分钟 xx:xx:46	1	—	—	0	—	46

5.8.4 实时时钟中断请求

RTC 提供基于 3 个事件的中断：周期中断、告警中断和更新结束中断。

1. 中断使能和标志位

在中断使能寄存器(RTCINTEN)中有 3 个中断使能位：PIE、AIE 和 UIE。PIE 使能周期中断，UIE 使能更新结束中断。写“1”到中断使能位，容许当事件发生时产生一个 RTC 中断请求给 CPU。当中断使能时，如果一个 RTC 中断标志已经置位，尽管中断最初事件发生得更早，给 CPU 的 RTC 中断也会立即发出。第一次使能新中断时，对等待的中断应当清除。

当中断事件发生时，对应的标志位(PF、AF 和 UF)被置位在中断标志寄存器(RTCINTFL)中。PF 与周期中断关联，AF 与告警中断关联，UF 与更新结束中断关联。这些标志位的设置独立于对应的中断使能寄存器 RTCINTEN 中的使能位。

如果 3 个标志位中有一个有效，并且相应的使能位置位，RTC 中断发生。当 RTC 中断被 CPU 确定时，RTCINTFL 中 IRQF 位置“1”。IRQF 位指出一个或更多中断被 RTC 发起。当一个来自 RCT 的中断发生时，通过读取 RTCINTFL 中的标志位能确定中断源。

2. 周期中断请求

周期中断引起 RTC 向 CPU 发出周期性的中断请求，每分钟 1 次到每 122μs 1 次。周期中断率选择通过周期中断选择寄存器(RTCPINTR)的 RATE 位。

3. 告警中断请求

RTC 告警中断请求用于在特殊时间产生一个中断给 CPU。当 RTC 告警寄存器(RTCSECA、RTCMINA、RTCHOURA 和 RTCDAYW)编程设定告警时间与当前时间匹配,告警中断发生。RTC 告警中断设置过程如下所述。

(1) 通过配置 RTC 告警寄存器,选择希望的告警时间。

(2) 通过设定 RTCINTEN 寄存器的 AIE 位,使能 RTC 告警中断。

(3) 在 CPU 中断使能寄存器 1(IER1),使能 RTC 中断。

当告警中断发生时,RTCINTFL 寄存器中 AF 和 IRQF 标志置位,RTC 中断被送给 CPU。

4. 更新结束中断请求

RTC 更新结束中断用于当 RTC 每次更新时间/日历寄存器后产生一个中断请求给 CPU。RTC 更新结束中断设置过程如下所述。

(1) 通过设定 RTCINTEN 寄存器的 UIE 位使能 RTC 更新结束中断。

(2) 在 CPU 中断使能寄存器中使能 RTC 中断。

(3) 当更新结束中断发生时,RTCINTFL 寄存器中的 UF 和 IRQF 标志被置位,并且 RTC 中断被送给 CPU。

5.8.5 实时时钟寄存器

RTC 寄存器列于表 5-43 中。

表 5-43 实时时钟寄存器

地址(Hex)	名 字	描 述
1800h	RTCSEC	秒寄存器
1801h	RTCSECA	秒告警寄存器
1802h	RTCMIN	分寄存器
1803h	RTCMINA	分告警寄存器
1804h	RTCHOUR	小时寄存器
1805h	RTCHOURA	小时告警寄存器
1806h	RTCDAYW	周天(星期天~星期六)和周天告警寄存器
1807h	RTCDAYM	日期(date)寄存器
1808h	RTCMONTH	月寄存器
1809h	RTCYEAR	年寄存器
180Ah	RTCPINTR	周期中断选择寄存器
180Bh	RTCINTEN	中断使能寄存器
180Ch	RTCINTFL	中断标志寄存器
180Dh~1BFFh	—	保留

1. 秒寄存器(RTCSEC)

秒寄存器如图 5-38 所示，其字段如表 5-44 所示。

图 5-38 秒寄存器(RTCSEC)

表 5-44 秒寄存器(RTCSEC)字段

位	字 段	BCD 值	描 述
7～0	秒	00～59	秒选择位。该 BCD 值设置当前时间秒值

2. 秒告警寄存器(RTCSECA)

秒告警寄存器如图 5-39 所示，其字段如表 5-45 所示。

图 5-39 秒告警寄存器(RTCSECA)

表 5-45 秒告警寄存器(RTCSECA)字段

位	字 段	BCD 值	描 述
7～0	秒告警	00～59	秒告警选择位。该 BCD 值设置当前告警时间秒值

3. 分寄存器(RTCMIN)

分寄存器如图 5-40 所示，其字段如表 5-46 所示。

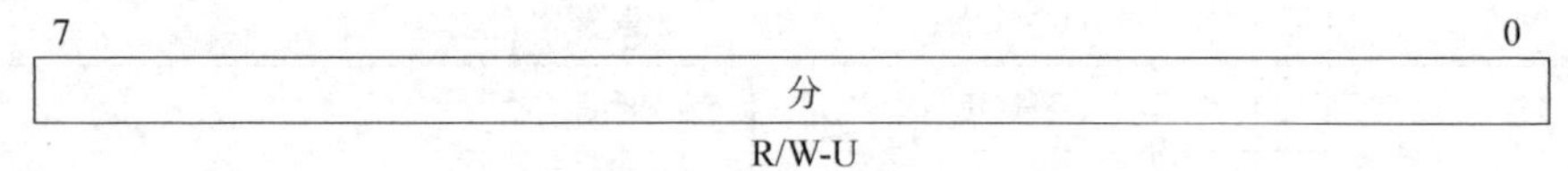

图 5-40 分寄存器(RTCMIN)

表 5-46 分寄存器(RTCMIN)字段

位	字 段	BCD 值	描 述
7～0	分	00～59	分钟告警选择位。该 BCD 值设置当前告警时间分钟值

4. 分告警寄存器(RTCMINA)

分告警寄存器如图 5-41 所示，其字段如表 5-47 所示。

图 5-41 分告警寄存器(RTCMINA)

表 5-47 分告警寄存器(RTCMINA)字段

位	字 段	BCD 值	描 述
7～0	分告警	00～59	分告警选择位。该 BCD 值设置当前告警时间分钟值

5. 小时寄存器(RTCHOUR)

小时寄存器如图 5-42 所示,其字段如表 5-48 所示。

7	6　　0
AMPM	小时
R/W-0	R/W-U

R=读;W=写;-n=复位值;-U=复位后不改变

图 5-42 小时寄存器(RTCHOUR)

表 5-48 小时寄存器(RTCHOUR)字段

位	字 段	BCD 值	描 述
7	AMPM	 0 1	AM/PM(上午/下午)选择位 时间设定为上午 时间设定为下午
6～0	小时	 01～12 00～23	小时选择位。该 BCD 值设置当前时间小时值 对于 12 小时模式(RTCINTEN 中,TM=0),该 BCD 值与 AMPM 关联,设置当前时间小时值。上午,AMPM 必须为"0";下午,AMPM 必须置"1" 对于 24 小时模式(RTCINTEN 中,TM=1),该 BCD 值设置当前时间小时值。AMPM 位必须为"0"

6. 小时告警寄存器(RTCHOURA)

小时告警寄存器如图 5-43 所示,其字段如表 5-49 所示。

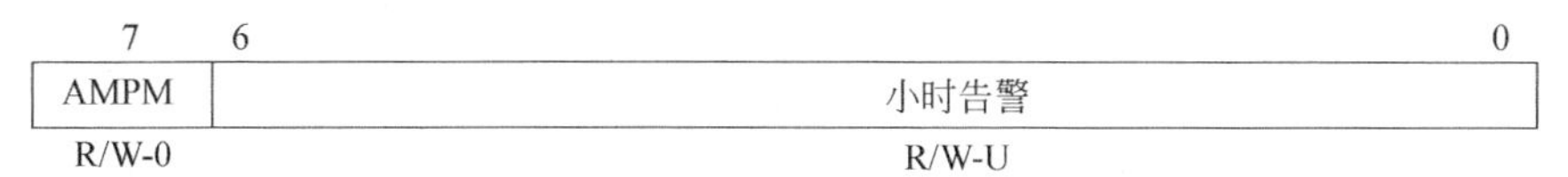

图 5-43 小时告警寄存器(RTCHOURA)

表 5-49 小时告警寄存器(RTCHOURA)字段

位	字 段	BCD 值	描 述
7	AMPM	 0 1	AM/PM(上午/下午)选择位 告警时间设定为上午或为 24 小时模式 告警时间设定为下午

续表

位	字　段	BCD 值	描　　述
6～0	小时告警		小时告警选择位。该 BCD 值设置当前告警时间小时值。当 7、6 位置“1”时，“忽视”状态设置给 RTC，每小时产生一次中断
		01～12	对于 12 小时模式（RTCINTEN 中，TM＝0），该 BCD 值与 AMPM 关联，设置当前告警时间小时值。上午，AMPM 必须为“0”；下午，AMPM 必须置“1”
		00～23	对于 24 小时模式（RTCINTEN 中，TM＝1），该 BCD 值设置当前告警时间小时值。AMPM 位必须为“0”

7. 周天和天告警寄存器(RTCDAYW)

周天和天告警寄存器如图 5-44 所示，其字段如表 5-50 所示。

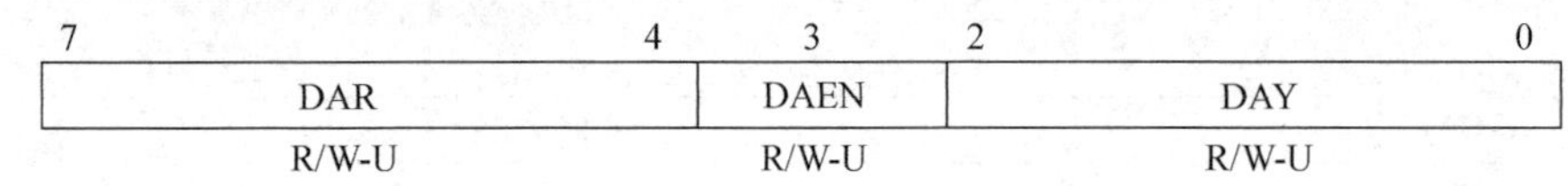

R=读;W=写;-n=复位值;-U=复位后不改变

图 5-44　周天和天告警寄存器(RTCDAYW)

表 5-50　周天和天告警寄存器（RTCDAYW）字段

位	字段	BCD 值	描　　述
7～4	DAR	1～7	周天告警选择位。该 BCD 值设置周天报警（星期天＝1）。当第 7 位被置为“1”（1000b～1111b）时，RTC 设置“忽视”状态，每天产生一个中断
3	DAEN		周天告警使能位
		0	周天告警无效
		1	周天告警使能，周天报警被置 BCD 值到 DAR 字段
2～0	DAY	1～7	周天（星期天～星期六）选择位。该 BCD 值设置当前周天（星期天～星期六）报警值

8. 日期寄存器(RTCDAYM)

日期寄存器如图 5-45 所示，其字段如表 5-51 所示。

R=读;W=写;-U=复位后不改变

图 5-45　日期寄存器(RTCDAYM)

表 5-51　日期寄存器（RTCDAYM）字段

位	字　段	BCD 值	描　　述
7～0	日期	01～31	日期选择位。该 BCD 值设置当前日历的日期值

9. 月寄存器(RTCMONTH)

月寄存器如图 5-46 所示，其字段如表 5-52 所示。

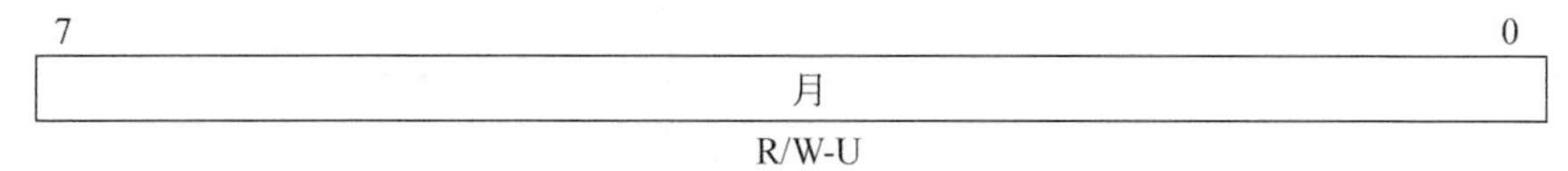

图 5-46 月寄存器(RTCMONTH)

表 5-52 月寄存器(RTCMONTH)字段

位	字 段	BCD 值	描 述
7～0	月	01～12	月选择位。该 BCD 值设置当前日历的月值(1 月＝01)

10. 年寄存器(RTCYEAR)

年寄存器如图 5-47 所示，其字段如表 5-53 所示。

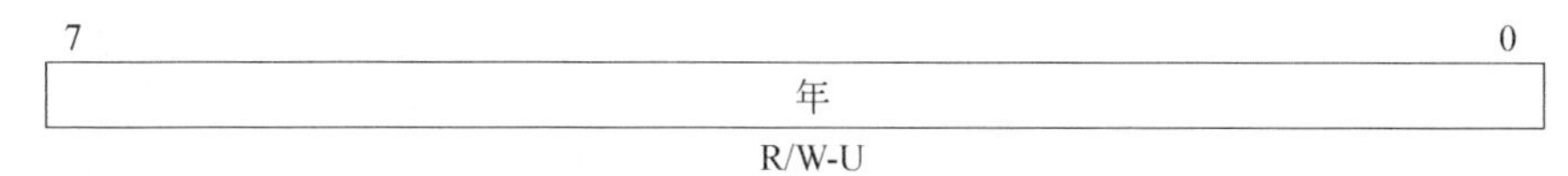

图 5-47 年寄存器(RTCYEAR)

表 5-53 年寄存器(RTCYEAR)字段

位	字 段	BCD 值	描 述
7～0	年	00～99	年选择位。该 BCD 值设置当前日历的年值

11. 中断寄存器

RTC 有 3 个中断控制寄存器可以在任何时刻被访问。

1) 周期中断选择寄存器(RTCPINTR)

周期中断选择寄存器如图 5-48 所示，其字段如表 5-54 所示。

7	6　　5	4　　0
UIP	保留	中断率
R-U	R-U	R/W-U

R=读;W=写;-n=复位值:-U=复位后不改变

图 5-48 周期中断选择寄存器(RTCPINTR)

表 5-54 周期中断寄存器(RTCPINTR)字段

位	字 段	BCD 值	描 述
7	UIP	 0 1	更新进行位 一个更新周期不在当前进行中 一个更新周期在当前进行中

续表

位	字 段	BCD 值	描 述
6～5	保留		只读保留位，读返回“0”
4～0	中断率	 00000 00001 00010 00011 00100 00101 00110 00111 01000 01001 01010 01011 01100 01101 01110 01111 10000～11111	周期中断率选择位 不中断 保留 保留 每隔 122.070μs(每秒 8192)周期中断发生 每隔 244.141μs(每秒 4096)周期中断发生 每隔 488.281μs(每秒 2048)周期中断发生 每隔 976.5625μs(每秒 1024)周期中断发生 每隔 1.953125ms(每秒 512)周期中断发生 每隔 3.90625ms(每秒 256)周期中断发生 每隔 7.8125ms(每秒 128)周期中断发生 每隔 15.625ms(每秒 64)周期中断发生 每隔 31.25ms(每秒 32)周期中断发生 每隔 62.5ms(每秒 16)周期中断发生 每隔 125ms(每秒 8)周期中断发生 每隔 250ms(每秒 4)周期中断发生 每隔 500ms(每秒 2)周期中断发生 每分钟周期中断发生

2）中断使能寄存器(RTCINTEN)

中断使能寄存器如图 5-49 所示，其字段如表 5-55 所示。

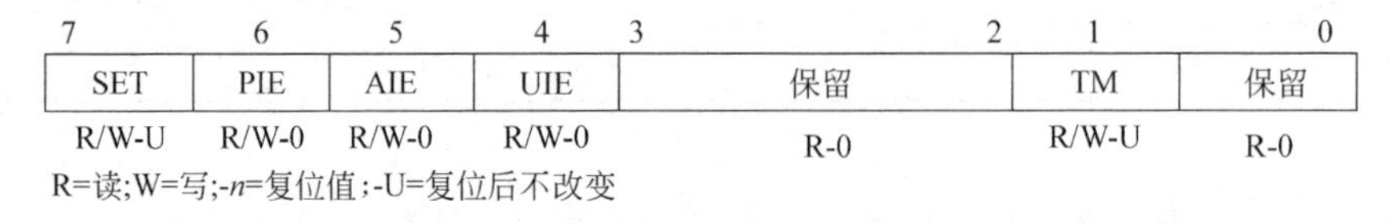

图 5-49 中断使能寄存器(RTCINTEN)

表 5-55 中断使能寄存器(RTCINTEN)字段

位	字段	BCD 值	描 述
7	SET	 0 1	隔离或连接写和读缓冲与时间，日历和告警寄存器的设置位。该设置位是一个读/写位，不受 DSP 复位信号影响 写和读缓冲连接到时间、日历和告警寄存器 写和读缓冲同时间、日历和告警寄存器隔离，以便读或写操作能被独立于更新周期操作
6	PIE	 0 1	周期中断使能位。容许在中断标志寄存器的周期中断标志(PF)，引起 RTC 中断请求给 DSP CPU。PIE 位是一个可读/写位，DSP 复位后被清除 周期中断无效 周期中断使能
5	AIE	 0 1	告警中断使能位。容许中断标志寄存器中的告警中断标志位，引起 RTC 中断请求给 DSP CPU。AIE 位是一个可读/写位，DSP 复位后被清除 告警中断无效 告警中断使能

续表

位	字段	BCD 值	描　　述
4	UIE	 0 1	更新结束中断使能位。容许中断标志寄存器中的更新结束标志位,引起RTC 中断请求给 DSP CPU。UIE 位是一个可读/写位,DSP 复位后被清除 更新结束中断无效 更新结束中断使能
3～2	保留		只读保留位,读返回"0"
1	TM	 0 1	时间模式位,指出小时字节是 24 小时模式或 12 小时模式。TM 位是一个可读/写位,不受 DSP 复位影响 12 小时模式 24 小时模式
0	保留		只读保留位,读返回"0"

3）中断标志寄存器(RTCINTFL)

中断标志寄存器如图 5-50 所示,其字段如表 5-56 所示。

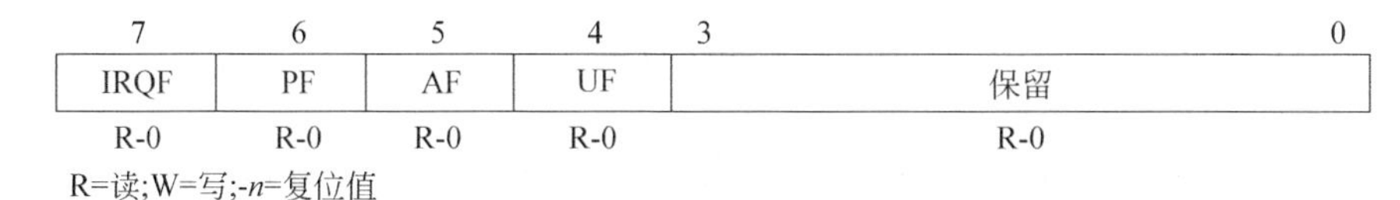

图 5-50　中断标志寄存器(RTCINTFL)

表 5-56　中断标志寄存器(RTCINTFL)字段

位	字段	BCD 值	描　　述
7	IRQF	 0 1	中断状态请求标志位,指出是否中断已经发生 没有中断标志置位 一个或多个中断标志和对应的使能位被置位。任何时候,IRQF 被置位,RTC 中断请求被送到 DSP CPU。为了清除中断标志,写一个"1"到中断标志位,引起中断
6	PF	 0 1	周期中断标志位,指出是否周期中断已经发生 没有周期中断发生 周期中断已经发生。只有中断使能寄存器中的 PIE 位被置位(使能),PF 位才能被置位。要清除 PF 位,将 DSP 复位或写"1"到该位
5	AF	 0 1	告警中断标志位,指出是否告警中断已经发生 没有告警中断发生 告警中断已经发生。只有中断使能寄存器中的 AIE 位被置位(使能),AF 位才能被置位。要清除 AF 位,将 DSP 复位或写"1"到该位
4	UF	 0 1	更新结束中断标志位,指出是否更新结束中断已经发生 没有更新结束中断 更新结束中断已经发生。只有中断使能寄存器中的 UIE 位被置位(使能),UF 位才能被置位。要清除 UF 位,将 DSP 复位或写"1"到该位
3～0	保留		只读保留位,读返回"0"

5.9 通用输入输出端口GPIO概述

5509A DSP有8个专门的通用输入输出引脚GPIO0～GPIO7。每个引脚通过IO方向寄存器(IODIR)设置位输入、输出，IO数据寄存器(IODATA)监控输入输出引脚的逻辑状态，分别如图5-51和图5-52所示。

15～8	7	6	5	4	3	2	1	0
保留	IO7DIR	IO6DIR	IO5DIR	IO4DIR	IO3DIR	IO2DIR	IO1DIR	IO0DIR
R-000000000	R/W-0	R/W-0	R/W-0	R/W-0	R/W-0	R/W-0	R/W-0	R/W-0

R=读;W=写;-*n*=复位值

图5-51　IODIR寄存器

15～8	7	6	5	4	3	2	1	0
保留	IO7DIR	IO6DIR	IO5DIR	IO4DIR	IO3DIR	IO2DIR	IO1DIR	IO0DIR
R-000000000	R/W-0	R/W-0	R/W-0	R/W-0	R/W-0	R/W-0	R/W-0	R/W-0

R=读;W=写;-*n*=复位值

图5-52　IODATA寄存器

为了设置GPIO引脚作为输入引脚，清除IODIR寄存器对应引脚位为“0”；为了读输入引脚的逻辑状态，可读IODATA寄存器的相应位。为了设置GPIO引脚作为输出引脚，置IODIR寄存器对应引脚位为“1”；为了控制输出引脚的逻辑状态，可写入IODATA寄存器的相应位。

注意：GPIO5引脚只有在BGA封装的DSP中才有效。

当并行口模式位字段的外部总线选择寄存器被设置为00或11时，EMIF的16个地址信号也能被独立的用作GPIO。

当并行口模式位字段的外部总线选择寄存器被设置为10或11时，EHPI的外部并行总线的6个控制信号也能被用做GPIO。

5.10 I²C模块

5.10.1 I²C模块介绍

I²C模块支持任何主或从I²C兼容设备。图5-53展示了多个I²C模块通过两路从一个设备传输到另一个设备。

I²C模块的特征如下所述。

(1) 同Philip半导体公司的I²C总线规范兼容。

① 支持8位格式数据传输。

② 7位和10位寻址模式。

③ 通用呼唤功能。

④ 开始字节模式。

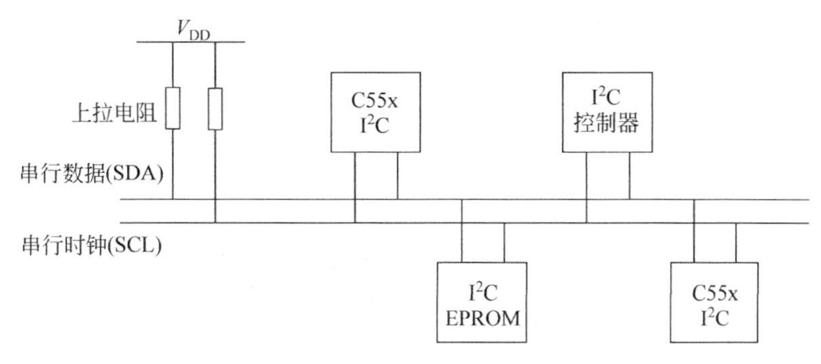

图 5-53 多 I²C 模块连接

⑤ 支持多主方发和从方接收，多从方发和主方接收模式。

⑥ 联合的主方发送/接收和接收/发送模式。

⑦ 数据传输率为 10～400Kb/s。

(2) 可以通过 DMA 控制器执行读事件和写事件。

(3) CPU 可以产生相应的中断。中断产生的原因是：传输数据准备好，数据接收准备好，寄存器访问准备好，对接收无响应，仲裁丢失。

(4) 具有模块使能/无效能力。

(5) 自由数据格式模式。

每个连接到 I²C 总线上的器件通过唯一的地址被识别。每个器件要么作为发送器，要么作为接收器，这取决于器件功能。被连接到 I²C 总线上的器件传输数据时，可被认为是主方或从方。主方器件是在总线上发起数据传输和产生时钟信号允许传输。在数据传输时，任何被这个主方寻址的器件都被认为是从方。I²C 模块支持多主模式，即一个或多个器件能够控制 I²C 总线。

对于数据通信，I²C 模块有一个串行数据引脚(SDA)和一个串行时钟引脚(SCL)。这两个引脚实现 C55x 器件和其他连接到 I²C 总线上器件的信息传输。它们每个必须通过一个上拉电阻连接到正极性电压。当总是空闲时，两个引脚都是高电平。

5.10.2 I²C 模块内部结构

如图 5-54 所示，I²C 模块主要由下述模块组成。

(1) 一个串行接口：一个数据引脚(SDA)和一个时钟引脚(SCL)。

(2) 数据寄存器临时容纳通过 SDA 引脚与 CPU 或 DMA 控制器接收和发送的数据。

(3) 控制和状态寄存器。

(4) 外围总线接口完成 CPU 和 DMA 控制器访问 I²C 模块寄存器。

(5) 一个时钟同步器同步 I²C 输入时钟(来自 DSP 时钟发生器)和 SCL 引脚时钟，并且同步主方以不同的时钟速度传输数据。

(6) 一个预分频器分频输入时钟，以驱动 I²C 模块。

(7) SDA 和 SCL 引脚都有一个噪声滤波器。

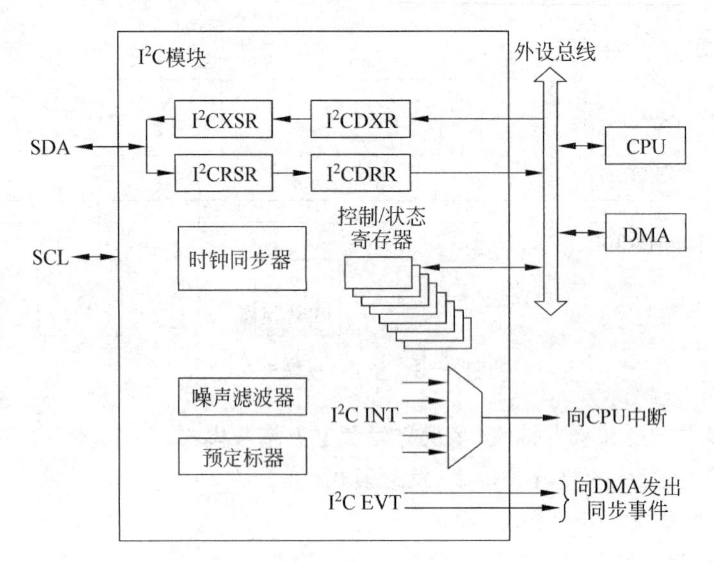

图 5-54 I²C 模块内部功能图

(8) 一个仲裁器用于处理本机 I²C 模块处于主方时与其他主设备之间的仲裁。

(9) 中断产生逻辑，以便使中断能被送到 CPU。

(10) DMA 事件产生逻辑，以便在 I²C 模块中能与 DMA 控制器同步接收和发送数据。

5.10.3 时钟发生电路

如图 5-55 所示，DSP 时钟发生器接收一个来自外部时钟源并且通过可编程频率产生的 I²C 输入时钟。I²C 输入时钟可以等于 CPU 时钟，或等于 CPU 时钟被一个整数分频后的时钟，分频情况取决于特定的 C55x DSP。在 I²C 模块中，时钟被划分两次，以产生模块时钟和主控制时钟。

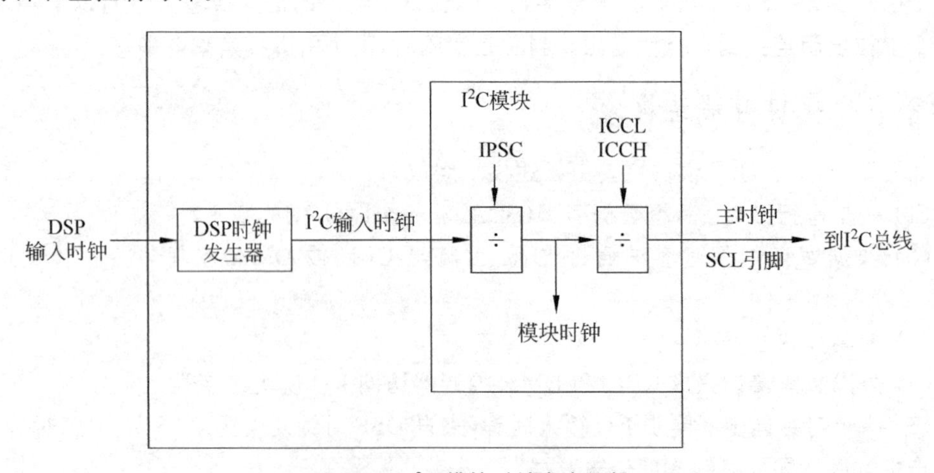

图 5-55 I²C 模块时钟发生逻辑

$$模块时钟频率=\frac{I^2C\ 输入时钟频率}{IPSC+1}$$

$$主时钟频率=\frac{模块时钟频率}{(ICCL+d)+(ICCH+d)}$$

$$主时钟频率=\frac{I^2C\ 输入时钟频率}{(IPSC+1)[(ICCL+d)+(ICCH+d)]}$$

5.10.4 I²C 模块操作

1. 有效数据传输

在时钟是高电平期间，SDA 上的数据必须保持稳定，仅当 SCL 时钟信号是低电平时，SDA 数据线上的状态容许进行电平变化。

2. I²C 模块起始和停止条件

当 I²C 模块被设置成主方在 I²C 总线上时，能产生启动和停止条件。

(1) 启动条件：当 SCL 为高电平时，SDA 信号线上传输一个由高电平到低电平的转换。主方发出这个状态指示，数据传输开始。

(2) 停止条件：当 SCL 为高电平时，SDA 信号线上传输一个由低电平到高电平的转换。主方发出这个状态指示，数据传输结束。

3. 串行数据格式

I²C 模块支持 1～8 位数据，数据传输总是从最高有效位(MSB)开始。串行数据格式由起始条件、地址、从方相应位、数据位及停止条件构成。地址有 7 位和 10 位两种情况。要详细了解 I²C 数据传输格式及时钟信号，可参考相关文献。

5.10.5 I²C 模块中断请求和 DMA 事件

I²C 模块能产生 5 种类型的中断请求。其中两种中断告诉 CPU 什么时候去写发送数据，什么时候去读接收数据。如果要求 DMA 控制器发送和接收数据，可以使用两个 DMA 事件。

1. I²C 中断请求

I²C 模块产生的中断请求信号如表 5-57 所示。所有的请求通过一个仲裁器后，输出单个 I²C 中断请求给 CPU。每个中断请求有一个标志位在状态寄存器中(I²CSTR)，一个使能位在中断使能寄存器(I²CIER)中。当一个指定事件发生时，它对应的标志位被置位。如果对应的使能位为"0"，中断请求信号被封锁；如果使能位为"1"，中断请求信号被送给 CPU。

表 5-57 I²C 中断请求

I²C 中断请求	中 断 源
XRDYINT	发送准备条件：数据发送寄存器(I²CDXR)准备好接收新数据。前一个数据已经从 I²CDXR 寄存器复制到发送移位寄存器(I²CXSR)
RRDYINT	接收准备条件：数据接收寄存器(I²CDRR)准备好被读取。数据已经从接收移位寄存器(I²CRSR)中复制到 I²CDRR

续表

I^{2}C 中断请求	中　断　源
ARDYINT	寄存器访问准备好条件：I^{2}C 模块寄存器准备好被访问。先前的地址、数据和命令被执行
NACKINT	无响应条件：I^{2}C 模块被设置为主发送器，不接收来自从接收器的响应信号
ALINT	仲裁丢失条件：I^{2}C 模块丢失，一个与另一个主发送器竞争仲裁

I^{2}C 中断是 CPU 的可屏蔽中断之一。I^{2}C 中断服务程序通过读中断源寄存器(I^{2}CISRC)确定中断源。当 CPU 读取 I^{2}CISRC 寄存器后，中断源标志(I^{2}CSTR)将被清除，但 ARDY、RRDY 和 XRDY 位不被清除。如果要清除这些位，写"1"到对应位。仲裁器决定剩下的中断请求中，哪个具有最高优先级。

2. I^{2}C 模块 DMA 事件

I^{2}C 模块产生两个 DMA 事件。这些事件使 DMA 通道的活动同步。

(1) 接收事件(REVT)：当接收数据已经从移位寄存器(I^{2}CRSR)复制到数据接收寄存器(I^{2}CDRR)，I^{2}C 模块送出一个 REVT 信号给 DMA 控制器，DMA 控制器从 I^{2}CDRR 读出数。

(2) 发送事件(REVT)：当发送数据从数据发送寄存器(I^{2}CDXR)复制到发送移位寄存器(I^{2}CXSR)，I^{2}C 模块送出一个 XEVT 信号给 DMA 控制器，DMA 控制器写下一个传输数据到 I^{2}CDXR。

5.10.6 I^{2}C 模块寄存器

I^{2}C 模块寄存器如表 5-58 所示。

表 5-58 I^{2}C 模块寄存器

名　称	描　　述	名　称	描　　述
I^{2}CMDR	I^{2}C 模式寄存器	I^{2}CSAR	I^{2}C 从地址寄存器
I^{2}CMDR2	I^{2}C 模式寄存器 2	I^{2}COAR	I^{2}C 自身地址寄存器
I^{2}CIER	I^{2}C 中断使能寄存器	I^{2}CCNT	I^{2}C 数据计数寄存器
I^{2}CSTR	I^{2}C 状态寄存器	I^{2}CDRR	I^{2}C 数据接收寄存器
I^{2}CISRC	I^{2}C 中断源寄存器	I^{2}CRSR	I^{2}C 接收移位寄存器(不可访问)
I^{2}CPSC	I^{2}C 预分频寄存器	I^{2}CDXR	I^{2}C 数据发送寄存器
I^{2}CCLKL	I^{2}C 时钟低电平时间寄存器	I^{2}CXSR	I^{2}C 发送移位寄存器(不可访问)
I^{2}CCLKH	I^{2}C 时钟高电平时间寄存器		

5.11 USB 模块

使用 USB 模块，DSP 能够建立一个符合通用串行总线规范 2.0 的全速 USB 从设备。数据在 USB 主机和一台 USB 设备之间传输时，将经过设备的一个端点(Endpoint)。端点在一台 USB 设备中指定存储数据的位置，一台设备中的每个端点唯一确定通过号及其方向。输出端点（OUT Endpoint）容纳接收来自 USB 主机的数据，输入端点（IN Endpoint）容纳送给 USB 主机的数据。

5.11.1 USB 模块介绍

C55x USB 模块有 16 个端点，分述如下。

(1) 2 个控制端点（仅仅用于控制传输）：OUT0 和 IN0。

(2) 14 个通用端点（其他类型传输）：OUT1～OUT7 和 IN1～IN7。每个端点都支持块传输、中断传输和 isochronous 传输；可选择的双缓冲对快速数据吞吐；专用的 DMA 通道，当 CPU 执行其他任务时，USB 模块内部 DMA 控制器能够在通用端点和 DSP 内存之间传输数据。

1. USB 模块功能框图

USB 模块功能框图如图 5-56 所示。USB 接口引脚描述如表 5-59 所示。

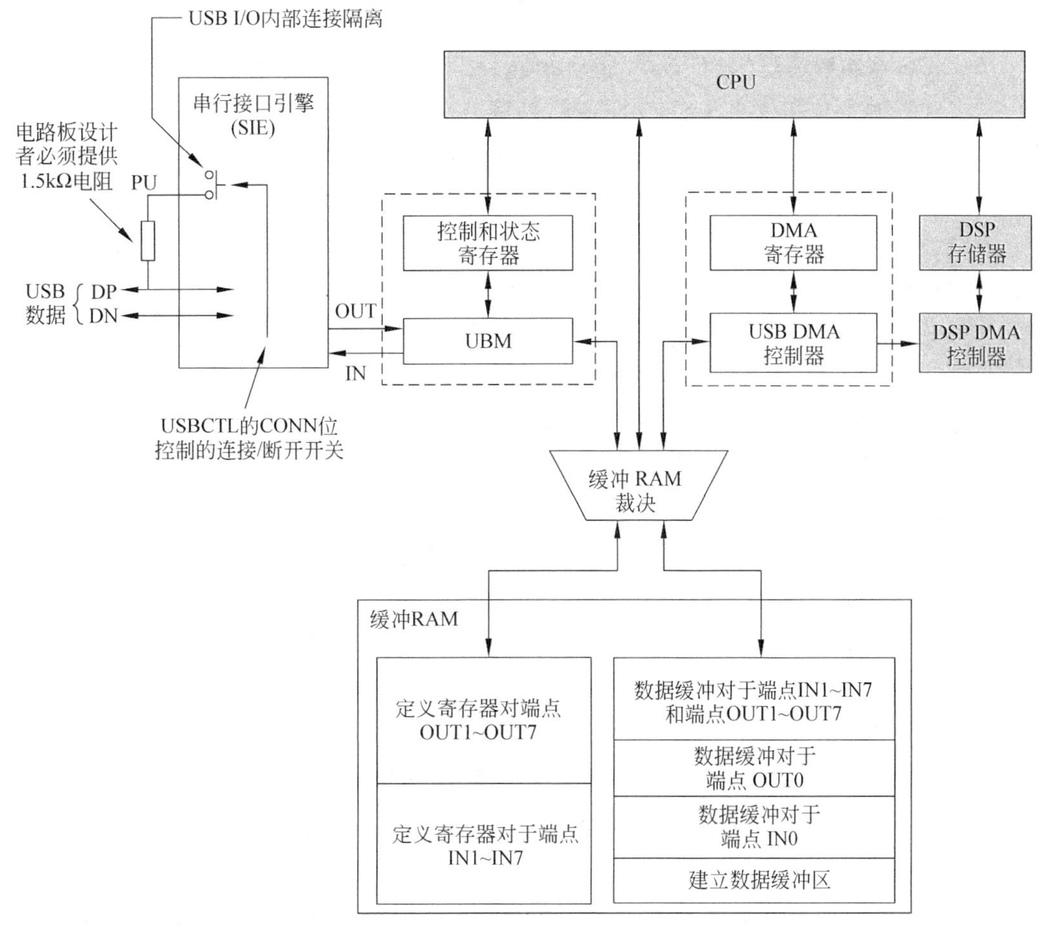

图 5-56 USB 模块功能框图

表 5-59 USB 接口引脚

引脚	描　述
DP	连接该引脚到 USB 连接器终端，传输正极性差分数据
DN	连接该引脚到 USB 连接器终端，传输负极性差分数据
PU	使用该引脚连接一个 1.5kΩ 上拉电阻到 DP 信号线。一个软件可控开关将上拉电阻连接到 USB I/O，隔离内部

2. 串行接口引擎

串行接口引擎(Serial Interface Engine，SIE)是 USB 协议处理者。它分析数据包的 USB 位流信息。对于输出传输，SIE 转换串行数据为并行数据并传递给 USB 缓冲管理器；对于输入传输，SIE 转换来自 UBM 的并行数据为串行数据并从 USB 输出。SIE 也执行错误检查。对于输出传输，SIE 进行错误检查并传输正确数据给 UBM；对于输入传输，在送数据到总线之前，SIE 产生必要的错误检查信息。

3. USB 缓冲管理器(USB Buffer Manager，UBM)和控制、状态寄存器

UBM 控制 SIE 和缓冲 RAM 之间的数据流。控制寄存器的多个位被用于控制 UBM 的行为；状态寄存器的多个位被 UBM 修改来通知 CPU 事件发生。

缓冲 RAM 包含被映射到 DSP I/O 空间的寄存器，它包括以下内容。

(1) 对于每个通用端点(3.5KB)，可重定位的缓冲空间。一个通用端点可以有一个数据缓冲(X buffer)或两个数据缓冲(X buffer and Y buffer)。

(2) 对于 OUT0 端点，一个定长(64B)数据缓冲。

(3) 对于 IN0 端点，一个定长(64B)数据缓冲。

(4) 对于一个建立包，一个定长(8B)数据缓冲。

(5) 明确的寄存器。每个通用端点由 8 个确定寄存器定义端点特性。

UDBDMA 控制器能在 DSP 存储器和通用端点的 X、Y 缓冲之间传输数据。每个端点由一条专用的 DMA 通道和专用的 DMA 寄存器组来控制和监视通道活动。CPU 能够对这些寄存器进行读和写。

USB DMA 控制器通过 DSP DMA 控制器的辅助口访问存储器，这个口被 USB DMA 控制器和主机接口(HPI)共享。USB DMA 控制器具有较高的优先级。

8 位缓冲 RAM 通过 UBM，USB DMA 控制器和 DSP CPU 能被访问，缓冲 RAM 仲裁器提供一个公平访问方案对这三种请求共享缓冲 RAM。

USB DMA 控制器仅能访问通用端点的 X 和 Y 缓冲，控制器使用 24 位地址访问 DSP 存储器。

CPU 通过 I/O 空间访问缓冲 RAM，包括定义寄存器(Definition Registers)。CPU 可写 16 位 I/O 空间值。当写 RAM 时，高 8 位地址被忽略；当 CPU 读 RAM 时，不关心高8 位地址。

5.11.2 USB 模块时钟发生

USB 模块有一个专用时钟发生器独立于 DSP 时钟发生器，它们都能接收来自 CLKIN 引脚的时钟信号。DSP 时钟发生器给 CPU 或大多数 DSP 内部的其他模块提供 CPU 时钟，USB 时钟发生器给 USB 模块提供时钟。USB 模块要求 48MHz 时钟，所以不管在 CLKIN 引脚上的时钟是多少，必须保证通过编程后设定 USB 时钟发生器产生一个 48MHz 时钟。

5509 USB 时钟发生器包括一个数字锁相环电路(DPLL)，5507/5509A DSP 时钟发生器包括一个 DPLL 和一个模拟锁相环电路(APLL)。USB PLL 选择寄存器(USB PLLSEL)如图 5-57 所示。写 PLLSEL 位指出哪个 PLL 电路来驱动 USB 模块。当通过被选择的 PLL 提供一个稳定的时钟信号时，相应的状态位被置位，并且另一个状态位被清除。上电时，DPLL 缺省选择。如果软件选择 APLL 而 APLLSTAT 位仍旧是“0”，APLL 没有提供一个稳定的时钟信号，应当被重新启动，直到 APLL 正常工作。

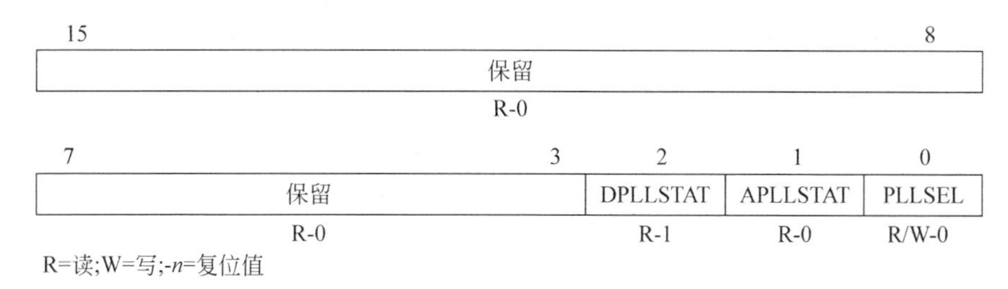

图 5-57 USB PLL 选择寄存器

USB PLL 的位 PLLSEL=0，DPLL 被选择。DPLL 功能像 DSP 时钟发生器。DPLL 有两种模式：锁定模式和旁路模式。在锁定模式下，输入时钟倍乘或分频；在旁路模式下，时钟仅被分频。当上电时，旁路模式被选择。锁定模式或旁路模式能够通过 USB 数字锁相环控制寄存器(USB DPLL)的 PLLENABLE 位选择，该寄存器包含了所有控制 DPLL 的位，并且有与 DSP 时钟模式寄存器(CLKMD)相同的字段。

1. USB DPLL 操作

USB DPLL 如图 5-58 所示，其字段如表 5-60 所示。

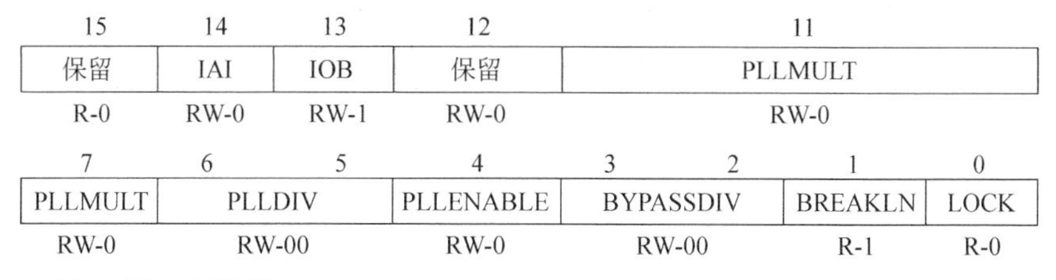

图 5-58 USB 数字 PLL 控制寄存器(USB DPLL)

表 5-60 USB DPLL 控制寄存器字段

位	字　段	BCD 值	描　述
15	保留		只读保留位，读返回“0”
14	IAI	 0 1	空闲后初始化位。IAI 定义当 DPLL 退出空闲模式后，DPLL 怎样再次获得相位锁定 DPLL 不会重新开始相位锁定序列，代替的是 DPLL 重新锁定使用空闲模式前的锁定设定 DPLL 重新开始相位锁定序列。如果输入时钟已经或时钟发生器空闲时发生改变，推荐使用该选项
13	IOB	 0 1	初始化中断位。IOB 定义 DPLL 初始化相位锁定序列在任何时候都能被中断 DPLL 无中断。DPLL 处于锁定模式，持续输出当前时钟信号 DPLL 旁路开关，开关旁路模式和重新开始相位锁定序列
12	保留	0	总写“0”到该保留位
11～7	PLLMULT	2～31	PLL 倍乘数。当 PLLENABLE＝1 并且 DPLL 被锁定时，输入时钟被乘以这个无符号数 PLLMULT，并且被除 PLLDIV 位的值
6～5	PLLDIV	 00b 01b 10b 11b	PLL 被除数值 除以 1。输入频率不被除 除以 2。输入频率除以 2 除以 3。输入频率除以 3 除以 4。输入频率除以 4
4	PLLENABLE	 0 1	PLL 使能位。写到 PLLENABLE，使能或取消相位锁定 相位锁定无效（进入旁路模式） 使能相位锁定。当正确输出时钟信号产生时，进入锁定模式
3～2	BYPASSDIV	 00b 或 01b 10b 11b	旁路模式分频值。在旁路模式中，BYPASSDIV 定义输出时钟信号频率 除以 1。输出时钟信号频率与输入时钟信号频率相同 除以 2。输出时钟信号频率是输入时钟信号频率的 1/2 除以 4。输出时钟信号频率是输入时钟信号频率的 1/4
1	BREAKLN	 0 1	中断锁定指示。BREAKLN 指出是否 DPLL 已经中断相位锁定。另外，如果写 CLKMD，BREAKLN 变为“1” DPLL 已经中断相位锁定 相位锁定被恢复，或写 CLKMD 发生
0	LOCK	 0 1	锁定模式指示。指示 DPLL 是否处于锁定模式 DPLL 处于旁路模式。输出时钟信号频率通过 BYPASSDIV 位确定 DPLL 处于锁定模式。DPLL 输出时钟频率通过 PLLMULT 位和 PLLDIV 位值确定

DPLL 选择 USB 模块时钟频率如表 5-61 所示。

表 5-61 DPLL 选择 USB 模块时钟频率

PLLENABLE	BYPASSDIV	PLLDIV[1]	PLLMULT	DPLL 选择	USB 模块时钟频率[2]
0	0 或 1	×	×	旁路模式，除 1	输入时钟频率×1/1
0	2	×	×	旁路模式，除 2	输入时钟频率×1/2
0	3	×	×	旁路模式，除 4	输入时钟频率×1/4
1	×	0	k=2～31	锁定模式，乘 k	输入时钟频率×k/1
1	×	1	k=2～31	锁定模式，乘 k/2	输入时钟频率×k/2
1	×	2	k=2～31	锁定模式，乘 k/3	输入时钟频率×k/3
1	×	3	k=2～31	锁定模式，乘 k/4	输入时钟频率×k/4

注：①×=不关心；②要正确操作 USB 模块，USB 时钟频率必须是 48MHz。

2. USB APLL 操作

在 TMS320VC5507/5509A 器件内，APLL 通过 USB PLLSEL 寄存器的 PLLSEL=1 来选择。APLL 有两种模式：锁定模式和旁路模式。在锁定模式，输入时钟被倍乘并/或分频；旁路模式输入时钟仅仅被分频。当器件上电时，选择旁路模式。

为了配置 APLL，使用 USB 模拟 PLL 控制寄存器。USB 模拟 PLL 控制寄存器如图 5-59 所示，该寄存器在 5507/5509A 中的 I/O 空间地址为 1F00H。

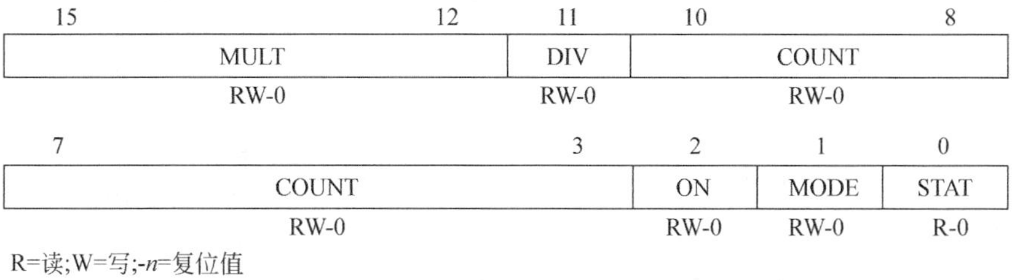

15～12	11	10～8
MULT	DIV	COUNT
RW-0	RW-0	RW-0

7～3	2	1	0
COUNT	ON	MODE	STAT
RW-0	RW-0	RW-0	R-0

R=读;W=写;-n=复位值

图 5-59 USB 模拟 PLL 控制寄存器(USB APLL)

USB APLL 控制寄存器字段如表 5-62 所示。

表 5-62 USB APLL 控制寄存器字段

位	字 段	BCD 值	描 述
15～12	MULT	 0000b 0001b ⋮ 1111b	PLL 倍乘值。MULT+1 是倍乘因子 k=1 k=2 ⋮ k=16
11	DIV	0 或 1	PLL 分频值。锁定模式影响 APLL，旁路模式不关心
10～3	COUNT	0～255	PLL 锁存计数器位。COUNT 提供跟踪 APLL 锁存时间，大约 350μs。每 16 个 CLKIN 周期，COUNT 减 1，当到达 0 时，STAT 位被置位。在切换到锁定模式之前，装入的 COUNT 用下式计算：COUNT=锁定时间/(16×CLKIN 周期)－1

续表

位	字　段	BCD值	描　　述
2	ON	 0 1	PLL VCO 开关位。该位用于使能内部电压控制振荡器 如果 MODE 位是 0。写"0"到该位，关闭 VCO 如果由于 MODE 位使 VCO 没有准备好工作，写"1"到该位，开启 VCO
1	MODE	 0 1	模式选择位 选择旁路模式 选择锁定模式。如果由于 ON 位使 VCO 没有准备好工作，写"1"到该位，开启 VCO
0	STAT	 0 1	PLL 锁定状态位。如果 COUNT 已经被正确装入。STAT＝1，指出对 APLL 有足够时间获取一个相位锁定 COUNT 没有减到 0 COUNT 已经减到 0

APLL 选择 USB 模块时钟频率如表 5-63 所示。

表 5-63　APLL 选择 USB 模块时钟频率

MODE	DIV	k	APLL 选择	USB 模块时钟频率
0	0 或 1	1～15	旁路模式，除以 2	输入时钟频率×1/2
0	0 或 1	16	旁路模式，除以 4	输入时钟频率×1/4
1	0	1～15	锁定模式，乘以 k	输入时钟频率×k/1
1	0	16	锁定模式，乘以 1	输入时钟频率×1/1
1	1	奇数	锁定模式，乘以 k/2	输入时钟频率×k/2
1	1	偶数	锁定模式，乘以(k－1)/4	输入时钟频率×(k－1)/4

5.11.3　USB 缓冲管理器(UBM)

当数据从缓冲 RAM 移入或移出时，UBM 访问表 5-64 所示端点缓冲之一(在缓冲 RAM 内)。

表 5-64　缓冲管理

缓冲传输数据到 DSP 存储器	缓冲接收来自 DSP 存储器的数据
控制端点缓冲器	
OUT0 缓冲	IN0 缓冲
通用端点缓冲器	
OUT1 缓冲(X 或 Y)	IN1 缓冲(X 或 Y)
OUT2 缓冲(X 或 Y)	IN2 缓冲(X 或 Y)
OUT3 缓冲(X 或 Y)	IN3 缓冲(X 或 Y)
OUT4 缓冲(X 或 Y)	IN4 缓冲(X 或 Y)

续表

缓冲传输数据到 DSP 存储器	缓冲接收来自 DSP 存储器的数据
通用端点缓冲器	
OUT5 缓冲(X 或 Y)	IN5 缓冲(X 或 Y)
OUT6 缓冲(X 或 Y)	IN6 缓冲(X 或 Y)
OUT7 缓冲(X 或 Y)	IN7 缓冲(X 或 Y)

每个通用端点能被设置一个单缓冲(X)或一个双缓冲(X 和 Y),这通过 USBxCNFn 寄存器的 DBUF 位设定。每个端点缓冲与一个可编程计数寄存器关联,计数器指出在一次传输中的字节数。对于一个 IN 传输,CPU 或 USB DMA 控制器必须初始化计数寄存器的 CT 字段并清除 NAK 位。对于一个 OUT 传输,UBM 更新 CT 字段(将新数据从 SIE 移动到端点缓冲)并置 NAK 位。

思考题

1. 请简述 55x DSP 时钟发生电路为系统提供相应时钟的工作原理。
2. 定时器由哪些部分构成？说明其工作原理。
3. 设 55x DSP 定时器输入时钟频率为 120MHz。如果定时器发出的中断信号的频率为 2000Hz,定时器的各个寄存器值应怎样设置？
4. 请简述 55x DSP 的工作流程。
5. 请简述 55x DSP A/D 转换器的结构和控制方法。
6. 请简述 55x DSP RTC 的内部结构和工作原理。

第6章 DSP系统电路

CHAPTER 6

DSP的系统电路即外围电路，是系统设计的基础，合理、有效的硬件设计为充分发挥DSP的处理能力提供良好的条件。本章介绍C55x DSP的最小系统中的各功能电路的设计原理和方法，存储器和I/O的扩展方法及实例，A/D、D/A电路，并给出部分程序代码。

知识要点

◆ 掌握C55x的最小系统中的各功能电路的设计原理和方法。

◆ 理解存储器和I/O的扩展方法。

◆ 理解A/D、D/A电路的设计方法。

6.1 DSP系统电平转换电路

C55x数字信号处理器的外部接口电源电压为3.3V，与它连接的外设的I/O电压一般也必须是3.3V。如果外设的I/O电压是5V或其他值，外设和DSP之间的连接必须考虑不同I/O工作电压之间的电平转换问题。

6.1.1 各种电平的转换标准

目前芯片的I/O电平主要是TTL电平和CMOS电平。图6-1所示是CMOS电平和TTL电平的转换标准。V_{OH}表示输出高电平的最低电压，V_{OL}表示输出低电平的最高电压，V_{IH}表示输入高电平的最低电压，V_{IL}表示输入低电平的最高电压。

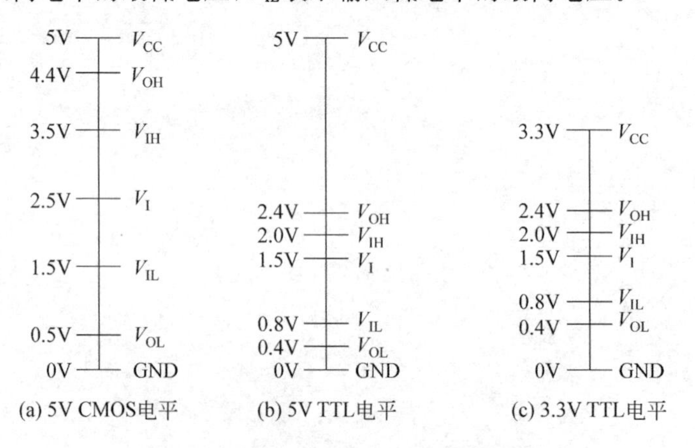

图6-1 CMOS电平和TTL电平转换标准

6.1.2 3.3V与5V电平转换的形式

在3.3V与5V接口直接连接时，必须考虑电压和电流是否匹配的问题，既要考虑驱动器件的输出逻辑是否符合被驱动器件的输入逻辑电平的要求，又要考虑驱动器件的最大输出电流是否满足被驱动器件的输入电流要求。

当5V TTL器件驱动3.3V TTL器件时，由于双方转换电平标准一样，只要3.3V器件能承受5V电压，并满足电流条件即可，否则需要加转换电路。

当5V CMOS器件驱动3.3V TTL器件时，双方的转换电平标准不一样，但满足直接互连电平的转换要求。只要3.3V器件能承受5V电压，并满足电流条件，就可以直接连接，否则需要加转换电路。

当3.3V TTL器件驱动5V CMOS器件时，双方的转换电平标准不一样，且不满足直接互连电平的转换要求，此时需要加入转换电路。

当3.3V TTL器件驱动5V TTL器件时，双方的转换电平标准一样，且满足直接互连电平的转换要求，只要满足电流要求，就可以直接互连，否则需要加转换电路。

6.1.3 DSP与外围器件的接口

1. 电源电路

C55x数字信号处理器电源包括内核电源和外部接口电源。其外部接口电源为3.3V，内核电源根据型号不同而采用不同的电压。

TI公司为用户提供了两路电压输出的电源芯片，分别是固定电压输出和可调电压输出。TPS767D3××系列电源芯片是一种低压差稳压器，能够提供0mA～1A连续电流输出。固定电压输出为3.3V/2.5V、3.3V/1.8V和3.3V，可调电压输出范围为1.5～5.5V。同时，可以对内核电压和外部I/O接口电源单独复位，较好地满足C55x处理器的供电要求。其中，TPS767D301可提供1路3.3V固定输出电压和1路1.5～5.5V可调输出电压；TPS767D318可提供两路3.3V和1.8V固定输出电压；TPS767D325提供的两路固定输出电压分别是3.3V和2.5V。

下面以TPS767D301为例，实现输出内核电压可调电路，如图6-2所示。

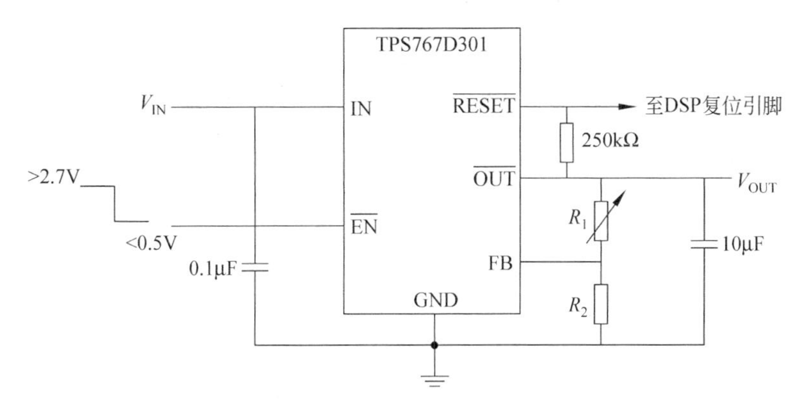

图6-2 可调电压电源原理

在图 6-2 中，输出电压 V_{OUT} 与外接电阻 R_1 和 R_2 的关系为

$$V_{\mathrm{OUT}} = V_{\mathrm{REF}} \times \left(1 + \frac{R_1}{R_2}\right)$$

式中：V_{REF} 为基准电压，典型值为 1.1824V。R_1 和 R_2 通常选择构成分压器，驱动电流为 50μA。推荐 R_2 的取值为 30.1kΩ，R_1 的取值可根据所需要的输出电压来调整。由于 FB 端的漏电流会引起误差，因此应避免使用较大的外界电阻 R_1 和 R_2。表 6-1 给出了典型的电阻值 R_1、R_2 和对应的输出电压值 V_{OUT}。

表 6-1 可编程输出电压与电阻关系

输出电压值 V_{OUT}/V	电阻 R_1/kΩ	电阻 R_2/kΩ	输出电压值 V_{OUT}/V	电阻 R_1/kΩ	电阻 R_2/kΩ
1.6	10.6	30.1	3.3	53.6	30.1
1.8	15.7	30.1	3.6	61.9	30.1
2.5	33.2	30.1	4.75	90.8	30.1

图 6-3 所示为采用 TPS767D301 实现 1.6V/3.3V 固定电压输出的原理图，可以作为参考。

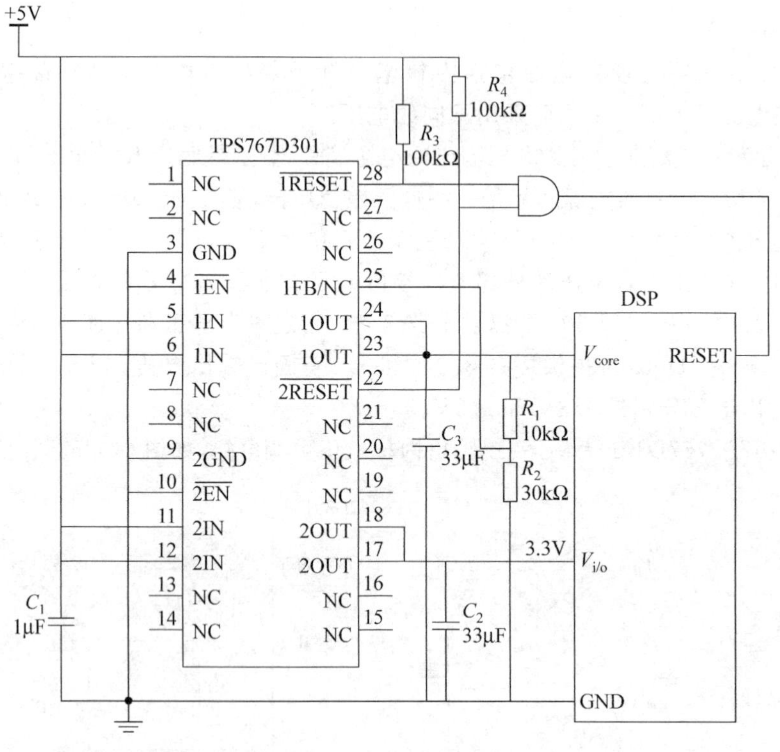

图 6-3 采用 TPS767D301 实现 1.6V/3.3V 固定电压输出的原理图

2. 复位电路

在系统上电过程中，如果电源电压还未稳定，这时 DSP 进入工作状态，可能造成不可

预知的后果,甚至引起硬件损坏。解决这个问题的方法是 DSP 在上电过程中保持复位状态,因此有必要在系统中加入上电复位电路。上电复位电路的作用是保证上电可靠,并在用户需要时实现手工复位。

图 6-4 给出采用 TPS3125 构建的 DSP 复位电路。

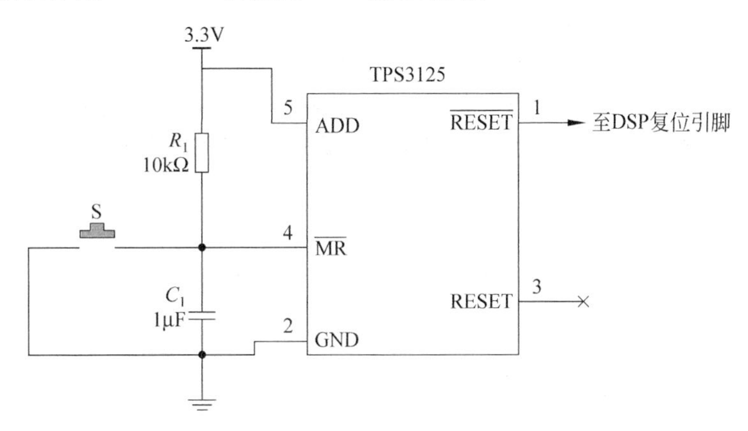

图 6-4 DSP 复位电路

3. 时钟电路

C55x 系列 DSP 内部具有锁相环电路。锁相环可以对输入时钟信号进行倍频和分频,并将所产生的信号作为 DSP 的工作时钟。

C55x 的时钟输入信号可以采用两种方式产生:第一种是利用 DSP 芯片内部的振荡器产生时钟信号,连接方式如图 6-5 所示。在芯片的 X1 和 X2/CLKIN 引脚之间接入一个晶体,用于启动内部振荡器。

第二种是采用外部时钟源的时钟信号,连接方式如图 6-6 所示。将外部时钟信号直接加到 DSP 芯片的 X2/CLKIN 引脚,X1 引脚悬空。外部时钟源可以采用频率稳定的有源晶体振荡器,具有使用方便、价格便宜的优点,因而得到广泛应用。注意,当 DSP 采用的是模拟锁相环时,必须保证输入时钟信号的信号过冲不能超过数据手册给出的范围,否则锁相环将可能运行不正常。通过在线路中串联电阻可以防止信号过冲。

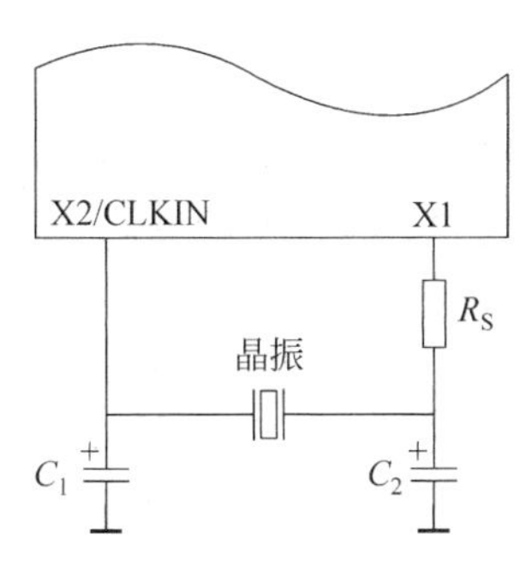

图 6-5 用外部晶体和内部振荡器产生输入时钟

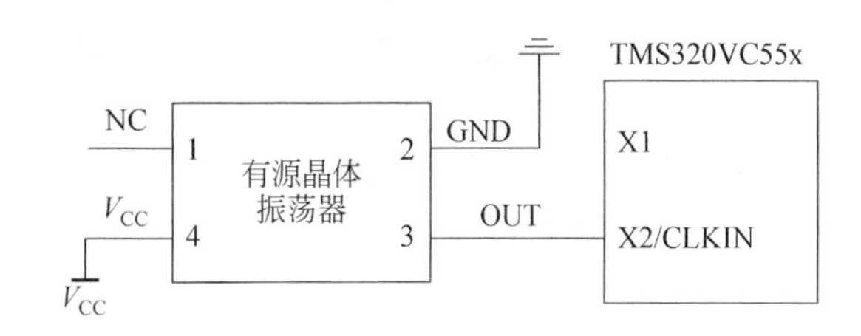

图 6-6 用外部时钟源产生输入时钟

6.1.4 JTAG 仿真接口电路

JTAG(Joint Test Action Group,联合测试行动小组)是一种国际标准测试协议(IEEE 1149.1 兼容),主要用于芯片内部测试。现在多数的高级器件都支持JTAG协议,如DSP、FPGA、ASIC器件等。

JTAG接口是DSP的调试接口,用户可以利用JTAG接口完成程序的下载、调试和调试信息输出。通过该接口,可以查看DSP的存储器、寄存器等的内容。如果DSP连接了非易失存储器,如Flash存储器,还可以通过JTAG接口完成芯片的烧录。图6-7所示是JTAG接口与DSP的连接图。

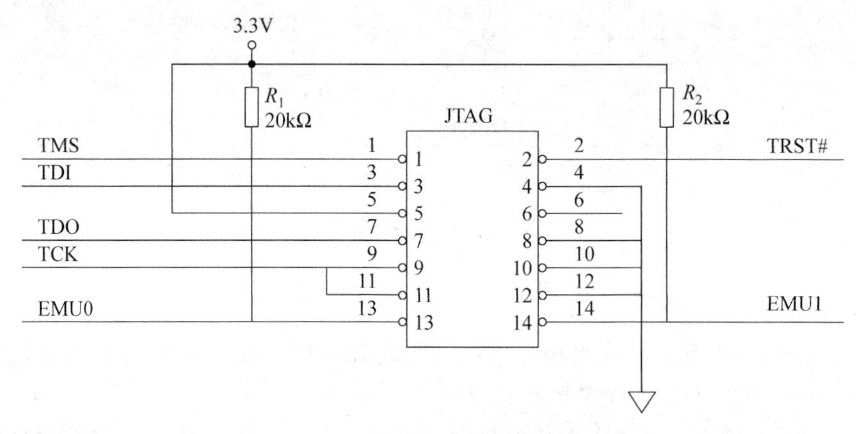

图 6-7 JTAG接口与DSP的连接图

6.2 DSP存储器和I/O的扩展

C55x DSP的片内存储器尽管很大,但是对于数据运算量和存储容量要求较高的场合,需要进行片外存储器和I/O扩展。

6.2.1 程序存储器扩展

外部程序存储器是用来存储系统代码及数据表格的空间。扩展程序存储器时(包括数据存储器的扩展),除了要考虑地址分配外,还要注意存储器和DSP的I/O口电压、电流匹配,存储器读写控制、片选控制以及与DSP外部地址总线、数据总线、控制总线的时序匹配。

外部扩展程序存储器一般使用RAM、EPROM、EEPROM或Flash。RAM为易失性存储器,但其运行速度快,可以为DSP提供运行指令代码和保存临时数据。Flash或EPROM为非易失性存储器,可以为DSP保存代码和数据表。Flash与EPROM相比,体积小,功耗低,使用方便,且3.3V的Flash可以与DSP芯片直接连接,相对来说具有优势。

AM29LV320D是一种大容量的闪存存储器Flash,存储容量可以达到2M字/4M字节,数据总线宽度可以是8位或16位,图6-8所示为AM29LV320D与C55x处理器的连接关系示意图。

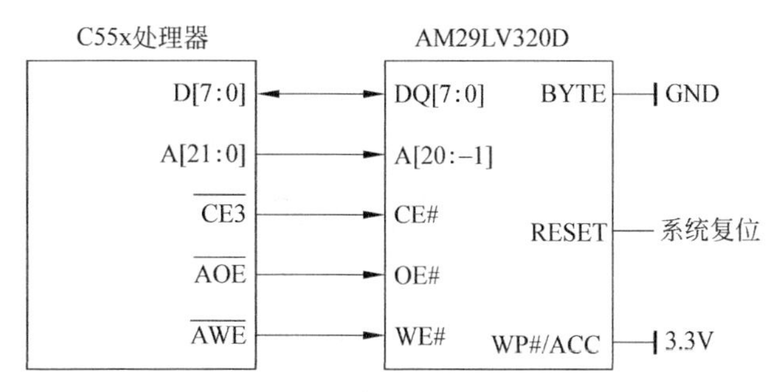

图 6-8 C55x 处理器与 AM29LV320D 的连接

从图 6-8 中可以看到，C55x 处理器与 AM29LV320D 的连接用了数据线 D7～D0。在这种连接方式下，AM29LV320D 的 DQ15/A-1 引脚应当作为地址线 A－1 来使用，处理器的地址总线 A[21:0]接到 AM29LV320D 的 A[20:－1]，AM29LV320D 的 BYTE#信号接地，RESET#接到系统复位信号，写保护/快速编程 WP#/ACC 引脚接高电平。

AM29LV320D 的读写时序如图 6-9 和图 6-10 所示，从时序图中可以看到，该芯片的一个读写周期最短为 90ns 或 120ns，而数字信号处理器的 CLKOUT 时钟是 DSP 主时钟的 1/1、1/2、1/3、1/4、1/5、1/6、1/7 或 1/8。如果 DSP 运行在 200MHz，则 DSP 的一个时钟周期为 5ns，如果不能让 DSP 的读写时序同 AM29LV320D 的读写时序相匹配，就无法实现正确的读写。调整 DSP 的读写时序有两种方法，一种方法是将 AM29LV320D 的 RY/BY 信号接到 DSP 的 ARDY 信号上，通过硬件等待信号实现二者读写时序的同步；另一种方法是通过软件设置外部存储器接口寄存器，实现正确读写。硬件实现方法使用简单，但灵活性不强，如果 DSP 通过外部存储器接口连接多个芯片，这种方法就不能使用。软件设置方法灵活、方便，推荐使用该方法设置外部存储器接口的读写时序。

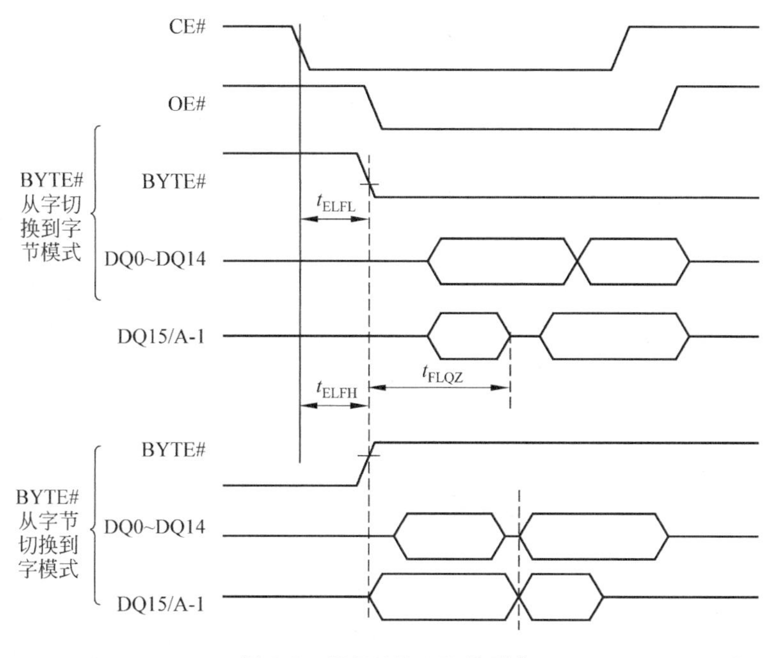

图 6-9 AM29LV320D 读时序

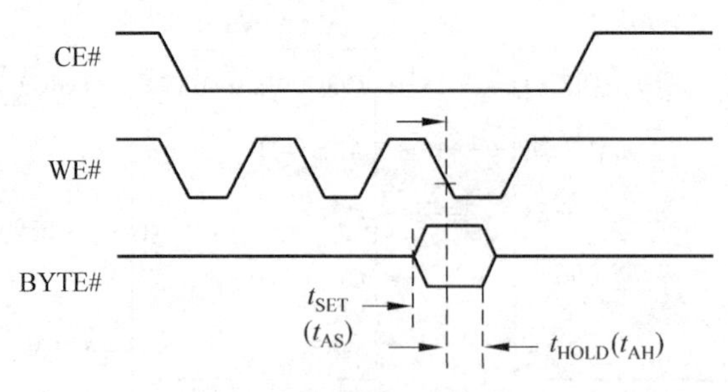

图 6-10 AM29LV320D 写时序

当 CLKOUT 为 4 分频时，设置建立时间为 1 个时钟周期，选通时间为 4 个时钟周期，保持时间为 2 个时钟周期，就可以正确读取 AM29LV320D 存储器。

6.2.2 数据存储器的扩展

TMS320C55x DSP 的型号不同，其内部 RAM 的大小也不同。从程序的运行速度、系统功耗和电路的抗干扰性等方面考虑，尽量选择不需要进行外部数据存储器扩展的大容量 DSP 芯片。但是在一些特殊场合，还是需要对 DSP 芯片进行外部数据存储器的扩展。

可作为外部数据存储器的种类有静态存储器 SRAM 和动态存储器 DRAM。如果系统对外部数据存储器的运行速度要求不高，可以采用常规的静态存储器，例如 TC55V16256FT；如果系统对外部数据存储器的运行速度要求高，一般采用同步动态存储器。

本节以高速静态存储器 IS61LV6416 为例，介绍外部数据存储器扩展。ISSI 公司的 IS61LV6416 存储容量为 64K 字（16 条地址线、16 条数据线）的高速静态 RAM。其工作电压为 3.3V，访问时间最短可达 8ns，TTL 兼容接口电平，三态输出，高字节/低字节传输控制，采用 48 个引脚的 SOJ/TSOP 封装或 48 个引脚的 BGA 封装，其引脚说明及引脚组合功能说明如表 6-2 和表 6-3 所示。

表 6-2 IS61LV6416 引脚说明

引脚名称	功能说明	引脚名称	功能说明
A0～A15	地址输入	I/O0～I/O15	数据输入
CE	使能输入	OE	数据输出
WE	写使能	LB	低字节控制
UB	高字节控制	NC	不接
V_{CC}	电源	GND	接地

表 6-3 IS61LV6416 引脚组合功能说明

WE	CE	OE	LB	UB	I/O0～I/O7	I/O8～I/O15	MODE
X	H	X	X	X	高阻	高阻	未选择芯片
H	L	H	X	X	高阻	高阻	输出禁止

续表

WE	CE	OE	LB	UB	I/O0～I/O7	I/O8～I/O15	MODE
X	L	X	H	H	高阻	高阻	输出禁止
H	L	L	L	H	数据输出	高阻	读数据线低 8 位
H	L	L	H	L	高阻	数据输出	读数据线高 8 位
H	L	L	L	L	数据输出	数据输出	读数据线 16 位
L	L	X	L	H	数据输入	高阻	写数据线低 8 位
L	L	X	H	L	高阻	数据输入	写数据线高 8 位
L	L	X	L	L	数据输入	数据输入	写数据线 16 位

DSP 外部扩展数据存储器连接图如图 6-11 所示。C55x 处理器通过 EMIF 接口中的同步突发静态存储器接口与 IS61LV6416 相连接，完成 C55x 外部扩展数据存储器的功能。IS61LV6416 的地址线、数据线和 C55x 的地址线、数据线直接连接。由于 IS61LV6416 是数据存储器，CE 引脚和 C55x 同步突发静态存储器接口中的 $\overline{\text{CE0}}$ 引脚连接，选通外部数据存储器。WE 引脚和 C55x 的 $\overline{\text{SSWE}}$ 引脚连接，OE、LB 和 UB 引脚接地，以便 C55x 对 IS61LV6416 进行 16 位读写。

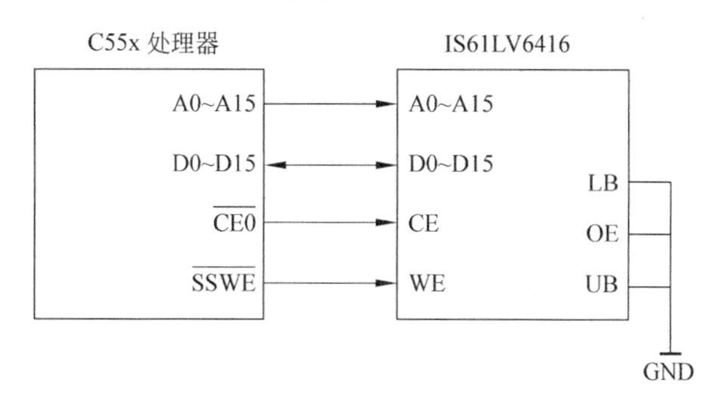

图 6-11 C55x 外部扩展数据存储器连接图

6.2.3 I/O 扩展应用

C55x 可以采用外部 I/O 扩展的方式和外设硬件连接。它的 I/O 资源主要由 2 个部分构成：8 个 GPIO 引脚 IO7～IO0，以及 McBSP 外设接口的 DR、DX、CLKX、CLKR、FSX、FSR 和 CLKS 7 个引脚。

GPIO 引脚 IO7～IO0 的使用请参考本章中通用输入/输出端口 GPIO 的介绍。

CLKR、FSR 和 DR 作为通用 I/O 口的使用条件：串口的接收部分复位(SPCR1 寄存器中的 RRST=0)，串口接收部分的通用 I/O 功能被启动(PCR 寄存器中的 RION=1)。CLKX、FSX 和 DX 作为通用 I/O 口的使用条件：串口的发送部分复位(SPCR2 寄存器中的 XRST=0)，串口发送部分的通用 I/O 功能被启动(PCR 寄存器中的 XION=1)。CLKS 作为通用 I/O 口的使用条件：串口的接收、发送部分复位(SPCR1 寄存器中的 RRST=0，且 SPCR2 寄存器中的 XRST=0)，串口发送、接收部分的通用 I/O 功能被启动(PCR 寄存器中的 XION=1,且 RION=1)。

现以键盘连接为例,说明 C55x 进行 I/O 扩展的设计。扩展芯片可以采用 74HC573,其真值表如表 6-4 所示。TMS320C5509 与键盘连接图如图 6-12 所示。TMS320C55x DSP 读键盘端口地址为 0BFFFH,写键盘端口地址为 0DFFFH。

表 6-4 74HC573 真值表

输 入			输出	输 入			输出
OE	LE	D		OE	LE	D	
L	H	H	H	L	L	X	数据
L	H	L	L	H	X	X	Z

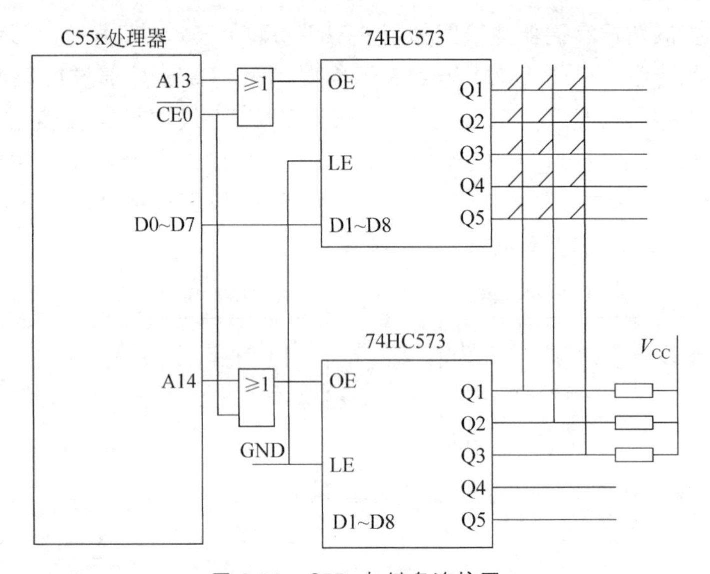

图 6-12 C55x 与键盘连接图

6.3 A/D 和 D/A 接口

数字信号处理过程中通常采用图 6-13 所示的结构。在该系统中,模/数信号转换(A/D 转换)部分和数/模信号转换(D/A 转换)部分起着非常重要的作用。它们将模拟信号采样和量化,或将经过数字信号处理的结果转化为模拟信号。根据奈奎斯特定律,要完整地采集模拟信号所携带的信息,A/D 转换的采样率必须大于模拟信号最高频率的2 倍。采样率并非越高越好,因为采样率过高,会增加后端数字信号处理的负担。

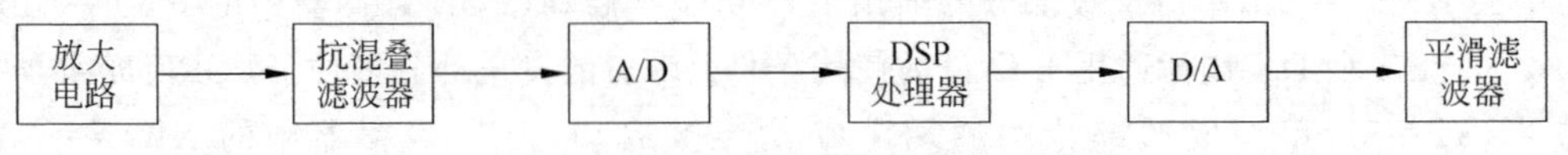

图 6-13 数字信号处理标准结构

一般来说，最佳采样率是模拟信号最高频率的4～8倍。采样率确定后，就要选择合适的A/D采样芯片。

在设计A/D和D/A接口时，需要考虑以下问题。

（1）A/D的采样率以及DSP采用何种方式产生采样频率。原则上，根据系统对实时性的要求及奈奎斯特定律确定采样频率；技术上，并行数据输出的A/D可以采用DSP片内定时器中断方式，利用外接CPLD构建定时器＋双端口RAM方式精确控制采样频率；串行数据输出的A/D转换器可以利用McBSP时钟采样率发生器来控制采样频率。

（2）A/D转换器的转换速率、转换精度、串行或并行输出方式以及数据格式的确定。根据采样频率确定A/D转换器的转换速率，常用的转换精度按位长区分有8位、12位、16位，位长越长，采样精度越高。一般来说，并行输出的速率要高于串行输出。串行输出的优点是布线简单，数据输出格式可以采用压缩数据格式，也可以直接输出。例如，对于语音编解码器，可以采用A、μ率压缩格式，图像/视频信号编解码器可以采用RGB或者YCbCr格式。

（3）D/A转换器的转换速率、转换精度、串行或并行输出方式以及数据格式的确定。根据对输出信号中最高频率分量的分辨率和失真度要求，确定D/A转换器的转换速率和精度。

A/D采样芯片按数字接口，分为串行接口和并行接口两大类。串行接口A/D转换芯片主要适用于100kHz以下采样速率。对于100kHz以上的采样率，一般采用并行接口A/D转换芯片。

6.3.1 TMS320C55x DSP与A/D接口

1. 串行A/D设计

串行接口A/D转换芯片有连接简单、占用系统资源较少等优点，广泛应用在音频处理等领域。本节所给的就是在DSP系统中采用四路模拟信号输入，12位分辨率A/D转换芯片MAX1246的实例。

MAX1246可以无缝连接到TMS320系列处理器上。图6-14所示是MAX1246与TMS320VC5510的连接图。MAX1246的串行时钟信号SCLK由处理器的发送时钟信号CLKX0提供，CLKX0同时提供接收时钟信号CLKR0，处理器的数据发送DX0接到MAX1246的数据输入DIN，MAX1246的数据输出DOUT接到处理器的DR0脚，MAX1246的串行选通输出SSTRB接至FSR0，处理器的XF为MAX1246提供片选信号。

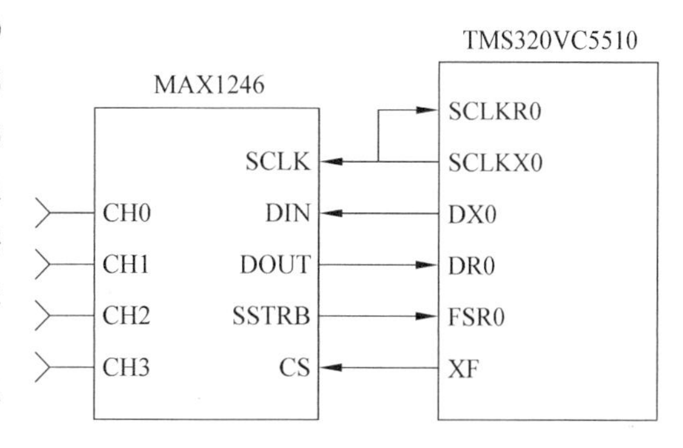

图6-14 MAX1246与TMS320VC5510的连接图

信号采集过程如下所示。

（1）首先关闭所有中断。

(2) 处理器设置串口 McBSP0。

```
MOV    #0x0000,PORT(#SPCR1_0)         ;/*spcr1*/
                                      ;DBL =0 (关闭闭环模式)
                                      ;RJUST=00b (接收数据右对齐,不进行符号扩展)
                                      ;CLKSTP=00b (关闭时钟停止模式)
                                      ;Reserve=000b
                                      ;DXENA=0 (关闭 DX 延迟)
                                      ;ABIS=0 (关闭 ABIS 模式)
                                      ;RINTM=00b (收到数据,CPU 发出中断)
                                      ;RSYNCERR=0
                                      ;RFULL=0
                                      ;RRDY=0
                                      ;RRST=0 (处于 RESET 状态)
                                      ;0000 0000 0000 0000b=0000h
MOV    #0x200,PORT(#SPCR2_0)          ;Reserve=000000b
                                      ;FREE=1
                                      ;SOFT=0 (McBSP 发送和接收时钟继续运行)
                                      ;FRST=0 (打开帧同步逻辑)
                                      ;GRST=0 (采样率产生器处于 RESET 状态)
                                      ;XINTM=00b (XRDY 由 0 变 1,发出 XINT 信号)
                                      ;XSYNCERR=0
                                      ;XEMPTY=0
                                      ;XRDY=0
                                      ;XRST=0 (处于 RESET 状态)
                                      ;0000 0010 0000 0000b=0200h
MOV    #0x0a03,PORT(#PCR0)            ;/*pcr*/
                                      ;Reserve=0
                                      ;IDLE_EN=0
                                      ;XIOEN=0
                                      ;RIOEN=0
                                      ;FSXM=1 (McBSP 内部产生发送帧同步信号)
                                      ;FSRM=0 (接收帧同步信号由外部产生)
                                      ;CLKXM=1 (发送时钟信号由采样率产生器产生)
                                      ;CLKRM=0 (接收时钟信号由采样率产生器产生)
                                      ;SCLKME=0 (CPU 时钟)
                                      ;CLKS_STAT=0
                                      ;DX_STAT=0
                                      ;DR_STAT=0
                                      ;FSXP=0 (发送帧同步信号高电压有效)
                                      ;FSRP=0 (接收帧同步信号高电压有效)
                                      ;CLKXP=1 (发送时钟下降沿有效)
                                      ;CLKRP=1 (接收时钟翻转)
                                      ;0000 10100000 0011=0A03h
MOV    #0x00cb,PORT(#SRGR1_0)         ;/*srgr1*/
                                      ;FWID=0000 0000 (帧同步信号脉冲宽度为 1)
                                      ;CLKGDV=1100 1011b (203)
                                      ;0000 0000 1100 1011b=00CBh
MOV    #0x301f,PORT(#SRGR2_0)         ;/*srgr2*/
```

```
                                        ;GSYNC=0 (无外部时钟同步)
                                        ;CLKSP=0
                                        ;CLKSM=1 (CPU 时钟)
                                        ;FSGM=1 (采样率产生器产生帧信号)
                                        ;FPER=0000 0000 1111 (31)
                                        ;0011 0000 0000 1111=300fh
MOV     #0x0020,PORT(#XCR1_0)           ;/* xcr1 */
                                        ;Reserve=0
                                        ;XFRLEN1=0 (单字)
                                        ;XWDLEN1=001 (16bit)
                                        ;Reserve=0 0000
                                        ;0000 0000 0010 0000b=0020h
MOV     #0x0004,PORT(#XCR2_0)           ;/* xcr2 */
                                        ;XPHASE=0 (单相帧)
                                        ;XFRLEN2=000 0000 (单字)
                                        ;XWDLEN2=000 (8bit)
                                        ;COMPAND=00 (非压缩模式)
                                        ;XFIG=1 (忽略错误 FSR 脉冲)
                                        ;XDATDLY=00 (延迟 0bit)
                                        ;0000 0000 0000 0100b=0004h
MOV     #0x0020,PORT(#RCR1_0)           ;/* rcr1 */
                                        ;Reserve=0
                                        ;RFRLEN1=000 0000b(单字)
                                        ;RWDLEN1=001b 12bits
                                        ;Reserve=00000b
                                        ;0000 0000 0010 0000b=0020H
MOV     #0x0025,PORT(#RCR2_0)           ;/* rcr2 */
                                        ;RPHASE=0 (单相帧)
                                        ;RFRLEN2=000 0000b (单字)
                                        ;RWDLEN2=001b 12bits
                                        ;RCOMPAND=00b (不压缩,首先接收高位)
                                        ;RFIG=1 (忽略错误 FSR 脉冲)
                                        ;RDATDLY=01b (延迟 1bit)
                                        ;0000 0000 0010 0101b=0025h
MOV     #0x0001,PORT(#MCR1_0)           ;无需多个通道
MOV     #0x0001,PORT(#MCR2_0)
MOV     #0x0001,PORT(#RCERA_0)          ;选择通道 0
MOV     #0x0001,PORT(#XCERA_0)          ;选择通道 0
MOV     #0x0240,PORT(#SPCR2_0)          ;GRST=1,启动采样率发生器
RPT     #0x200
NOP
MOV     #0x0241,PORT(#SPCR2_0)          ;XRST=1,启动发送器
MOV     #0x0001,PORT(#SPCR1_0)          ;RRST=1,启动接收器
MOV     #0x9f,PORT(#DXR1_0)
MOV     #0x02C1,PORT(#SPCR2_0)          ;FRST=1,启动帧同步
```

(3)允许中断。

(4)中断服务子程序进行数据存储。

```
_RINT_Isr1:
```

```
PSH     AC0
PSH     AC1
PSHBOTH XAR0
PSH     T0
BCLR     CPL

MOV     port(#DRR1_0),AC1                        ;读采样值
MOV     STATUE,T0                                ;判断通道号
SUB     #1,T0,AC0
BCC     L1,AC0==0
SUB     #2,T0,AC0
BCC     L2,AC0==0
SUB     #3,T0,AC0
BCC     L3,AC0==0
MOV     0XD0, port(#DXR1_0)                      ;发下次采样命令字
MOV     ADD0,AC0
MOV     AC0,AR0
MOV     AC1, *AR0++
MOV     AR0,ADD0
MOV     #1, STATUE
B       SEND
L1:
MOV     0XA0, port(#DXR1_0)                      ;发下次采样命令字
MOV     ADD1,AC0
MOV     AC0,AR0
MOV     AC1, *AR0++
MOV     AR0,ADD1
MOV     #2, STATUE
B       SEND
L2:
MOV     0XE0, port(#DXR1_0)                      ;发下次采样命令字
MOV     ADD2,AC0
MOV     AC0,AR0
MOV     AC1, *AR0++
MOV     AR0,ADD2
MOV     #3, STATUE
B       SEND
L3:
MOV     0X90, port(#DXR1_0)                      ;发下次采样命令字
MOV     ADD3,AC0
MOV     AC0,AR0
MOV     AC1, *AR0++
MOV     AR0,ADD3
MOV     #0, STATUE
RETI
```

2. 并行 A/D 设计

串行数据的传输速率并不是无限制的，这是由于串行接口是在串口时钟 SCLK 下运行。对 C55x 系列处理器来说，SCLK 最高不能大于 CPU 时钟的二分之一。例如，对

100MHz 的处理器来说，如果传递的数据宽度为 16 位，则在理想状况下，最高的传输速率只能达到 50Mb/16s，即 3.125Mb/s。

对于高速模/数转换来说，大于 100kHz 以上的采集速率一般都采用并行 A/D 转换芯片。并行 A/D 采集芯片只需提供采样时钟即可，不必提供串口时钟，并且一般不需要处理器向采样芯片发出命令字。

由 TMS320VC5510 和 TLC5510 组成的一套高速并行采样系统如图 6-15 所示。该系统最高 A/D 采集速率可以达到 10MHz，这已经在超声波信号处理方面得到了实际应用。

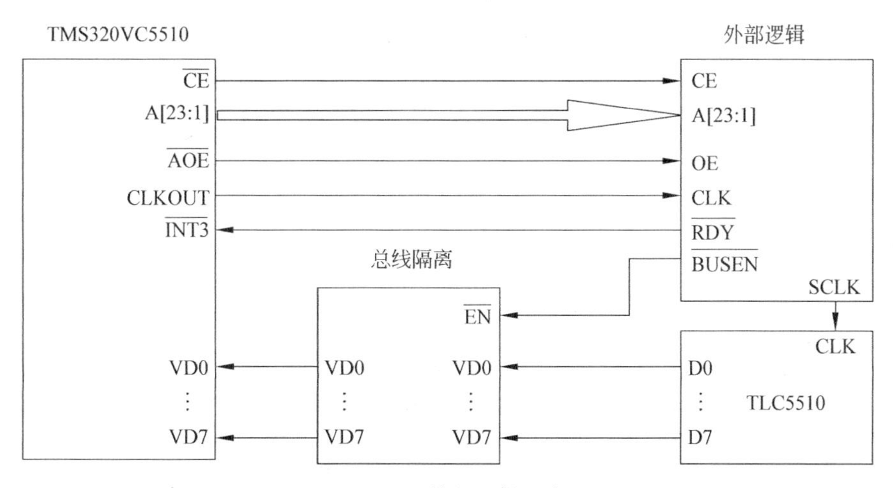

图 6-15 并行采样系统

TLC5510 是德州仪器公司研制的 8 位并行 A/D 采样芯片，其最高 A/D 转换速率可以达到 20MHz。由于 TLC5510 的信号电平为 5V TTL 电平，而 TMS320VC5510 的为 3.3V CMOS 电平。如果直接将 TLC5510 的信号直接接到 TMS320VC5510 上，有可能对处理器造成永久性损害，因此在二者之间增加了 74LVTH245 总线隔离器，由它进行信号电平的转换。采用并行数据接口，必须在 DSP 内存空间分配相应的地址，这就要求增加外部地址译码电路。A/D 采集芯片进行采集时，要求有采样时钟驱动。该高速采集系统是通过对 DSP 的 CLKOUT 时钟输出引脚分频产生的。由于系统设计的最大采样率为 10MHz，因此分频数设为 20。通过调整 DSP 时钟输出引脚分频比，该采集系统还可在 5MHz、3.33MHz、2.5MHz 采样速率下工作。采样数据准备好信号(RDY)由外部逻辑产生，该信号接至 DSP 的 INT3 引脚。该信号既可作为中断信号引起系统中断，进入采集子程序；也可将该信号作为 DMA 同步信号，启动 DMA 传送，将采集数据导入内存。

由于并行模/数转换器件接入处理器 EMIF(外部存储器接口)，其数据读/写必须满足时序关系，如图 6-16 所示。

处理器读取采样数据可以通过两种方式进行，即中断方式和 DMA 方式。下面分别介绍这两种方式的编程方法。

1) 中断方式

中断方式是通过外部引脚 INT3 引发硬件中断，中断服务子程序将数据导入内存，其

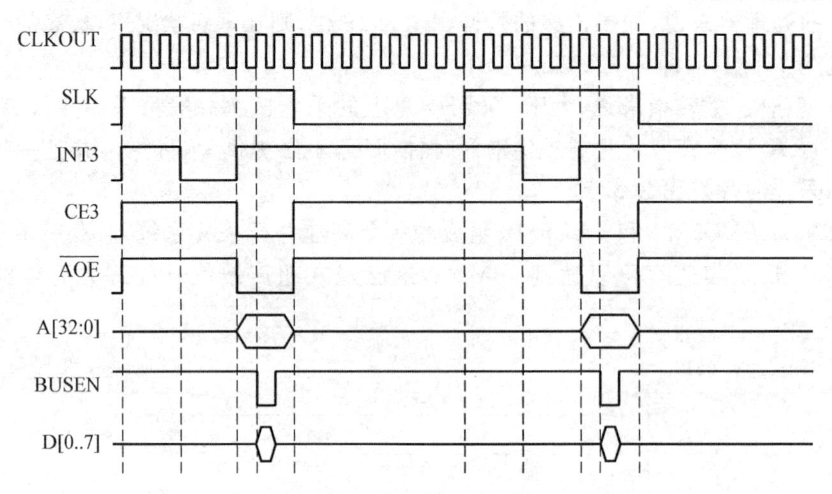

图 6-16　并行采样时序关系

程序如下所示。

首先设置寻址状态。

```
BSET    0,ST2_55                  ;设置 AR0 处在循环寻址状态
MOV     #0x6000,mmap(@ BSA01)     ;循环首地址 0x6000
MOV     #0x400,mmap(@ BK03)       ;循环块长度 1024
MOV     #0x6000,AC0
MOV     AC0,XAR0                  ;XAR0 存入循环首地址
```

中断服务程序如下所示。

```
Int3Isr:
    MOV @ 0x600000,AC0
    MOV AC0, * AR0+
    RETI
```

2) DMA 方式

DMA 方式是把 INT3 引脚的低电平信号作为 DMA 同步事件，由它引发 DMA 传送，从而将采样数据导入处理器存储器。该方式的优点是不需处理器干预，并且在数据区存满后，可向 DSP 发出中断，通知数据区满。

采用 DMA 方式进行数据采集时，处理器在开始数据采集前，首先初始化 DMA 控制器，主要包括设置数据传输所要占用的 DMA 通道，引起 DMA 传输的同步事件，DMA 所传输的数据的源地址和目的地址，数据源地址、目的地址所处的空间(数据或外设空间)，以及在一次传输完成后源地址、目的地址是否要累加。

```
MOV     #0x0,port(#DMA_GCR)       ;设置 DMA 全局寄存器
                                  ;Rsvd =0000,0000,0000,0
                                  ;Free=0,断点挂起 DMA 传送
                                  ;EHPI EXCL=0,EHPI 可以读取所有地址
                                  ;EHPI PRIO=0,EHPI 在低优先级
MOV     #0208,port(#DMA_CSDP0)    ;DST BEN =00b,目标禁止突发
```

```
                                        ;DST PACK =0b,目标禁止打包
                                        ;DST=0001b,目标为双访问存储器
                                        ;SRC BEN=00b,源禁止突发
                                        ;SRC PACK=0,源禁止打包
                                        ;SRC=0010b,源数据在外部存储器
                                        ;DATA TYPE=00b,8 位数据
                                        ;0000 0010 0000 1000b=0x0208
MOV     #0x0000,port(#DMA_CSSA_L0)      ;源起始地址低位寄存器
MOV     #0x00c0,port(#DMA_CSSA_H0)      ;源起始地址高位寄存器
MOV     #0xc000,port(#DMA_CDSA_L0)      ;目标起始地址低位寄存器
MOV     #0x0000,port(#DMA_CDSA_H0)      ;目标起始地址高位寄存器
MOV     #0x0001,port(#DMA_CEN0)         ;每帧元素数量为 1
MOV     #0x0400,port(#DMA_CFN0)         ;每块 1024 帧
MOV     #0x48D2,port(#DMA_CCR0)         ;DST AMODE=01b,目的地址自动增加
                                        ;SRC AMODE=00b,源地址固定
                                        ;END PROG=1b,设置结束
                                        ;Rsvd=0b
                                        ;REPEAT=0b
                                        ;AUTOINIT=0b,禁止自动初始化
                                        ;EN=1,通道使能
                                        ;PRIO=1,高优先级
                                        ;FS=0,同步事件传送一个数据
                                        ;SYNC=10010b,同步事件是 INT3
                                        ;0100 1000 1101 0010b=0x48D2
```

6.3.2 TMS320C55x DSP 与 D/A 接口

在很多应用中,需要通过模拟电压信号对电路进行控制,如压控振荡电路、发射功率控制电路等。这里给出应用 MAX5101 提供三路电压控制信号的例子,用户只要通过向指定地址写入数值,就可以完成数/模信号的转换。

MAX5101 为 3 通道、8 位并行数/模转换器。该芯片采用单电压供电,供电电压范围为 2.7～5.5V。芯片将供电电源作为参考电压,其输出模拟信号的电压 V_{OUT} 的计算公式为

$$V_{OUT} = (N_B \cdot V_{DD})/256$$

式中：N_B 为输出数值;V_{DD} 为供电电压。

该电路的连接十分简单,使用 MAX5101 的地址引脚 A0、A1 和写控制脚 WR# 即可,如图 6-17 所示。

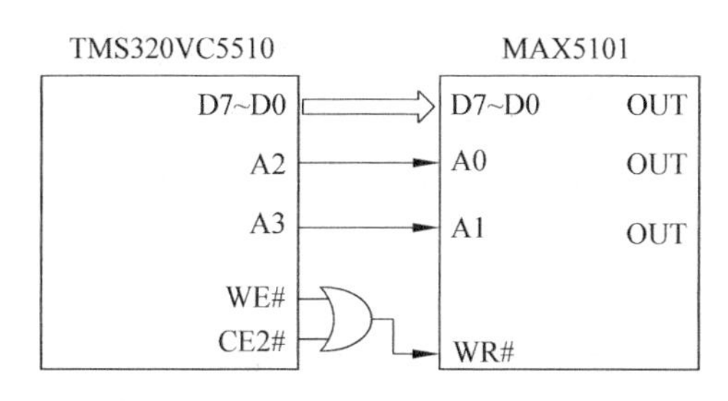

图 6-17 MAX5101 连接

MAX5101 的时序图如图 6-18 所示。注意,写信号有效时间 t_{DS}应大于 20ns。

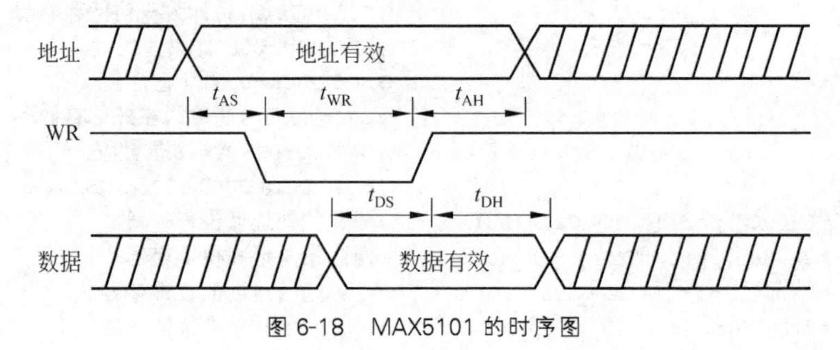

图 6-18 MAX5101 的时序图

可以通过定时中断实现三条通道的数/模转换。中断服务程序如下所示。

```
TINT0:
    SFTL    AC0,#4
    MOV     AC0,XAR5                        ;向 XAR5 置入地址
    MOV     #DATA,AR4                       ;将数值存放地址放入 AR4
    MOV     *AR4++,AC0
    MOV     AC0,*AR5++                      ;向 OUTA 置数
    MOV     *AR4++,AC0
    MOV     AC0,*AR5++                      ;向 OUTB 置数
    MOV     *AR4++,AC0
    MOV     AC0,*AR5++                      ;向 OUTC 置数
    RETI                                    ;中断返回
```

6.4 DSP 系统自举

6.4.1 DSP 系统自举概述

Boot Loader 可以直译为 DSP 的脱离仿真器启动,或称为自举启动。相应地,在仿真环境下的启动是靠仿真器完成的,称为仿真启动。

DSP 系统自举是开发 DSP 应用系统必须做的最后一步工作。Boot Loader 是对单片机的一种改进。众所周知,通用单片机的程序是通过把单片机放入专用的烧写器中将程序烧入其中的 EEPROM,然后将单片机装到功能板上工作。DSP 为了增加软件下载的灵活性,将这个 EEPROM 存储器放置到片外,由一片或几片 Flash 来代替;DSP 的内部 ROM 固化了一个称为 Boot 的程序,在 DSP 上电硬复位后(MP/MC=0),DSP 自动执行该 Boot 程序,将外部 Flash 的程序读入 DSP 内部的高速 RAM 程序区。所以,所谓的 Boot Loader,就是 DSP 上电后自动将固化在 Flash 中的程序读到 DSP 的片上 RAM 或片外 RAM 映射成的存储区间的一个过程。

CCStudio 生成的.out 可执行文件是 AT&T 的模块化 COFF 代码格式,这个格式因其具有模块化结构与实际的 Flash 存储区间不匹配,所以不能直接写到 DSP 内部或是 Flash 上。CCStudio 提供了代码格式转化方法完成这种匹配。用户也可以自己编写一个格式转换程序。

所谓在线 Boot Loader 方法，是指通过仿真器和 JTAG 接口，在 CCStudio 软件平台上设计一个小程序，通过运行这个小程序，将 DSP 功能板上电后需要运行的程序写到功能板的 Flash 存储器内部，必要时读出来进行校验。写入成功后，关闭 CCStudio、计算机、仿真器电源以及 DSP 功能板，将功能板与仿真器的连接断开，然后给 DSP 功能板单独上电。这时，DSP 内部的 Boot 程序会按外部中断或通用 I/O 口的设置，采用 ROM 中相应的 Boot 程序和方法，从 DSP 功能板上的 Flash 中读取程序，并将这些程序写到 DSP 内部的高速 RAM 或片外映射到片上的外部 RAM（仅当内部 RAM 空间不够大时）。这个工作完成后，Boot 程序将程序指针指向 RAM 程序区的程序入口地址。Boot 完毕，DSP 进入正常工作。DSP 程序正常运行后，应采取手段保护 Flash 内部的程序，以备下次再开机或重新复位时 Boot 使用。如果 Flash 空间足够大，多余的空间可以作为外部数据区。

6.4.2　自举启动表的建立及引导装载的过程

C5000 系列 DSP 为方便用户使用，提供了多种程序加载方式。以 TMS320VC5510 为例，有增强主机接口（EHPI）加载方式、并行外部存储器接口（EMIF）加载方式、标准串口加载方式以及支持外围设备接口（SPI）加载方式等。

加载方式可以通过预置通用 I/O 引脚的高低电平来选择，表 6-5 给出了具体的说明。

表 6-5　TMS320VC5510 加载方式

BOOTM[3:0]	加载方式
0000 或 1000	不加载
0010～0111	保留
0001	SPI 加载（支持 24 位地址的 SPI EEPROM）
1001	SPI 加载（支持 18 位地址的 SPI EEPROM）
1010	EMIF 加载（8 位宽外部异步寄存器）
1011	EMIF 加载（16 位宽外部异步寄存器）
1100	EMIF 加载（32 位宽外部异步寄存器）
1101	EHPI 加载
1110	标准串口加载（McBSP0 口，16 位字宽）
1111	标准串口加载（McBSP0 口，8 位字宽）

加载模式分为两类：由 DSP 控制的加载模式和由外部主机控制的加载模式。并行外部寄存器（EMIF）加载、标准串口加载，以及串行外设接口（SPI）加载都是由 DSP 控制的加载模式。在此类加载模式下，下载程序之前先要生成一张载入表。载入表除了包括代码段和数据段信息外，还要向 DSP 下载程序的入口地址、寄存器配置信息和可编程延迟信息，应用这些信息来配置 DSP 完成下载过程。图 6-19 给出了载入表的结构。

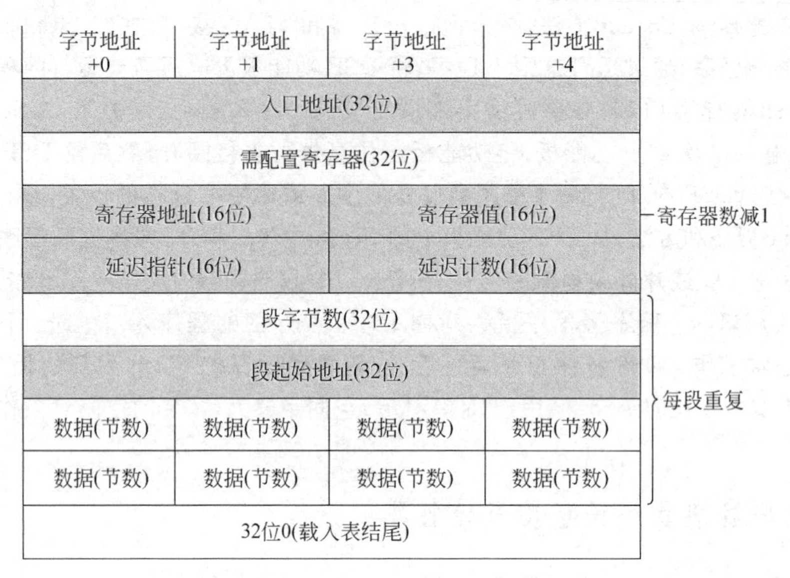

图 6-19 载入表的结构

载入表可通过 COFF 文件/十六进制文件专用转换工具 HEX55. EXE 生成。该转换工具在 CCS 安装目录.../C5500/cgtools/bin 目录下。HEX55 可在命令提示符环境下运行该命令,举例如下:

```
hex55 firmware.cmd -map firmware.map
```

这是调用 HEX55 转换工具的例子。其中,firmware. cmd 为命令文件,-map firmware. map 为命令行选项,即生成 map 文件 firmware. map。

命令文件包含生成下载表的各种信息。命令文件的例子如下所示。

```
-boot                        ;创建一个下载表
-v5510: 2                    ;DSP 型号: TMS320VC5510,版本号 2
-serial8                     ;8 位标准串口载入模式
-reg_config 0x1c00, 0x2180   ;向地址为 0x1c00 的外设寄存器写入数值 0xx2180
-delay 0x100                 ;延迟 256 个 CPU 时钟周期
-i                           ;输出数据格式为 Intel 格式
-o my_app.io                 ;输出文件名
my_app.out                   ;输入文件名
```

外部主机控制的加载模式只有 EHPI 加载一种。EHPI(Enhanced Host Port Interface)是扩展主机接口的英文缩写,它可以使主机通过 HPI 接口直接访问 DSP 的存储器。这种访问是不需 DSP 干预的。在所给出的通过 EHPI 口加载的例子中,将给出直接下载. OUT 文件的程序实例。通过该程序,可不必再使用转换工具将. OUT 文件转换为十六进制格式文件。

1. 并行外部存储器(EMIF)加载

并行外部存储器加载是通过外部并行存储器接口(External Memory Interface)加载程序。所用的外部存储器可以是并行 EPROM、EEPROM、Flash 存储器、FRAM(铁电存储器)等非易失存储器,也可是 SRAM、双端口存储器等易失存储器,但当使用易失存储器时,下载表要先通过某种方式在 DSP 引导之前存储在存储器上。通常使用的并行外部存储器加载是将程序固化在非易失存储器上。

使用 EMIF 加载方式的优点是不需要外部时钟驱动,非易失存储器种类多样,容量较大;除了存储下载表之外,还可存储系统需要保存的关键数据,以便在掉电时保存信息。这种下载方式的缺点是连线复杂,需要考虑并行非易失存储器与 EMIF 接口的匹配关系。

图 6-20、图 6-21 和图 6-22 分别给出了采用 8 位、16 位和 32 位异步存储器加载与 DSP 的连接关系图。

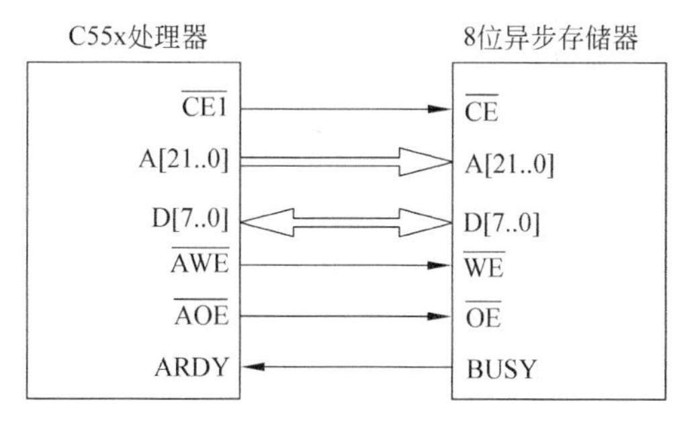

图 6-20 8 位异步存储器加载连接关系

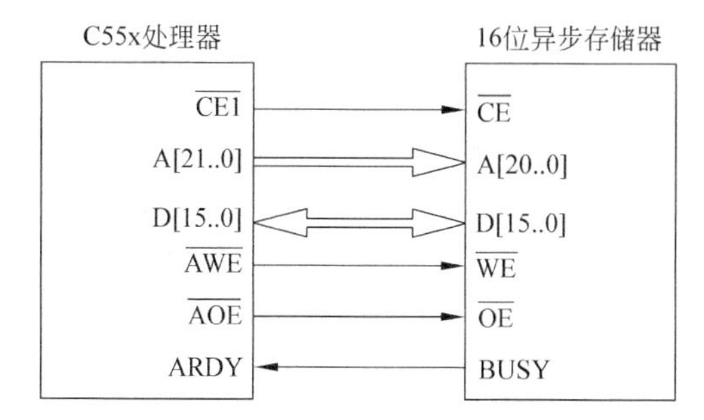

图 6-21 16 位异步存储器加载连接关系

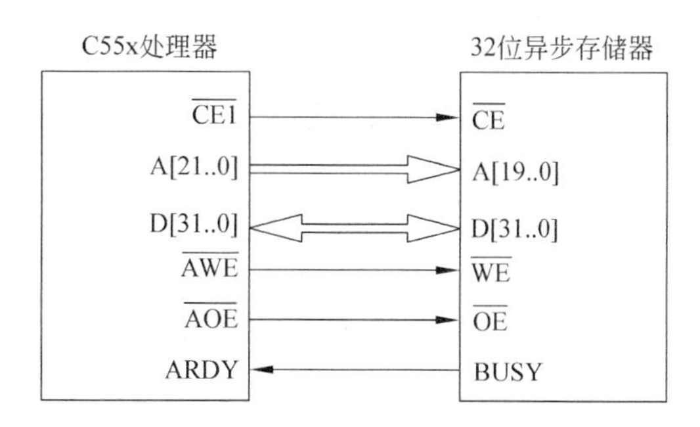

图 6-22 32 位异步存储器加载连接关系

在使用并行异步存储器加载时,应注意地址线的连接。当使用 8 位数据宽的存储器时,DSP 的地址线是从第 21 位到第 0 位;使用 16 位数据宽的存储器时,DSP 的地址线是从第 21 位到第 1 位;使用 32 位数据宽的存储器时,DSP 的地址线是从第 21 位到第 2 位。

下载表在 DSP 中所占空间从 0x200000H(字寻址)开始,即占用 CE1 空间,对应8 位、16 位、32 位的存储器在 HEX55 的命令文件中应设置对应的存储器,其中,-parallel8 对应 8 位存储器;-parallel16 对应 16 位存储器;-parallel32 对应 32 位存储器。

当使用 EMIF 加载模式时,DSP 将按如下时序设置 EMIF 口。

(1) 读建立时间为 15 个周期(1111b)。

(2) 读选通时间为 63 个周期(111111b)。

(3) 读保持时间为 3 个周期(11b)。

(4) 读扩展保持时间为 1 个周期(01b)。

在选取存储器时,必须注意存储器是否满足以上时序关系。如果满足,可不连接

ARDY 信号;不满足读取时序关系,应连接 ARDY 信号,另外插入硬件等待状态。

2. 标准串口加载

标准串口加载程序是指通过 McBSP0(多通道缓存串口 0)在标准串口模式下向 DSP 加载程序。该加载方式的优点是连接信号线较少,缺点是需要由外部产生帧同步信号和串行时钟信号。该方式需要外部逻辑向串行存储器发出读指令,无法做到无缝连接。此外,固定占用 McBSP0 口。图 6-23 所示是标准串口加载模式硬件连接关系图。

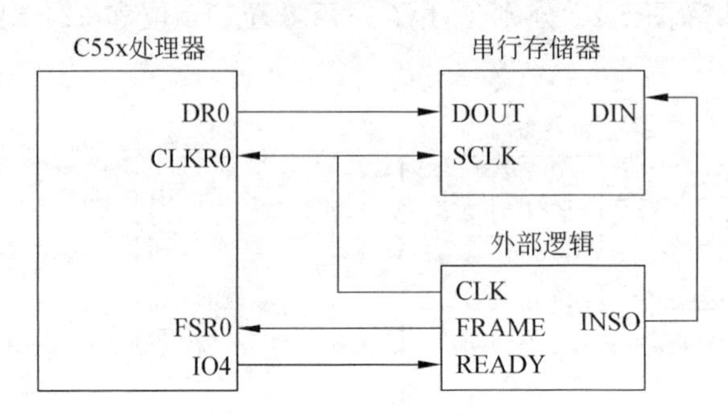

图 6-23 标准串口加载模式硬件连接关系图

在标准串口模式下,McBSP0 口将进行如下配置。

(1) 每帧一个阶段(RPHASE=0b)。

(2) 每阶段字数为 1(RFRLEN1=0000000b)。

(3) 字长为 8 位或 16 位(对于 8 位模式,RWDLEN1=000b;对于 16 位模式,RWDLEN1=010b)。

(4) 数据右对齐,延迟为 1(RJUST=00b,RDATDLY=01b)。

(5) 接收时钟及接收帧信号由外部产生。

DSP 的接收时钟 CLKR0 和串行存储器串行时钟 SCLK 由外部逻辑 CLK 信号提供,帧信号 FSR0 由外部逻辑 FRAME 信号提供,串行存储器命令字由外部逻辑 INSO 信号提供。DSP 通用输入/输出信号 IO4 向外部逻辑发出握手信号。图 6-24 给出了 DR0、CLKR0 和 FSR0 三个信号的时序关系。

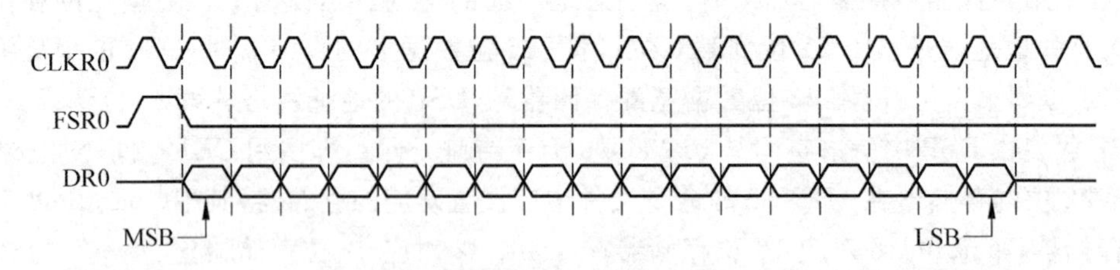

图 6-24 McBSP0 载入数据时序图(16 位)

使用标准串口加载模式时,要求接收时钟必须小于 DSP 主时钟的 1/8。除此之外,在加载下一个数据之前必须保持足够的等待时间,以防止数据溢出。通用输入/输出信号 IO4 可作为数据传送的握手信号。当 DSP 还没有准备好接收新数据时,IO4 会保持高电平,直到 DSP 准备接收新数据,图 6-25 说明了这种时序关系。

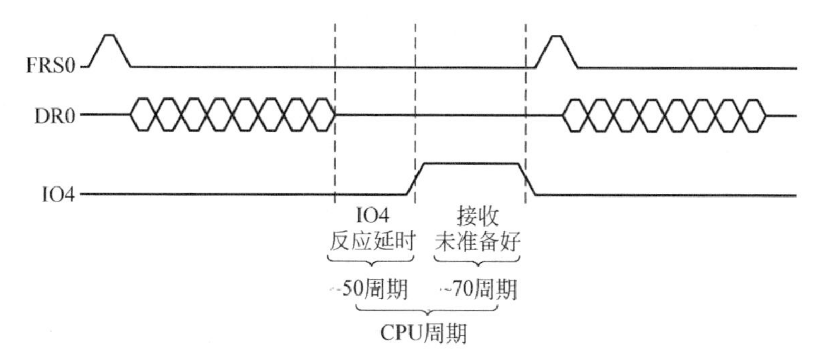

图 6-25 IO4 在标准串口下载模式下产生延迟信号

3. 串行外设接口(SPI)加载

串行外设接口标准(SPI)是 Motorola 公司提出的一种串行总线标准。该标准具有连接简单、控制方便等特点。针对该标准，Atmel 等公司研制了 SPI 口的 EEPROM，C55x 系列 DSP 也提供了 SPI 接口加载功能。

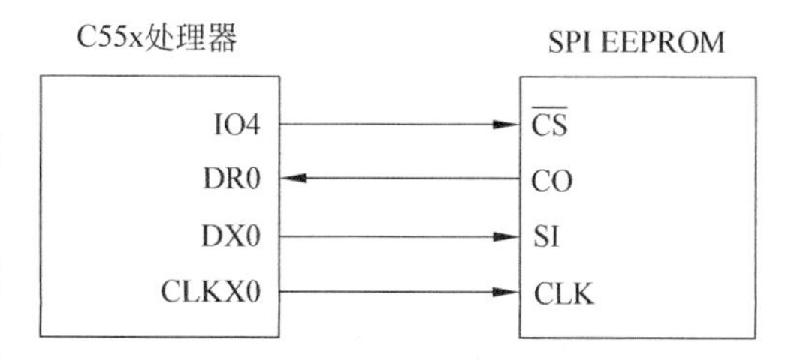

图 6-26 SPI 方式的硬件连接图

SPI 接口只用三根线就可完成串行数据传输，DSP 作为主方控制 SPI 接口。这种加载方式不需外部时钟和外部逻辑，可以做到无缝连接。图 6-26 所示是 SPI 方式的硬件连接图。SPI 加载方式下的时序关系如图 6-27 所示。

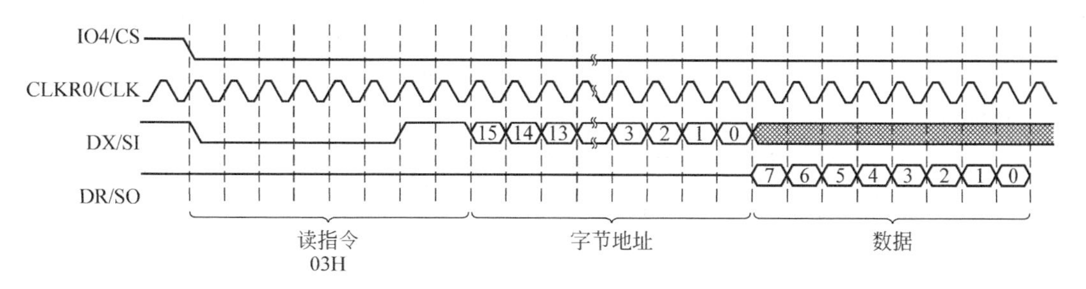

图 6-27 SPI 加载方式下的时序关系

4. EHPI 口加载程序

C55x 的 EHPI 接口是在 C54x 系列 HPI 接口的基础上发展起来的。EHPI 接口提供了 EHPI 地址线，将 HPI 口的数据/地址复用模式改为数据、地址非复用模式，提高了数据的传输速率，简化了系统的软/硬件设计，并且实现了 DSP 与主机间的无缝连接。为保持继承性，EHPI 接口还保留了复用模式；但复用模式必须在软、硬件设计上采取特殊设计，并且降低了数据的传输速率。因此，这里推荐采用非复用模式。

在许多系统中，微控制器(MCU)和数字信号处理器(DSP)联合工作。微控制器作为主机主要起控制作用，而主机与 DSP 最直接的连接方式就是通过 EHPI 接口。通过该接口,主机可以直接访问 DSP 内存,无需 DSP 干预。如果主机接入了 DSP 的 EHPI 口,采用 EHPI 口加载方式是十分方便的。由于这种加载方式是由主机的软件控制,相比其他方式更加便利、灵活。图 6-28 所示为 EHPI 加载模式下 ARM7 与 DSP 的连接关系图。

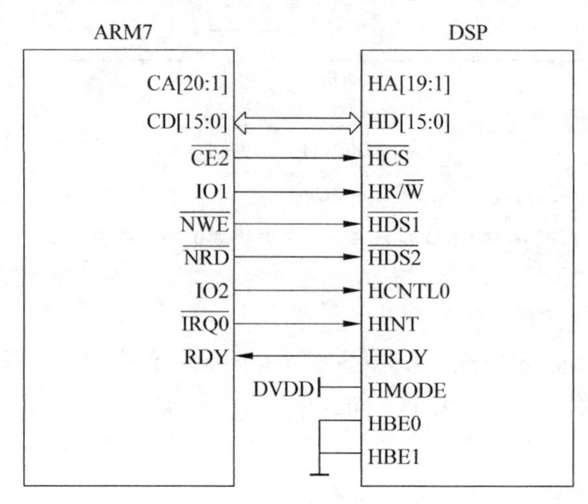

图 6-28　EHPI 加载模式下 ARM7 与 DSP 的连接关系图

由于 EHPI 口的读/写信号和地址锁存信号之间要保持一定的时间间隔,因此这里使用 ARM7 处理器的通用输入/输出引脚 IO1 向 DSP 发出读/写信号,这样的连接只需在读/写 EHPI 接口之前预置 IO1 的输出电平即可。如果将 NWE 信号直接接到 HR/W 上,有可能出现地址锁存错误的情况。

编写的程序在编译环境中一般都直接生成.out 文件。如果能够直接向 DSP 下载.out 文件,将省去转换的过程。这样做的缺点是:.out 文件包含编译信息,有可能比经过 HEX55 转换后的文件占用非易失存储器更多的空间,这可以通过生成 release 型.out 文件解决。

.out 文件采用 COFF 文件格式。这种文件格式包含文件头信息、段信息、代码段和数据段、重置信息、行号表以及符号表。首先应定义各种结构以方便调用。

定义文件头的代码如下所示。

```
typed __packed struct {
    INT16U Version_ID;              //COFF 文件版本号
    INT16U Num_SectHead;            //段头的数量
    INT32U Time_File;               //文件生成时间
    INT32U File_Pointer;            //文件指针,存放符号表起始地址
    INT32U Entry_Symbol;            //符号表入口数量
    INT16U Num_OptHeader;           //可选头字节数
    INT16U Flags;                   //标志
    INT16U Target_ID;               //目标号,表示该文件适合的处理器类型
} FileHeader;
```

定义可选头结构的代码如下所示。

```
typedef __packed struct {
```

```
INT16S Magic_Num;                  //SunOS 或 HP-UX 为 108h;DOS 为 801h
INT16S Version_Stamp;              //版本标志
INT32S Size_Exe_Code;              //执行代码的长度(字节)
INT32S Size_Data_Sec;              //初始化段.data 段的长度(字节)
INT32S Size_Bss_Sec;               //非初始化段.bss 段的长度(字节)
INT32S Size_Entry_Point;           //入口点
INT32S Begin_Addr_Exec;            //可执行代码起始地址
INT32S Begin_Addr_Inidat;          //初始化数据段起始地址
} OptFileHeader;
```

定义段头结构的代码如下所示。

```
typedef _packed struct {
    char sect[8];                  //当段名小于 8 个字符时,这里存放段名;大于 8 个字符
                                   //时,存放指向该段名的指针
    INT32S Sec_PhyAddress;         //段的物理地址
    INT32S Sec_VirAddress;         //段的虚拟地址
    INT32S Sec_Size;               //段的长度(字节)
    INT32S Pointer_Rawdata;        //指向代码的文件指针
    INT32S Pointer_ReEntry;        //指向重置入口的文件指针
    INT32S Pointer_LineEntry;      //指向行号入口的文件指针
    INT32U Num_ReEntry;            //重置入口数量
    INT32U Num_LineEntry;          //行号入口数量
    INT32U Flag;                   //标志
    INT16S Reserved;               //保留
    INT16U Mem_Page_Num;           //内存页号
} SectionHeader;
```

程序假设.out 文件已经存在非易失存储器当中,Dsp_BaseAddre 是 DSP 内存映射在 ARM 上的起始地址,DspPro 为指向.out 文件的指针。

```
void LoadDSP(uint32 Dsp_BaseAddre,uint16 * DspPro)
{
    char * filestruct;
    uint16 * Source, * Target;
    FileHeader * file_header1;
    SectionHeader * section_header1;
    uint16 size,offset;
    int i,j;
    ///////////////////DSP RESET//////////////////////
    mask=mask |DSPRW| DSPRSTPIN|HCNTL0PIN;
    open _pio_ (mask , PIO_OUTPUT);
    Pio_data=read _pio (&PIO_DESC);
    Pio_data |=DSPRSTCLR|DSRREAD;
    write _pio (mask, Pio_data);
        for(i=0;i<10;i++)                  //等待 10ms
            for(j=0;j<100000;j++);
    Pio_data=read _pio (&PIO_DESC);
        Pio_data|=DSPRSTSET|HCNTL0CON;
        Write_pio (mask, Pio_data);
```

```
    /////////////////////////////////////////////////////
    size=sizeof(file_header1);
    filestruct=(char*)&DspPro;
    file_header1=(FileHeader*)&filestruct;

    if (file_header1->Num_OptHeader==0)
        offset=size;
    else
        offset=size+28;

    size=sizeof(section_header1);
    section_header1=(SectionHeader*)&DspPro+offset;
    for(i=1;i<=file_header1->Num_SectHead;i++)
    {
        Source=(uint16*)&DspPro+section_header1->Pointer_Rawdata;
        Target=(uint16*)Dsp_BaseAddre+section_header1
                              ->Sec_PhyAddress/2;
        for(j=0;j<section_header1->Sec_Size/2;j++)
            Target[j]=Source[j];
            section_header1 +=size;
    }
    //////////////////DSP begins to run///////////////////
        Target=(uint16*)Dsp_BaseAddre;
        Target[0]=0x1;
        Pio_data=read_pio(&PIO_DESC);
        Pio_data |=HCNTL0MEM;
        write_pio (mask, Pio_data);

}
```

思考题

1. 请给出 TMS320VC5510 的上电加载方式。

2. C55x 系列处理器在使用 TLC5510 完成并行采样时可以采用哪几种方式读取采样数据?

3. 简述采用 DMA 方式完成 TLC5510 数据采集的特点和优点。

CHAPTER 7

第7章

CCS集成开发环境高级应用

CCS(Code Composer Studio)是一种针对标准TMS320调试器接口的集成开发环境(Ingrated Development Environment,IDE)。CCS提供了配置、建立、调试、跟踪和分析程序的工具,它便于实时嵌入式信号处理程序的编制和调试,能够加速开发进程,提高工作效率。本章将讲述如何利用集成开发环境CCS 3.3对DSP进行开发应用。

知识要点

◆ 掌握CCS 3.3的基本工具的使用方法。

◆ 掌握CCS 3.3对DSP进行开发应用的方法。

7.1 CCS系统安装及界面介绍

7.1.1 CCS功能简介

CCS 3.3是TI公司继CCS 2.21推出的新版本,支持除C3000系列以外的所有DSP芯片开发。它的功能强大,不仅集成了代码编辑、编译、链接和调试等功能,而且支持C语言和汇编混合编程,其主要功能如下所述。

(1) 集成可视化代码编辑界面,可直接编写C语言文件、汇编语言文件、.H文件和.CMD文件等。

(2) 集成代码生成工具包括汇编器、优化C编译器和链接器等,将代码的编辑、编译、链接和调试等功能集成到一个开发环境中。

(3) 具有基本调试功能,可以装入执行代码(.out文件),查看寄存器、存储器、反汇编和变量,并且支持C语言源代码级调试。

(4) 支持多DSP调试。

(5) 具有断点工具,能在调试程序的过程中,设置软件断点、硬件断点、数据空间读/写断点、条件断点(使用GEL编写表达式)等。

(6) 探针调试工具可用于算法仿真、数据监视等。

(7) 性能分析工具可用于评估代码执行的时钟数。

(8) 数据的图形显示工具可绘制时域/频域波形、图像等,并可自动刷新。

(9) 提供 GEL 工具,用户可以编写自己的控制面板/菜单,方便直观地修改变量、配置参数等。

(10) 支持 RTDX(Real Time Data Exchange)技术,在不中断目标系统运行的情况下,实现 DSP 与其他应用程序的数据交换。

(11) 提供 DSP/BIOS 工具,增强对代码的实时分析能力,调度程序执行的优先级,方便管理或使用系统资源(代码/数据占用空间、中断服务程序的调用、定时器使用等),从而减少开发人员对硬件资源熟悉程度的依赖性。

(12) 具有开放的 Plup-in 技术,支持第三方的 ActiveX 插件,支持包括仿真软件在内的各种仿真器。

7.1.2 CCS 3.3 的安装与设置

将 CCS 3.3 的安装光盘放入光盘驱动器,然后在 Windows 环境下运行安装程序 setup.exe。当 CCS 3.3 软件安装到计算机后,桌面上会出现如图 7-1 所示的两个快捷方式图标。

CCS 3.3 软件配置程序是建立 CCS 3.3 集成开发环境与 DSP 目标系统或者 Simulator 之间的通信接口。该软件集成了 TI 公司的 Simulator 和 Emulator 驱动程序,用户可以直接使用 TI 的仿真器进行开发和调试。如果使用的仿真器不是 TI 公司生产,需要安装相应的仿真器驱动程序。

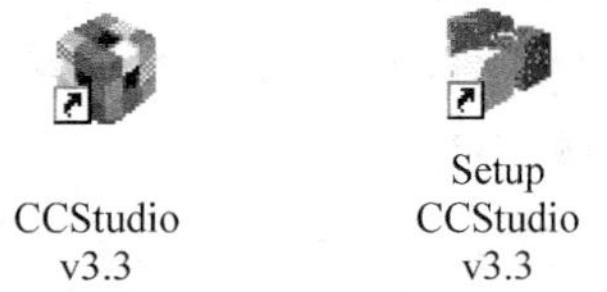

CCStudio v3.3

(a) CCS应用程序

Setup CCStudio v3.3

(b) CCS配置程序

图 7-1 CCS 3.3 的两个图标

安装软件之后、运行软件之前,首先需要运行 CCS 3.3 配置程序。配置过程如下所述。

(1) 启动 Setup CCStudio v3.3 应用程序,将显示 Code Composer Studio Setup 窗口,如图 7-2 所示。根据所使用的仿真设备,包括软仿真器(Simulator)、硬件仿真器(Emulator)、TI 或第三方公司提供的 DSP 初学者套件(DSK)和 DSP 评估版(EVM)等,在 Available Factory Boards 栏中,利用过滤器快速地选定需要的系统配置。在过滤器中,有三个下拉列表。DSP 系列(Family)下拉列表当中的可选项有:ARM11、ARM9、ARM7、C24xx、C28xx、C54x、C55x 等。平台类型(Platform)下拉列表当中的可选项有:Simulator、xds510 Emulator 和 xds560 Emulator 等。对于 C5000 系列 DSP,Endianness 选项可不用。依次选择前两个下拉菜单后,单击 Add 按钮即可。

(2) 如图 7-3 所示,从窗口左边的 System Configuration 栏中可以看到刚添加的板卡以及板卡的主处理器。用鼠标右键单击板卡的主处理器选项,弹出快捷菜单,选择 Properties...项后弹出 Processor Properties 窗口。单击“..”按钮,弹出 GEL File 窗口。为处理器选择相应的 GEL 文件后,单击 OK 按钮。

(3) 单击 Save & Quit 按钮,安装程序提示是否退出后启动 CCS 3.3。单击“是”按钮,即可成功启动 CCS 在选定的仿真设备下工作,如图 7-4 所示。

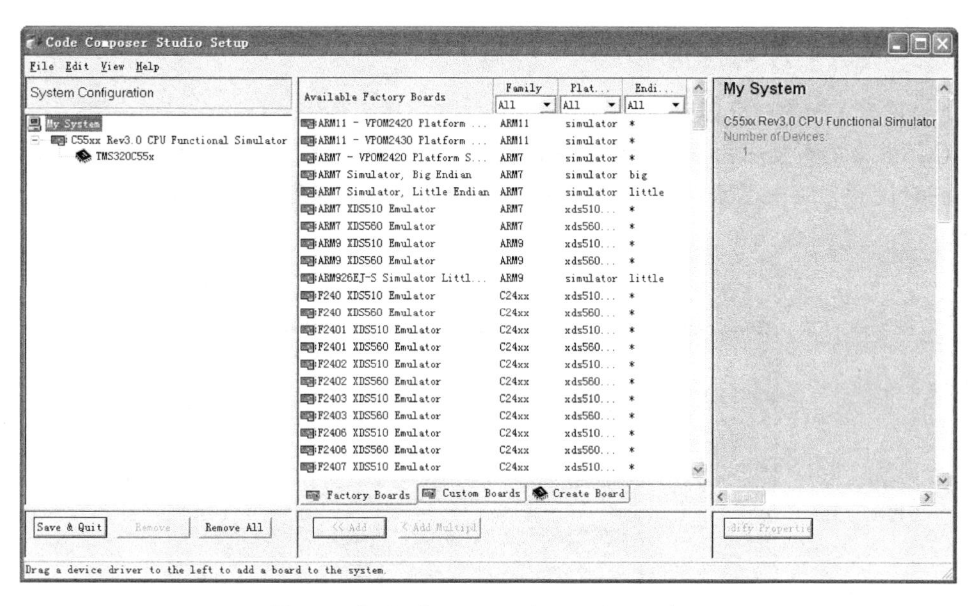

图 7-2　Code Composer Studio Setup 窗口

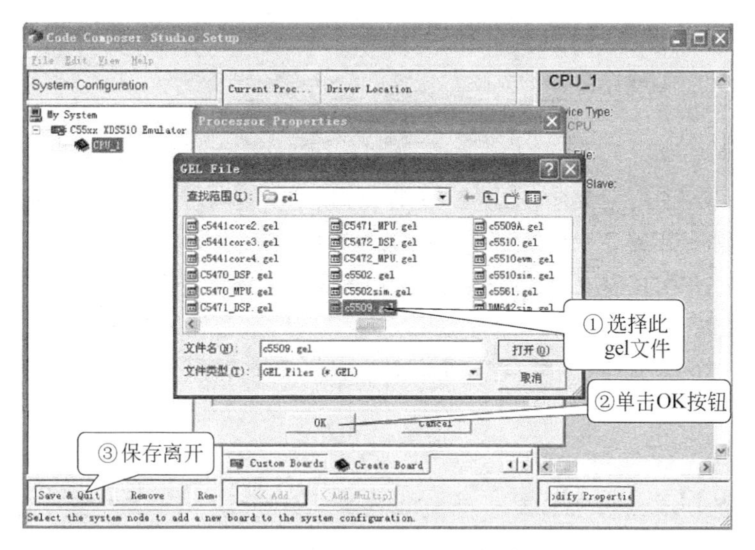

图 7-3　GEL File 配置

图 7-4　安装程序启动 CCS 的提示

7.1.3 CCS 3.3 界面介绍

1. CCS 3.3 的应用界面

CCS 3.3 的可视界面设计十分友好，允许用户对编辑窗口以外的其他所有窗口和工具条任意设置。双击桌面“CCS 3.3”图标，进入 CCS 的主界面，其基本运行界面如图 7-5 所示。

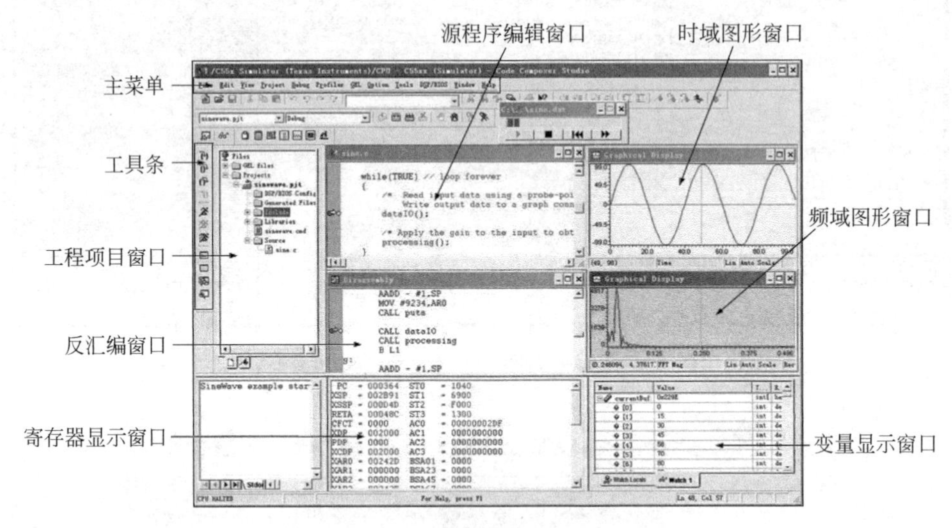

图 7-5 CCS 的基本运行界面

CCS 3.3 的界面由主菜单、工具条、工程窗口、编辑窗口、反汇编窗口、图像显示窗口、内存显示窗口和寄存器显示窗口等构成。工程项目窗口主要用来组织若干程序，构成一个工程项目。用户可以从工程列表中选择所需编辑和调试的程序。编辑窗口编辑源程序，也可以设置断点、探针点调试程序。反汇编窗口用来帮助用户查看机器指令，查找错误。寄存器显示窗口查看、编辑 CPU 寄存器。图形显示窗口可以根据用户需要，以图形的方式显示数据。

2. 关联菜单

CCS 3.3 的所有窗口都含有一个关联菜单。只要在该窗口中单击右键，就可以打开关联菜单。用户可以通过关联菜单提供的选项和命令，完成特定操作。例如，在工程窗口中单击鼠标右键，弹出的关联菜单如图 7-6 所示。选择不同的选项，用户可对窗口进行各种操作，完成相应的功能。

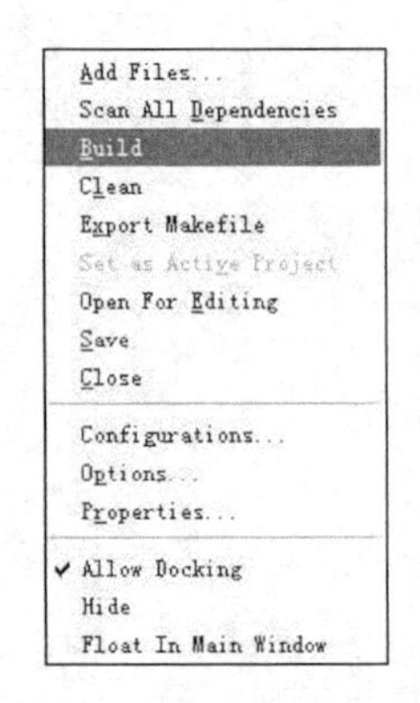

图 7-6 工程窗口中的关联菜单

3. 主菜单

主菜单中的各菜单项如图 7-7 所示，由 File（文件）、Edit（编辑）、View（查看）、Project（项目）、Debug（调试）、GEL（扩展功能）、Option（选项）、Profile（性能）、Tools（工具）、DSP/BIOS、Window（视窗）

和 Help(帮助)12 个选项组成,各项的功能如表 7-1 所示。

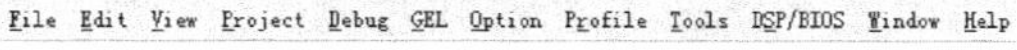

File Edit View Project Debug GEL Option Profile Tools DSP/BIOS Window Help

图 7-7 CCS 3.3 主菜单

表 7-1 主菜单功能介绍

菜单选项	菜单功能
File(文件)	文件管理,载入执行程序、符号及数据、文件输入/输出等
Edit(编辑)	文字及变量编辑,如剪贴、查找替换、内存变量和寄存器编辑等
View(查看)	工具条显示设置,包括内存、寄存器和图形显示等
Project(项目)	工程项目管理、工程项目编译和构建工程项目等
Debug(调试)	设置断点、探测点,完成单步执行、复位等
Profile(性能)	性能菜单,包括设置时钟和性能断点等
Option(选项)	选项设置,设置字体、颜色、键盘属性、动画速度、内存映射等
GEL(扩展功能)	利用通用扩展语言扩展功能菜单
Tools(工具)	工具菜单,包括管脚连接、端口连接、命令窗口、链接配置等
DSP/BIOS	实时底层软件,用于支持系统实时分析、调度软件中断等

4. 常用工具条

CCS 主菜单中常用的命令又分成 4 类工具条:标准工具条、编辑工具条、项目工具条和调试工具条。用户可以单击工具条上的按钮执行相应的操作。

1) 标准工具条

启动 CCS 3.3 后会自动显示标准工具条,如图 7-8 所示。可以通过选择主菜单 View 中的 Standard Toolbar 选项,打开或关闭标准工具条。

图 7-8 标准工具条

标准工具条中的各按钮功能如下所述。

New:创建文件按钮,用来创建新文件。

Open:打开文件按钮,用来打开已有的文件。

Save:保存文件按钮,用来保存当前窗口的文件。

Cut:剪切按钮,用来剪切文本,然后将标记文本放入剪贴板。

Copy:复制按钮,用来复制文本,然后将标记文本放入剪贴板。

Paste:粘贴按钮,用来粘贴文本,然后将剪贴板中的文本粘贴在光标处。

Undo:撤销按钮,用于撤销最后的编辑活动。

Redo:恢复按钮,用于恢复撤销的活动。

Find Next：向下搜索按钮，用来查找光标所在处下一个要搜索的字符串。

Find Previous：向上搜索按钮，用来查找光标所在处前一个要搜索的字符串。

Search Word：搜索文本段按钮。将加亮显示的文本段作为搜索文本，单击该按钮，窗口将移动到该段下一个出现的位置。

Find：查找文本按钮。单击该按钮，弹出对话框，然后输入用户需要查找的文本。

Find in Files：搜索多个文件按钮。用来搜索多个文件或指定的文本。

Find/Replace：查找替换按钮。单击该按钮，弹出对话框，然后输入用户需要替换的文本。

Print：打印文件按钮，用来打印当前窗口源文件。

Help：帮助按钮。为用户提供上下文相关的帮助。

2）编辑工具条

编辑工具条如图 7-9 所示。可通过主菜单 View 中的 Edit Toolbar 选项，打开和关闭编辑工具条。

编辑工具条中的按钮如下所述。

Mark to Matching：将光标放在开括号前，单击该按钮，查找匹配的闭括号并标记括号对中的文本。

Mark to Next：从光标处向下查找括号对，并标记括号中的文本。

Find Match：将光标放在括号前，查找与之匹配的括号。

Find Next Opening：从光标处查找下一个开括号。

Unindent：左移制表位按钮，将选定的文本块向左缩进一个 Tab 键。

Indent：右移制表位按钮，将选定的文本块向右缩进一个 Tab 键。

Toggle Bookmark：设置或取消书签按钮。用来为当前文件中光标所在行设置或删除书签。

Next Bookmark：查找下一个书签按钮。在当前文件光标所在处，查找下一个书签。

Previous Bookmark：查找上一个书签按钮。在当前文件光标所在处，查找上一个书签。

Edit Bookmarks：书签属性设置按钮。用来编辑书签属性。

Enable the exteral editor：使能外部编辑器。

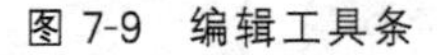

图 7-9 编辑工具条

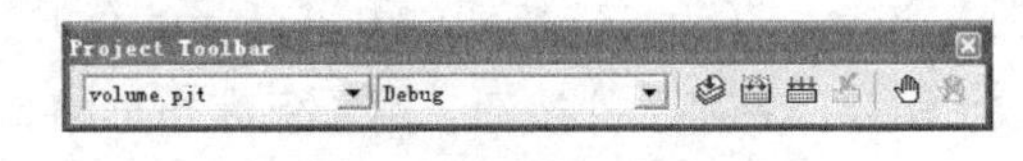

图 7-10 项目工具条

3）项目工具条

项目工具条如图 7-10 所示，主要用于构建工程项目，完成对断点、探针点的操作等。可通过主菜单 View 中的 Project Toolbar 选项，打开和关闭项目工具条。

项目工具条中的按钮如下所述。

Compile File：编译文件按钮。用来编译当前的源文件，但不进行链接。

Incremental Build：增加性构建按钮。用来生成当前工程项目的可执行文件，仅对上次生成后改变了的文件进行编译。

Rebuild All：全部重新构建按钮。用来重新编译当前工程项目中的所有文件，并重新链接形成输出文件。

Stop Build：停止构建按钮。用于停止正在构建的工程项目。

Debug：Toggle Breakpoint：设置断点按钮。用来在编辑窗口中的源文件或反汇编指令中设置断点。

Debug：Remove All Breakpoints：删除所有断点按钮，用来删除全部断点。

4）调试工具条

在 CCS 开发环境中，提供了多种调试程序的操作方法。这些操作方法都是以工具按钮的形式存放在调试工具条中。调试工具条如图 7-11 所示。可通过主菜单 View 中的 Debug Toolbar 选项中的 ASM/Source Stepping 和 Target Control 打开和关闭相应的调试工具条。

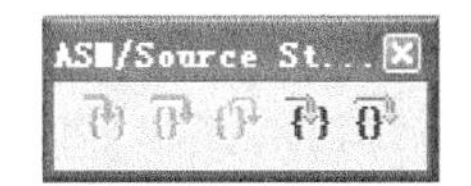

(a) 汇编/源代码单步调试工具条

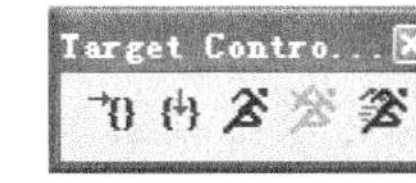

(b) 目标控制工具条

(c) 调试窗口工具条

图 7-11　调试工具条

汇编/源代码单步调试工具条中各按钮的功能如下所述。

Source-Single Step：在 C 或者汇编源代码中单步执行指令，然后暂停。

Source-Step Over：在 C 或者汇编源代码中单步执行指令，然后暂停。当调用子程序、函数时，在调用结束后，暂停在下一条源代码处。

Step Out：单步跳出命令。执行完当前子程序，返回到调用该子程序的指令。

Assembly-Single Step：单步执行命令，每次执行一条汇编指令后暂停。

Assembly-Step Over：在汇编模式下执行单步运行指令。遇到调用子程序指令，则调用子程序后暂停在下一条指令处。在源文件模式下，由于一条源代码可能代表多条汇编指令，所以该命令可能不会立刻使光标移动到下一条源代码指令处。

目标控制工具条中各按钮的功能如下所述。

Run to Cursor：执行到光标处。执行装载的程序，直到遇到反汇编窗口中的光标为止。

Set PC to Cursor：程序运行停止在光标所在的行。

Run：运行程序命令。从当前位置开始执行程序，直到遇到断点后停止。

Halt：暂停程序命令，用来暂停正在执行的程序。

Animate：动画执行命令。从当前程序位置执行到下一个断点处，刷新数据后继续执行程序。

调试窗口工具条中各按钮的功能如下所述。

Register Window：查看寄存器按钮，用来查看和修改CPU寄存器和外设寄存器。

View Memory：查看存储器按钮，用来查看指定地址开始的存储器内容。

View Stack：观察堆栈按钮，用来打开调用堆栈窗口。

View Disassembly：观察反汇编按钮，用来打开反汇编窗口。

Breakpoint Manage：断点管理器按钮，用来管理、编辑各种断点。

5. 反汇编窗口

反汇编窗口主要用来显示反汇编后的指令和调试所需的符号信息，包括反汇编指令、指令所存放的地址和相应的操作码(机器码)。当程序装入目标处理器或仿真器后，CCS会自动打开反汇编窗口，如图7-12所示。

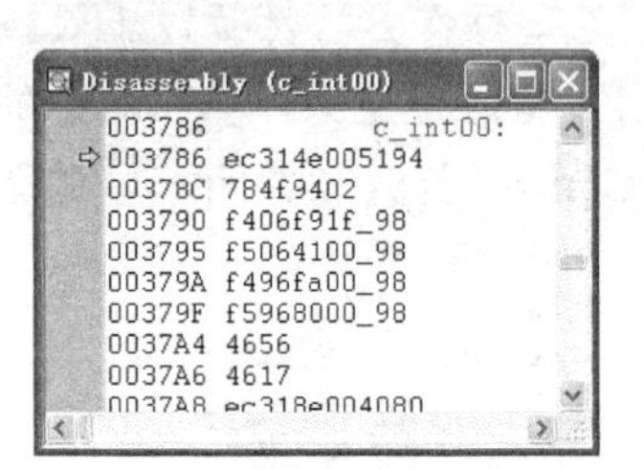

图7-12 反汇编窗口

1) 打开多个反汇编窗口

选择主菜单View中的Disassembly选项，或单击调试工具条中的按钮，可打开多个反汇编窗口。在每个窗口的标题栏中标有窗口序号。

2) 修改程序起始地址

在反汇编窗口中右击，从弹出的关联窗口中选择Start Address选项后，出现View Address对话框。在该对话框中输入所需的起始地址，然后单击OK按钮。

3) 从反汇编窗口管理断点和探针点

使用断点是程序调试的基本手段，在程序调试中充分利用CCS提供灵活多样的断点工具，可以大大提高调试效率。探针点是CCS中比较有特色的调试工具，程序运行到探针点会执行刷新图形、文件输入/输出等操作。

可以在反汇编窗口中设置断点和探针点。将光标移动到反汇编窗口需要设置断点的位置，双击该行或在关联窗口中选择Toggle Breakpoint选项设置/取消断点。设置断点所在行的左边会出现红色的断点标记。设置探针点所在行的左边会出现蓝色的探针点标记。

4) 设置反汇编风格选项

CCS提供了多个选项，用来改变反汇编窗口观察信息的方法。选择主菜单Option中的Disassembly Style选项或在反汇编窗口中单击右键，选择Properties后，从弹出的对话框中选择Disassembly Options。在Disassembly Style Options对话框选择所需的风格选项，然后单击OK按钮，完成选项设置。

5) 观看C源程序与汇编程序的混合代码

在反汇编窗口中，除了可以查看反汇编指令，还可以查看C语言源程序和汇编程序的混合代码，具体步骤如下所述。

(1) 选择View菜单中的Mixed Source/ASM选项。选中该项后，对该选项进行"√"标记。

(2) 选择Debug菜单中的Go Main选项。

调试器开始执行程序，并在 main()处停止，会在编辑窗口自动显示有关 C 语言源程序。每一条 C 语言语句的反汇编指令都出现在源代码中。

6. 存储器窗口

在调试过程中，对存储器的查看和修改非常重要，可以利用存储器窗口查看指定地址开始的存储器的内容，并且以不同的格式进行显示和修改。

1）观察存储器的内容

查看存储器内容的步骤如下所述。

（1）选择 View 菜单中的 Memory 选项，或单击调试工具条中的观察存储器按钮，打开 Memory Window Options 对话框，如图 7-13 所示。

（2）在对话框中输入想查看的存储器的起始地址和设备选项。

（3）单击 OK 按钮，在编辑窗口中出现存储器窗口，如图 7-14 所示。

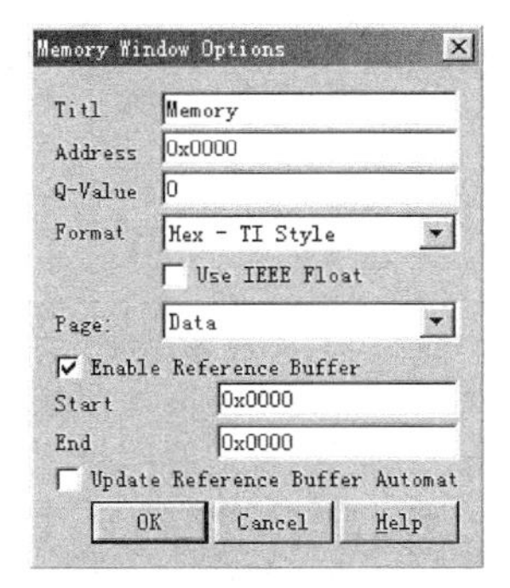

图 7-13　Memory Window Options 对话框

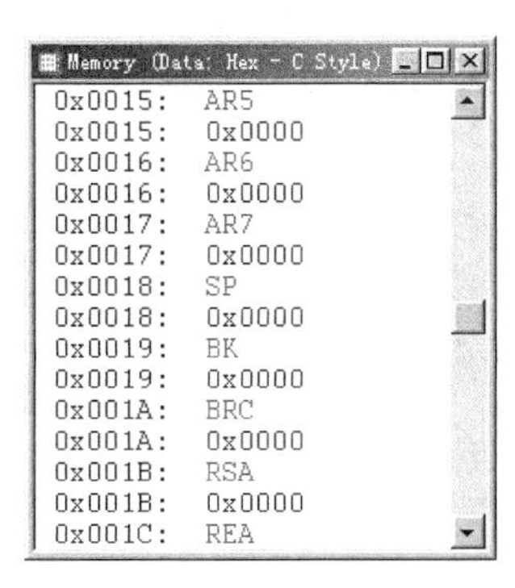

图 7-14　存储器窗口

2）设置存储器窗口选项

在如图 7-13 所示的存储器窗口选项对话框中，通过对各参数的选择，使存储器窗口具有各种不同的特征。

（1）Address：表示所要观察的存储器起始地址。

（2）Q-Value：表示所要观察的数据的小数点位置，也就是数据有多少位二进制小数。

（3）Format：表示从下拉列表中选择存储器显示的格式。

（4）Use IEEE Float：表示数据以 IEEE 浮点格式显示。

（5）Enable Reference Buffer：选择此项后，将保存指定的存储器范围，以便进行数据的比较。例如，选择该项后，输入起始地址和结束地址，确定存储器的地址范围 0x0000～0x002F。该地址范围的内容被保存到主机存储器中。每次暂停目标程序，遇到中断或刷新存储器时，调试器就会比较参考缓冲区与当前存储器的内容。如果数据发生了改变，在存储器中用红色显示改变的数据。

（6）Start：选择 Enable Reference Buffer 选项后，在该项输入要保存到参考存储器中的存储器起始地址。

（7）End：选择 Enable Reference Buffer 选项后，在该项输入要保存到参考存储器中的存储器结束地址。

(8) Update Reference Buffer Automatically：选定该项后，参考缓冲区中的内容自动被指定范围的存储器的当前内容覆盖。存储器窗口被刷新时，参考缓冲区的内容被更新。

3) 编辑存储器

采用以下方法编辑存储器的内容。

(1) 存储器窗口编辑。

① 打开存储器窗口，在准备编辑的存储器位置双击后，弹出如图 7-15 所示的 Edit Memory(编辑存储器)对话框。地址和数据域是选中存储器的地址和数据。

② 在对话框的 Data 域输入数据，输入的数据可以是十六进制、十进制或浮点数。

③ 单击对话框上的 Done 按钮完成存储器的编辑。编辑后的数据在存储器窗口中显示红色。

(2) 用菜单命令编辑。

① 打开 Edit 菜单，选择 Memory 中的 Edit 命令，弹出 Edit Memory(编辑存储器)对话框，如图 7-15 所示。

② 在 Address 和 Data 栏中输入地址和数据。

③ 在数据域输入数据修改指定地址的内容。

④ 单击对话框 Done 按钮，完成存储器的编辑。编辑后的数据在存储器窗口中显示红色。

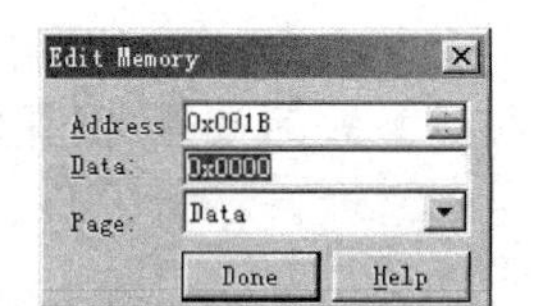

图 7-15 编辑存储器对话框

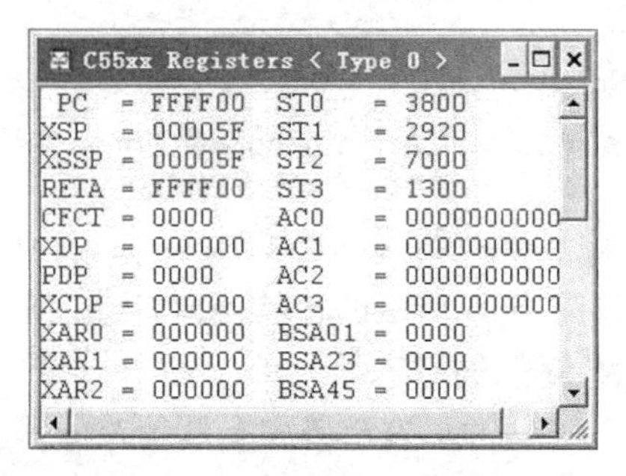

图 7-16 寄存器窗口

7. 寄存器窗口

可以在寄存器窗口中查看和编辑 CPU 寄存器和外设寄存器。

1) 查看和编辑 CPU 寄存器的内容

(1) 选择 View 菜单中的 CPU Register 选项，在子菜单中选择 CPU Registers 命令，或者单击调试工具条中的按钮，打开寄存器窗口，如图 7-16 所示。其中列出了所有 CPU 内部寄存器的值，这样在调试时比较直观地得到各种状态位和控制位的值。选择 Debug 菜单中的 Run，继续运行程序，此时 CPU 寄存器的值会发生变化，但是在 CPU 寄存器窗口中的值不会相应地变化。再用 Halt 指令停止程序运行，可以看到，窗口中的值发生了变化。

(2) 双击想要修改的寄存器，或在 CPU 寄存器窗口中单击右键，在弹出的菜单中选择 Edit Register 命令，出现如图 7-17 所示的编辑寄存器对话框。

(3) 在下拉列表中选择需要修改的寄存器，然后在 Value 中输入新的值。

(4) 单击 Done 按钮即可。

2) 查看和编辑外设寄存器的内容

DSP 芯片内部有各种外设。对这些外设的控制和运行都是以读/写外设控制寄存器的方式完成的。可以利用 CCS 的调试工具查看和修改这些外设寄存器。

(1) 选择 View 菜单中的 CPU Register 选项，在子菜单中选择 Peripheral Registers 命令，出现如图 7-18 所示的外设寄存器窗口。

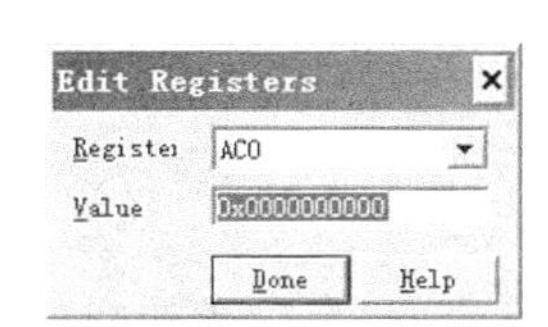

图 7-17　编辑寄存器对话框

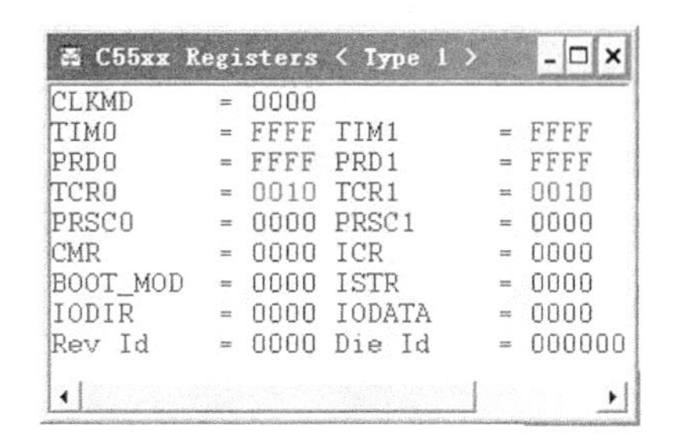

图 7-18　外设寄存器窗口

(2) 采用与前述相同的方式编辑外设寄存器的值。

7.2　应用程序的开发

7.2.1　编译器、汇编器和链接器设置

当生成程序时，需要设置编译器、汇编器和链接器，即设置构建选项(Build Option)。CCS 3.3 提供的编译器、汇编器和链接器有许多开关选项。单击 Project 菜单中的 Build Options 选项，弹出构建选项窗口，如图 7-19 所示。该窗口分为两部分，上半部分为命令输入和显示窗口，下半部分为选项区。因此，CCS 3.3 环境提供了两种设置选项的方法：一种方法是在命令窗口直接输入相应的选项命令；另一种方法是用鼠标单击相应的选项，在不需要熟记选项命令的前提下实现对开关选项的设置。

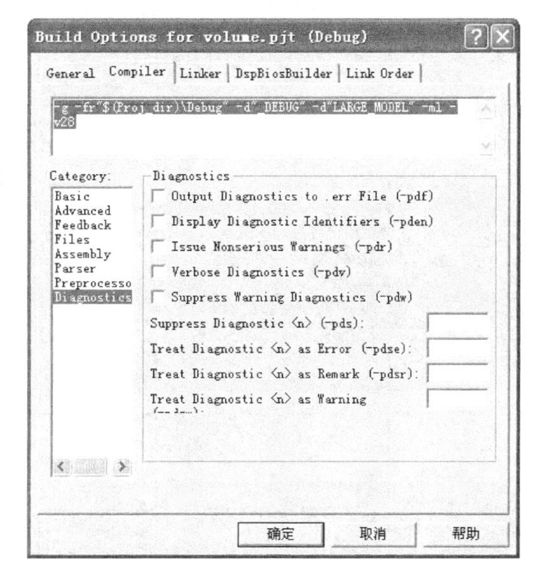

图 7-19　构建选项窗口——编译器标签

1. 编译器、汇编器选项

编译器(Compiler)包括分析器、优化器和代码产生器。它接受 C/C++ 源代码并产生 TMS320C55x 汇编语言源代码。

分析器检查输入的C语言程序有无语义、语法错误，产生程序的内部表示(即中间文件*.if)。优化器是分析器和代码产生器之间的一个选择途径，其输入是分析器产生的中间文件(*.if)。优化器对其优化后，产生一个高效版本的文件(*.opt)，其优化的级别作为选项由用户选择。代码产生器以分析器产生文件(*.if)或优化器生成的文件(*.opt)作为输入，产生TMS320C55x汇编语言文件。

汇编器(Assembler)的作用就是将汇编语言程序转换成机器语言目标文件，这些目标文件都是公共目标文件格式(COFF)。汇编器的功能如下所述。

(1) 将汇编语言源程序汇编成一个可重新定位的目标文件(.obj文件)。

(2) 如果需要，可以生成一个列表文件(.lst)。

(3) 将程序代码分成若干个段，每个段的目标代码都由一个SPC(段程序计数器)管理。

(4) 定义和引用全局符号。如果需要，还可以在列表文件后面附加一张交叉引用表。

(5) 对条件程序块进行汇编。

(6) 支持宏功能，允许定义宏命令。

在CCS 3.3环境下选择菜单Project的Build Options选项，在生成的构建选项窗口的编译器标签中可设置编译、汇编选项，如图7-19所示。编译器标签项包含基本(Basic)类、高级(Advanced)类、Feedback类、文件(Files)类、汇编(Assembly)类、分析(Parser)类、预处理(Preprocessor)类、诊断(Diagnostics)类。其中，Assembly是实用类控制汇编器的选项。表7-2列出了D55x编译器、汇编器常用选项。

表7-2 D55x编译器、汇编器常用选项(在Compiler标签项中)

类	域	选 项	含 义
Basic	Generate Debug Info	-g	产生由C/C++源代码级调试器使用的符号调试伪指令，并允许汇编器中的汇编源代码调试
		No Debug	不产生符号调试伪指令
	Opt Level(使用C优化器)	None	不优化
		-o0	控制图优化，把变量分配到寄存器，安排循环，去掉死循环，简化表达式
		-o1	包括-o0优化，并可去掉局部未用赋值
		-o2	包括-o1优化，并可循环优化，去掉冗余赋值，将循环中的数值下标换成增量指针形式，打开循环体(循环次数很少时)
		-o3	包括-o2优化，并可去掉不调用的函数，对返回无用值的函数进行化简，确定文件级变量特征
	Program Level Opt(程序级优化)	None	不使用程序级优化
		-pm	程序模块应用
		-pm -op0	程序模块应用，从程序模块中调用函数，同时修改程序模块中的全局变量

续表

类	域	选项	含义
Basic	Program Level Opt（程序级优化）	-pm -op1	程序模块应用，不调用程序模块中的函数，但是修改程序模块中的全局变量
		-pm -op2	程序模块应用，或者不调用程序模块中的函数，或者修改程序模块中的全局变量
		-pm -op3	程序模块应用，调用程序模块中的函数，不修改程序模块中的全局变量
Advanced	RTS Modifications（结合-o3 选项）	-ol0	声明一个函数和库函数有相同的名字，且改变库函数
		-ol1	声明一个标准库函数
		-ol2	取消声明或改变库函数
	Auto Inlining Threshold	-oi	设置自动插入函数长度的极限值（仅对-o3 选项）
		-ma	指示所使用的别名技术
		-mn	允许被-g 选项禁用的优化选项
		-mf	所有调用为远调用，所有返回为远返回
		-mi	禁用不可中断的 RPT 指令
		-ml	大存储器模式
Feedback	Show Banners		显示所有编译器输出信息
	Interlisting	None	不使用交织工具
		-s	该工具将优化器的注释或 C/C++ 源代码与汇编语言源代码混合。若调用优化器，优化器的注释和编译器输出的汇编语言交织。若没有调用优化器，则 C/C++ 源语句和编译器输出的汇编语言交织，用于观察由每条 C/C++ 源语句产生的代码。-s 选项隐含了-k 选项
		-ss	将原来的 C/C++ 源代码与编译器产生的汇编语言代码混合。若优化器和该选项一起调用，所得代码将组织得很好
	Opt Info File	None	不产生优化器信息文件
		-on1	产生优化器信息文件
		-on2	产生详细的优化器信息文件
	Generate Optimizer Comments	-os	将优化器的注释和汇编源文件语句交织在一起
		-b	产生用户信息文件

续表

类	域	选　项	含　义
Files	Asm File Extension	-ea	为汇编语言源文件设置新的默认扩展名
	Obj File Extension	-eo	为目标文件设置新的默认扩展名
	Asm Directory	-fs	指定汇编源文件目录
	Obj Directory	-fr	指定目标文件目录
	Temporary File Dir	-ft	指定临时文件目录
	Absolute Listing Dir	-fb	指定绝对列表文件目录
	Listing/Xref Dir	-ff	指定汇编清单文件和交叉引用列表文件目录
	Options File	-@	将文件内容解释为对命令行的扩展
Assembly（对汇编器的选项控制）	Keep generated. asm Files	-k	保持编译器的汇编语言文件。在一般情况下，解释命令程序在汇编完成后删除输出的汇编语言文件
	Generate Assembly Listing Files	-al	生成一个列表文件
	Keep Labels as Symbols	-as	把所有定义的符号放进目标文件的符号表中。汇编程序通常只将全局符号放进符号表中，利用-s选项时，所定义的符号以及汇编时定义的常数也都放进符号表
	Make case insensitive in asm source	-ac	使汇编语言文件中大小写没有区别，例如-c将使符号ABC和abc等效。若不使用该选项，程序符号区分大小写。大小写的区别主要针对符号，而不针对助记符和寄存器名
	Pre-Define NAME	-ad	为符号名设置初值，格式为-d name[=value]，这与汇编文件开始处插入name.set[=value]是等效的。如果value漏掉了，符号值被置为“1”
	Undefine NAME	-au	-uname取消预先定义的常数名，从而不考虑由任何-d选项所指定的常数
	. copy File	-ahc	将选定的文件复制到汇编模块。格式为-hc filename，所选定的文件被复制到源文件语句的前面，复制的文件将出现在汇编列表文件中
	. include File	-ahi	将选定的文件包含到汇编模块。格式为-hi filename，所选定的文件包含到源文件语句的前面，所包含的文件将不出现在汇编列表文件中
Parser	ANSI Compatibility	None	常规的ANSI模式
		-pk	允许与K&R兼容
		-pr	不严格的ANSI模式
		-ps	严格的ANSI模式

续表

类	域	选 项	含 义
Parser		-pe	不允许嵌入 C++ 模式
		-fg	把 C 文件当做 C++ 文件处理
		-pi	关断受定义控制的直接插入(-o3 优化仍然执行自动插入)。使用优化器选项,可以激活关键字 inline 声明的函数直接插入展开,而-pi 选项关断受定义控制的直接插入
		-pl	产生原始的列表文件(.rl)
		-px	产生交叉引用列表文件(.crl),该文件包含了源文件中每个标识符的引用信息
		-pn	禁用 C 编译器内部函数
		-rtti	允许目标类型在运行时确定
		-pde	设置最大错误数,在错误数达到该数字后编译器放弃编译,默认数为 100
Preprocessor	Include Search Path	-i	规定一个目录,汇编器可以在这个目录下找到 .copy、.include 或.mlib 命令所命名的文件。格式为-i pathname,每一条路径名的前面都必须加上-i 选项
	Define Symbols	-d	预定义常数名
	Undefine Symbols	-u	去掉预定义常数名
	Preprocessing	None	标准的 C/C++ 预处理函数
		-ppo	仅执行预处理,将预处理输出写到文件名与输入相同但扩展名为.pp 的文件中
		-ppc	仅执行预处理,保留注释,产生带有注释的预处理输出文件
		-ppd	仅执行预处理,但输出一个适合于输入标准生成工具的文件
		-ppi	仅执行预处理,但输出一个带有 # include 伪指令的文件
		-ppl	仅执行预处理,将预处理输出结果中带有 # include 伪指令的语句写到文件名与输入相同但扩展名为 .pp 的文件中
	Continue with Compilation	-ppa	预处理后继续编译。默认情况下,预处理仅执行预处理,不进行源代码的编译。如果希望预处理后继续编译,可以和其他预处理选项一起使用-ppa。例如和-ppo 一起使用-ppa

续表

类	域	选　项	含　　义
Diagnostics	编译器的主要功能之一是报告源程序的诊断信息，编译器提供诊断选项	-pdf	产生诊断信息文件，该文件与源文件名相同，但扩展名为.err
		-pden	显示诊断的数字标识符及其文字内容
		-pdr	发布注意(非严重警告)。默认时，注意消息被压缩
		-pdv	提供详细的诊断，可采用续行显示原来的源文件，并指明源文件行中出现错误的位置
		-pdw	压缩警告诊断消息(仍发布错误消息)
		-pds	压缩由 n 指定的诊断
		-pdse	将由 n 指定的诊断分类为错误
		-pdsr	将由 n 指定的诊断分类为注意
		-pdsw	将由 n 指定的诊断分类为警告
		-ar	压缩由 n 指定的汇编程序的注意

2. 链接器选项

在汇编程序生成代码的过程中，链接器(Linker)的作用十分重要，它包括如下 3 个作用。

(1) 根据链接命令文件(.cmd 文件)，将一个或多个 COFF 公共目标文件链接起来，生成存储器映像文件(.map)和可执行的输出文件(.out 文件)。

(2) 重定位符号和段的地址，给它们分配最终地址。

(3) 解释输入文件之间未定义的外部符号引用。

链接器选项控制链接操作。在 CCS 3.3 环境下，单击 Project 菜单中的 Build Options 选项，弹出构建选项窗口；再选择 Linker 标签，即可进行链接器选项设置，如图 7-20 所示。表 7-3 列出了 C55x 链接器选项。

注意：ROM/RAM 自动初始化模式仅对 C 语言生成的代码起作用。对于汇编语言源代码，只能选择无自动初始化(No Autoinitialization)方式。入口地址应设置为汇编语言代码段(.text)起始处的地址(通常用 start、begin 等全局变量表示)。

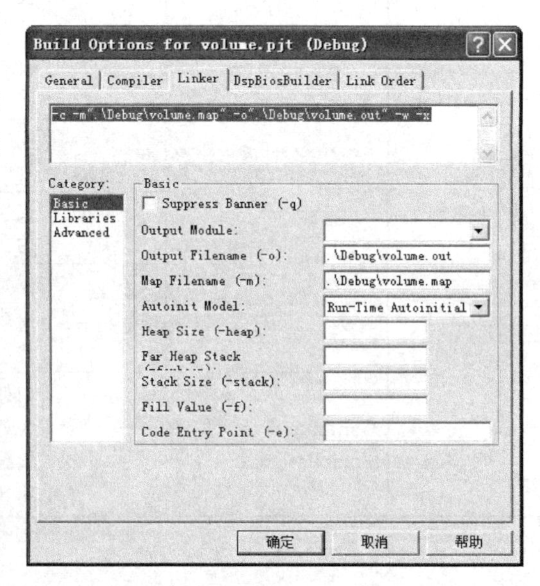

图 7-20　构建选项窗口——链接器标签

表 7-3 C55x 链接器常用选项(在 Linker 标签项中)

类	域	选项	含 义
Basic	Suppress Banner	-q	请求静态运行(quiet run),即压缩旗标(banner),必须是在命令行的第一个选项
	Output Module	-a	生成一个绝对地址、可执行的输出模块。所建立的绝对地址输出文件中不包含重新定位信息。如果既不用-a 选型,也不用-r 选项,链接器就像规定-a 选项那样处理
		-r	生成一个可重新定位的输出模块。不可执行
		-ar	生成一个可重新定位、可执行的目标模块。与-a 选项相比,-ar 选项还在输出文件中保留有重新定位的信息
	Output Filename	-o	对可执行输出模块命名。如果缺省,此文件名为 a. out
	Map Filename	-m	生成一个. map 映像文件。filename 是映像文件的文件名。. map 文件中说明了存储器配置,输入、输出端布局以及外部符号重定位之后的地址等
	Autoinit Model	-c	C 语言选项用于初始化静态变量,告诉链接器使用 ROM 自动初始化模型
		-cr	C 语言选项用于初始化静态变量,告诉链接器使用 RAM 自动初始化模型
	Heap Size	-heap	为 C 语言的动态存储器分配设置堆栈大小,以字为单位,并定义指定的堆栈大小的全局符号。Size 的默认值为 1K 字
	Stack Size	-stack	设置 C 系统堆栈,大小以字为单位,并定义指定堆栈大小的全局符号。默认的 Size 值为 1K 字
	Fill Value	-f	对输出模块各段之间的空单元设置一个 16 位数值(fill_name)。如果不用-f 选项,这些空单元全部置"0"
	Code Entry Point	-e	定义一个全局符号,该符号所对应的程序存储器地址,就是使用开发工具调试这个链接后的可执行文件时程序开始执行的地址(称入口地址)。当加载器将一个程序加载到目标存储器时,程序计数器(PC)被初始化到入口地址,然后从这个地址开始执行程序
Libraries	Library Search Path	-i	更改搜索文档库算法,先到 dir(目录)中搜索。此选项必须出现在-l 选项之前
	Include Libraries	-l	命名一个文档库文件作为链接器的输入文件,filename 为文档库的某个文件名。此选项必须出现在-i 选项之后
	Exhaustively Read Libraries	-x	迫使重读库,以分辨后面的引用。如果后面引用的符号定义在前面已读过的存档库中,该引用不能被分辨处,采用-x 选项,可以迫使链接器重读所有库,直到没有更多的引用能够被分辨为止

续表

类	域	选项	含　义
Advanced	Disable Conditional Linking	-j	不允许条件链接
	Disable Debug Symbol Merge	-b	禁止符号调试信息的合并，链接器将不合并任何由于多个文件而可能存在的重复符号表项。此项选择的效果是使链接器运行较快，但其代价是输出的COFF文件较大。默认情况下，链接器将删除符号调试信息的重复条目
	Strip Symbolic Information	-s	从输出模块中去掉符号表信息和行号
	Make Global Symbols Static	-h	使所有的全局符号成为静态变量
	Warn About Output Sections	-w	当出现没有定义的输出端时，发出警告
	Define Global Symbol	-g	保持指定的global_symbol为全局符号，而不管是否使用了-h选项
	Create Unresolved Ext Symbol	-u	将不能分辨的外部符号放入输出模块的符号表

3. 设置构建选项

设置构建选项的一般步骤为：首先定义一组用于工程中所有文件的工程级选项，然后通过对单个源代码文件定义专门的选项来对程序进行优化。

1) 设置工程级选项(工程级选项影响所有工程文件)

(1) 选择菜单Project中的Build Options选项，弹出构建选项对话框如图7-19和图7-20所示。

(2) 在Build Options(构建选项)对话框，选择相应的标签——编译器、汇编器或链接器。

(3) 设置在生成程序时要使用的选项。

(4) 单击“确定”按钮，完成设置。

2) 设置文件专门的选项(对文件的专门选项将覆盖工程级设置的选项)

(1) 在工程项目窗口中右击源文件名，并从上下文菜单中选择File Specific Options。

(2) 选择在编译该文件时要使用的选项。

(3) 单击OK按钮，完成设置。

文件专用选项仅仅记录对该文件的设置与工程选项不同的地方，并将其保存在工程文件中。设置文件专用的生成选项时需谨慎，因为在设置过程中对那些必须和工程级选项保持一致的选项没有任何保护措施。

7.2.2 项目管理器

与Visual Basic、Visual C和Delphi等集成开发工具类似，CCS 3.3采用工程文件来集中管理一个工程。一个工程包括源程序、库文件、链接命令文件和头文件等，它们按照目录树的结构组织在工程文件中。工程构建(编译链接)完成后生成可执行文件。

一个工程文件包括以下内容：源代码的文件名和目标库，编译器、汇编器、链接器选项，以及有关的包含文件。

程序的管理主要用 Project View 窗口来完成。工程观察窗口显示整个工程的内容，这些内容按和工程有关的文件类型组织。所有的工程操作都可在 Project View 窗口中执行。代码产生工具编译器、汇编器、链接器都集成在工程的 Build 命令中，由命令生成可执行文件。工程环境提供的各种生成工程的命令可以加快开发的速度。例如，如果在工程中包含许多源文件，但仅需对少数文件进行编辑或修改，可使用增加性生成命令，仅对修改了的文件重新编译。

1. 创建工程项目

(1) 在主菜单 Project 中选择 New 选项，弹出如图 7-21 所示的对话框。

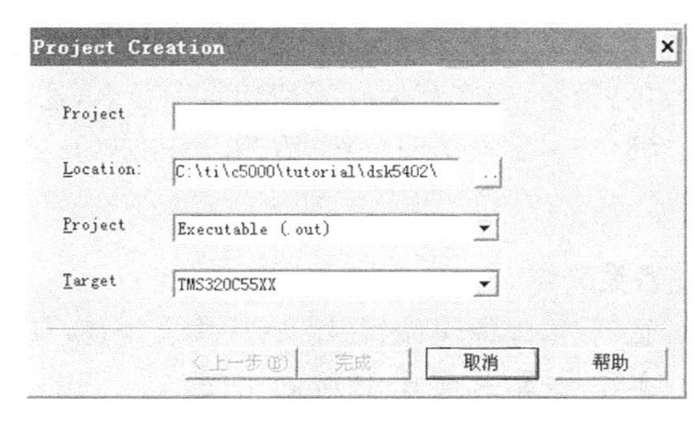

图 7-21 创建工程项目对话框

(2) 在 Project 域中输入要创建的项目名，在 Location 域输入或选择将要创建的工程项目所处的目录。

(3) 从 Project 下拉列表中选择要创建的工程项目的配置。

(4) 在 Target 下拉列表中选择将要创建的工程项目所对应的目标器件系列。

(5) 单击 Finish 按钮，创建一个工程项目。

2. 打开已有的工程项目

若要打开已创建的工程项目，选择主菜单 Project 中的 Open 选项，在弹出的 Project Open 对话框中选择要打开的工程项目文件，单击“打开”按钮即可。或者选择主菜单 Project 中的 Recent Project Files 选项，打开最近使用过的工程项目文件。

3. 关闭工程项目

如果要关闭已打开的工程项目，可以采用的方法如下所述。

(1) 选择主菜单 Project 中的 Close 选项，关闭已打开的工程项目。

(2) 在如图 7-22 所示的工程观察窗口中，将光标移到将要关闭的项目名处，单击右键，然后在弹出的关联窗口中选择 Close 命令，即可关闭该项目。

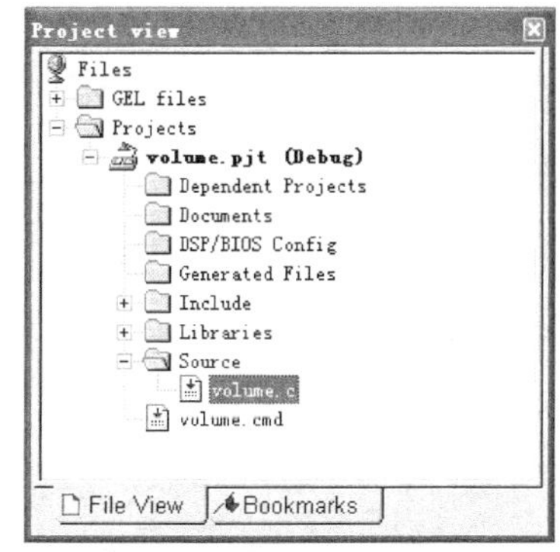

图 7-22 工程观察窗口

4. 文件扩展名

文件通过其扩展名来辨识。表 7-4 列出了 CCS 中文件扩展名的含义。

表 7-4 CCS 文件扩展名及含义

扩 展 名	含 义
*.c 或 *.cpp	C 源文件,可进行编译和链接
.a 或 *.asm	汇编语言源文件,可进行汇编和链接
.o 或 *.lib	目标文件或库文件,仅可进行链接
*.cmd	链接器命令文件,仅可用于链接
其他	不认识的文件,不能添加到工程中

仅对工程指定一个链接命令文件,否则,将会对加入工程中的文件没有限制。所有加入工程中的文件显示绝对路径名,但在存储时采用相对路径名,这样,工程可以被很容易地移到不同目录中。绝对路径名是在工程每次被打开时确定的,路径名是相对工程的生成文件存储的。

5. 向工程项目添加各类文件

可以使用两种方法向工程添加源文件、目标文件、库文件、CMD 文件,如下所述。

(1) 添加源文件。在主菜单中选择 Project 中的 Add Files to Project 选项,如图 7-23 所示;或在工程观察窗口单击项目名,在弹出的对话框中选择 Add Files 选项,如图 7-24 所示,然后在弹出的对话框中选择要添加文件的目录、文件类型和文件名(可同时选择多个文件),再单击"打开"按钮。通过这种方式,可以添加 C 语言代码文件和汇编源文件。

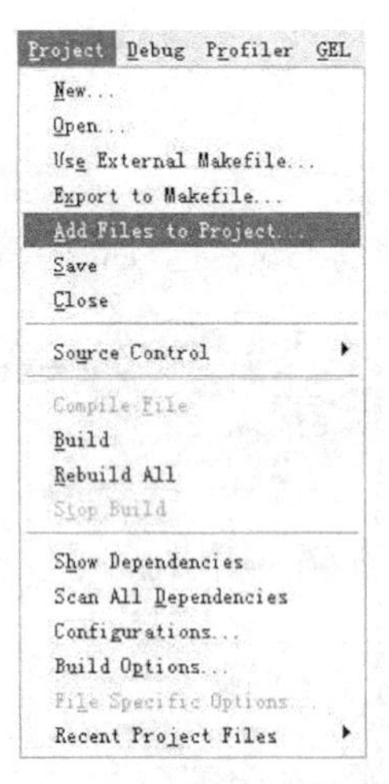

图 7-23 添加文件(1)

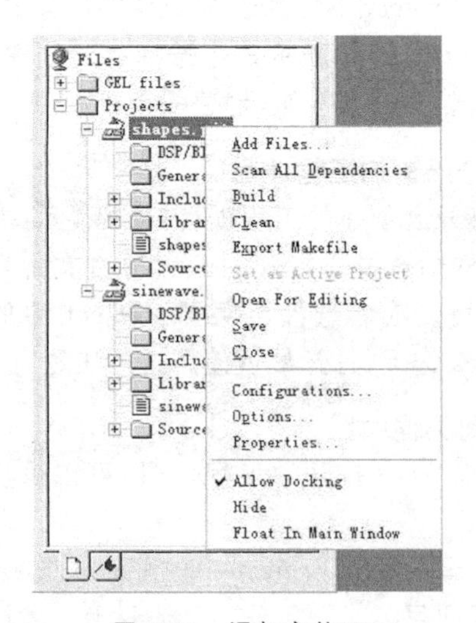

图 7-24 添加文件(2)

(2) 添加内存定位文件"*.cmd"可以使用上述任何一种方式。在添加文件对话框的"文件类型"下拉列表中选择 Linker Command File (*.cmd),该类型文件定义了各代码段或数据段在存储器中的位置。

(3) 如果工程文件是基于 C 语言编写的,还需要添加运行时的支持库(Run-Time-Support Library)。使用上述任何一种方式,向工程里添加 rts55x.lib 或 rts55.lib 文件。该文件存放在 CCS 3.3 的安装目录\c5500\cgtools\lib 下。在添加文件对话框的"文件类型"下拉列表中要选择 Object and Library Files (*.o*,*.l*)。

(4) 添加头文件。在如图 7-22 所示的工程观察窗口中,在工程名上单击右键,再选择 Scan All Dependencies,.c 文件所包含的头文件.h 就会出现在工程观察窗口的 Include 文件夹中。

6. 扫描文件的相关性

为了确定在增量编译过程中哪些文件必须被编译,工程必须对每一个源文件保持一个包括相关性文件的清单。在生成一个工程时,通过选择 Project 中的 Add Files to Project 选项或者选择 Scan All Dependencies,将产生一个相关文件树。为了产生相关文件树,在工程清单中的所有源文件对 #include,.Include 和 .copy 伪指令进行递归扫描,并且每一个被包括的文件名都被自动加到工程清单中。根据源文件的类型寻找包含文件的搜索路径,当前的目录是源文件所在的目录,相对路径相对于当前目录来分辨。搜索按以下顺序进行。

1) 对于 C 源文件

(1) 当前目录。

(2) 在编译器选项(-i)中的包含路径列表,从左到右。

(3) 由 C_DIR 环境变量指定的包括路径列表,从左到右。

2) 对于汇编源文件

(1) 当前目录。

(2) 在汇编器选项(-i)中的包含路径列表,从左到右。

(3) 由 A_DIR 环境变量指定的包括路径列表,从左到右。

工程环境保存执行增量相关文件扫描时的时间。增量相关文件扫描仅包括新文件或在上次扫描后改变了的文件。通过相关文件之间日期和时间上的差别监测对文件的改变,包括由老的备份版本替换了的文件。

1) 重新产生包括文件的从属性

(1) 单击主菜单中菜单项 Project 的 Show Dependencies 选项,对相关性的增量扫描在显示整个工程的相关树之前完成。

(2) 单击主菜单中菜单项 Project 的 Build 选项,对从属性的增加扫描在执行工程生成之前完成。

(3) 单击主菜单中菜单项 Project 的 Scan All Dependencies 选项,或在 Project View 窗口右击工程名,并从快捷菜单中选择 Scan All Dependencies,将扫描所有的文件相关性,不管它在上次扫描后是否做过改变。

2) 显示包括文件的相关项

(1) 单击主菜单中菜单项 Project 的 Open 选项,打开工程。

(2) 在 Project Open 对话框中选择要显示的工程名。如果工程不在当前的目录中,则浏览找到正确的目录。

(3) 单击主菜单中菜单项 Project 的 Show Dependencies 选项,执行从属性的增加性扫描,更新从属性树,显示从属性状态窗。如果从属性状态窗中的文件呈现红色,说明这些文件的从属性未被分辨出来,再次调用时,将对这些文件进行增加性重新构建。

3) 排除文件的从属性扫描

排除文件(exclude.dat)用来防止对某些文件的从属性扫描。在初始化状态中,exclude.dat 包括系统的"包含文件清单",这些文件一般是不能被改变的。可以对该文件编辑,排除其他文件的扫描。例如,不能被改变的头文件,或者在系统文件中需要扫描改变的文件。

7. 工程项目的构建

工程项目所需的源文件编辑完成后,就可以对该文件进行编译链接,生成可执行文件。构建(Building)是指编译(Compiling)、汇编(Assembling)和链接(Linking)3 个独立的步骤按顺序联合进行。CCS 的工程项目管理工具为用户构建工程项目提供了 4 种操作:编译文件、增加性构建、全部重新构建、停止构建。

1) 编译文件

编译文件只对当前源文件进行编译,不进行链接。具体步骤如下所述。

(1) 在工程观察窗口中,右键单击要编译的源文件名,然后选择关联窗口中的 Open 选项,打开要编译的源文件。也可双击该文件名,打开源文件。

(2) 在主菜单中单击 Project 中的 Compile File 命令,或单击项目工具条中的编译文件按钮,对打开的文件进行编译。

2) 增加性构建

增加性构建仅对修改过的源文件进行编译。以下任何一种方法都可以完成工程项目的增加性构建。

(1) 选择项目菜单 Project 中的 Build 命令。

(2) 右键单击工程项目浏览窗中的工程项目文件,然后选择关联菜单中的 Build 选项。

(3) 单击项目工具条中的增加性构建按钮。

3) 全部重新构建

全部重新构建是重新对当前工程项目中的所有文件进行编译、汇编和链接。链接完毕,CCS 3.3 生成一个.out 文件。

选择 Project 菜单中的 Rebuild All 命令,或单击项目工具条中的全部重新构建按钮,即可重新编译链接当前工程项目。

4) 停止构建

选择 Project 菜单中的 Stop Build(停止构建)命令,或单击项目工具条中的停止构建按钮,构建过程将在完成对当前文件的编译后停止。

7.2.3 代码编辑器

CCS 3.3 提供了很多编辑功能,可以灵活运用这些功能来高效地编辑一个工程中的各种文件。它提供的功能主要有以下几种。

(1) 采用增强亮度显示句法：以不同的高亮颜色显示语句中的关键词、注释、字符串和汇编伪指令等。

(2) 具有查找和替换功能：在一个或多个文件中搜索和查找替换字符串。

(3) 提供上下文相关的帮助：在源程序中，通过 F1 键对高亮显示字符串进行在线帮助。

(4) 多窗口显示：打开多个文件窗口或对一个文件采用多窗口显示。

(5) 快速方便的工具条：利用标准工具条和编辑工具条，让用户快速使用编辑功能。

(6) 单击鼠标右键可以弹出关联菜单，以便快速使用编辑器功能。

(7) C 语言编辑器可以判别括号是否匹配，提示语法错误。

(8) 所有编辑命令都有快捷键与之对应。

1. 创建文件

创建一个新文件的步骤如下所述。

(1) 选择主菜单 File 中的 New 选项，或单击标准工具条上的创建文件按钮，将在编辑窗口中出现一个新的窗口。

(2) 编辑文本。在新窗口中输入源代码(源程序)。

(3) 选择保存方式。选择主菜单 File 中的 Save 或 Save As 选项，或单击标准工具条中的保存文件按钮。

(4) 选择文件目录、文件名和扩展名。在"保存为"对话框中，确定保存文件的目录，然后输入文件名和扩展名。

(5) 保存文件。单击"保存"按钮，完成文件的保存。

2. 打开一个文件

打开文件的步骤如下所述。

(1) 选择 File 中的 Open 选项，或单击标准工具条中的打开文件按钮，出现"打开"对话框。

(2) 在"打开"对话框中选择文件。若没有所要选择的文件，通过选择文件类型和目录，查找要打开的文件。

(3) 单击"打开"对话框上的"打开"按钮，将在编辑窗口中打开所选择的文件。

3. 文件的编辑

1) 文本的剪切、复制和粘贴

在打开的文本文件中，可执行各种文本编辑操作。

利用 Edit 菜单中的 Cut、Copy 和 Paste 命令，可以剪切、复制和粘贴文本。具体步骤如下所述。

(1) 选中要剪切或复制的文本段。

(2) 选择 Edit 中的 Cut 或 Copy 选项，也可以单击标准工具条中的剪切按钮或复制按钮，将选中的文本存入剪贴板。

(3) 将光标放在需要插入文本的地方。

(4) 选择 Paste 命令,或单击标准工具条中的按钮。

2) 删除文本

选中要删除的文本段,然后单击 Edit 中的 Delete 选项,将删除选中的文本段;或按键盘上的 Delete 键删除文本。

3) 撤销/恢复

选择 Edit 中的 Undo 和 Undo History 选项,或单击撤销按钮和撤销历史按钮,可以撤销当前窗口中的最后一次编辑活动和历史编辑活动。

选择 Edit 中的 Redo 和 Redo History 选项,或单击恢复按钮和恢复历史按钮,可以恢复当前窗口中的最后一次编辑活动和历史编辑活动。

4. 文本的查找和替换

1) 在当前文件中查找文本

可以在当前文件或多个文件中搜索文本串,也可以用一个文本串代替另一个文本串。利用这个功能,可以完成在多个文件中的跟踪、修改变量和函数等。

操作步骤如下所述。

(1) 在寻找域中输入要查找的字符串。

(2) 在标准工具条中单击按钮或,开始查找。也可以使用 Edit 菜单中的"Find/Replace"选项来完成字符串的查找和替换。

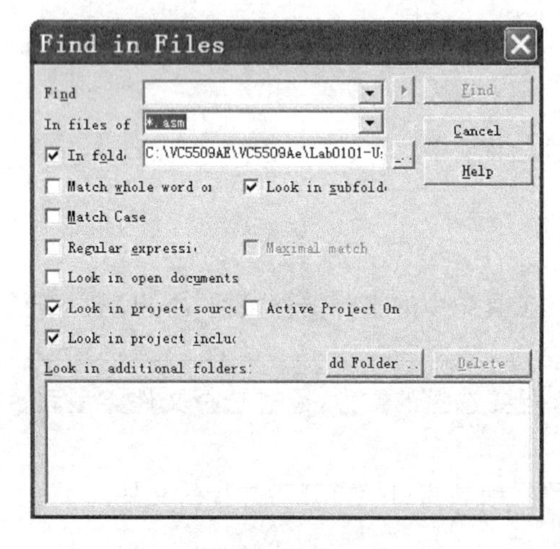

图 7-25 Find in Files 对话框

2) 在多个文件中查找文本

操作步骤如下所述。

(1) 选择 Edit 菜单中的 Find in Files 选项,或单击标准工具条中的多个文件搜索按钮,弹出如图 7-25 所示的 Find in Files 对话框。

(2) 在 Find in Files 对话框中,输入查询信息。

(3) 单击 Find 按钮,开始搜索,并在输出窗口显示搜索结果,包括文件目录、文件名、文本行号以及该行的内容。双击匹配文本,将在编辑窗中打开指定的文件,光标位于匹配文本行的开头。若要关闭输出窗口,选择该窗口关联菜单中的隐含 Hide 选项。

5. 文本书签

当开发 DSP 软件项目所编写的代码过长时,调试过程中想快速找到某一行,可以使用文本书签功能。

1) 设置书签

在源文件中设置书签的步骤如下所述。

(1) 将光标移动到要设置书签的文本行上。

(2) 单击编辑工具条中的设置/取消书签按钮，完成一个书签的设置，如图 7-26 所示。

```
sine.c
static void processing();                     // p
static void dataIO();                         // d

void main()
{
    puts("SineWave example started.\n");

    while(TRUE) // loop forever
    {
        /*  Read input data using a probe-point conn
            Write output data to a graph connected t
        dataIO();

        /* Apply the gain to the input to obtain the
        processing();
    }
}
```

图 7-26　设置了书签的编辑窗口

2) 显示书签

可以使用以下任何方法来打开书签列表。

(1) 在已设置书签的文件中，单击右键打开关联菜单，然后选择 Bookmarks 选项，显示书签列表。

(2) 在主菜单 Edit 中，选择 Bookmarks 选项，打开书签列表。

(3) 在编辑工具条中单击按钮，显示书签列表。

打开的书签列表如图 7-27 所示。选定某一书签，然后单击 Go To 按钮，可快速定位到书签所在的行。

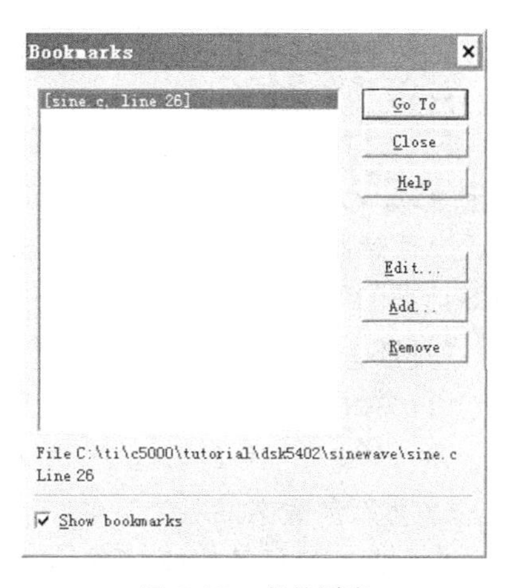

图 7-27　书签列表

3) 删除书签

可以使用下面的任何一种方法来删除书签。

(1) 在打开的书签列表中，选定要删除的书签，然后单击 Remove 按钮即可。

(2) 打开要删除书签的文件，将光标移动到书签上，然后单击右键打开关联菜单，再选择 Remove Bookmark 选项，删除书签。

(3) 打开要删除书签的文件，将光标移动到书签上，然后单击编辑工具条中的按钮。

7.3　程序调试工具

7.3.1　单步运行及扩展

1. 装载程序

利用前面介绍的方法，构建工程项目，完成程序的编译、汇编和链接后，可以得到在目标系统中运行的可执行程序(.out)文件。

在运行程序之前，需要将程序装载入目标系统。在本节实例中使用的目标系统是Tms320C55x Simulator，使用的例子程序是CCS自带的，位于CCS的安装目录\tutorial\sim55x\sinewave文件夹下。

1）装载目标文件

（1）单击主菜单File中的Load Program选项，弹出如图7-28所示的装载程序对话框。

（2）对话框中，在CCS的安装目录下，找到构建该工程项目下的Debug目录，选择构建后生成的可执行文件*.out并打开。

CCS装载完毕，该*.out文件装载到目标DSP之后，自动弹出Disassembly窗口。

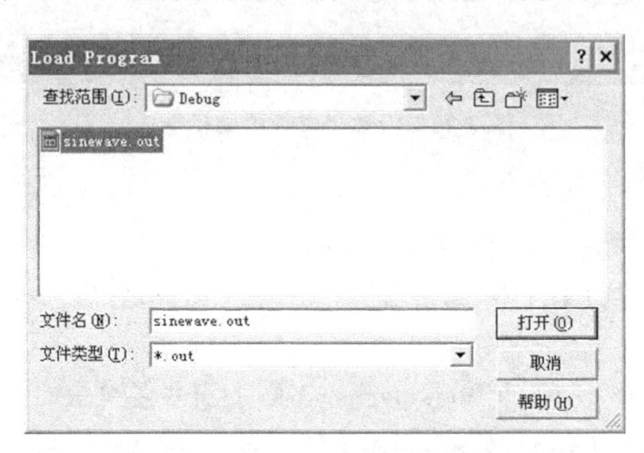

图7-28 装载程序对话框

2）装载符号信息

可执行程序中一般会有一个符号表。在调试过程中，特别是高级语言程序的调试过程中，符号表非常重要。符号表中包含了程序中使用到的变量名、函数名登载数据存储器和程序存储器中对应的位置。一般加载程序时，自动将.out文件中的符号信息加载到CCS内部的符号表中。

如果仅装载符号信息，步骤如下所述。

（1）单击File菜单中的Load Symbol命令，打开Load Symbol对话框。

（2）在装载符号对话框中，选择所要装载的文件并打开。

3）重新装载文件

当对源程序做了修改，重新编译链接后，需要将新生成的可执行程序加载到目标系统，可以使用该功能。

重新装载程序，选择菜单File中的Reload Program选项即可。

2. 复位目标处理器

在调试中，有时要对处理器进行复位操作。这种操作可以通过CCS实现。在CCS 3.3中提供了一些有关目标处理器的复位命令。

（1）Reset CPU（DSP复位）：在调试菜单Debug中选择Reset CPU，可以完成对DSP的复位操作，使目标处理器恢复到上电初始状态，并且终止当前执行的用户程序。

(2) Restart(重新启动)：这是一个使 CCS 3.3 程序指针恢复到用户程序入口地址的命令。在调试菜单 Debug 中选择 Restart 后，可以把程序指针 PC 恢复为用户程序的入口，但并不执行程序。

(3) Go Main(转移到 main)：这是用于调试 C 语言用户程序的命令。执行该命令后，将一个临时断点设置在装载程序的关键字 main 处，并且开始运行程序，直到遇到断点或执行暂停命令 Halt，临时断点被取消。

在主菜单中单击 Debug 中的 Go Main 选项，让程序从主程序开始执行。程序会停在 main()处，并有一个黄色的箭头标示要执行的 C 语言代码。如果想同时看到 C 语言代码和对应编译生成的汇编代码，单击主菜单 View 中的 Mixed Source/ASM，此时会有一个绿色的箭头标记当前要执行的汇编代码，如图 7-29 所示。

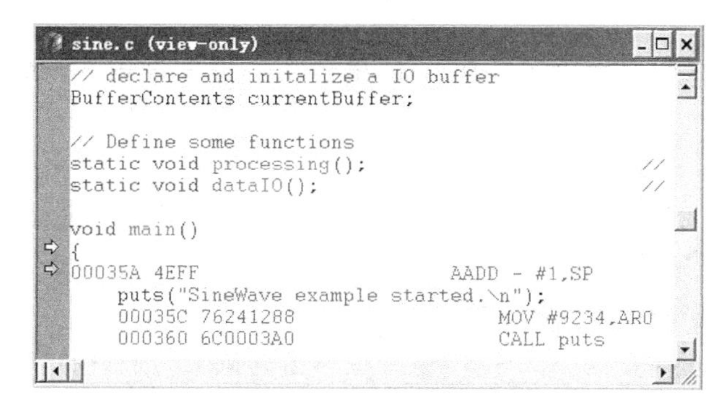

图 7-29 同时观察 C 语言与对应的汇编代码

3. 运行程序

1) Step Into

单击主菜单 Debug 中的 Step Into 选项，或单击调试工具条中的按钮，或使用快捷键 F11，进行单步执行操作。

该操作的功能是执行下一条指令。如果下一条指令是一个函数调用，则进入函数内部，并且在函数的开始位置暂停程序的执行。

2) Step Over

单击主菜单 Debug 中的 Step Over 选项，或单击调试工具条中的按钮，或使用快捷键 F10，单步运行程序。

该操作的功能是执行一条指令或一段程序。如果执行的是一条程序调用语句，该命令将所调用的程序作为一条指令来完成。

3) Step Out

单击主菜单 Debug 中的 Step Out 选项，或单击调试工具条中的按钮，或使用快捷键 Shift+F11，完成单步跳出操作。

该命令可完成从子程序中跳出，即执行当前的子程序后返回到调用函数，并且暂停程序的执行。

4) Run to Cursor

单击主菜单 Debug 中的 Run to Cursor 选项，或单击调试工具条中的按钮，或使用快捷键 Ctrl+F10，执行到光标所在处。即在反汇编或文本窗口中设置一个光标，执行该命令，可以使程序从当前位置运行到光标所在处为止。

5) Multiple Operations

该指令可以将前面的单步运行执行多次，通过单击主菜单 Debug 中的 Multiple Operations 选项，在弹出的对话框中输入操作次数来完成。

6) Run

单击主菜单 Debug 中的 Run 选项，或单击调试工具条中的按钮，让程序从当前程序指针(PC)所在位置开始全速运行，直到遇到断点，才停止程序的运行。

7) Halt

单击主菜单 Debug 中的 Halt 选项，或单击调试工具条中的按钮，让程序退出运行。

8) Animate

该命令是一个在断点支持下的快速调试程序的操作。在执行前先设置各断点，执行该命令，运行程序直到遇到断点；在断点处暂停程序的运行，所有没有与探针点连接的窗口被刷新；然后，程序接着运行，直到遇到下一个断点。

单击主菜单 Debug 中的 Animate 选项，或单击调试工具条中的按钮，可以执行该命令。

9) Run Free

单击主菜单 Debug 中的 Run Free 选项，全速运行程序。从当前 PC 位置开始，忽略所有的断点和探针点。

7.3.2 断点

CCS 3.3 的断点工具包括软件断点、硬件断点和各种存储器访问断点等。

1. 软件断点

软件断点是最常用的断点形式。程序运行过程中如果遇到断点，会暂时停止运行，回到调试状态。用户可以通过查看变量、图形等方式，发现程序中的错误。

1) 设置断点

断点可以设置在源代码行上，也设置在反汇编窗口中的指令行上。有三种方法可以快速地设置断点。

(1) 在反汇编窗口或含有 C/C++ 的源代码窗中，将光标移动到需要设置断点的指令行上，单击右键，然后在弹出的菜单中选择 Toggle Breakpoint 命令，本行左边会出现红色标记，表示此处有断点。

(2) 在反汇编窗口，双击要设置断点的指令行，或在源代码窗口双击指令行左边的页边，即可完成断点的设置。

(3) 单击工具条中的按钮添加断点。

设置好断点后，重新启动运行，程序会停在断点处，并且在断点所在行左边显示一个黄色的箭头，表示程序运行到此，如图 7-30 所示。

```
sine.c
static void processing()
{
    int size = BUFFSIZE;

    while(size--){
        currentBuffer.output[size] = curren
    }
}
```

图 7-30 程序停在断点处

软件断点的实现是通过在用户目标代码中插入陷阱(TRAP)指令，将正常的程序跳转到调试器(Debugger)上。设置软件断点时，应注意以下两点。

(1) 避免将断点设置在分支(Branch)或调用(Call)的语句上。

(2) 避免将断点设置在块重复操作的倒数第一条语句或第二条语句上。

2) 编辑断点

程序调试中有时会同时使用多个断点。如果将暂时不需要的断点都清除，以后添加起来就非常麻烦。可以临时关闭暂时不使用的断点，需要使用时再打开。CCS 中的断点具有打开和关闭两种状态。

(1) 选择 Debug 菜单中的 Breakpoints 命令，出现 Break/Probe Points 对话框，如图 7-31 所示。

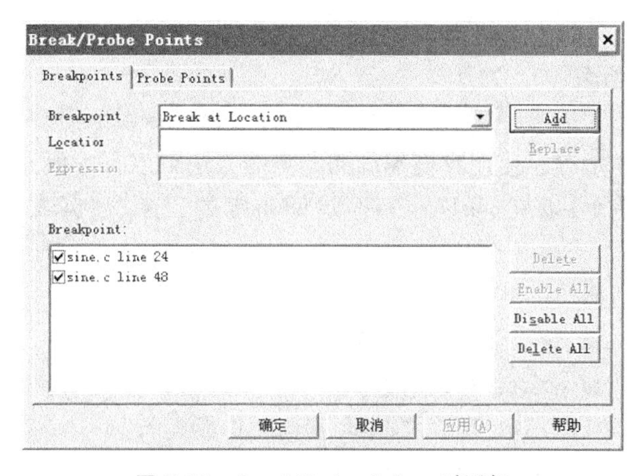

图 7-31 Break/Probe Points 对话框

(2) 左下方的列表框中列出了所有的断点，每个断点前面有一个复选框。选中，表示对应的断点处于打开状态；没有选中，则对应的断点处于不可使用状态。另外，对话框中右边的按钮可以完成一些断点的操作。

① Delete：用于删除在列表中选中的断点。

② Enable All：表示使能所有的断点。

③ Disable All：表示使所有的断点处于不可使用的状态。

④ Delete All：可以清除所有的断点。

3）删除断点

可以使用以下任何一种方法删除断点。

(1) 反汇编窗口或含有 C/C++ 的源代码窗口中，将光标移动到已经设有断点的指令行上，单击右键，然后在弹出的菜单中选择 Toggle Breakpoint 命令来取消断点。

(2) 在反汇编窗口中双击设有断点的指令行，或在源代码窗口双击设有断点的指令行左边的页边，即可取消断点。

(3) 单击工具条中的按钮来删除断点。

(4) 选择 Debug 菜单中的 Breakpoints 命令，出现 Break/Probe Points 对话框。在断点列表中选择要删除的断点，然后单击 Delete 按钮，再单击 OK 按钮即可。

2. 硬件断点

前面介绍的软件断点实际上是通过修改断点处的指令来达到中断程序运行的目的，在功能上有一定的限制。例如，断点必须位于程序存储器，而且必须是在 CCS 能够修改的存储器，如 RAM 中。如果需要为 ROM 中的程序设置断点，就必须使用硬件断点。

以 C5000 系列的硬件仿真器为例，添加一个硬件断点的步骤如下所述。

(1) 打开如图 7-30 所示的对话框。

(2) 在 Breakpoints 下拉列表中选择 H/W Break。注意，Breakpoints 下拉菜单中的选项将随着目标板或仿真器设置的不同而不同。

(3) 在 Location 栏输入想设置断点处的语句地址。

(4) 单击 Add 按钮。

3. 存储器访问断点

如果程序有一个大的缓冲区，发现程序在运行过程中错误地修改了其中的某个值，需要找到程序中出错的地方。使用存储器访问断点的方法可以很方便地解决这个问题。

访问存储器断点，可以在 CPU 运行时访问指定的程序、数据或 I/O 存储器时中断运行。

可以使用的存储器访问断点类型包括以下几项。

(1) Break on Data read：读数据存储器时中断运行。

(2) Break on Data write：写数据存储器时中断运行。

(3) Break on Data R/W：读/写数据存储器时中断运行。

(4) Break on Prog read：读程序存储器时中断运行。

(5) Break on Prog write：写程序存储器时中断运行。

(6) Break on Prog R/W：读/写程序存储器时中断运行。

(7) Break on IO read：读 I/O 存储器时中断运行。

(8) Break on IO write：写 I/O 存储器时中断运行。

(9) Break on IO R/W：读/写 I/O 存储器时中断运行。

在 Breakpoints 下拉列表中选择 Break on <bus> <Read|Write|R/W>，存储器访问断点。

7.3.3 探针点

探针点(Probe Point)是CCS中比较有特色的工具,是指CCS在源程序某条语句上设置的一种断点。每个探针点都有相应的属性(由用户设置)用来与一个文件的读/写相关联。用户程序运行到探针点所在的语句时,会执行特定的操作,如刷新图形、文件输入/输出等。由于文件的读写实际上调用的是操作系统功能,因此不能保证这种数据交换的实时性。这里主要讲述文件I/O的使用。文件I/O可以完成目标系统的DSP存储器与主机上的文件之间的数据交换。

1. 探针点的设置

探针点可以在反汇编窗口或含有C/C++的源文件中设置。有两种方法可以很方便地设置探针点:将光标移动到需要设置探针点的位置,单击右键,然后在弹出的菜单中选择Toggle Probe Point命令,该行最左边将出现一个蓝色菱形探针点标志;或者单击项目工具条上的按钮完成探针点的设置。

2. 探针点的删除

在反汇编窗口或含有C/C++的源文件中,将光标移动到已设置探针点的位置,单击右键,然后在弹出的菜单中选择Toggle Probe Point命令,即可删除探针点;或者单击项目工具条上的按钮,删除探针点;或者单击项目工具条中的按钮,删除所有探针点。

3. 探针点的使用

以sinewave.pjt为例,打开并载入程序。

(1) 选择Debug菜单中Restart选项,重新开始调试。在sine.c源程序窗口,将光标移动到30行,单击右键,然后在弹出的菜单中选择Toggle Probe Point命令,本行左边出现一个蓝色菱形探针点标志,同样在此行增加一个断点。也可以单击项目工具条上的按钮,完成探针点的设置。

(2) 选择File中的File I/O选项,弹出如图7-32所示对话框。在对话框中设置主机上的文件,与DSP交换数据。

在对话框的File Input和File Output中分别设置文件输入和文件输出。输入和输出是针对DSP而言的。在本例中,通过文件输入从一个数据文件中读取波形到DSP内部的缓冲区,缓冲区的地址为currentBuffer.input,长度为100字。

(3) 在File Input选项卡中,单击Add File按钮,在该工程项目中打开sine.dat文件。

(4) 在对话框的Address中输入缓冲区地址currentBuffer.input,在Length中输入"100",在Page下拉表中选择Data。因为currentBuffer在数据存储器中。Probe栏显示Not Connected,表示这个文件输入还没有和探针点连接。

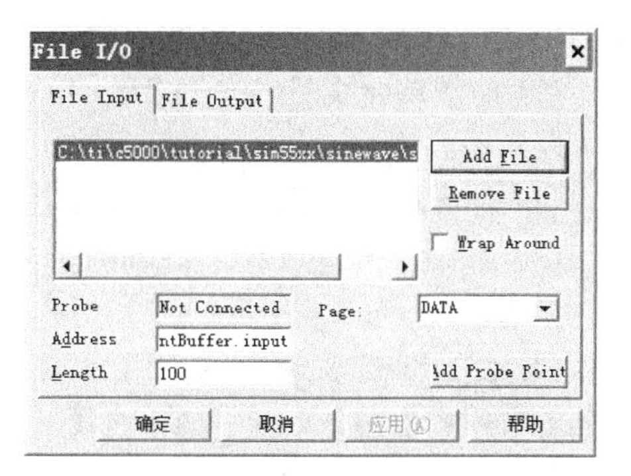

图7-32 File I/O对话框

(5) 单击 Add Probe Point 按钮，出现如图 7-33 所示的 Break/Probe Points 对话框。在 Probe Point 列表中选中探针点，在 Connect 下拉列表中选择文件输入 sine. dat，单击 Replace 按钮，这时列表框里显示已经将探针点和文件输入连接。

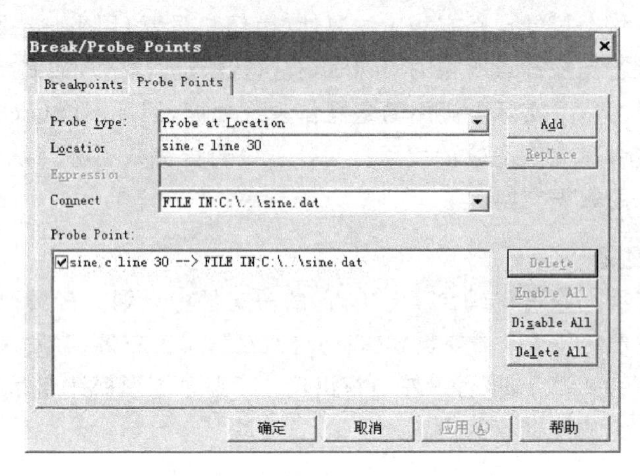

图 7-33 Break/Probe Points 对话框

(6) 关闭 Break/Probe Points 对话框，File I/O 对话框中的 Probe 框中显示 Connected。

(7) 关闭 File I/O 对话框，出现一个显示文件读取进度的操作框，如图 7-34 所示。

图 7-34 读取进度的操作框

(8) 选择 Debug 中的 Run 命令，运行的程序自动停止在第 30 行的断点。由于此处有探针点，CCS 会执行文件输入，从文件读取进度可以看出变化；也可以查看变量 currentBuffer，发现 input 数组中的值已经发生了变化，这是因为 CCS 已经完成了数据的输入。

7.3.4 图形显示

在程序调试过程中，可以利用 CCS 提供的可视化工具，将内存中的数据以各种图形的方式显示。图形显示类型(Display Type)包括：时域/频域(Time/Frequency)显示选项、信号相位分布的星座图(Constellation)选项、信号间干扰情况的眼图(Eye Diagram)选项以及 YUV 图像或 RGB 图像的图像显示(Image)选项。其中，时域/频域显示包括如下选项。

(1) 时域单曲线图(Single Time)：对数据不加处理，直接画出显示缓冲区数据的幅度—时间曲线。

(2) 时域双曲线图(Dual Time)：在一幅图形上显示两条信号曲线。

(3) FFT 幅度谱(FFT Magnitude)：对显示的缓冲区数据进行 FFT 变换，画出幅度—频率曲线。

(4) 复数 FFT(Complex FFT)：对复数数据的实部和虚部分别作 FFT 变换，在一个图形窗口中画出两条幅度—频率曲线。

(5) FFT 幅度—相位谱(FFT Magnitude and Phase)：在一个图形窗口中画出幅度—频率曲线和相位—频率曲线。

(6) FFT 多频显示(FFT Waterfall)：对缓冲区数据执行 FFT 变换，其幅度—频率曲线构成多频显示中的一帧。

图形显示窗口相关的缓冲区有两个：采集缓冲区和显示缓冲区。采集缓冲区位于真实目标板或模拟目标板当中。当图形更新时，主机从真实目标板或模拟目标板的读采集缓冲区中读数据。显示缓冲区位于主机内存当中，所以必须保留历史数据。图形由显示缓冲区中的数据产生。

使用图形显示功能，只需单击 View 菜单中的 Graph 选项。在子菜单中选取所需显示类型的菜单项(Time/Frequency、Constellation、Eye Diagram、Image)，即可进入相应显示类型的属性对话框。由于不同显示类型的属性对话框有许多功能完全相同的设置选项，所以功能相同的设置选项就不再重复解释。

1. 时域/频域显示(Time/Frequency)

可以将感兴趣的信号、数据在时域或频域显示出来。时域最多同时显示两路信号。

频域分析有多种选择：幅度谱、相位谱、复谱、瀑布显示等。在程序运行到任何一点，都可以随时更新图形显示。

选择 Time/Frequency 命令，打开如图 7-35 所示的 Dual Time 图形属性对话框。下面以双曲线图为例介绍各参数选项。

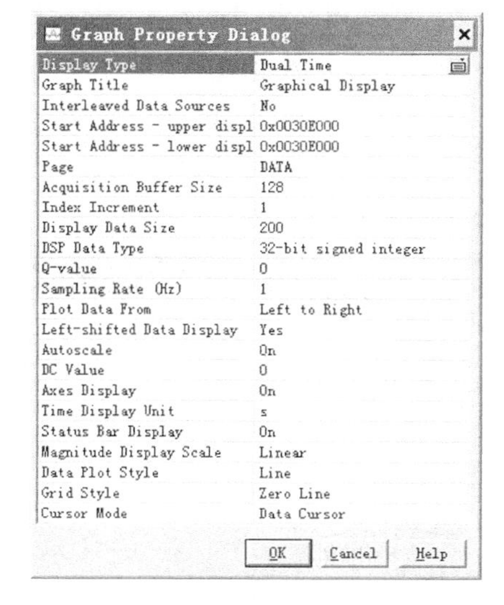

图 7-35　Dual Time 图形属性对话框

(1) Graph Title：为每个显示窗口定义不同的标题，有助于区分多个同时打开的窗口。

(2) Interleaved Data Sources：该选项说明信号来源是否是交叉存取的，即是否允许一个缓冲区代表两个信号源。如果允许，则缓冲区中的奇数采样点代表第一个信号源(X 信号源)，偶数采样点代表第二个信号源(Y 信号源)。

(3) Start Address：定义采集缓冲区的起始地址。此对话框允许输入符号和 C 表达式；对于 dual time 显示，需要输入两个采集缓冲区首地址。

(4) Page：指明采集缓冲区的数据来自程序空间、数据空间还是 I/O 空间。

(5) Acquisition Buffer Size：采集缓冲区存放着实际的或仿真目标板中的数据。根据需要，用户可以定义采样缓冲区的大小。若希望逐个观察数据，缓冲区大小定义为 1。

(6) Index Increment：定义显示缓冲区中每隔几个数据取一个样点进行显示。

(7) Display Data Size：显示缓冲区里存放的图形原始数据的长度。根据需要，用户可以定义显示缓冲区的大小。

(8) DSP Data Type：选项包括 32 比特有符号整数、32 比特无符号整数、32 比特浮点数、32 比特 IEEE 浮点数、16 比特有符号数、16 比特无符号数、8 比特有符号数、8 比特无符号数。

(9) Q-value：Q 值为定点数的定标值，指明小数点所在的位置。

(10) Sampling Rate：采样频率。对于频域图形，此参数用于指示频谱各点对应的频率；对于时域图形，此参数用于指示数据的采样时刻。

(11) Plot Data From：可选项为“自左向右”或“自右向左”。

(12) Left-shifted Data Display：数据依时间次序向左移动显示。

(13) Autoscale：纵轴最大值是所显示数据中的最大值。

(14) DC Value：叠加到显示数据上的直流分量值。

(15) Axes Display：说明在显示图形时是否显示 X 轴或 Y 轴。

(16) Time Display Unit：可选项为秒、毫秒、微秒或样点。

(17) Status Bar Display：说明下端的状态栏是否显示。

(18) Magnitude Display Scale(幅度显示标尺)：线性标尺或对数标尺。

(19) Data Plot Style：可选项为“连线”或“柱状图”。

(20) Grid Style：设置水平或垂直方向网格显示，包括没有网格、零轴线(只显示 0 轴)、全部网格(显示水平和垂直栅格)这三个选项。

(21) Cursor Mode：此项设置光标显示类型，有以下选项：无光标(no cursor)、数据光标(data cursor)和缩放光标(zoom cursor)。数据光标在视图的状态栏显示光标所处位置及其指向的数据值。缩放光标允许放大图形显示，其方法是：按住鼠标左键并拖动，定义的矩形框将被放大。

FFT 幅度谱、复数 FFT、FFT 幅度—相位谱和 FFT 多频显示属性对话框如图 7-36～图 7-39 所示，其各自的特殊设置参数选项如下所述。

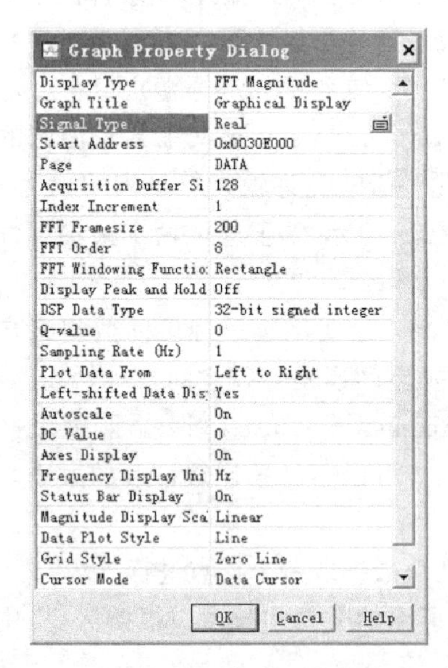

图 7-36 FFT Magnitude 图形属性对话框

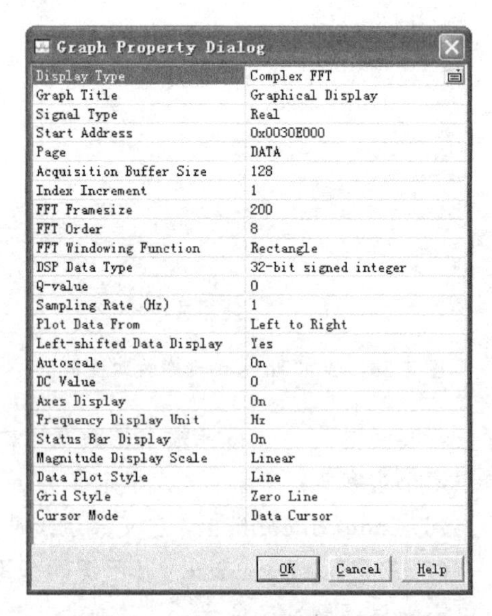

图 7-37 Complex FFT 图形属性对话框

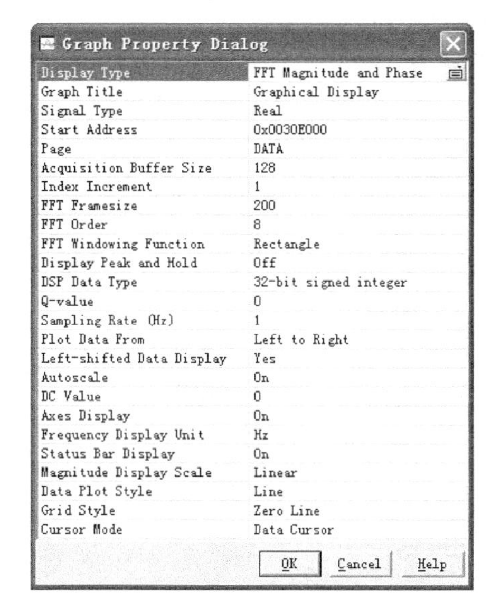

图 7-38 FFT Magnitude and Phase 图形属性对话框

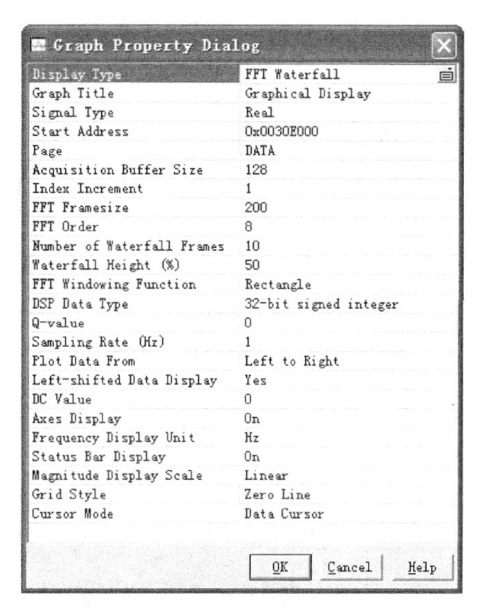

图 7-39 FFT Waterfall 图形属性对话框

(1) Signal Type：指定信号源的类型是实信号还是复信号。

(2) FFT Framesize：指定 FFT 变换运算当中的样本数。采集缓冲区的大小可以和 FFT 帧不同。

(3) FFT Order：指定 FFT 大小＝ $2^{\text{FFT阶数}}$。

(4) FFT Windowing Function：可选用如下窗函数进行 FFT 的数据预处理：矩形窗、三角窗、布莱克曼窗口、汉宁窗、海明窗(即 Rectangle、Bartlett、Blackman、Hanning、Hamming)。

(5) Frequency Display Unit：指定频率坐标的度量单位，包括 Hz、kHz 和 MHz。

2. 星座图(Constellation)

星座图属性对话框如图 7-40 所示，其特殊设置选项如下所述。

(1) Start Address-X Source：X 信号源的起始地址。

(2) Start Address-Y Source：Y 信号源的起始地址。

(3) Constellation Points：星座点数是所显示样本数的最大值。

(4) Minimum X-value：定义显示的 X 轴的最小值。

(5) Maximum X-value：定义显示的 X 轴的最大值。

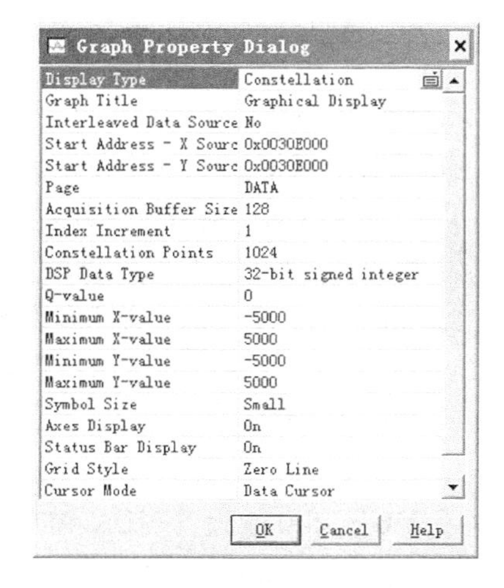

图 7-40 Constellation 图形属性对话框

(6) Minimum Y-value：定义显示的 Y 轴的最小值。

(7) Maximum Y-value：定义显示的 Y 轴的最大值。

3. 眼图(Eye Diagram)

眼图属性对话框如图 7-41 所示，其特殊设置选项如下所述。

(1) Trigger Source：选择是否具有触发源。

(2) Start Address-Data Source：数据信号的起始地址。

(3) Start Address-Trigger Source：触发信号的起始地址。

(4) Persistence Size：设定用户使用的显示缓冲区的长度。

(5) Minimum Interval Between：设置两个触发点之间的最小样本间隔。

(6) Pre-Trigger (in samples)：设置显示在左触发点之前的样本数。

(7) Trigger Level：设置触发电平。

(8) Maximum Y-value：设置图形纵轴显示的最大值。

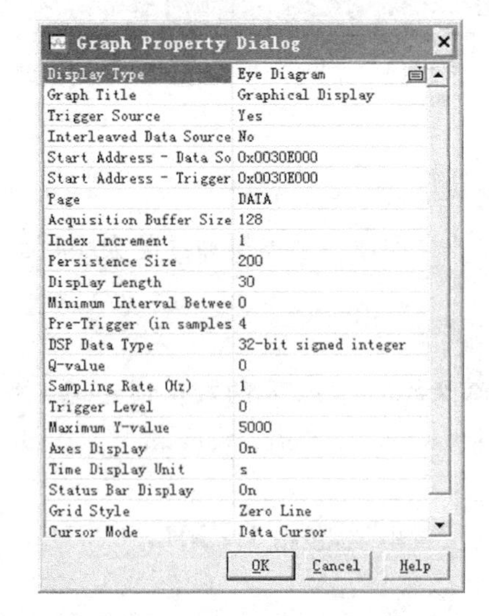

图 7-41 Eye Diagram 图形属性对话框

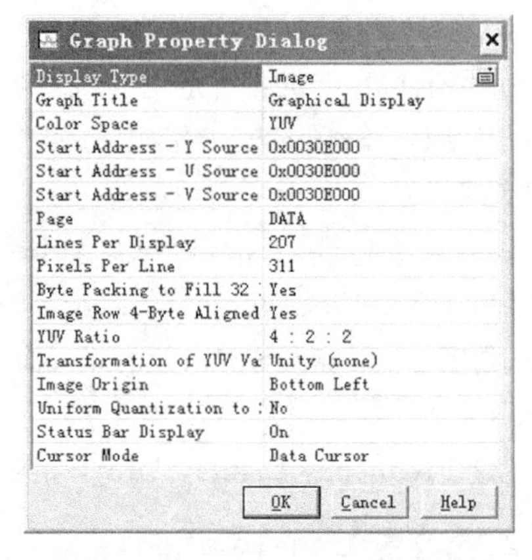

图 7-42 Image 图形属性对话框

4. 图像(Image)

图像属性对话框如图 7-42 所示，其特殊设置选项如下所述。

(1) Color Space：选择数据流表示图像的颜色空间。

(2) Start Address：定义三路输入信号源的起始地址。

(3) Lines Per Display：说明整个图像的高度。

(4) Pixels Per Line：说明整个图像的宽度。

(5) Byte Packing to Fill 32 Bits：选项决定数据流是否以数据包的形式传送。

(6) Image Row 4-Byte Aligned：图像每行的数据是否以 4 字节为边界对齐。

(7) YUV Ratio：设置 YUV 信号的采样比。

(8) Transformation of YUV Values：YUV 到 RGB 的转换分为两个阶段。

(9) Image Origin：图像原点。

(10) Uniform Quantization to 256 Colors：该选项仅当图像不是256色时才有效。

7.3.5 观察窗

观察窗(Watch Window)是一种重要的调试工具，它用于检查、编辑局部变量、全局变量以及C/C++表达式的值。

1. 打开观察窗口

选择View菜单中的Watch Window选项，或单击观察工具条中的打开观察窗按钮，打开观察口，如图7-43所示。

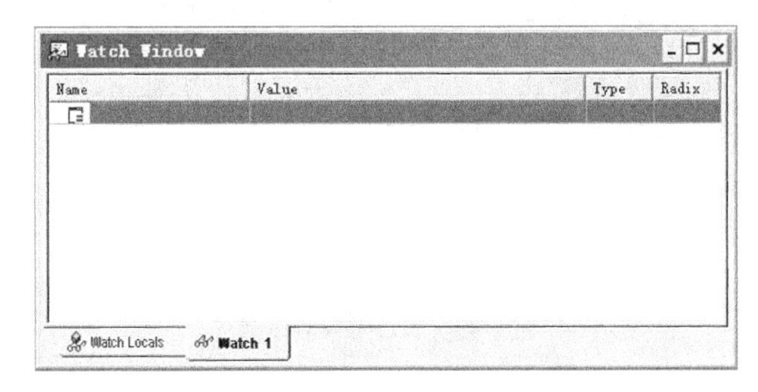

图7-43 观察窗口

观察窗显示以下4类信息：符号名(name)、数值(value)、数据类型(type)和基数(radix)。其中，“基数”显示所代表的数据格式，如表7-5所示。

表7-5 Radix显示代表的数据格式

Radix显示	所代表的数据格式	Radix显示	所代表的数据格式
hex	十六进制	float	十进制浮点数
dec	十进制	scientific	指数形式浮点数
bin	二进制	unsigned	无符号整数
oct	八进制	auto	默认显示格式
char	ASCII字符		

2. 在观察窗口中加入观察变量或数组

打开如图7-43所示的观察窗口后，在默认情况下，观察窗口显示Watch Locals标签，其中显示当前执行函数中的所有局部变量。

可以采用下面任何一种方法在观察窗口中加入变量或数组。

(1) 在源文件或反汇编窗口中，双击变量使其选中。单击鼠标右键，然后选择Add to Watch Window选项，则该变量或数组自动加入当前的观察窗口。

(2) 在打开的观察窗口中选择Watch 1标签，然后打开源文件，再双击变量或数组使其被选中，最后用鼠标将其拖入观察窗口。

(3) 在打开的观察窗口中选择Watch 1标签，然后单击Name域或按键盘上的Insert

键,再输入要观察的变量名或表达式。

3. 快速观察

利用CCS提供的快速观察功能,可以快速地观察和修改变量。

1) 观察变量

在CCS的编辑窗口中,将光标移动到要观察的变量上,然后单击鼠标右键,选择Quick Watch命令,或者单击观察工具条中的按钮。弹出如图7-44所示的快速观察对话框。

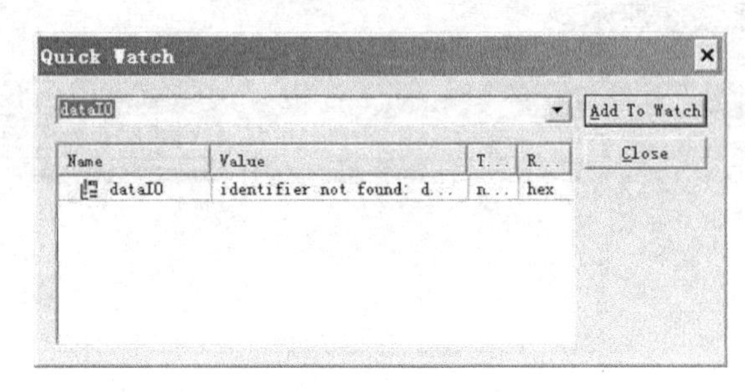

图7-44 快速观察对话框

2) 将变量加入观察窗口

在打开的快速观察窗口中选中一个变量,单击窗口中的Add to Watch选项后,即可将变量加入到观察窗口变量列表中。

3) 编辑观察变量

在打开的快速观察窗口中单击变量名,然后单击Name域或Value域,即可在选择的域中修改信息。

4. 编辑变量

(1) 选择菜单Edit中的编辑变量命令Edit Variable,弹出如图7-45所示的编辑变量对话框。

(2) 在对话框中输入要编辑的变量名(Variable)和新的变量值(Value)信息。当输入变量名后,单击Value域,CCS会自动显示变量的原始值。

(3) 单击OK按钮,完成编辑。

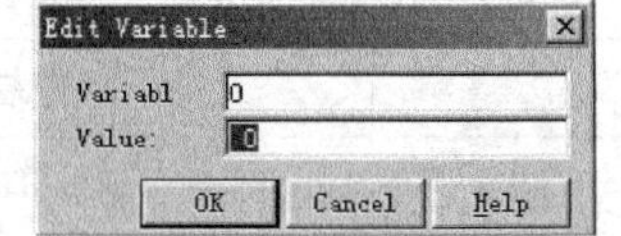

图7-45 编辑变量对话框

7.3.6 符号浏览器

符号浏览器可以显示加载的COFF输出文件(.out)的所有相关文件、函数、全局变量、变量类型以及符号等。符号浏览器窗口中包含5个标签:Files、Functions、Globals、Types、Labels。在View菜单中选择Symbol Browser,打开Symbol Browser窗口,如图7-46所示。用户需要首先加载.out文件,符号浏览器才会显示出所有与.out文件相关的文件、函数、全局变量、变量类型以及符号等。

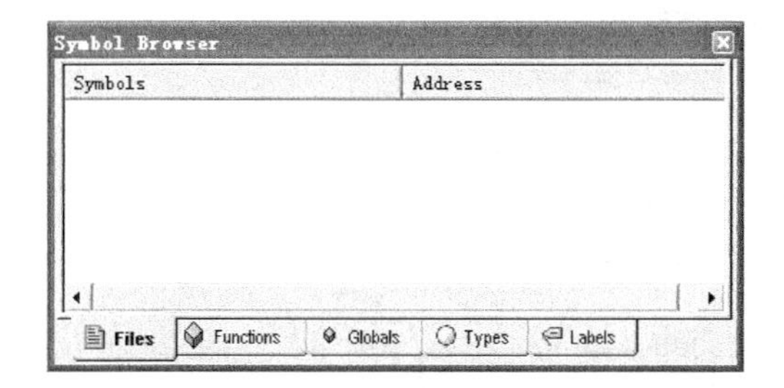

图 7-46　Symbol Browser 窗口

7.3.7　GEL 工具

GEL 是通用扩展语言(General Extension Language)的简称，是一种类似于 C 语言的解释性语言。利用 GEL 语言，用户可以访问实际/仿真目标板。设置 GEL 菜单选项，特别适于自动测试和自定义工作空间。本例工程项目中的 GEL 文件 c5510.gel 位于安装目录\cc\gel 下，代码清单如下：

```
/* GEL 文件载入时执行 Startup()函数 */

StartUp()
{
    C5510_Init();
    GEL_TextOut("Gel StartUp Complete.\n");
}
menuitem "C5510_Configuration";
hotmenu CPU_Reset()
{
    GEL_Reset();
    GEL_TextOut("CPU Reset Complete.\n");
}
/* MP/MC value=1 (BOOTM[2: 0]=0)时的存储器映射图 */
hotmenu C5510_Init()
{
    GEL_Reset();
    GEL_MapOn();
    GEL_MapReset();

/* 程序空间 */
    GEL_MapAdd(0x0000C0u,0,0x00FF40u,1,1);              /* DARAM */
    GEL_MapAdd(0x010000u,0,0x040000u,1,1);              /* SARAM */
    GEL_MapAdd(0x050000u,0,0x3B0000u,1,1);              /* External CE0 */
    GEL_MapAdd(0x400000u,0,0x400000u,1,1);              /* External CE1 */
    GEL_MapAdd(0x800000u,0,0x400000u,1,1);              /* External CE2 */
    /* For MP/MC=1 (BOOTM[2: 0]=0) */
    GEL_MapAdd(0xC00000u,0,0x400000u,1,1);              /* External CE3 */
    /* For MP/MC=0 (BOOTM[2: 0] !=0) */
    /* GEL_MapAdd(0xC00000u,0,0x3F8000u,1,1);           /* External CE3 */
```

```
    /* GEL_MapAdd(0xFF8000u,0,0x008000u,1,0);              /* PDROM */

  /* 数据空间 */
    GEL_MapAdd(0x000000u,1,0x000050u,1,1);              /* MMRs */
    GEL_MapAdd(0x000060u,1,0x007FA0u,1,1);              /* DARAM */
    GEL_MapAdd(0x008000u,1,0x020000u,1,1);              /* SARAM */
    GEL_MapAdd(0x028000u,1,0x1D8000u,1,1);              /* External CE0 */
    GEL_MapAdd(0x200000u,1,0x200000u,1,1);              /* External CE1 */
    GEL_MapAdd(0x400000u,1,0x200000u,1,1);              /* External CE2 */
    /* 对于 MP/MC=1 (BOOTM[2: 0]=0) */
    GEL_MapAdd(0x600000u,1,0x200000u,1,1);              /* External CE3 */
    /* For MP/MC=0 (BOOTM[2: 0] !=0) */
    /* GEL_MapAdd(0x600000u,1,0x1FC000u,1,1);            /* External CE3 */
    /* GEL_MapAdd(0x7FC000u,1,0x004000u,1,0);            /* PDROM */

  /* IO 空间 */
    GEL_MapAdd(0x0000u,2,0x0400u,1,1);                  /* RHEA 1KW */
    GEL_MapAdd(0x0800u,2,0x0400u,1,1);                  /* EMIF 1KW */
    GEL_MapAdd(0x0C00u,2,0x0400u,1,1);                  /* DMA 1KW */
    GEL_MapAdd(0x1000u,2,0x0400u,1,1);                  /* TIMER#0 1KW */
    GEL_MapAdd(0x1400u,2,0x0400u,1,1);                  /* ICACHE 1KW */
    GEL_MapAdd(0x1C00u,2,0x0400u,1,1);                  /* CLKGEN 1KW */
    GEL_MapAdd(0x2000u,2,0x0400u,1,1);                  /* TRACE FIFO 1KW */
    GEL_MapAdd(0x2400u,2,0x0400u,1,1);                  /* TIMER#1 1KW */
    GEL_MapAdd(0x2800u,2,0x0400u,1,1);                  /* SERIAL PORT#0 1KW */
    GEL_MapAdd(0x2C00u,2,0x0400u,1,1);                  /* SERIAL PORT#1 1KW */
    GEL_MapAdd(0x3000u,2,0x0400u,1,1);                  /* SERIAL PORT#2 1KW */
    GEL_MapAdd(0x3400u,2,0x0400u,1,1);                  /* GPIO 1KW */
    GEL_MapAdd(0x3800u,2,0x0400u,1,1);                  /* ID 1KW */

    GEL_TextOut("C5510_Init Complete.\n");
}
```

为了使用 GEL 工具，必须创建包含 GEL 函数的文件(.gel 文件)。当创建了 GEL 文件之后，GEL 文件必须载入 CCS 之中才能够访问该文件中的函数。这样，GEL 函数就位于 CCS 的内存当中，可以在任何时刻被执行，除非 GEL 文件从 CCS 中被移走。如果已经载入的 GEL 函数进行了修改，必须把它卸载并再次载入，所做的修改才会生效。

载入 GEL 文件非常简单，其步骤如下所述：选取 File 中的 Load GEL；也可以在工程视图窗口的 GEL 文件夹的位置单击右键，然后选取 Load GEL。在 Load GEL 对话框当中，指定包含所需 GEL 函数的文件(*.gel)。

我们可以把经常使用的 GEL 函数放置于 CCS 菜单栏的 GEL 菜单当中。使用 menuitem 关键词，就可以在 GEL 菜单下创建一个新菜单项目的下拉列表(drop-down list)。下面分别介绍使用 hotmenu 和 slider 关键词创建 GEL 函数的方法。

1) 使用 hotmenu 的例子

使用关键词 hotmenu 可以将一个 GEL 函数添加到 GEL 菜单。该函数无需传递参数，而且一旦被选中，就被执行。下面的例子完成这样的功能：在菜单项 GEL 中选择 My

Functions，添加一个初始化目标 DSP 的功能 InitTarget 和一个加载可执行代码的功能 LoadMyProg。

在主菜单中选择 File 中的 New，再选择 Source File 选项，然后在新建的源文件中输入以下代码。

```
menuitem "My Functions";
hotmenu InitTarget()
{
    *waitState=0x11;
}
hotmenu LoadMyProg()
{
    GEL_Load("c:\\mydir\\myfile.out");
}
```

输入完毕后，在主菜单上选择 File 中的 Save 命令。在 CCS 安装目录\cc\gel 下，选择存储类型 General Extension Language Files，命名为 test1.gel。

编写好 GEL 文件后，使用 GEL 功能非常简单。首先装载 GEL 文件，在主菜单中选择 File 中的 Load GEL，找到 test1.gel 所在目录，将其打开；然后单击主菜单的 GEL，可以发现初始化目标 DSP 的功能 InitTarget 和加载可执行代码的功能 LoadMyProg 已经添加到菜单了，如图 7-47 所示。

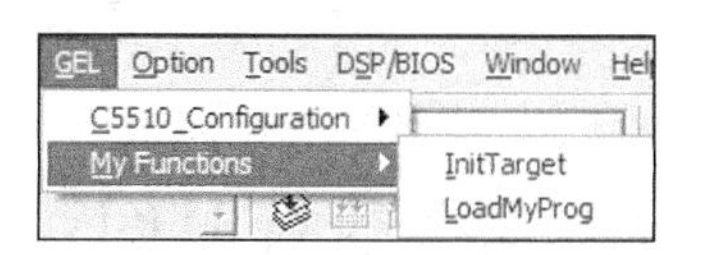

图 7-47 GEL 菜单 My Functions 选项

2）使用 slider 的例子

使用关键词 slider，可以将一个 GEL 函数添加到 GEL 菜单。创建滑动条的 GEL 函数(参数说明如表 7-6 所示)的格式如下所求。

```
slider param_definition(minVal, maxVal, increment, pageIncrement, paramName)
{
    语句
}
```

表 7-6 slider 参数说明

参数	功能
param_definition	出现在滑动条上的参数描述
minVal	滑动条最低位置对应的整数常数
maxVal	滑动条最高位置对应的整数常数
increment	滑动条向上移动一个位置所对应的整数常数增加值
pageIncrement	滑动条移动一页所对应的整数常数增加值
paramName	函数内使用的参数定义

下面的语句使用关键词 slider 添加一个控制 gain 变量的滑动条。按照前述方法新建一个源文件，并将其保存为 GEL 文件。装载该 GEL 文件后，单击菜单选项 GEL，再选

择 VolumeControl 中的 gain 选项，如图 7-48 所示，即出现滑动条，如图 7-49 所示。用鼠标按住滑动条上下移动，即可在 1～10 的范围内改变幅度。

```
menuitem " VolumeControl ";
slider gain(1, 10, 1, 1, volume)
{
    /* control the target variable "gain" with the parameter
    "volume" passed by the slider object. */
    gain=volume;
}
```

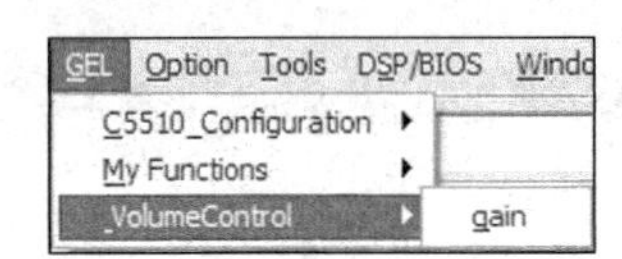

图 7-48　GEL 菜单 VolumeControl 选项

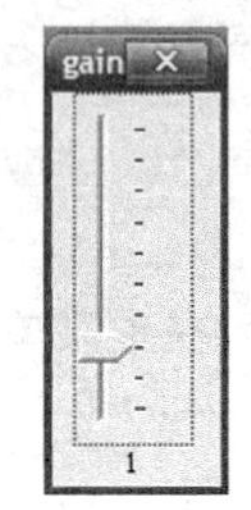

图 7-49　滑动条

7.4　代码执行时间测算

CCS 提供的代码分析工具 Profiler 不仅可以统计代码执行的时钟周期的个数，还可以统计程序运行中的中断、子程序调用、程序分支、返回、指令预取等信息。

本节使用的例子是 CCS 自带的一个调试解调器程序 modem. pjt，位于 CCS 的安装目录\tutorial \sim55x\modem 下。在工程项目浏览窗口打开 Source 子项，可以看到三个源文件：razed32. c、sinetab. c 和 modemtx. c。打开该工程，并且装入程序 modem. out，CCS 自动打开反汇编窗口，并停在 c_init00 处。

1. 分析时钟及其设备

(1) 选择 Profiler 中的 View Clock 命令打开时钟分析窗口，如图 7-50 所示。窗口中显示了时钟的计数值。双击计数值，可以将它复位为“0”。

(2) 选择 Profiler 中的 Clock Setup 命令，打开时钟设置窗口，如图 7-51 所示。其中，各选项含义如下所述。

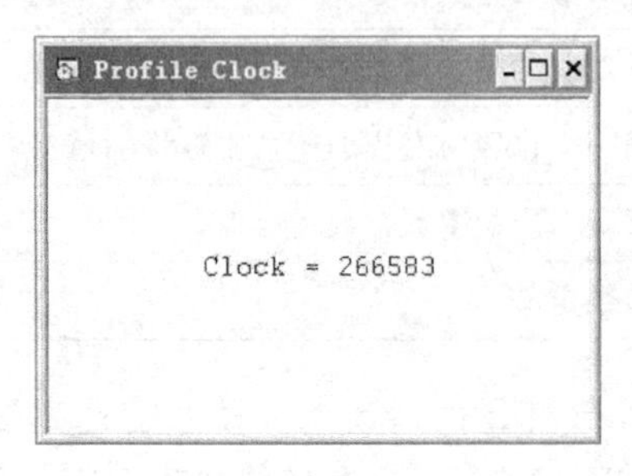

图 7-50　时钟分析窗口

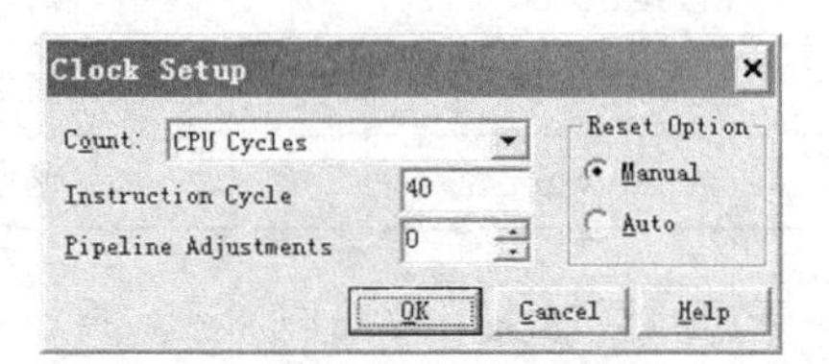

图 7-51　时钟设置窗口

① Count：选择需要分析的事件。

② Instruction Cycle：输入执行一条指令需要的时间，在 DSP 芯片中执行单周期指令的时间，即运行的主时钟，以 ns 为单位。

③ Reset Option：选择 Manual 手工复位或 Auto 自动复位。

④ Pipeline Adjustments：输入流水线校正值。

2. 分析窗口

分析过程以分析会话的形式组织。通常把相关的分析放在一个分析会话中。可以同时使用多个分析会话。选择 Profiler 中的 Start New Session 命令，开始一个新的分析会话。关闭对话框后，出现分析会话窗口，如图 7-52 所示。

分析会话窗口中有 4 个选项卡：Files、Functions、Ranges 和 Setup。由于还没有设置分析范围，分析窗口中没有分析数据。

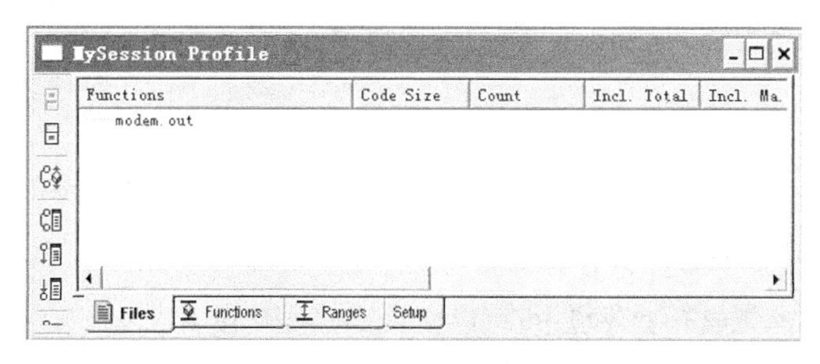

图 7-52 分析会话窗口

3. 分析函数

在分析窗口中选择 Functions 选项卡，然后打开源程序 modemtx.c 并找到第 53 行函数 SineLookup()，选中并将其拖到 Functions 选项卡，同样将函数 CosLookup()添加到 Functions 选项卡 。

选择 Debug 中的 Run 命令，运行程序。可以看到，随着程序运行，统计数据发生变化。选择 Halt 命令暂停程序的运行，可以查看统计的数据。每行统计数据与一个函数相关，每列代表一个特定的统计值。具体的含义如下所述。

(1) Code Size：分析代码的大小，以程序存储器最小可寻址单元为单位。

(2) Count：在统计过程中，程序进入分析代码段的次数。

(3) Incl. Total：在分析过程中，分析代码消耗的所有时钟周期。

(4) Incl. Maximum：执行分析代码段一遍消耗的最大时钟周期。

(5) Incl. Minimum：执行分析代码段一遍消耗的最小时钟周期。

(6) Incl. Average：执行分析代码段一遍消耗的平均时钟周期。

(7) Ecxl. Count：与 Count 的值相同。

(8) Ecxl. Total：在刚才程序运行时，分析代码使用的所有时钟周期。如果统计时钟周期，不包括在分析代码段中对子程序的调用。

(9) Excl. Maximum：执行分析代码段一遍(不包括在分析代码段中对子程序的调用)消耗的最大时钟周期。

(10) Excl. Minimum：执行分析代码段一遍(不包括在分析代码段中队子程序的调用)消耗的最小时钟周期。

(11) Excl. Average：执行分析代码段一遍(不包括在分析代码段中队子程序的调用)消耗的平均时钟周期。

一次分析的结果如图 7-53 所示。

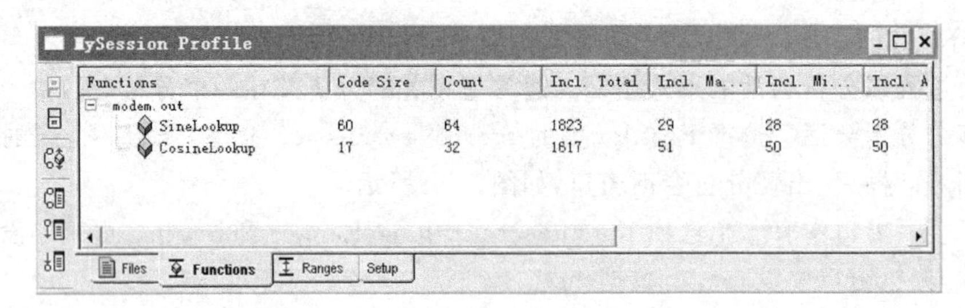

图 7-53　分析结果

思考题

1. CCS 3.3 集成开发环境有哪些功能？
2. 在 CCS 3.3 集成开发环境中，可以使用哪些仿真设备？
3. 如何打开 CCS 3.3 窗口的关联菜单？
4. CCS 3.3 集成开发环境中常用的工具条有哪几种？
5. 在 CCS 3.3 集成开发环境中，开发程序的过程是什么？
6. 调试程序时，断点和探针点的作用是什么？怎样使用？

APPENDIX 1

附录 1

TMS320C5509 DSP 引脚信号说明

引脚名称	I/O/Z	功　　能
并行总线引脚		
A[13:0]	I/O/Z	并行地址总线中的 A13～A0 直接与外部引脚相连，这 14 个引脚完成以下 3 个功能：HPI 地址总线(HPI. HA[13:0])、EMIF 地址总线(EMIF. A[13:0])或通用输入/输出(GPIO. A[13:0])。这 3 个功能通过外部总线选择寄存器(EBSR)中的并行端口模式字段来设置。这些引脚的初始状态由 GPIO0 引脚决定
D[15:0]	I/O/Z	并行双向数据总线 D15～D0 完成两个功能：EMIF 数据总线(EMIF. D[15:0])或 HPI 数据总线(HPI. HD[15:0])。同样，这两个功能通过外部总线选择寄存器中的并行端口模式位域来设置。这些引脚的初始状态由 GPIO0 引脚决定
C0	I/O/Z	EMIF 异步存储器读使能(EMIF. $\overline{\text{ARE}}$)或通用输入输出 IO8(GPIO8)。这两个功能通过外部总线选择寄存器中的并行端口模式位域来设置。这些引脚的初始状态由 GPIO0 引脚决定
C1	O/Z	EMIF 异步存储器输出使能(EMIF. $\overline{\text{AOE}}$)或 HPI 中断输出(EMIF. $\overline{\text{HINT}}$)。这两个功能通过外部总线选择寄存器中的并行端口模式位域来设置。这些引脚的初始状态由 GPIO0 引脚决定
C2	I/O/Z	EMIF 异步存储器写使能(EMIF. $\overline{\text{AWE}}$)或 HPI 读/写(HPI. HR/$\overline{\text{W}}$)。这两个功能通过外部总线选择寄存器中的并行端口模式位域来设置。这些引脚的初始状态由 GPIO0 引脚决定
C3	I/O/Z	EMIF 异步存储器数据准备输入(EMIF. ARDY)或 HPI 准备输出(HPI. HRDY)。这两个功能通过外部总线选择寄存器中的并行端口模式位域来设置。这些引脚的初始状态由 GPIO0 引脚决定
C4	I/O/Z	EMIF 对存储空间 CE0 的片选(EMIF. $\overline{\text{CE0}}$)或通用输入输出 IO9(GPIO9)。这两个功能通过外部总线选择寄存器中的并行端口模式位域来设置。这些引脚的初始状态由 GPIO0 引脚决定
C5	I/O/Z	EMIF 对存储空间 CE1 的片选(EMIF. $\overline{\text{CE1}}$)或通用输入输出 IO10(GPIO10)。这两个功能通过外部总线选择寄存器中的并行端口模式位域来设置。这些引脚的初始状态由 GPIO0 引脚决定

续表

引脚名称	I/O/Z	功　　能
并行总线引脚		
C6	I/O/Z	EMIF对存储空间CE2的片选(EMIF. $\overline{\text{CE2}}$)或HPI控制输入0(HPI. HCNTL0)。这两个功能通过外部总线选择寄存器中的并行端口模式位域来设置。这些引脚的初始状态由GPIO0引脚决定
C7	I/O/Z	EMIF对存储空间CE3的片选(EMIF. $\overline{\text{CE3}}$)、通用输入输出IO11(GPIO11)或HPI控制输入1(HPI. HCNTL1)。这三个功能通过外部总线选择寄存器中的并行端口模式位域来设置。这些引脚的初始状态由GPIO0引脚决定
C8	I/O/Z	EMIF字节使能0控制(EMIF. $\overline{\text{BE0}}$)或HPI字节表示信号(HPI. $\overline{\text{HBE0}}$)。这两个功能通过外部总线选择寄存器中的并行端口模式位域来设置。这些引脚的初始状态由GPIO0引脚决定
C9	I/O/Z	EMIF字节使能1控制(EMIF. $\overline{\text{BE1}}$)或HPI字节表示信号(HPI. $\overline{\text{HBE1}}$)。这两个功能通过外部总线选择寄存器中的并行端口模式位域来设置。这些引脚的初始状态由GPIO0引脚决定。HPI. $\overline{\text{HBE0}}$和HPI. $\overline{\text{HBE1}}$一起识别传输的第一个字节或第二个字节
C10	I/O/Z	EMIF选通SDRAM的行(EMIF. $\overline{\text{SDRAS}}$)、选通HPI地址(HPI. $\overline{\text{HAS}}$)或通用输入输出IO12(GPIO12)。这三个功能通过外部总线选择寄存器中的并行端口模式位域来设置。这些引脚的初始状态由GPIO0引脚决定
C11	I/O/Z	EMIF选通SDRAM的列(EMIF. $\overline{\text{SDCAS}}$)和HPI片选(HPI. $\overline{\text{HAS}}$)。这两个功能通过外部总线选择寄存器中的并行端口模式位域来设置。这些引脚的初始状态由GPIO0引脚决定
C12	I/O/Z	EMIF对SDRAM的写使能(EMIF. $\overline{\text{SDWE}}$)和HPI数据选通信号1(HPI. $\overline{\text{HDS1}}$)。这两个功能通过外部总线选择寄存器中的并行端口模式位域来设置。这些引脚的初始状态由GPIO0引脚决定
C13	I/O/Z	作为SDRAM的A10地址线(EMIF. SDA10)和通用输入输出IO13(GPIO13)。这两个功能通过外部总线选择寄存器中的并行端口模式位域来设置。这些引脚的初始状态由GPIO0引脚决定
C14	I/O/Z	为SDRAM提供存储器时钟(EMIF. CLKMEM)和HPI数据选通信号2(HPI. $\overline{\text{HDS2}}$)。这两个功能通过外部总线选择寄存器中的并行端口模式位域来设置。这些引脚的初始状态由GPIO0引脚决定
中断引脚和复位引脚		
$\overline{\text{INT[4:0]}}$	I	作为低电平有效的外部中断输入引脚，由中断使能寄存器(IER)和中断模式位来屏蔽和区分优先次序
$\overline{\text{RESET}}$	I	$\overline{\text{RESET}}$低电平有效。当该信号有效时，DSP将终止任务的执行，并使程序指针(PC)指向FF 8000h；当其变为高电平时，DSP从程序存储器地址FF 8000h的位置开始执行。复位影响很多的寄存器和状态位。此引脚通常接上拉电阻

续表

引脚名称	I/O/Z	功　能
位输入/输出引脚		
GPIO[7:6,4:0]	I/O/Z	共7根输入/输出线,可以单独设置成输入或输出引脚。作为输出时,又可以单独被置位或清零。当DSP复位时,这7个引脚被设置为输入线;复位后,采集GPIO[3:0]的电平来确定DSP的引导模式
XF	O/Z	外部标志,由BSET XF指令设置为高电平。有三种方式来设置XF为低电平:通过BCLR XF指令来设置,在多处理器协同工作时给其他处理器发信号而载入ST1.XF,或XF作为通用输出引脚时设置。此外,XF可以作为SDRAM的CKE信号。该功能通过外部总线选择寄存器(EBSR)中的CEK SEL和CEK EN位域来设置
时钟信号引脚		
CLKOUT	O/Z	是DSP时钟输出信号引脚。其周期为CPU的机器周期。当为低电平时,该引脚呈高阻状态
X2/CLKIN	I/O	是系统时钟/外部振荡器输入引脚。若使用外部时钟,该引脚作为外部时钟的输入引脚
X1	O	是内部时钟振荡器连接外部晶振的引脚。如果不使用内部时钟振荡器,该引脚悬空。当$\overline{\text{OFF}}$为低电平时,该引脚并不进入高阻状态
TIN/TOUT0	I/O/Z	是定时器0输入/输出引脚。作为输出引脚,当片内定时计数器减到0时,该引脚发出一个脉冲或变化的状态;作为输入引脚时,该引脚为内部定时器模块提供时钟源。复位后,该引脚被设置成输入状态
实时时钟引脚		
RTCINX1	I	是实时时钟振荡器的输入引脚
RTCINX2	O	是实时时钟振荡器的输出引脚
I^2C引脚		
SDA	I/O/Z	是I^2C(双向)数据线。复位后,该引脚呈高阻状态
SCL	I/O/Z	是I^2C(双向)时钟引脚。复位后,该引脚呈高阻状态
McBSP信号引脚		
CLKR0	I/O/Z	是McBSP0接收时钟。该引脚作为串口接收器的串行移位时钟引脚。复位后,该引脚呈高阻状态
DR0	I	是McBSP0接收数据引脚
FSR0	I/O/Z	是McBSP0接收帧同步引脚。FSR0产生的脉冲将初始化DR0上接收的数据。复位后,该引脚呈高阻状态
CLKX0	I/O/Z	是McBSP0发送时钟引脚。该引脚作为串口发送器的串行移位时钟引脚。复位后,该引脚被设置为输入状态
DX0	O/Z	是McBSP0数据引脚。当不发送数据、插入$\overline{\text{RESET}}$信号,或者当$\overline{\text{OFF}}$为低电平时,该引脚处于高阻态
FSX0	I/O/Z	是McBSP0发送帧同步引脚。FSX0产生的脉冲将初始化DR0上接收的数据。复位后,该引脚被设置为输入状态

续表

引脚名称	I/O/Z	功　能
		McBSP 信号引脚
S10	I/O/Z	是 McBSP1 接收时钟引脚 McBSP1. CLKR,或作为 MMC/SD1 命令/响应引脚 MMC1. CMD/SD1. CMD。复位后,该引脚被设置为接收时钟引脚 McBSP1. CLKR
S11	I/O/Z	是 McBSP1 串行数据接收引脚 McBSP1. DR,或者 SD1 数据 1 引脚 SD1. DAT1。复位后,该引脚被设置为串行数据接收引脚 McBSP1. DR
S12	I/O/Z	是 McBSP1 接收帧同步引脚 McBSP1. FSR,或者 SD1 数据 2 引脚 SD1. DAT2。复位后,该引脚被设置为接收帧同步引脚 McBSP1. FSR
S13	O/Z	是 McBSP1 串行数据发送引脚 McBSP1. DX,或者 MMC/SD1 时钟引脚 MMC1. CLK/SD1. CLK。复位后,该引脚被设置为串行数据发送引脚 McBSP1. DX
S14	I/O/Z	是 McBSP1 发送时钟引脚 McBSP1. CLKX,或者 MMC/SD1 数据 0 引脚 MMC1. DAT/SD1. DAT0。复位后,该引脚被设置为发送时钟引脚 McBSP1. CLKX
S15	I/O/Z	是 McBSP1 发送帧同步引脚 McBSP1. FSX,或者 SD1 数据 3 引脚 SD1. DAT3。复位后,该引脚被设置为发送帧同步引脚 McBSP1. FSK
S20	I/O/Z	是 McBSP2 接收时钟引脚 McBSP2. CLKR,或者作为 MMC/SD2 命令/响应引脚 MMC2. CMD/SD2. CMD。复位后,该引脚被设置为接收时钟引脚 McBSP2. CLKR
S21	I/O/Z	是 McBSP2 数据接收时钟引脚 McBSP2. CLKR,或者 SD2 数据 1 引脚 SD2. DAT1。复位后,该引脚被设置为数据接收引脚 McBSP2. DR
S22	I/O/Z	是 McBSP2 接收帧同步引脚 McBSP2. FSR,或者 SD2 数据 2 引脚 SD2. DAT2。复位后,该引脚被设置为接收帧同步引脚 McBSP2. FSR
S23	O/Z	是 McBSP2 数据发送引脚 McBSP2. DX,或者 MMC/SD2 串行时钟引脚 MMC2. CLK/SD2. CLK。复位后,该引脚被设置为串行数据发送引脚 McBSP2. DX
S24	I/O/Z	是 McBSP2 发送时钟引脚 McBSP2. CLKX,或者 MMC/SD2 数据 0 引脚 MMC2. DAT/SD2. DAT0。复位后,该引脚被设置为发送时钟引脚 McBSP1. CLKX
S25	I/O/Z	是 McBSP2 发送帧同步引脚 McBSP2. FSX,或者 SD2 数据 3 引脚 SD1. DAT3。复位后,该引脚被设置为发送帧同步引脚 McBSP2. FSK
		USB 引脚
DP	I/O/Z	是差分(正)接收/发送引脚
DN	I/O/Z	是差分(负)接收/发送引脚
PU	O/Z	是上拉输出引脚,用于上拉检测电阻。该引脚通过软件控制开关,被内部连接到 USBVDD
		A/D 引脚
AIN0	I	是模拟输入通道 0
AIN1	I	是模拟输入通道 1

续表

引脚名称	I/O/Z	功能
		测试引脚
TCK	I	符合 IEEE 标准 1149.1 的测试时钟输入引脚。通常是一个占空比为50%的方波信号。在 TCK 的上升沿，将输入信号 TMS 和 TDI 在测试访问端口(Test Access Port，TAP)的变化记录到 TAP 控制器、指令寄存器或选定的测试数据寄存器中。在 TCK 的下降沿，TAP 输出信号 TDO 发生变化
TDI	I	是符合 IEEE 标准 1149.1 的测试数据输入引脚。引脚需要连接内部上拉设备。在 TCK 的上升沿，将 TDI 中的数据锁存到选定的指令或数据寄存器中
TDO	O/Z	是符合 IEEE 标准 1149.1 的测试数据输出引脚。在 TCK 的下降沿，将选定的指令或数据寄存器的内容从 TDO 移出。除了正在进行数据测试，其他情况下，TDO 引脚都处于高阻态
TMS	I	是符合 IEEE 标准 1149.1 的测试方式选择引脚。引脚需要连接内部上拉设备。在 TCK 的上升沿，将串行控制输入信号锁存到 TAP 控制器中
$\overline{\text{TRST}}$	I	是符合 IEEE 标准 1149.1 的测试复位引脚。当该引脚为高电平时，DSP 芯片由 IEEE 标准 1149.1 扫描系统控制工作；若该引脚悬空或为低电平，芯片正常工作，同时，IEEE 标准 1149.1 信号被忽略。引脚需要连接内部下拉设备
EMU0	I/O/Z	是仿真器中断 0 引脚。当为低电平时，为了保证$\overline{\text{OFF}}$的有效性，EMU0 必须为高电平。当为高电平时，EMU0 是仿真系统的中断信号，并由 IEEE 标准 1149.1 扫描系统来定义是输入还是输出
EMU1/$\overline{\text{OFF}}$	I/O/Z	是仿真器中断 1 引脚/关断所有输出引脚。当为高电平时，EMU1/$\overline{\text{OFF}}$是仿真系统的中断信号，并由 IEEE 标准 1149.1 扫描系统来定义是输入还是输出。当为$\overline{\text{TRST}}$低电平时，EMU1/$\overline{\text{OFF}}$被设置为$\overline{\text{OFF}}$的有效性，将所有的输出设置为高阻状态。注意，$\overline{\text{OFF}}$仅仅用于测试和仿真，因此，当处于$\overline{\text{OFF}}$状态时，$\overline{\text{TRST}}$、EMU1/$\overline{\text{OFF}}$为低电平，EMU0 为高电平
		电源引脚
CVDD	S	是数字电源引脚。为内核提供专用电源。对于时钟为 108MHz、144MHz 和 200MHz 的 DSP，对应的 CVDD 分别为+1.2V、+1.35V 和 1.6V
RVDD	S	是数字电源引脚，+3.3V，为片上存储器提供专用电源
DVDD	S	是数字电源引脚，+3.3V，为 I/O 引脚提供专用电源
USBVDD	S	是数字电源引脚，+3.3V，为 USB 模块的 I/O 引脚(DP、DN 和 PU)提供专用电源
RDVDD	S	是数字电源引脚，为 RTC 模块的 I/O 引脚提供专用电源，对于时钟为 108MHz、144MHz 和 200MHz 的 DSP，对应的 RDVDD 分别为+1.2V、+1.35V 和+1.6V
RCVDD	S	是数字电源引脚，为 RTC 模块提供专用电源，对于时钟为 108MHz、144MHz 和 200MHz 的 DSP，对应的 RCVDD 分别为+1.2V、+1.35V 和+1.6V

续表

引脚名称	I/O/Z	功　能
		电源引脚
AVDD	S	是模拟电源引脚，+3.3V，为10位的A/D提供专用电源
ADVDD	S	是A/D数字部分的电源引脚，+3.3V，为10位A/D数字部分提供专用电源
VSS	S	是数字地引脚，为I/O和内核引脚接地
AVSS	S	是模拟地引脚，为10位A/D接地
ADVSS	S	为10位A/D数字部分的接地引脚

APPENDIX 2

附录 2

TMS320C55x DSP 汇编指令集

助记符指令	指令周期数	代数指令
修改辅助寄存器或暂存器的内容		
AADD TAx, TAy	1	mar(TAy+TAx)
AADD P8, TAx	1	mar(TAx+P8)
ASUB TAx, TAy	1	mar(TAy−TAx)
ASUB P8, TAx	1	mar(TAx−P8)
AMOV TAx, TAy	1	mar(TAy=TAx)
AMOV P8, TAx	1	mar(TAx=P8)
AMOV D16, TAx	1	mar(TAx=D16)
修改堆栈指针		
AADD k8, SP	1	SP=SP+k8
绝对位距		
ABDST Xmem, Ymem, ACx, ACy	1	abdst(Xmem, Ymem, ACx, ACy)
绝对值		
ABS [src,] dst	1	dst=|src|
加法		
ADD [src,] dst		dst=dst+src
ADD k4, dst		dst=dst+k4
ADD k16, [src,] dst		dst=src+k16
ADD Smem, [src,] dst		dst=src+Smem
ADD ACx<<Tx, ACy	1	ACy=ACy+(ACx<<Tx)
ADD ACx<<#SHIFTW, ACy		ACy=ACy+(ACx<<#SHIFTW)
ADD k16<<#16, [ACx,] ACy		ACy=ACx+(k16<<#16)
ADD k16<<#SHFT, [ACx,]ACy		ACy=ACx+(k16<<#SHFT)

续表

助记符指令	指令周期数	代数指令
加法		
ADD Smem<<Tx, [ACx,] ACy	1	ACy=ACx+(Smem<<Tx)
ADD Smem<<#16, [ACx,]ACy		ACy=ACx+(Smem<<#16)
ADD [uns(]Smem[)], CARRY, [ACx,] ACy		ACy=ACx+uns(Smem)+CARRY
ADD [uns(]Smem[)], [ACx,]ACy		ACy=ACx+uns(Smem)
ADD [uns(]Smem[)]<<#SHIFTW, [ACx,] ACy		ACy=ACx+(uns(Smem)<<#SHIFTW)
ADD dbl(Lmem), [ACx,] ACy		ACy=ACx+dbl(Lmem)
ADD Xmem, Ymem, ACx		ACx=(Xmem<<#16)+(Ymem<<#16)
ADD k16, Smem		Smem=Smem+k16
带绝对值的加法		
ADD[R]V [ACx,] ACy	1	ACy=rnd(ACy+|ACx|)
双16位算术运算		
ADD dual(Lmem), [ACx,] ACy	1	HI(ACy)=HI(Lmem)+HI(ACx) LO(ACy)=LO(Lmem)+LO(ACx)
ADD dual(Lmem), Tx, ACx		HI(ACx)=HI(Lmem)+Tx LO(ACx)=LO(Lmem)+Tx
ADDSUB Tx, Smem, ACx	1	HI(ACx)=Smem+Tx LO(ACx)=Smem−Tx
ADDSUB Tx, dual(Lmem), ACx1		HI(ACx)=HI(Lmem)+Tx, LO(ACx)=LO(Lmem)−Tx
SUB dual(Lmem), [ACx,] ACy	1	HI(ACy)=HI(ACx)−HI(Lmem) LO(ACy)=LO(ACx)−LO(Lmem)
SUB ACx, dual(Lmem), ACy		HI(ACy)=HI(Lmem)−HI(ACx) LO(ACy)=LO(Lmem)−LO(ACx)
SUB dual(Lmem), Tx, ACx		HI(ACx)=Tx−HI(Lmem) LO(ACx)=Tx−LO(Lmem)
SUB Tx, dual(Lmem), ACx		HI(ACx)=HI(Lmem)−Tx LO(ACx)=LO(Lmem)−Tx
SUBADD Tx, Smem, ACx		HI(ACx)=Smem−Tx LO(ACx)=Smem+Tx
SUBADD Tx, dual(Lmem), ACx		HI(ACx)=HI(Lmem)−Tx LO(ACx)=LO(Lmem)+Tx
加法和存储累加器的内容到存储器并行执行		
ADD Xmem<<#16, ACx,ACy ::MOV HI(ACy<<T2),Ymem	1	ACy =ACx+(Xmem<<#16) Ymem=HI(ACy<<T2)

续表

助记符指令	指令周期数	代 数 指 令
条件加减		
ADDSUBCC Smem，ACx，TC1，ACy	1	ACy=adsc(Smem，ACx，TC1)
ADDSUBCC Smem，ACx，TC2，ACy		ACy=adsc(Smem，ACx，TC2)
ADDSUBCC Smem，ACx，TC1，TC2，ACy		ACy=adsc(Smem，ACx，TC1，TC2)
ADDSUB2CC Smem，ACx，Tx，TC1，TC2，ACy		ACy=ads2c(Smem，ACx，Tx，TC1，TC2)
修改辅助寄存器内容		
AMAR Smem	1	mar(Smem)
修改扩展的辅助寄存器内容		
AMAR Smem，XAdst	1	XAdst=mar(Smem)
并行修改辅助寄存器内容		
AMAR Xmem，Ymem，Cmem	1	mar(Xmem)，mar(Ymem)，mar(Cmem)
修改辅助寄存器内容和乘加运算并行执行		
AMAR Xmem::MAC[R][40] [uns(]Ymem[)]，[uns(]Cmem[)]，ACx	1	mar(Xmem)，ACx=M40(rnd(ACx+(uns(Ymem) * ns(coef(Cmem)))))
AMAR Xmem::MAC[R][40] [uns(]Ymem[)]，[uns(]Cmem[)]，ACx>>#16	1	mar(Xmem)，ACx=M40(rnd((ACx>>#16)+(uns(Ymem) * uns(coef(Cmem)))))
修改辅助寄存器的内容和乘减运算并行执行		
AMAR Xmem ::MAS[R][40] [uns(]Ymem[)]，[uns(]Cmem[)]，ACx	1	mar(Xmem)，ACx=M40(rnd(ACx-(uns(Ymem) * uns(coef(Cmem)))))
修改辅助寄存器的内容和乘法运算并行执行		
AMAR Xmem ::MPY[R][40] [uns(]Ymem[)]，[uns(]Cmem[)]，ACx	1	mar(Xmem)，ACx=M40(rnd(uns(Ymem) * uns(coef(Cmem))))
扩展辅助寄存器用立即数装载		
AMOV k23，XAdst	1	XAdst=k23
按位与运算		
AND src，dst	1	dst=dst&src
AND k8，src，dst		dst=src&k8
AND k16，src，dst		dst=src&k16
AND Smem，src，dst		dst=src&Smem
AND ACx<<#SHIFTW[，ACy]		ACy=ACy&(ACx<<<#SHIFTW)

续表

助记符指令	指令周期数	代数指令
按位与运算		
AND k16＜＜＃16，[ACx,] ACy		ACy＝ACx&(k16＜＜＜＃16)
AND k16＜＜＃SHFT,[ACx,] ACy	1	ACy＝ACx&(k16＜＜＜＃SHFT)
AND k16，Smem		Smem＝Smem&k16
用减法运算修改辅助寄存器或暂存器的内容		
ASUB TAx，TAy	1	mar(TAy－TAx)
ASUB P8，TAx		mar(TAx－P8)
无条件跳转(如果被寻址的指令在指令缓冲单元中，指令执行需3个周期)		
B ACx	10	if (cond) goto L4
B L7	6	if (cond) goto L8
B L16	6	if (cond) goto L16
B P24	5	if (cond) goto P24
位域比较		
BAND Smem，k16，TCx	1	TCx＝＝Smem & k16
条件跳转(x/y条件为真，指令周期数为x；条件为假，指令周期为y)		
BCC l4，cond	6/5	if (cond) goto l4
BCC L8，cond	6/5	if (cond) goto L8
BCC L16，cond	6/5	if (cond) goto L16
BCC P24，cond	6/5	if (cond) goto P24
辅助寄存器不为0时的跳转(x/y条件为真，指令周期数为x；条件为假，指令周期为y)		
BCC L16，ARn_mod!＝＃0	6/5	if (ARn_mod!＝＃0) goto L16
比较并跳转(x/y条件为真，指令周期数为x；条件为假，指令周期为y)		
BCC[U] L8，src RELOP k8	7/6	compare (uns(src RELOP k8)) goto L8
存储器位清零		
BCLR src，Smem	1	bit(Smem，src)＝＃0
累加器、辅助寄存器、暂存器位清零		
BCLR Baddr，src	1	bit(src，Baddr)＝＃0
状态寄存器位清零(当此指令用来修改状态位CAFRZ(15)、CAEN(14)或CACLR(13)时，不论指令内容是什么，CPU的流水线总被刷新并且指令周期为5)		
BCLR k4，STx_55	1	bit(STx，k4)＝＃0

续表

助记符指令	指令周期数	代数指令
状态寄存器位清零(当此指令用来修改状态位 CAFRZ(15)、CAEN(14)或 CACLR(13)时,不论指令内容是什么,CPU 的流水线总被刷新并且指令周期为 5)		
BCLR f-name	1	
存储器位置"1"		
BSET src, Smem	1	bit(Smem, src)=#1
累加器、辅助寄存器、暂存器位置"1"		
BSET Baddr, src	1	bit(src, Baddr)=#1
状态寄存器位置"1"(当此指令修改状态位 CAFRZ(15)、CAEN(14)或 CACLR(13)时,则不论指令的上下文如何,CPU 流水线被刷新且指令执行需 5 个指令周期)		
BSET k4, STx_55	1	bit(STx, k4)=#1
BSET f-name	1	
存储器位取反		
BNOT src, Smem	1	cbit(Smem, src)
累加器、辅助寄存器、暂存器位取反		
BNOT Baddr, src	1	cbit(src, Baddr)
测试累加器、辅助寄存器、暂存器位		
BTST Baddr, src, TCx	1	TCx=bit(src, Baddr)
测试存储器位		
BTST src, Smem, TCx	1	TCx=bit(Smem, src)
BTSTP Baddr, src		bit(src, pair(Baddr))
BTST k4, Smem, TCx		TCx=bit(Smem, k4)
测试并将存储器位清零		
BTSTCLR k4, Smem, TCx	1	TC1=bit(Smem, k4),bit(Smem, k4)=#0
测试并将存储器位取反		
BTSTNOT k4, Smem, TCx	1	TC1=bit(Smem, k4),cbit(Smem, k4)
测试并将存储器位置"1"		
BTSTSET k4, Smem, TCx	1	TC1=bit(Smem, k4),bit(Smem, k4)=#1
位域计数		
BCNT ACx, ACy, TCx Tx	1	Tx=count(ACx, ACy, TCx)
位域扩展		
BFXPA k16, ACx, dst	1	dst=field_expand(ACx, k16)

续表

助记符指令	指令周期数	代数指令
位域抽取		
BFXTR k16，ACx，dst	1	dst=field_extract(ACx，k16)
无条件调用		
CALL ACx	10	call ACx
CALL L16	6	call L16
CALL P24	5	call P24
条件调用(x/y 条件为真,指令周期数为 x;条件为假,指令周期数为 y)		
CALLCC L16，cond	6/5	if (cond) call L16
CALLCC P24，cond	5/5	if (cond) call P24
存储器单元比较		
CMP Smem ==k16，TC1	1	TCx=(Smem ==k16)
比较累加器、辅助寄存器、暂存器内容		
CMP[U] src RELOP dst，TCx	1	TCx=uns(src RELOP dst)
用与运算比较累加器、辅助寄存器、暂存器内容		
CMPAND [U] src RELOP dst，TCy，TCx	1	TCx=TCy&uns(src RELOP dst)
CMPAND [U] src RELOP dst，!TCy，TCx		TCx=!TCy&uns(src RELOP dst)
用或运算比较累加器、辅助寄存器、暂存器内容		
CMPOR [U] src RELOP dst，TCy，TCx	1	TCx=TCy|uns(src RELOP dst)
CMPOR[U] src RELOP dst，!TCy，TCx		TCx=!TCy|uns(src RELOP dst)
循环寻址修饰符		
<instruction>. CR	1	circular()
存储器单元延时		
DELAY Smem	1	Delay(Smem)
有限冲击响应滤波		
FIRSADD Xmem，Ymem，Cmem，ACx，ACy	1	firs(Xmem，Ymem,coef(Cmem)，ACx，ACy)
FIRSSUB Xmem，Ymem，Cmem，ACx，ACy		firsn(Xmem，Ymem，coef(Cmem)，ACx，ACy)
空闲		
IDLE	?	Idle

续表

助记符指令	指令周期数	代数指令
软件中断		
INTR k5	3	intr(k5)
最小均方		
LMS Xmem, Ymem, ACx, ACy	1	lms(Xmem, Ymem, ACx, ACy)
线性寻址修饰符		
<instruction>. LR	1	linear()
乘加		
MAC[R] ACx, Tx, ACy[, ACy]		ACy=rnd(ACy+(ACx * Tx))
SQA[R] [ACx,] ACy		ACy=rnd(ACy+(ACx * ACx))
SQAM[R] [T3=]Smem, [ACx,] ACy		ACy=rnd(ACx+(Smem * Smem))[,T3=Smem]
MAC[R] ACy, Tx, ACx, ACy		ACy=rnd((ACy * Tx)+ACx)
MACK[R] Tx, k8, [ACx,] ACy		ACy=rnd(ACx+(Tx * k8))
MACK[R] Tx, k16, [ACx,] ACy		ACy=rnd(ACx+(Tx * k16))
MACM[R] [T3=]Smem, Cmem, ACx	1	ACx=rnd(ACx+(Smem * coef(Cmem))) [, T3=Smem]
MACM[R] [T3=]Smem,[ACx,] ACy		ACy=rnd(ACy+(Smem * ACx))[, T3=Smem]
MACM[R] [T3=]Smem, Tx, [ACx,] ACy		ACy=rnd(ACx+(Tx * Smem))[, T3=Smem]
MACMK [R] [T3 =] Smem, K8, [ACx,] ACy		ACy=rnd(ACx+(Smem * K8))[, T3=Smem]
MACM[R][40][T3=][uns(]Xmem[)],[uns(]Ymem[)],[ACx,]ACy		ACy=M40(rnd(ACx+(uns(Xmem) * uns(Ymem)))) [,T3=Xmem]
MACM[R][40] [T3=][uns(]Xmem[)],[uns(]Ymem[)], ACx>>#16[, ACy]		ACy=M40(rnd((ACx>>#16)+(uns(Xmem) * uns(Ymem))))[, T3=Xmem]
乘加与延时并行执行		
MACM[R]Z [T3=]Smem, Cmem, ACx	1	ACx=rnd(ACx+(Smem * coef(Cmem))) [, T3=Smem],delay(Smem)
双乘加		
MAC[R][40][uns(]Xmem[)],[uns(]Cmem[)], ACx:: MAC[R][40][uns(]Ymem[)],[uns(]Cmem[)],ACy	1	ACx=M40(rnd(ACx+(uns(Xmem) * uns(coef(Cmem))))),ACy=M40(rnd(Acy+(uns(Ymem) * uns(coef(Cmem)))))
MAC[R][40][uns(]Xmem[)],[uns(]Cmem[)],ACx>>#16::MAC[R][40][uns(]Ymem[)],[uns(]Cmem[)],ACy		ACx=M40(rnd((ACx>>#16)+(uns(Xmem) * uns(coef(Cmem))))),ACy=M4(rnd(ACy+(uns(Ymem) * uns(coef(Cmem)))))

续表

助记符指令	指令周期数	代数指令
双乘加		
MAC[R][40][uns(]Xmem[)], [uns(]Cmem[)], ACx>>#16::MAC[R][40][uns(]Ymem[)], [uns(]Cmem[)], ACy>>#16	1	ACx=M40(rnd((ACx>>#16)+(uns(Xmem) * uns(coef(Cmem))))),ACy=M40(rnd((ACy>>#16)+(uns(Ymem) * uns(coef(Cmem)))))
乘加和乘法并行执行		
MAC[R][40] [uns(]Xmem[)], [uns(]Cmem[)], ACx::MPY[R][40][uns(]Ymem[)], [uns(]Cmem[)], ACy	1	ACx=M40(rnd(ACx+(uns(Xmem) * uns(coef(Cmem))))),ACy=M40(rnd(uns(Ymem) * uns(coef(Cmem))))
乘加和存储器的内容加载到累加器并行执行		
MACM[R] [T3=]Xmem, Tx, ACx::MOV Ymem<<#16, ACy	1	ACx=rnd(ACx+(Tx * Xmem)), ACy=Ymem<<#16 [, T3=Xmem]
乘加和把累加器的内容存储到存储器并行执行		
MACM[R] [T3=]Xmem, Tx, ACy::MOV HI(ACx<<T2), Ymem	1	ACy= rnd (ACy + (Tx * Xmem)), Ymem = HI(ACx<<T2) [, T3=Xmem]
归一化		
MANT ACx, ACy::NEXP ACx, Tx	1	Acy=mant(ACx), Tx=－exp(ACx)
EXP ACx, Tx	1	Tx=exp(ACx)
乘减		
MAS[R] Tx, [ACx,] ACy	1	ACy=rnd(ACy－(ACx * Tx))
SQS[R] [ACx,] ACy		ACy=rnd(ACy－(ACx * ACx))
SQSM[R] [T3=]Smem, [ACx,] ACy		ACy=rnd(ACx－(Smem * Smem))[, T3=Smem]
MASM[R] [T3=]Smem, Cmem, ACx		ACx=rnd(ACx－(Smem * coef(Cmem)))[, T3=Smem]
MASM[R] [T3=]Smem, [ACx,] ACy		ACy=rnd(ACy－(Smem * ACx))[, T3=Smem]
MASM[R] [T3=]Smem, Tx, [ACx,] ACy		ACy=rnd(ACx－(Tx * Smem))[, T3=Smem]
MASM[R][40] [T3=][uns(]Xmem[)], [uns(]Ymem[)], [ACx,] ACy		ACy=M40(rnd(Acx－(uns(Xmem) * uns(Ymem))))[, T3=Xmem]
乘减和乘加并行执行		
MAS[R][40] [uns(]Xmem[)], [uns(]Cmem[)], ACx::MAC[R][40] [uns(]Ymem[)], [uns(]Cmem[)], ACy	1	ACx=M40(rnd(ACx－(uns(Xmem) * uns(coef(Cmem))))), ACy = M40 (rnd (Acy + (uns(Ymem) * uns(coef(Cmem)))))
MAS[R][40] [uns(]Xmem[)],[uns(]Cmem[)], ACx:: MAC[R][40] [uns(]Ymem[)],[uns(]Cmem[)],ACy>>#16		ACx=M40(rnd(ACx－(uns(Xmem) * uns(coef(Cmem))))),ACy=M40(rnd((Acy>>#16)+(uns(Ymem) * uns(coef(Cmem)))))

续表

助记符指令	指令周期数	代数指令
双乘减并行执行		
MAS[R][40] [uns(]Xmem[)], [uns(]Cmem[)], ACx::MAS[R][40] [uns(]Ymem[)], [uns(]Cmem[)], ACy	1	ACx=M40(rnd(ACx-(uns(Xmem) * uns(coef(Cmem))))), ACy = M40 (rnd (Acy - (uns (Ymem) * uns(coef(Cmem))))
乘减和乘法并行执行		
MAS[R][40] [uns(]Xmem[)], [uns(]Cmem[)], ACx::MPY[R][40] [uns(]Ymem[)], [uns(]Cmem[)], ACy	1	ACx=M40(rnd(ACx-(uns(Xmem) * uns(coef(Cmem))))),ACy=M40(rnd(uns(Ymem) * uns(coef(Cmem))))
乘减和存储器的内容加载到累加器并行执行		
MASM[R] [T3 =]Xmem, Tx, ACx ::MOV Ymem<<#16, ACy	1	ACx= rnd(ACx-(Tx * Xmem)),ACy= Ymem <<#16 [, T3=Xmem]
乘减和把累加器的内容存储到存储器并行执行		
MASM[R] [T3 =]Xmem, Tx, ACy ::MOV HI(ACx<<T2), Ymem	1	ACy= rnd (ACy - (Tx * Xmem)), Ymem = HI(ACx<<T2) [, T3=Xmem]
最大值/最小值		
MAX [src,] dst	1	dst=max(src, dst)
MIN [src,] dst		dst=min(src, dst)
比较并求极值		
MAXDIFF ACx, ACy, ACz, ACw	1	max_diff(ACx, ACy, ACz, ACw)
DMAXDIFF ACx, ACy, ACz, ACw, TRNx		max_diff_dbl(ACx, ACy, ACz, ACw, TRNx)
MINDIFF ACx, ACy, ACz, ACw		min_diff(ACx, ACy, ACz, ACw)
DMINDIFF ACx, ACy, ACz, ACw, TRNx		min_diff_dbl(ACx, ACy, ACz, ACw, TRNx)
存储器映射寄存器访问修饰符		
mmap	1	mmap()
从存储器装载累加器		
MOV [rnd(]Smem<<Tx[)], ACx	1	ACx=rnd(Smem<<Tx)
MOV low_byte(Smem)<<#SHIFTW, ACx		ACx=low_byte(Smem)<<#SHIFTW
MOV high_byte(Smem)<<#SHIFTW, ACx		ACx=high_byte(Smem)<<#SHIFTW
MOV Smem<<#16, ACx		ACx=Smem<<#16
MOV [uns(]Smem[)], ACx		ACx=uns(Smem)

续表

助记符指令	指令周期数	代数指令
从存储器装载累加器		
MOV [uns(]Smem[)]<<#SHIFTW, ACx	1	ACx=uns(Smem)<<#SHIFTW
MOV[40] dbl(Lmem), ACx		ACx=M40(dbl(Lmem))
MOV Xmem, Ymem, ACx		LO(ACx)=Xmem,HI(ACx)=Ymem
存储器高/低字节加载累加器		
MOV dbl(Lmem), pair(HI(ACx))	1	pair(HI(ACx))=Lmem
MOV dbl(Lmem), pair(LO(ACx))		pair(LO(ACx))=Lmem
立即数加载累加器		
MOV k16<<#16, ACx	1	ACx=k16<<#16
MOV k16<<#SHFT, ACx		ACx=k16<<#SHFT
从存储器加载累加器、辅助寄存器、暂存器		
MOV Smem, dst	1	dst=Smem
MOV [uns(]high_byte(Smem)[)], dst		dst=uns(high_byte(Smem))
MOV [uns(]low_byte(Smem)[)], dst		dst=uns(low_byte(Smem))
立即数加载累加器、辅助寄存器、暂存器		
MOV k4, dst	1	dst=k4
MOV -k4, dst		dst=-k4
MOV k16, dst		dst=k16
从存储器加载 CPU 寄存器		
MOV Smem, BK03	1	BK03=Smem
MOV Smem, BK47		BK47=Smem
MOV Smem, BKC		BKC=Smem
MOV Smem, BSA01		BSA01=Smem
MOV Smem, BSA23		BSA23=Smem
MOV Smem, BSA45		BSA45=Smem
MOV Smem, BSA67		BSA67=Smem
MOV Smem, BSAC		BSAC=Smem
MOV Smem, BRC0		BRC0=Smem
MOV Smem, BRC1		BRC1=Smem
MOV Smem, CDP		CDP=Smem

续表

助记符指令	指令周期数	代数指令
从存储器加载 CPU 寄存器		
MOV Smem，CSR	1	CSR=Smem
MOV Smem，DP		DP=Smem
MOV Smem，DPH		DPH=Smem
MOV Smem，PDP		PDP=Smem
MOV Smem，SP		SP=Smem
MOV Smem，SSP		SSP=Smem
MOV Smem，TRN0		TRN0=Smem
MOV Smem，TRN1		TRN1=Smem
MOV dbl(Lmem)，RETA	5	RETA=dbl(Lmem)
立即数加载 CPU 寄存器		
MOV k12，BK03	1	BK03=k12
MOV k12，BK47		BK47=k12
MOV k12，BKC		BKC=k12
MOV k12，BRC0		BRC0=k12
MOV k12，BRC1		BRC1=k12
MOV k12，CSR		CSR=k12
MOV k7，DPH		DPH=k7
MOV k9，PDP		PDP=k9
MOV k16，BSA01		BSA01=k16
MOV k16，BSA23		BSA23=k16
MOV k16，BSA45		BSA45=k16
MOV k16，BSA67		BSA67=k16
MOV k16，BSAC		BSAC=k16
MOV k16，CDP		CDP=k16
MOV k16，DP		DP=k16
MOV k16，SP		SP=k16
MOV k16，SSP		SSP=k16
从存储器加载扩展辅助寄存器		
MOV dbl(Lmem)，XAdst	1	XAdst=dbl(Lmem)

续表

助记符指令	指令周期数	代数指令
立即数加载存储器		
MOV k8, Smem	1	Smem=k8
MOV k16, Smem		Smem=k16
累加器的内容移动到辅助寄存器和暂存器中		
MOV HI(ACx), TAx	1	TAx=HI(ACx)
累加器、辅助寄存器和暂存器移动		
MOV src, dst	1	dst=src
移动辅助寄存器和暂存器的内容到累加器		
MOV TAx, HI(ACx)	1	HI(ACx)=TAx
移动辅助寄存器和暂存器的内容到 CPU 寄存器		
MOV TAx, BRC0	1	BRC0=TAx
MOV TAx, BRC1		BRC1=TAx
MOV TAx, CDP		CDP=TAx
MOV TAx, CSR		CSR=TAx
MOV TAx, SP		SP=TAx
MOV TAx, SSP		SSP=TAx
移动 CPU 寄存器的内容到移动辅助寄存器和暂存器		
MOV BRC0, TAx	1	TAx=BRC0
MOV BRC1, TAx		TAx=BRC1
MOV CDP, TAx		TAx=CDP
MOV RPTC, TAx		TAx=RPTC
MOV SP, TAx		TAx=SP
MOV SSP, TAx		TAx=SSP
移动扩展辅助寄存器内容		
MOV xsrc, xdst	1	xdst=xsrc
移动存储器的内容到存储器		
MOV Cmem, Smem	1	Smem=coef(Cmem)
MOV Smem, Cmem		coef(Cmem)=Smem
MOV Cmem,dbl(Lmem)		Lmem=dbl(coef(Cmem))
MOV dbl(Lmem), Cmem		dbl(coef(Cmem))=Lmem
MOV dbl(Xmem), dbl(Ymem)		dbl(Ymem)=dbl(Xmem)
MOV Xmem, Ymem		Ymem=Xmem

续表

助记符指令	指令周期数	代数指令
存储累加器的内容到存储器		
MOV HI(ACx), Smem	1	Smem=HI(ACx)
MOV [rnd(]HI(ACx)[)], Smem		Smem=HI(rnd(ACx))
MOV ACx<<Tx, Smem		Smem=LO(ACx<<Tx)
MOV [rnd(]HI(ACx<<Tx)[)], Smem		Smem=HI(rnd(ACx<<Tx))
MOV ACx<<#SHIFTW, Smem		Smem=LO(ACx<<#SHIFTW)
MOV HI(ACx<<#SHIFTW), Smem		Smem=HI(ACx<<#SHIFTW)
MOV [rnd(]HI(ACx<<#SHIFTW)[)], Smem		Smem=HI(rnd(ACx<<#SHIFTW))
MOV [uns(] [rnd(] HI[(saturate](ACx)[)))], Smem		Smem=HI(saturate(uns(rnd(ACx))))
MOV [uns(] [rnd(] HI[(saturate](ACx<<Tx)[)))], Smem		Smem=HI(saturate(uns(rnd(ACx<<Tx))))
MOV [uns(](rnd(]HI[(saturate](ACx<<#SHIFTW)[)))], Smem		Smem=HI(saturate(uns(rnd(ACx<<#SHIFTW))))
MOV ACx, dbl(Lmem)		dbl(Lmem)=ACx
MOV [uns(]saturate(ACx)[)], dbl(Lmem)		dbl(Lmem)=saturate(uns(ACx))
MOV ACx>>#1, dual(Lmem)		HI(Lmem)=HI(ACx)>>#1, LO(Lmem)=LO(ACx)>>#1
MOV ACx, Xmem, Ymem		Xmem=LO(ACx), Ymem=HI(ACx)
存储累加器高/低字节到存储器		
MOV pair(HI(ACx)), dbl(Lmem)	1	Lmem=pair(HI(ACx))
MOV pair(LO(ACx)), dbl(Lmem)		Lmem=pair(LO(ACx))
存储累加器、辅助寄存器和暂存器的内容到存储器		
MOV src, Smem	1	Smem=src
MOV src, high_byte(Smem)		high_byte(Smem)=src
MOV src, low_byte(Smem)		low_byte(Smem)=src
存储辅助寄存器和暂存器高/低字节到存储器		
MOV pair(TAx), dbl(Lmem)	1	Lmem=pair(TAx)

续表

助记符指令	指令周期数	代数指令
存储 CPU 寄存器的内容到存储器		
MOV BK03，Smem		Smem＝BK03
MOV BK47，Smem		Smem＝BK47
MOV BKC，Smem		Smem＝BKC
MOV BSA01，Smem		Smem＝BSA01
MOV BSA23，Smem		Smem＝BSA23
MOV BSA45，Smem		Smem＝BSA45
MOV BSA67，Smem		Smem＝BSA67
MOV BSAC，Smem		Smem＝BSAC
MOV BRC0，Smem		Smem＝BRC0
MOV BRC1，Smem	1	Smem＝BRC1
MOV CDP，Smem		Smem＝CDP
MOV CSR，Smem		Smem＝CSR
MOV DP，Smem		Smem＝DP
MOV DPH，Smem		Smem＝DPH
MOV PDP，Smem		Smem＝PDP
MOV SP，Smem		Smem＝SP
MOV SSP，Smem		Smem＝SSP
MOV TRN0，Smem		Smem＝TRN0
MOV TRN1，Smem		Smem＝TRN1
MOV RETA，dbl(Lmem)	5	dbl(Lmem)＝RETA
存储扩展辅助寄存器的内容到存储器		
MOV XAsrc，dbl(Lmem)	1	dbl(Lmem)＝XAsrc
从存储器加载累加器和存储累加器的内容到存储器并行执行		
MOV Xmem＜＜＃16，ACy1::MOV HI(ACx＜＜T2)，Ymem	1	ACy＝Xmem＜＜＃16，Ymem＝HI(ACx＜＜T2)
乘法		
MPY[R] [ACx,] ACy		ACy＝rnd(ACy * ACx)
SQR[R] [ACx,] ACy		ACy＝rnd(ACx * ACx)
SQRM[R] [T3＝]Smem，ACx	1	ACx＝rnd(Smem * Smem)[，T3＝Smem]
MPY[R] Tx，[ACx,] ACy		ACy＝rnd(ACx * Tx)

续表

助记符指令	指令周期数	代 数 指 令
乘法		
MPYK[R] k8, [ACx,] ACy	1	ACy=rnd(ACx * k8)
MPYK[R] k16, [ACx,] ACy		ACy=rnd(ACx * k16)
MPYM[R] [T3=]Smem, Cmem, ACx		ACx=rnd(Smem * coef(Cmem))[, T3=Smem]
MPYM[R] [T3=]Smem, [ACx,] ACy		ACy=rnd(Smem * ACx)[, T3=Smem]
MPYMK[R] [T3=]Smem, k8, ACx		ACx=rnd(Smem * k8)[, T3=Smem]
MPYM[R][40] [T3=][uns(]Xmem[)], [uns(]Ymem[)], ACx		ACx= M40(rnd(uns(Xmem) * uns(Ymem))) [, T3=Xmem]
MPYM[R][U] [T3=]Smem, Tx, ACx		ACx=rnd(uns(Tx * Smem))[, T3=Smem]
乘法和乘加并行执行		
MPY[R][40] [uns(]Xmem[)], [uns(]Cmem[)], ACx::MAC[R][40] [uns(]Ymem[)], [uns(]Cmem[)], ACy>>#16	1	ACx = M40(rnd(uns(Xmem) * uns(coef(Cmem)))),ACy=M40(rnd((Acy>>#16)+(uns(Ymem) * uns(coef(Cmem)))))
双乘法并行执行		
MPY[R][40] [uns(]Xmem[)], [uns(]Cmem[)], ACx::MPY[R][40] [uns(]Ymem[)], [uns(]Cmem[)], ACy	1	ACx = M40(rnd(uns(Xmem) * uns(coef(Cmem)))),ACy=M40(rnd(uns(Ymem) * uns(coef(Cmem))))
乘法和将累加器的内容存储到存储器并行执行		
MPYM[R] [T3=]Xmem, Tx, ACy::MOV HI(ACx<<T2), Ymem	1	ACy=rnd(Tx * Xmem),Ymem=HI(ACx<<T2) [, T3=Xmem]
二进制补码		
NEG [src,] dst	1	dst=-src
空操作		
NOP	1	nop
NOP_16		nop_16
按位取反		
NOT [src,] dst	1	Dst=~src
按位或		
OR src, dst	1	dst=ds|src
OR k8, src, dst		dst=src|k8
OR k16, src, dst		dst=src|k16
OR Smem, src, dst		dst=src|Smem

续表

<table>
<tr><th>助记符指令</th><th>指令周期数</th><th>代 数 指 令</th></tr>
<tr><td colspan="3">按位或</td></tr>
<tr><td>OR ACx<<#SHIFTW[, ACy]</td><td rowspan="4">1</td><td>ACy=ACy|(ACx<<<#SHIFTW)</td></tr>
<tr><td>OR k16<<#16, [ACx,] ACy</td><td>ACy=ACx|(k16<<<#16)</td></tr>
<tr><td>OR k16<<#SHFT, [ACx,] ACy</td><td>ACy=ACx|(k16<<<#SHFT)</td></tr>
<tr><td>OR k16, Smem</td><td>Smem=Smem|k16</td></tr>
<tr><td colspan="3">出栈操作</td></tr>
<tr><td>POP dst1, dst2</td><td rowspan="6">1</td><td>dst1, dst2=pop()</td></tr>
<tr><td>POP dst</td><td>dst=pop()</td></tr>
<tr><td>POP dst, Smem</td><td>dst, Smem=pop()</td></tr>
<tr><td>POP dbl(ACx)</td><td>ACx=dbl(pop())</td></tr>
<tr><td>POP Smem</td><td>Smem=pop()</td></tr>
<tr><td>POP dbl(Lmem)</td><td>dbl(Lmem)=pop()</td></tr>
<tr><td colspan="3">扩展辅助寄存器存储</td></tr>
<tr><td>POPBOTH xdst</td><td rowspan="2">1</td><td>xdst=popboth()</td></tr>
<tr><td>PSHBOTH xsrc</td><td>pushboth(xsrc)</td></tr>
<tr><td colspan="3">端口寄存器存取</td></tr>
<tr><td>port(Smem)</td><td rowspan="2">1</td><td>readport()</td></tr>
<tr><td>port(k16)</td><td>writeport()</td></tr>
<tr><td colspan="3">进栈操作</td></tr>
<tr><td>PSH src1, src2</td><td rowspan="6">1</td><td>dst1, dst2=pop()</td></tr>
<tr><td>PSH src</td><td>dst=pop()</td></tr>
<tr><td>PSH src,Smem</td><td>dst, Smem=pop()</td></tr>
<tr><td>PSH dbl(ACx)</td><td>ACx=dbl(pop())</td></tr>
<tr><td>PSH Smem</td><td>Smem=pop()</td></tr>
<tr><td>PSH dbl(Lmem)</td><td>dbl(Lmem)=pop()</td></tr>
<tr><td colspan="3">软件复位</td></tr>
<tr><td>RESET</td><td>?</td><td>return</td></tr>
<tr><td colspan="3">无条件返回</td></tr>
<tr><td>RET</td><td>5</td><td>return</td></tr>
</table>

续表

助记符指令	指令周期数	代数指令
条件返回		
RETCC cond	5	if (cond) return
中断返回		
RETI	5	return_int
循环左移/右移		
ROL BitOut，src，BitIn，dst	1	dst=BitOut\src\BitIn
ROR BitIn，src，BitOut，dst		dst=BitIn//src//BitOut
圆整		
ROUND [ACx,] ACy	1	ACy=rnd(ACx)
无条件单指令重复		
RPT k8	1	repeat(k8)
RPT k16		repeat(k16)
RPT CSR		repeat(CSR)
RPTADD CSR，TAx		repeat(CSR)，CSR+=TAx
RPTADD CSR，k4		repeat(CSR)，CSR+=k4
RPTSUB CSR，k4		repeat(CSR)，CSR -=k4
无条件块重复		
RPTBLOCAL pmad	1	localrepeat{}
RPTB pmad		blockrepeat{}
有条件单指令重复		
RPTCC k8，cond	1	while (cond && (RPTC<k8)) repea
饱和		
SAT[R] [ACx,] ACy	1	ACy=saturate(rnd(ACx))
逻辑移位		
SFTL ACx，Tx[，ACy]	1	ACy=ACx<<<Tx
SFTL ACx，#SHIFTW[，ACy]		ACy=ACx<<<#SHIFTW
SFTL dst，#1		dst=dst<<<#1
SFTL dst，#-1		dst=dst>>>#1

续表

助记符指令	指令周期数	代数指令
条件移位		
SFTCC ACx，TC1	1	ACx=sftc(ACx，TC1)
SFTCC ACx，TC2		ACx=sftc(ACx，TC2)
平方差		
SQDST Xmem，Ymem，ACx，ACy	1	sqdst(Xmem，Ymem，ACx，ACy)
减法		
SUB [src,] dst	1	dst=dst－src
SUB k4，dst		dst=dst－k4
SUB k16，[src,] dst		dst=src－k16
SUB Smem，[src,] dst		dst=src－Smem
SUB src，Smem，dst		dst=Smem－src
SUB ACx<<Tx，ACy		ACy=ACy－(ACx<<Tx)
SUB ACx<<#SHIFTW，ACy		ACy=ACy－(ACx<<#SHIFTW)
SUB k16<<#16，[ACx,] ACy		ACy=ACx－(k16<<#16)
SUB k16<<#SHFT，[ACx,] ACy		ACy=ACx－(k16<<#SHFT)
SUB Smem<<Tx，[ACx,] ACy		ACy=ACx－(Smem<<Tx)
SUB Smem<<#16，[ACx,] ACy		ACy=ACx－(Smem<<#16)
SUB ACx，Smem<<#16，ACy		ACy=(Smem<<#16)－ACx
SUB [uns(]Smem[)]，BORROW，[ACx,] ACy		ACy=ACx－uns(Smem)－BORROW
SUB [uns(]Smem[)]，[ACx,] ACy		ACy=ACx－uns(Smem)
SUB [uns(]Smem[)]<<#SHIFTW，[ACx,] ACy		ACy=ACx－(uns(Smem)<<#SHIFTW)
SUB dbl(Lmem)，[ACx,] ACy		ACy=ACx－dbl(Lmem)
SUB ACx，dbl(Lmem)，ACy		ACy=dbl(Lmem)－ACx
SUB Xmem，Ymem，ACx		ACx=(Xmem<<#16)－(Ymem<<#16)
条件减法		
SUBC Smem，[ACx,] ACy	1	subc(Smem，ACx，ACy)
减法和存储累加器内容到存储器		
SUB Xmem<<#16，ACx，ACy ::MOV HI(ACy<<T2)，Ymem	1	ACy=(Xmem<<#16)－ACx，Ymem=HI(ACy<<T2)

续表

助记符指令	指令周期数	代 数 指 令
交换		
SWAP AC0, AC2		swap(AC0, AC2)
SWAP AC1, AC3		swap(AC1, AC3)
SWAP AR0, AR1		swap(AR0, AR1)
SWAP AR0, AR2		swap(AR0, AR2)
SWAP AR1, AR3		swap(AR1, AR3)
SWAP AR4, T0		swap(AR4, T0)
SWAP AR5, T1		swap(AR5, T1)
SWAP AR6, T2		swap(AR6, T2)
SWAP AR7, T3		swap(AR7, T3)
SWAP T0, T2	1	swap(T0, T2)
SWAP T1, T3		swap(T1, T3)
SWAPP AC0, AC2		swap(pair(AC0), pair(AC2))
SWAPP AR0, AR2		swap(pair(AR0), pair(AR2))
SWAPP AR4, T0		swap(pair(AR4), pair(T0))
SWAPP AR6, T2		swap(pair(AR6), pair(T2))
SWAPP T0, T2		swap(pair(T0), pair(T2))
SWAP4 AR4, T0		SWAPP T0, T2
SWAP4 AR4, T0		swap(pair(AR4), pair(T0))
软件捕获		
TRAP k5	?	Intr(k5)
条件执行		
XCC [label,]cond	1	if (cond) execute(AD_Unit)
XCCPART [label,]cond		if (cond) execute(D_Unit)
按位异或		
XOR src, dst		dst=dst^src
XOR k8, src, dst		dst=src^k8
XOR k16, src, dst		dst=src^k16
XOR Smem, src, dst		dst=src^Smem
XOR ACx<<#SHIFTW[, ACy]	1	ACy=ACy^(ACx<<<#SHIFTW)
XOR k16<<#16, [ACx,] ACy		ACy=ACx^(k16<<<#16)
XOR k16<<#SHFT, [ACx,] ACy		ACy=ACx^(k16<<<#SHFT)
XOR k16, Smem		Smem=Smem^k16

APPENDIX 3

TMS320C55x DSP CPU 内部寄存器

C55x 寄存器	C54x 寄存器	地址(HEX)	说　　明
IER0	IMR	00	中断屏蔽寄存器 0
IFR0	IFR	01	中断标志寄存器 0
ST0_55	—	02	C55x 使用的状态寄存器 0
ST1_55	—	03	C55x 使用的状态寄存器 1
ST3_55	—	04	C55x 使用的状态寄存器 3
—	—	05	保留
ST0	ST0	06	状态寄存器 0
ST1	ST1	07	状态寄存器 1
AC0L	AL	08	
AC0H	AH	09	累加器 0
AC0G	AG	0A	
AC1L	BL	0B	
AC1H	BH	0C	累加器 1
AC1G	BG	0D	
T3	TREG	0E	临时寄存器
TRN0	TRN	0F	过渡寄存器
AR0	AR0	10	辅助寄存器 0
AR1	AR1	11	辅助寄存器 1
AR2	AR2	12	辅助寄存器 2
AR3	AR3	13	辅助寄存器 3
AR4	AR4	14	辅助寄存器 4
AR5	AR5	15	辅助寄存器 5
AR6	AR6	16	辅助寄存器 6

续表

C55x 寄存器	C54x 寄存器	地址(HEX)	说　明
AR7	AR7	17	辅助寄存器 7
SP	SP	18	数据堆栈寄存器
BK03	BK	19	循环缓冲大小寄存器
BRC0	BRC	1A	块重复寄存器
RSA0L	RSA	1B	块重复起始地址寄存器
REA0L	REA	1C	块重复结束地址寄存器
PMST	PMST	1D	处理器模式状态寄存器
XPC	XPC	1E	程序计数器扩展寄存器
—	—	1F	保留
T0	—	20	临时寄存器 0
T1	—	21	临时寄存器 1
T2	—	22	临时寄存器 2
T3	—	23	临时寄存器 3
AC2L	—	24	累加器 2
AC2H	—	25	
AC2G	—	26	
CDP	—	27	系数指针寄存器
AC3L	—	28	累加器 3
AC3H	—	29	
AC3G	—	2A	
DPH	—	2B	扩展数据页指针的高位部分
MDP05	—	2C	保留
MDP06	—	2D	保留
DP	—	2E	存储器数据页开始地址指针
PDP	—	2F	外设数据页开始地址指针
BK47	—	30	AR4～AR7 循环缓冲大小寄存器
BKC	—	31	CDP 循环缓冲大小寄存器
BSA01	—	32	AR0～AR1 循环缓冲起始地址寄存器
BSA23	—	33	AR2～AR3 循环缓冲起始地址寄存器
BSA45	—	34	AR4～AR5 循环缓冲起始地址寄存器
BSA67	—	35	AR6～AR7 循环缓冲起始地址寄存器

续表

C55x 寄存器	C54x 寄存器	地址(HEX)	说　明
BSAC	—	36	CDP 循环缓冲起始地址寄存器
BISO	—	37	为 BISO 保留，用来存储 BISO 操作所需要的数据表指针的起始存储位置，该寄存器为16位
TRN1	—	38	过渡寄存器 1
BRC1	—	39	块重复计数器 1
BRS1	—	3A	BRC1 的备份寄存器
CSR	—	3B	计算单指令重复寄存器
RSA0H	—	3C	块重复结束地址寄存器 0
RSA0L	—	3D	
REA0H	—	3E	块重复起始地址寄存器 0
REA0L	—	3F	
RSA1H	—	40	块重复起始地址寄存器 1
RSA1L	—	41	
REA1H	—	42	块重复结束地址寄存器 1
REA1L	—	43	
RPTC	—	44	单指令重复计数器
IER1	—	45	中断屏蔽寄存器 1
IFR1	—	46	中断标志寄存器 1
DBIER0	—	47	调试中断屏蔽寄存器 0
DBIER1	—	48	调试中断屏蔽寄存器 1
IVPD	—	49	中断矢量指针(指向 DSP)
IVPH	—	4A	中断矢量指针(指向主机)
ST2_55	—	4B	C55x 使用的状态寄存器 2
SSP	—	4C	系统堆栈指针
SP	—	4D	数据堆栈指针
SPH	—	4E	扩展堆栈指针高位部分
CDPH	—	4F	扩展系数指针高位部分

APPENDIX 4

附录 4

TMS320C55x DSP 外设寄存器

附表 4-1　外部存储器接口寄存器

端口地址	寄存器名称	说　明
0x0800	EGCR	全局控制寄存器
0x0801	EMI_RST	全局复位寄存器
0x0802	EMI_BE	总线错误状态寄存器
0x0803	CE0_1	片选 0 空间控制寄存器 1
0x0804	CE0_2	片选 0 空间控制寄存器 2
0x0805	CE0_3	片选 0 空间控制寄存器 3
0x0806	CE1_1	片选 1 空间控制寄存器 1
0x0807	CE1_2	片选 1 空间控制寄存器 2
0x0808	CE1_3	片选 1 空间控制寄存器 3
0x0809	CE2_1	片选 2 空间控制寄存器 1
0x080A	CE2_2	片选 2 空间控制寄存器 2
0x080B	CE2_3	片选 2 空间控制寄存器 3
0x080C	CE3_1	片选 3 空间控制寄存器 1
0x080D	CE3_2	片选 3 空间控制寄存器 2
0x080E	CE3_3	片选 3 空间控制寄存器 3
0x080F	SDC1	SDRAM 控制寄存器 1
0x0810	SDPER	SDRAM 周期寄存器
0x0811	SDCNT	SDRAM 计数寄存器
0x0812	INIT	SDRAM 初始化寄存器
0x0813	SDC2	SDRAM 控制寄存器 2

附表 4-2 DMA 配置寄存器

端口地址	寄存器名称	说明
全局寄存器		
0x0E00	DMA_GCR	DMA 全局控制寄存器
0x0E03	DMA_GTCR	DMA 超时控制寄存器
通道 0 寄存器		
0x0C00	DMA_CSDP0	通道 0 源和目的参数寄存器
0x0C01	DMA_CCR0	通道 0 控制寄存器
0x0C02	DMA_CICR0	通道 0 中断控制寄存器
0x0C03	DMA_CSR0	通道 0 状态寄存器
0x0C04	DMA_CSSA_L0	通道 0 源起始地址寄存器(低 16 位)
0x0C05	DMA_CSSA_U0	通道 0 源起始地址寄存器(高 16 位)
0x0C06	DMA_CDSA_L0	通道 0 目的起始地址寄存器(低 16 位)
0x0C07	DMA_CDSA_U0	通道 0 目的起始地址寄存器(高 16 位)
0x0C08	DMA_CEN0	通道 0 单元数寄存器
0x0C09	DMA_CFN0	通道 0 帧数寄存器
0x0C0A	DMA_CFI0	通道 0 帧索引寄存器
0x0C0B	DMA_CEI0	通道 0 单元索引寄存器
通道 1 寄存器		
0x0C20	DMA_CSDP1	通道 1 源和目的参数寄存器
0x0C21	DMA_CCR1	通道 1 控制寄存器
0x0C22	DMA_CICR1	通道 1 中断控制寄存器
0x0C23	DMA_CSR1	通道 1 状态寄存器
0x0C24	DMA_CSSA_L1	通道 1 源起始地址寄存器(低 16 位)
0x0C25	DMA_CSSA_U1	通道 1 源起始地址寄存器(高 16 位)
0x0C26	DMA_CDSA_L1	通道 1 目的起始地址寄存器(低 16 位)
0x0C27	DMA_CDSA_U1	通道 1 目的起始地址寄存器(高 16 位)
0x0C28	DMA_CEN1	通道 1 单元数寄存器
0x0C29	DMA_CFN1	通道 1 帧数寄存器
0x0C2A	DMA_CFI1	通道 1 帧索引寄存器
0x0C2B	DMA_CEI1	通道 1 单元索引寄存器

续表

端口地址	寄存器名称	说明
通道 2 寄存器		
0x0C40	DMA_CSDP2	通道 2 源和目的参数寄存器
0x0C41	DMA_CCR2	通道 2 控制寄存器
0x0C42	DMA_CICR2	通道 2 中断控制寄存器
0x0C43	DMA_CSR2	通道 2 状态寄存器
0x0C44	DMA_CSSA_L2	通道 2 源起始地址寄存器(低 16 位)
0x0C45	DMA_CSSA_U2	通道 2 源起始地址寄存器(高 16 位)
0x0C46	DMA_CDSA_L2	通道 2 目的起始地址寄存器(低 16 位)
0x0C47	DMA_CDSA_U2	通道 2 目的起始地址寄存器(高 16 位)
0x0C48	DMA_CEN2	通道 2 单元数寄存器
0x0C49	DMA_CFN2	通道 2 帧数寄存器
0x0C4A	DMA_CFI2	通道 2 帧索引寄存器
0x0C4B	DMA_CEI2	通道 2 单元索引寄存器
通道 3 寄存器		
0x0C60	DMA_CSDP3	通道 3 源和目的参数寄存器
0x0C61	DMA_CCR3	通道 3 控制寄存器
0x0C62	DMA_CICR3	通道 3 中断控制寄存器
0x0C63	DMA_CSR3	通道 3 状态寄存器
0x0C64	DMA_CSSA_L3	通道 3 源起始地址寄存器(低 16 位)
0x0C65	DMA_CSSA_U3	通道 3 源起始地址寄存器(高 16 位)
0x0C66	DMA_CDSA_L3	通道 3 目的起始地址寄存器(低 16 位)
0x0C67	DMA_CDSA_U3	通道 3 目的起始地址寄存器(高 16 位)
0x0C68	DMA_CEN3	通道 3 单元数寄存器
0x0C69	DMA_CFN3	通道 3 帧数寄存器
0x0C6A	DMA_CFI3	通道 3 帧索引寄存器
0x0C6B	DMA_CEI3	通道 3 单元索引寄存器
通道 4 寄存器		
0x0C80	DMA_CSDP4	通道 4 源和目的参数寄存器
0x0C81	DMA_CCR4	通道 4 控制寄存器
0x0C82	DMA_CICR4	通道 4 中断控制寄存器

续表

端口地址	寄存器名称	说明
通道4寄存器		
0x0C83	DMA_CSR4	通道4状态寄存器
0x0C84	DMA_CSSA_L4	通道4源起始地址寄存器(低16位)
0x0C85	DMA_CSSA_U4	通道4源起始地址寄存器(高16位)
0x0C86	DMA_CDSA_L4	通道4目的起始地址寄存器(低16位)
0x0C87	DMA_CDSA_U4	通道4目的起始地址寄存器(高16位)
0x0C88	DMA_CEN4	通道4单元数寄存器
0x0C89	DMA_CFN4	通道4帧数寄存器
0x0C8A	DMA_CFI4	通道4帧索引寄存器
0x0C8B	DMA_CEI4	通道4单元索引寄存器
通道5寄存器		
0x0CA0	DMA_CSDP5	通道5源和目的参数寄存器
0x0CA1	DMA_CCR5	通道5控制寄存器
0x0CA2	DMA_CICR5	通道5中断控制寄存器
0x0CA3	DMA_CSR5	通道5状态寄存器
0x0CA4	DMA_CSSA_L5	通道5源起始地址寄存器(低16位)
0x0CA5	DMA_CSSA_U5	通道5源起始地址寄存器(高16位)
0x0CA6	DMA_CDSA_L5	通道5目的起始地址寄存器(低16位)
0x0CA7	DMA_CDSA_U5	通道5目的起始地址寄存器(高16位)
0x0CA8	DMA_CEN5	通道5单元数寄存器
0x0CA9	DMA_CFN5	通道5帧数寄存器
0x0CAA	DMA_CFI5	通道5帧索引寄存器
0x0CAB	DMA_CEI5	通道5单元索引寄存器

附表 4-3 实时时钟寄存器

端口地址	寄存器名称	说明
0x1800	RTCSEC	秒寄存器
0x1801	RTCSECA	秒报警寄存器
0x1802	RTCMIN	分寄存器
0x1803	RTCMINA	分报警寄存器
0x1804	RTCHOUR	小时寄存器

续表

端口地址	寄存器名称	说　明
0x1805	RTCHOURA	小时报警寄存器
0x1806	RTCDAYW	周内的天寄存器
0x1807	RTCDAYM	月内的天寄存器
0x1808	RTCMONTH	月寄存器
0x1809	RTCYEAR	年寄存器
0x180A	RTCPINTR	周期中断选择寄存器
0x180B	RTCINTEN	中断使能寄存器
0x180C	RTCINTFL	中断标志寄存器
0x180D～0x1BFF	—	保留

附表 4-4　时钟产生寄存器

端口地址	寄存器名称	说　明
0x1C00	CLKMD	时钟模式寄存器
0x1E00	USBPLL	USB PLL 时钟产生器

附表 4-5　定时器寄存器

端口地址	寄存器名称	说　明
0x1000	TIM0	定时器 0 定时计数寄存器
0x1001	PRD0	定时器 0 周期寄存器
0x1002	TCR0	定时器 0 控制寄存器
0x1003	PRSC0	定时器 0 预定标寄存器
0x2400	TIM1	定时器 1 定时计数寄存器
0x2401	PRD1	定时器 1 周期寄存器
0x2402	TCR1	定时器 1 控制寄存器
0x2403	PRSC1	定时器 1 预定标寄存器

附表 4-6　多通道缓冲串口寄存器 0

端口地址	寄存器名称	说　明
0x2800	DRR2_0	McBSP 0 数据接收寄存器 2
0x2801	DRR1_0	McBSP 0 数据接收寄存器 1
0x2802	DXR2_0	McBSP 0 数据发送寄存器 2
0x2803	DXR1_0	McBSP 0 数据发送寄存器 1

续表

端口地址	寄存器名称	说明
0x2804	SPCR2_0	McBSP 0 串口控制寄存器 2
0x2805	SPCR1_0	McBSP 0 串口控制寄存器 1
0x2806	RCR2_0	McBSP 0 接收控制寄存器 2
0x2807	RCR1_0	McBSP 0 接收控制寄存器 1
0x2808	XCR2_0	McBSP 0 发送控制寄存器 2
0x2809	XCR1_0	McBSP 0 发送控制寄存器 1
0x280A	SRGR2_0	McBSP 0 采样速率发生寄存器 2
0x280B	SRGR1_0	McBSP 0 采样速率发生寄存器 1
0x280C	MCR2_0	McBSP 0 多通道控制寄存器 2
0x280D	MCR1_0	McBSP 0 多通道控制寄存器 1
0x280E	RCERA_0	McBSP 0 接收通道使能寄存器 A
0x280F	RCERB_0	McBSP 0 接收通道使能寄存器 B
0x2810	XCERA_0	McBSP 0 发送通道使能寄存器 A
0x2811	XCERB_0	McBSP 0 发送通道使能寄存器 B
0x2812	PCR0	McBSP 0 管脚控制寄存器
0x2813	RCERC_0	McBSP 0 接收通道使能寄存器 C
0x2814	RCERD_0	McBSP 0 接收通道使能寄存器 D
0x2815	XCERC_0	McBSP 0 发送通道使能寄存器 C
0x2816	XCERD_0	McBSP 0 发送通道使能寄存器 D
0x2817	RCERE_0	McBSP 0 接收通道使能寄存器 E
0x2818	RCERF_0	McBSP 0 接收通道使能寄存器 F
0x2819	XCERE_0	McBSP 0 发送通道使能寄存器 E
0x281A	XCERF_0	McBSP 0 发送通道使能寄存器 F
0x281B	RCERG_0	McBSP 0 接收通道使能寄存器 G
0x281C	RCERH_0	McBSP 0 接收通道使能寄存器 H
0x281D	XCERG_0	McBSP 0 发送通道使能寄存器 G
0x281E	XCERH_0	McBSP 0 发送通道使能寄存器 H

附表 4-7 多通道缓冲串口寄存器 1

端口地址	寄存器名称	说明
0x2C00	DRR2_1	McBSP 1 数据接收寄存器 2
0x2C01	DRR1_1	McBSP 1 数据接收寄存器 1
0x2C02	DXR2_1	McBSP 1 数据发送寄存器 2
0x2C03	DXR1_1	McBSP 1 数据发送寄存器 1
0x2C04	SPCR2_1	McBSP 1 串口控制寄存器 2
0x2C05	SPCR1_1	McBSP 1 串口控制寄存器 1
0x2C06	RCR2_1	McBSP 1 接收控制寄存器 2
0x2C07	RCR1_1	McBSP 1 接收控制寄存器 1
0x2C08	XCR2_1	McBSP 1 发送控制寄存器 2
0x2C09	XCR1_1	McBSP 1 发送控制寄存器 1
0x2C0A	SRGR2_1	McBSP 1 采样速率发生寄存器 2
0x2C0B	SRGR1_1	McBSP 1 采样速率发生寄存器 1
0x2C0C	MCR2_1	McBSP 1 多通道控制寄存器 2
0x2C0D	MCR1_1	McBSP 1 多通道控制寄存器 1
0x2C0E	RCERA_1	McBSP 1 接收通道使能寄存器 A
0x2C0F	RCERB_1	McBSP 1 接收通道使能寄存器 B
0x2C10	XCERA_1	McBSP 1 发送通道使能寄存器 A
0x2C11	XCERB_1	McBSP 1 发送通道使能寄存器 B
0x2C12	PCR1	McBSP 1 管脚控制寄存器
0x2C13	RCERC_1	McBSP 1 接收通道使能寄存器 C
0x2C14	RCERD_1	McBSP 1 接收通道使能寄存器 D
0x2C15	XCERC_1	McBSP 1 发送通道使能寄存器 C
0x2C16	XCERD_1	McBSP 1 发送通道使能寄存器 D
0x2C17	RCERE_1	McBSP 1 接收通道使能寄存器 E
0x2C18	RCERF_1	McBSP 1 接收通道使能寄存器 F
0x2C19	XCERE_1	McBSP 1 发送通道使能寄存器 E
0x2C1A	XCERF_1	McBSP 1 发送通道使能寄存器 F
0x2C1B	RCERG_1	McBSP 1 接收通道使能寄存器 G
0x2C1C	RCERH_1	McBSP 1 接收通道使能寄存器 H
0x2C1D	XCERG_1	McBSP 1 发送通道使能寄存器 G
0x2C1E	XCERH_1	McBSP 1 发送通道使能寄存器 H

附表 4-8 多通道缓冲串口寄存器 2

端口地址	寄存器名称	说明
0x3000	DRR2_2	McBSP 2 数据接收寄存器 2
0x3001	DRR1_2	McBSP 2 数据接收寄存器 1
0x3002	DXR2_2	McBSP 2 数据发送寄存器 2
0x3003	DXR1_2	McBSP 2 数据发送寄存器 1
0x3004	SPCR2_2	McBSP 2 串口控制寄存器 2
0x3005	SPCR1_2	McBSP 2 串口控制寄存器 1
0x3006	RCR2_2	McBSP 2 接收控制寄存器 2
0x3007	RCR1_2	McBSP 2 接收控制寄存器 1
0x3008	XCR2_2	McBSP 2 发送控制寄存器 2
0x3009	XCR1_2	McBSP 2 发送控制寄存器 1
0x300A	SRGR2_2	McBSP 2 采样速率发生寄存器 2
0x300B	SRGR1_2	McBSP 2 采样速率发生寄存器 1
0x300C	MCR2_2	McBSP 2 多通道控制寄存器 2
0x300D	MCR1_2	McBSP 2 多通道控制寄存器 1
0x300E	RCERA_2	McBSP 2 接收通道使能寄存器 A
0x300F	RCERB_2	McBSP 2 接收通道使能寄存器 B
0x3010	XCERA_2	McBSP 2 发送通道使能寄存器 A
0x3011	XCERB_2	McBSP 2 发送通道使能寄存器 B
0x3012	PCR2	McBSP 2 引脚控制寄存器
0x3013	RCERC_2	McBSP 2 接收通道使能寄存器 C
0x3014	RCERD_2	McBSP 2 接收通道使能寄存器 D
0x3015	XCERC_2	McBSP 2 发送通道使能寄存器 C
0x3016	XCERD_2	McBSP 2 发送通道使能寄存器 D
0x3017	RCERE_2	McBSP 2 接收通道使能寄存器 E
0x3018	RCERF_2	McBSP 2 接收通道使能寄存器 F
0x3019	XCERE_2	McBSP 2 发送通道使能寄存器 E
0x301A	XCERF_2	McBSP 2 发送通道使能寄存器 F
0x301B	RCERG_2	McBSP 2 接收通道使能寄存器 G
0x301C	RCERH_2	McBSP 2 接收通道使能寄存器 H
0x301D	XCERG_2	McBSP 2 发送通道使能寄存器 G
0x301E	XCERH_2	McBSP 2 发送通道使能寄存器 H

附表 4-9 GPIO 寄存器

端口地址	寄存器名称	说明
0x3400	IODIR	GPIO 方向寄存器
0x3401	IODATA	GPIO 数据寄存器
0x4400	AGPIOEN	地址/GPIO 使能寄存器
0x4401	AGPIODIR	地址/GPIO 方向寄存器
0x4402	AGPIODATA	地址/GPIO 数据寄存器
0x4403	EHPIGPIOEN	EHPI/GPIO 使能寄存器
0x4404	EHPIGPIODIR	EHPI/GPIO 使能寄存器
0x4405	EHPIGPIODATA	EHPI/GPIO 数据寄存器

附表 4-10 I^2C 寄存器

端口地址	寄存器名称	说明
0x3C00	I^2COAR	I^2C 本身的地址寄存器
0x3C01	I^2CIMR	I^2C 可屏蔽中断寄存器
0x3C02	I^2CSTR	I^2C 状态寄存器
0x3C03	I^2CCLKL	I^2C 时钟分频数低位寄存器
0x3C04	I^2CCLKH	I^2C 时钟分频数高位寄存器
0x3C05	I^2CCNT	I^2C 数据计数器
0x3C06	I^2CDRR	I^2C 数据接收寄存器
0x3C07	I^2CSAR	I^2C 从地址寄存器
0x3C08	I^2CDXR	I^2C 数据发送地址寄存器
0x3C09	I^2CMDR	I^2C 模式寄存器
0x3C0A	I^2CIVR	I^2C 中断向量寄存器
0x3C0B	I^2CGPIO	I^2C 通用数输入输出寄存器
0x3C0C	I^2CPSC	I^2C 预定标寄存器
0x3C0D	—	保留
0x3C0E	—	保留
0x3C0F	—	保留
—	I^2CRSR	I^2C 接收移位寄存器
—	I^2CXSR	I^2C 发送移位寄存器

附表 4-11 看门狗定时器寄存器

端口地址	寄存器名称	说明
0x4000	WDTIM	看门狗定时器计数寄存器
0x4001	WDPRD	看门狗定时器周期寄存器
0x4002	WDTCR	看门狗定时器控制寄存器
0x4003	WDTCR2	看门狗定时器控制寄存器 2

附表 4-12 MMC/SD1 寄存器

端口地址	寄存器名称	说明
0x4800	MMCFCLK	MMC 功能时钟控制寄存器
0x4801	MMCCTL	MMC 控制寄存器
0x4802	MMCCLK	MMC 时钟控制寄存器
0x4803	MMCST0	MMC 状态寄存器 0
0x4804	MMCST1	MMC 状态寄存器 1
0x4805	MMCIE	MMC 中断使能寄存器
0x4806	MMCTOR	MMC 响应时间到寄存器
0x4807	MMCTOD	MMC 读数据时间到寄存器
0x4808	MMCBLEN	MMC 数据块长度寄存器
0x4809	MMCNBLK	MMC 数据块数量寄存器
0x480A	MMCNBLC	MMC 数据块数量计数寄存器
0x480B	MMCDRR	MMC 数据接收寄存器
0x480C	MMCDXR	MMC 数据发送寄存器
0x480D	MMCCMD	MMC 命令寄存器
0x480E	MMCARGL	MMC 参数传递寄存器(低字节)
0x480F	MMCARGH	MMC 参数传递寄存器(高字节)
0x4810	MMCRSP0	MMC 响应寄存器 0
0x4811	MMCRSP1	MMC 响应寄存器 1
0x4812	MMCRSP2	MMC 响应寄存器 2
0x4813	MMCRSP3	MMC 响应寄存器 3
0x4814	MMCRSP4	MMC 响应寄存器 4
0x4815	MMCRSP5	MMC 响应寄存器 5
0x4816	MMCRSP6	MMC 响应寄存器 6
0x4817	MMCRSP7	MMC 响应寄存器 7

续表

端口地址	寄存器名称	说明
0x4818	MMCDRSP	MMC 数据响应寄存器
0x4819	Reserved	
0x481A	MMCCIDX	MMC 命令索引寄存器

附表 4-13 MMC/SD2 寄存器

端口地址	寄存器名称	说明
0x4C00	MMCFCLK	MMC 功能时钟控制寄存器
0x4C01	MMCCTL	MMC 控制寄存器
0x4C02	MMCCLK	MMC 时钟控制寄存器
0x4C03	MMCST0	MMC 状态寄存器 0
0x4C04	MMCST1	MMC 状态寄存器 1
0x4C05	MMCIE	MMC 中断使能寄存器
0x4C06	MMCTOR	MMC 响应时间到寄存器
0x4C07	MMCTOD	MMC 读数据时间到寄存器
0x4C08	MMCBLEN	MMC 数据块长度寄存器
0x4C09	MMCNBLK	MMC 数据块数量寄存器
0x4C0A	MMCNBLC	MMC 数据块数量计数寄存器
0x4C0B	MMCDRR	MMC 数据接收寄存器
0x4C0C	MMCDXR	MMC 数据发送寄存器
0x4C0D	MMCCMD	MMC 命令寄存器
0x4C0E	MMCARGL	MMC 参数传递寄存器(低字节)
0x4C0F	MMCARGH	MMC 参数传递寄存器(高字节)
0x4C10	MMCRSP0	MMC 响应寄存器 0
0x4C11	MMCRSP1	MMC 响应寄存器 1
0x4C12	MMCRSP2	MMC 响应寄存器 2
0x4C13	MMCRSP3	MMC 响应寄存器 3
0x4C14	MMCRSP4	MMC 响应寄存器 4
0x4C15	MMCRSP5	MMC 响应寄存器 5
0x4C16	MMCRSP6	MMC 响应寄存器 6
0x4C17	MMCRSP7	MMC 响应寄存器 7
0x4C18	MMCDRSP	MMC 数据响应寄存器

续表

端口地址	寄存器名称	说　明
0x4C19	Reserved	
0x4C1A	MMCCIDX	MMC 命令索引寄存器

附表 4-14　USB 寄存器

端口地址	寄存器名称	说　明
DMA 环境		
0x5800	Reserved	
0x5808	DMAC_O1	输出端点 1 DMA 环境寄存器
0x5810	DMAC_O2	输出端点 2 DMA 环境寄存器
0x5818	DMAC_O3	输出端点 3 DMA 环境寄存器
0x5820	DMAC_O4	输出端点 4 DMA 环境寄存器
0x5828	DMAC_O5	输出端点 5 DMA 环境寄存器
0x5830	DMAC_O6	输出端点 6 DMA 环境寄存器
0x5838	DMAC_O7	输出端点 7 DMA 环境寄存器
0x5840	Reserved	
0x5848	DMAC_I1	输入端点 1 DMA 环境寄存器
0x5850	DMAC_I2	输入端点 2 DMA 环境寄存器
0x5858	DMAC_I3	输入端点 3 DMA 环境寄存器
0x5860	DMAC_I4	输入端点 4 DMA 环境寄存器
0x5868	DMAC_I5	输入端点 5 DMA 环境寄存器
0x5870	DMAC_I6	输入端点 6 DMA 环境寄存器
0x5878	DMAC_I7	输入端点 7 DMA 环境寄存器
数据缓冲器		
0x5880	Data	端点 1～7 的包含 X/Y 的数据缓冲器
0x6680	OEB_0	输出端点 0 缓冲器
0x66C0	IEB_0	输入端点 0 缓冲器
0x6700	SUP_0	端点 0 的启动包
端点描述符号块		
0x6708	OEDB_1	输出端点 1 描述符号寄存器块
0x6710	OEDB_2	输出端点 2 描述符号寄存器块
0x6718	OEDB_3	输出端点 3 描述符号寄存器块

续表

端口地址	寄存器名称	说明
端点描述符号块		
0x6720	OEDB_4	输出端点 4 描述符号寄存器块
0x6728	OEDB_5	输出端点 5 描述符号寄存器块
0x6730	OEDB_6	输出端点 6 描述符号寄存器块
0x6738	OEDB_7	输出端点 7 描述符号寄存器块
0x6740	Reserved	
0x6748	IEDB_1	输入端点 1 描述符号寄存器块
0x6750	IEDB_2	输入端点 2 描述符号寄存器块
0x6758	IEDB_3	输入端点 3 描述符号寄存器块
0x6760	IEDB_4	输入端点 4 描述符号寄存器块
0x6768	IEDB_5	输入端点 5 描述符号寄存器块
0x6770	IEDB_6	输入端点 6 描述符号寄存器块
0x6778	IEDB_7	输入端点 7 描述符号寄存器块
控制和状态寄存器		
0x6780	IEPCNF_0	输入端点 0 配置
0x6781	IEPBCNT_0	输入端点 0 字节计数
0x6782	OEPCNF_0	输出端点 0 配置
0x6783	OEPBCNT_0	输出端点 0 字节计数
0x6784	—	
0x6791	GLOBCTL	全局控制寄存器
0x6792	VECINT	中断向量寄存器
0x6793	IEPINT	输入端点中断寄存器
0x6794	OEPINT	输出端点中断寄存器
0x6795	IDMARINT	输入 DMA 重加载中断寄存器
0x6796	ODMARINT	输出 DMA 重加载中断寄存器
0x6797	IDMAGINT	输入 DMA 进入中断寄存器
0x6798	ODMAGINT	输出 DMA 进入中断寄存器
0x6799	IDMAMSK	输入 DMA 屏蔽中断寄存器
0x679A	ODMAMSK	输出 DMA 屏蔽中断寄存器
0x679B	IEDBMSK	输入 EDB 屏蔽中断寄存器
0x679C	OEDBMSK	输处 EDB 屏蔽中断寄存器

续表

端口地址	寄存器名称	说明
控制和状态寄存器		
0x67F8	FNUML	帧数量低位寄存器
0x67F9	FNUMH	帧数量高位寄存器
0x67FA	PSOFTMR	PreSOF 中断定时器寄存器
0x67FC	USBCTL	USB 控制寄存器
0x67FD	USBMSK	USB 屏蔽中断寄存器
0x67FE	USBSTA	USB 状态寄存器
0x67FF	FUNADR	功能地址寄存器
0x7000	USBIDLECTL	USB 等待控制和状态寄存器

附表 4-15 ADC 寄存器

端口地址	寄存器名称	说明
0x6800	ADCCTL	ADC 控制寄存器
0x6801	ADCDATA	ADC 数据寄存器
0x6802	ADCCLKDIV	ADC 功能时钟分频器寄存器
0x6803	ADCCLKCTL	ADC 时钟控制寄存器

附表 4-16 外部总线选择寄存器

端口地址	寄存器名称	说明
0x6C00	EBSR	外部总线选择寄存器

附表 4-17 安全 ROM 寄存器

端口地址	寄存器名称	说明
0x7400	SROM	安全 ROM 寄存器

参 考 文 献

[1] Texas Instruments. TMS320C55x DSP CPU Reference Guide[M]. Texas: Texas Instruments, 2004.

[2] Texas Instruments. TMS320VC5509A Fixed-Point Digital Signal Processor Data Manual[M]. Texas: Texas Instruments, 2008.

[3] Texas Instruments. TMS320C55x Optimizing C/C++ Compiler v 4.4 User's Guide[M]. Texas: Texas Instruments, 2011.

[4] Texas Instruments. TMS320C55x Assembly Language Tools User's Guide[M]. Texas: Texas Instruments, 2004.

[5] Texas Instruments. TMS320C55x DSP Mnemonic Instruction Set Reference Guide[M]. Texas: Texas Instruments, 2002.

[6] Texas Instruments. TMS320C55x DSP Algebraic Instruction Set Reference Guide[M]. Texas: Texas Instruments, 2002.

[7] Texas Instruments. TMS320C55x DSP Library Programmer's Reference[M]. Texas: Texas Instruments, 2006.

[8] Texas Instruments. TMS320C55x Chip Support Library API Reference Guide[M]. Texas: Texas Instruments, 2004.

[9] Texas Instruments. TMS320C55x Image/Video Processing Library Programmer's Reference[M]. Texas: Texas Instruments, 2004.

[10] Texas Instruments. TMS320C55x DSP Peripherals Overview User's Guide[M]. Texas: Texas Instruments, 2006.

[11] 汪春梅,孙洪波,任志刚. TMS32055x DSP 原理及应用[M]. 3 版. 北京: 电子工业出版社,2011.

[12] 乔瑞萍,崔涛,胡宇平. TMS32054x DSP 原理及应用[M]. 2 版. 西安: 西安电子科技大学出版社,2012.